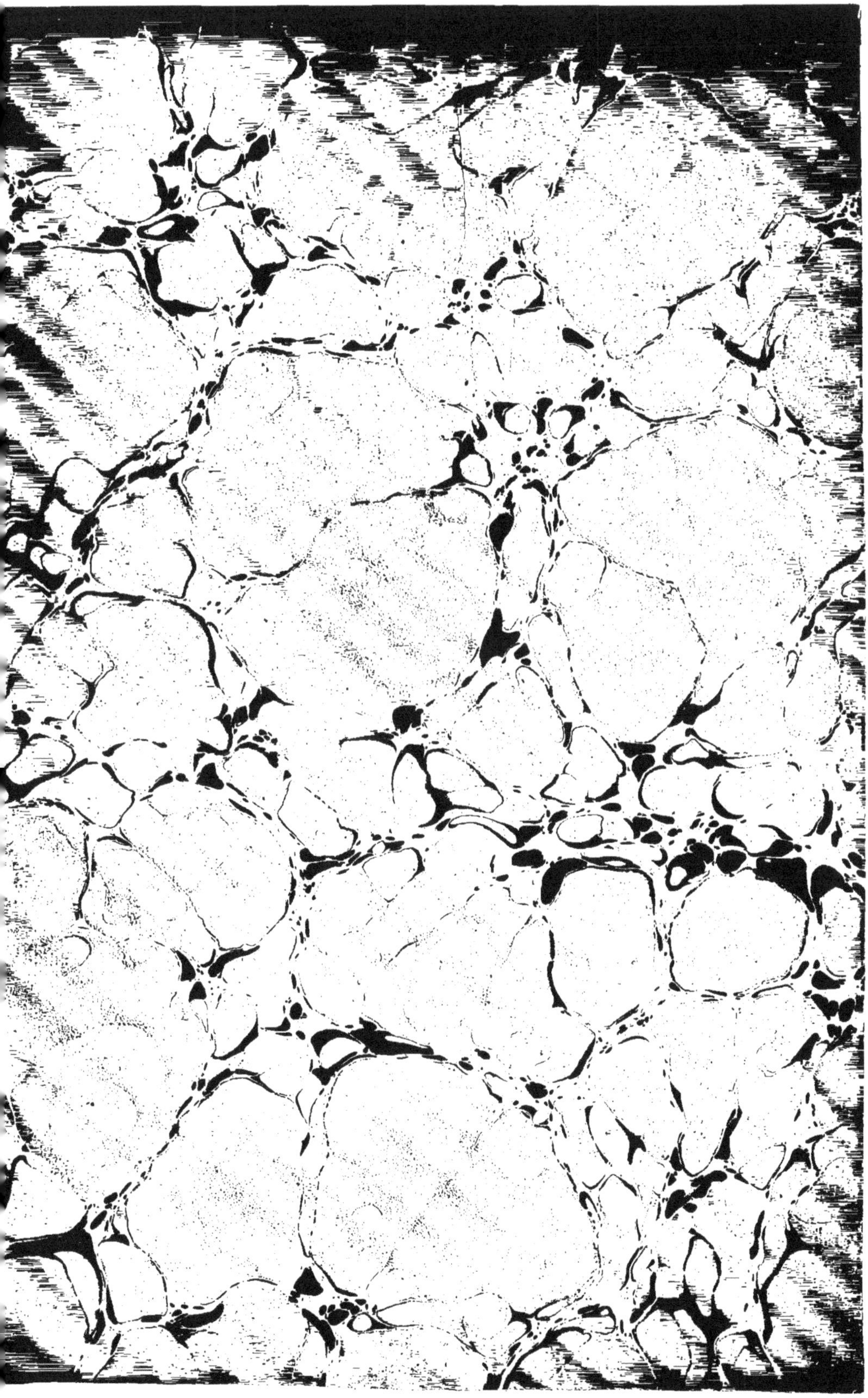

Dr E. JEANBERNAT

LES

Mémoires d'un Hanneton

ILLUSTRATIONS

PAR A. CLÉMENT, MESNEL, ROUYER, TRAVIÈS, ETC.

PARIS

LIBRAIRIE CH. DELAGRAVE

15, RUE SOUFFLOT, 15

LES MÉMOIRES
D'UN HANNETON

SOCIÉTÉ ANONYME D'IMPRIMERIE DE VILLEFRANCHE-DE-ROUERGUE
Jules BARDOUX, Directeur.

Dr E. JEANBERNAT

LES

MÉMOIRES D'UN HANNETON

ILLUSTRATIONS

PAR MM. A. CLÉMENT, MESNEL, ROUYER, TRAVIÈS, ETC.

DEUXIÈME ÉDITION

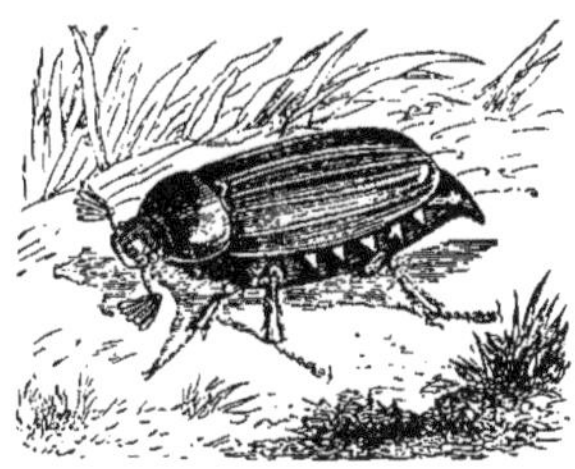

PARIS
LIBRAIRIE CH. DELAGRAVE
15, RUE SOUFFLOT, 15

1892

INTRODUCTION

C'était par une belle matinée de printemps. Un soleil éclatant, brisant ses rayons au feuillage des arbres, faisait étinceler, comme autant de rubis, les gouttelettes de rosée. Les fleurs, fraîchement écloses, remplissaient l'air de doux parfums. Des milliers d'insectes voltigeaient autour d'elles : les uns, comme l'abeille laborieuse, butinant le suc emmiellé des boutons entr'ouverts ; les autres, comme la svelte mais cruelle libellule, poursuivant au fond des corolles épanouies leur proie fugitive. Des oiseaux au plumage varié célébraient par leurs chants joyeux le réveil de la nature et charmaient les loisirs de leurs femelles mollement couchées sur leurs œufs. Tout semblait renaître au souffle vivifiant du mois de mai, et l'âme, doucement émue, se sentait plus jeune et plus forte.

Comme la svelte mais cruelle libellule...

Fatigué d'une longue course dans la montagne, je reposais, nonchalamment étendu sur l'herbe épaisse et parfumée, à l'ombre d'un hêtre séculaire. D'un œil distrait, je suivais les rapides évolutions de quelques carabes éclatants (*Carabus splendens,* F.), produit de mes recherches matinales. Quand un rayon de soleil venait se briser sur leurs élytres d'un pourpre rutilant, le flacon qui les renfermait paraissait rempli de lave en fusion. Malgré la perte de leur liberté, ces magnifiques mais voraces insectes poursuivaient sans relâche de plus petits carabiques, prisonniers avec eux ; mais ceux-ci, grâce aux inextricables méandres des bandes de papier roulé qui les séparaient, leur échappaient sans difficulté. Quand deux de nos chasseurs venaient à se rencontrer, dressés sur leurs pattes robustes, les mandibules largement ouvertes, ils s'observaient un instant, prêts à s'élancer ; mais, comprenant bientôt l'inutilité d'un combat à armes égales, ils reprenaient leur chasse infructueuse.

A quelques pas, un jeune pâtre, entouré de chèvres au poil long et soyeux, devisait gaiement avec deux jeunes filles aux joues rebondies, à la démarche vive et gracieuse... Soudain il poussa un cri de frayeur et prit la fuite, suivi de près par ses compagnes. Je me levai aussitôt pour connaître la cause d'une alarme aussi subite, et j'aperçus à l'endroit qu'ils venaient de quitter si précipitamment un animal courant rapidement dans l'herbe vers un buisson d'églantier voisin. C'était un énorme lézard vert (*Lacerta viridis,* L.), aux écailles changeantes et lustrées. Le gracieux animal, aussi effrayé que ceux qu'il avait mis en déroute, se hâtait de regagner son gîte. Je me lançai à sa poursuite, et, grâce à mon habitude de cette sorte de chasse, je l'eus bientôt saisi, non sans avoir été mordu au pouce. Quoique captif, le courageux reptile ne s'avouait pas vaincu cependant, et, la gueule grande ouverte, il se débattait furieusement, cherchant à saisir avec ses dents tout ce qui se trouvait à sa portée. Pour le rendre plus maniable, je lui glissai entre les mâchoires un morceau de bois mort, qu'il tint serré avec force, semblable à un caniche bien dressé qui porte la canne de son maître.

Le carabe doré.

Je ne saurais peindre la stupéfaction avec laquelle nos montagnards avaient suivi les diverses péripéties de cette lutte inoffensive ; ils ouvraient de grands yeux, poussaient des exclamations d'effroi, me criaient de loin toutes sortes de recommandations prudentes, m'avertissant que le lézard était un animal fort dangereux, dont la piqûre était mortelle. Malgré tous mes efforts, il me fut impossible de les décider à se rapprocher de moi. Faisaient-ils un pas en avant, à chaque mouvement du reptile ils en faisaient trois en arrière. J'eus beau me faire mordre en cent endroits, leur montrer à distance combien les dents de l'animal étaient petites, combien sa langue molle et flexible était incapable de nuire, rien n'y fit ; bien mieux : je m'aperçus qu'ils me regardaient avec méfiance, et je compris, à l'air avec lequel ils me quittèrent, que tous mes raisonnements et mes démonstrations n'avaient servi qu'à me faire passer à leurs yeux pour un sorcier en accointance avec le diable.

Après avoir rendu la liberté à mon prisonnier, pour le dédommager des soupçons injurieux dont il était l'objet, je me rassis, en méditant sur cette maligne influence du préjugé qui, malgré tous les efforts des savants, reste inébranlable dans l'esprit des masses. Cette ignorance des vérités les plus incontestées, cette obstination à repousser les preuves les plus évidentes et à ne voir dans les faits journaliers que des corollaires de systèmes préconçus qui ne peuvent résister à l'examen le plus superficiel, m'attristèrent profondément. Je cherchai à pénétrer la cause de cette singulière aberration, et, entraîné peu à peu par l'importance du problème, j'essayai de former tout un plan de bataille contre l'erreur et les superstitions. Mille idées se pressèrent dans mon esprit ; je voulus les grouper pour en créer un faisceau inébranlable ; mais, fatigué bientôt de cette argumentation à vide, je sentis mes yeux se fermer, et je me mis à rêver. . . . .

I

Il est une science pleine de merveilleux enseignements, dont le domaine immense renferme bien des sites inexplorés, et qui ménage à ses adeptes de perpétuels enchantements. Cette science, c'est l'HISTOIRE NATURELLE.

Chez elle, point de monotonie et de fatigantes abstractions ; à chaque instant de nouvelles surprises, de charmants aperçus ; partout des merveilles, des faits incroyables, de continuels prodiges. Le savant, toujours en présence de la nature, épiant ses moindres actions, surveillant ses procédés de mise en œuvre, n'éprouve ni lassitude ni défaillance ; la nouveauté du spectacle le charme et l'entraîne, et, soutenu par son enthousiasme, il oublie la longueur de la route et les épines du chemin.

Aussi l'étude de l'histoire naturelle possède-t-elle au plus haut degré cette sorte de fascination qui transforme ses adeptes en autant d'adorateurs fanatiques. Quand une fois elle s'est emparée d'une âme, elle y règne en souveraine absolue ; elle en dirige les actes, en absorbe toutes les facultés. Chaque pas en avant de ces heureux esclaves semble les animer d'une nouvelle ardeur. Sans cesse occupés de leurs chères observations, ils ne peuvent trouver en eux la plus petite place pour l'ennui et le désœuvrement, et cet entraînement irrésistible devient le mobile des plus grandes actions.

Voyez ces illustres voyageurs, ces Humboldt, ces Livingstone, ces Speke, qui, presque seuls, osent s'aventurer au milieu de régions inconnues, où l'être le plus à craindre est souvent l'homme lui-même. Quelle est la noble passion qui les enlève ainsi à leur patrie, à leur famille, à leur vie calme et honorée ? Quel est le puissant stimulant qui les soutient au milieu des dangers et des privations de toutes sortes et leur fait braver la mort et des tortures souvent plus horribles encore ? Dans quel but marchent-ils ainsi devant eux, sans daigner jeter un regard en arrière, et courent-ils sans cesse à de nouvelles épreuves ? Interrogez-les, et ils vous répondront sans hésiter : « Ce n'est ni l'appât des richesses ni la soif des honneurs qui nous dirigent. Ce que nous voulons, c'est connaître ce globe sur lequel nous devons vivre ; ce que nous cherchons, ce sont les plantes nouvelles, les animaux inconnus ; notre but est d'étendre le domaine de la science et de la maintenir dans la voie du progrès. »

Combien de cœurs malades, d'âmes blessées dans le tourbillon de la vie, sont venus demander à la science une consolation, un oubli ! Combien de malheureux atteints de maladies cruelles ont calmé leurs douleurs, ou du moins les ont presque oubliées, au milieu de recherches expérimentales d'un attrait irrésistible ! Avec l'amour de la nature, plus d'isolement, plus de nostalgie : une fleur, un insecte, une roche, viennent chasser vos pensées amères et parlent à votre cœur comme autant d'amis véritables et désintéressés.

Partout et toujours, ne l'oubliez pas, l'histoire naturelle est prête à tendre les bras à celui qui vient à elle. Dans quelque position que le sort l'ait placé, riche ou pauvre, humble ou puissant, cette bonne mère ne lui cache aucun de ses trésors. Ne craignez pas, venez à elle, et vous verrez quel charme on éprouve à compter au nombre de ses enfants.

II

Mais, à part ces considérations toutes morales, d'autres raisons, d'une utilité plus pratique, viennent encore militer en faveur de l'histoire naturelle. Quels immenses services ne rend-elle pas à toutes les branches appliquées des connaissances humaines ! L'agriculture, l'industrie, le commerce, la médecine, etc., etc., viennent lui demander des conseils et profitent de ses bienfaits. Quel est l'agriculteur sensé qui oserait aujourd'hui nier que c'est grâce à elle qu'il peut demander à la terre tout ce qu'il est en droit d'en attendre ? Sans la botanique, que deviendraient ses cultures, qu'enrichissent sans cesse les découvertes horticoles ? Et l'industrie, d'où tire-t-elle ses matières premières, sans lesquelles elle serait réduite à travailler à vide ? Le commerce et la médecine, enfin, verraient leur domaine détruit presque en entier, s'ils se trouvaient tout à coup privés des ressources que l'étude des productions de la nature leur a mises entre les mains, pour augmenter notre bien-être et guérir nos maladies. C'est donc du progrès de cette science bienfaisante que dépend l'accroissement de la civilisation au point de vue matériel.

Mais c'est surtout au point de vue de sa conservation personnelle que l'homme doit étudier les êtres qui l'entourent, afin de se garantir du mal qu'ils pourraient lui faire. Ce n'est pas trop, en effet, de toutes les forces de son intelligence pour lutter avec avantage contre des milliers d'ennemis dont les plus à craindre ne sont pas les plus grands; car, s'il ne trouvait dans l'étude de leurs mœurs le meilleur préservatif contre leurs incessantes déprédations, il finirait sûrement par succomber sous leurs atteintes.

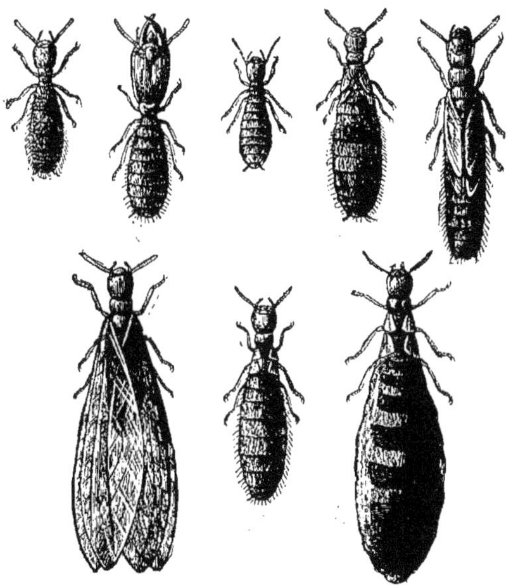

Termites : ouvriers, soldats, nymphes, mâles et femelles.

Nos meubles, nos vêtements, nos aliments, ont partout des ennemis acharnés à leur destruction. Aucune substance, si indestructible qu'elle paraisse, ne trouve grâce devant leurs dents meurtrières. Les *termites* rongent nos bois les plus durs et réduisent l'intérieur des poutres en poussière, sans que rien vienne déceler à l'extérieur leur travail clandestin, et à un moment donné la maison s'écroule sur ses habitants sans méfiance ! Des milliers de larves voraces détruisent nos laines, nos soies, nos tissus les plus brillants, mettent au pillage nos provisions de bouche et creusent de galeries tortueuses nos livres les plus précieux ! Le fer, le plomb, subissent le même sort, puisque dans les cartouches de nos soldats on a trouvé des balles entièrement perforées par une larve de mouche? Parlerai-je enfin de ces myriades de ravageurs qui dévorent nos céréales, nos fruits et nos légumes les plus utiles?

Les animaux vivants eux-mêmes ne sont pas à l'abri de la voracité des infiniment petits. Le cheval est tourmenté par la larve des *œstres*, qui se loge dans son estomac; la *céphalomye* du mouton dépose ses œufs dans les narines de cet animal, et l'*hypoderme* du bœuf sous le cuir de ces grands herbivores. L'homme, le roi de la création, ainsi qu'il s'intitule lui-même, n'est pas épargné davantage; il a ses nombreux parasites, qui vivent de sa chair, sucent son sang, ne lui laissent ni trêve ni merci et viennent lui rappeler à chaque instant ce que son orgueil lui fait oublier, c'est-à-dire que les lois naturelles ne sauraient faire d'exception en sa faveur.

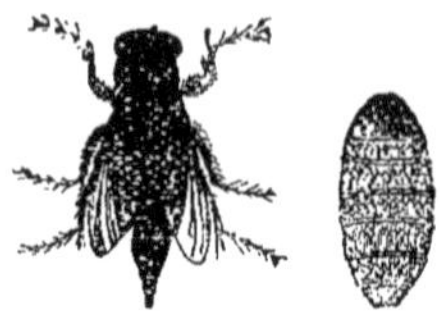

L'œstre du cheval et sa larve.

Et nous resterions impassibles et désarmés en face d'adversaires aussi infatigables! Nous permettrions à nos sujets insolents de nous piller ouvertement, sans chercher à les ramener au respect et à l'obéissance! Ce serait abdiquer la supériorité intellectuelle qui nous place si haut au-dessus d'eux, et mériter la déchéance du poste élevé que la nature nous a donné si généreusement.

Étudions donc, sans relâche et sans ennui, le livre de la nature, et sachons rester dignes des faveurs qui sont notre partage.

III

Et cependant, malgré tant de raisons puissantes qui sembleraient devoir nous imposer le culte de l'histoire naturelle, cette science est une de celles dont le domaine est le moins fréquenté. En vain quelques grands génies ont élevé leur voix autorisée: le monde est resté inflexible dans son indifférence, et le préjugé n'a pas encore entendu sonner sa dernière heure.

Quelles peuvent être les causes d'un abandon aussi peu mérité et dont les conséquences sont si préjudiciables?

Elles sont nombreuses et puissantes, il faut le reconnaître; mais, parmi elles c'est surtout l'éducation de nos premières années qui est, sans contredit, la principale origine de tout le mal. Une sorte d'ostracisme impitoyable écarte du système de nos études les notions d'histoire naturelle, ces notions qui cependant devraient être la première nourriture de l'intelligence des enfants. On les sacrifie aux connaissances purement littéraires. Pourquoi cet injuste dédain? Eh! mon Dieu! sans vouloir établir ici un parallèle entre toutes les branches des sciences humaines, et chercher à constater à laquelle revient de plein droit la prééminence, ne semble-t-il pas équitable et naturel de les placer sur un pied d'égalité parfaite? Car, sans essayer de nier l'incontestable utilité qui résulte pour nous de savoir que le consul Paulus Emilius gagna, en l'an 163 avant Jésus-Christ, la bataille de Pydna sur les Macédoniens, et qu'en l'an 54 de notre ère l'empereur Claude mourut d'une indigestion de champignons, on peut néanmoins, sans être taxé de parti pris, affirmer qu'il est peut-être aussi avantageux de connaître le monde que nous habitons et les êtres avec lesquels nous sommes en contact journalier.

Lucane cerf-volant : larve, nymphe et insectes parfaits.

Et qu'on ne dise pas que l'enfance répugne à s'adonner à l'étude de la nature : ce serait vouloir nier l'évidence. Interrogeons, en effet, nos propres souvenirs. Qui de nous n'a pas, dans sa jeunesse, collectionné des insectes ou des fleurs? Qui de nous n'a pas senti battre son cœur à l'aspect d'un magnifique *lucane cerf-volant* grimpant avec majesté le long d'un tronc de chêne, ou n'a pas aspiré à la conquête d'une *cétoine dorée,* au détriment de ses yeux et de son nez endommagés dans les péripéties d'un glorieux pugilat? Que de dictionnaires transformés en herbiers provisoires, au grand scandale d'un maître d'étude sévère. partisan de l'omnipotence des connaissances littéraires! Ah! si l'on eût alors dirigé ces tendances instinctives, que de progrès remarquables et faciles nous eussions faits dans cette voie, voie féconde en résultats immenses; car du jour où l'histoire naturelle sera connue de tous et sera pour ainsi dire entrée dans nos mœurs, l'homme aura accru son bien-être physique et moral dans une incalculable proportion!

Les résultats déplorables d'un tel système sont faciles à comprendre. L'homme du monde, pour qui j'écris ces lignes, détourné de ses penchants, a oublié depuis longtemps les leçons écourtées qu'un professeur, esclave du programme, lui a parcimonieusement données autrefois. Cette absence des premiers éléments est pour lui un obstacle invincible à l'étude de la nature, et le travail aride qu'il aurait à accomplir, pour marcher hardiment dans cette voie, est trop ardu pour qu'il n'en soit pas bientôt rebuté. Le langage scientifique, en effet, paraît bizarre et inutile; les mots techniques, tirés du grec et du latin, voire même de l'hébreu, y abondent; aussi est-il dur à l'oreille et effraye-t-il les gens du monde, habitués à se servir de mots et de comparaisons usuelles; à leurs yeux, il passe pour une superfétation, pour un épouvantail créé pour arrêter l'audacieux qui voudrait s'aventurer sur ces plages prohibées. Aussi, lorsque attirés par le charme de quelques faits remarquables qui, malgré tout, parviennent jusqu'à eux, ils veulent pénétrer plus avant, ils ne tardent pas à rebrousser chemin, effrayés par les mots barbares, mais d'une utilité incontestable, dont les détails les plus attachants sont hérissés, surtout quand ils ne cherchent dans cette étude qu'un simple délassement au tracas des affaires et aux pénibles labeurs de l'esprit.

Ce fâcheux état de choses est-il donc sans remède?

Évidemment non; car pour amener peu à peu le monde à revenir de ses préventions et lui rendre facile une étude qu'il repousse avec effroi, il faudrait masquer sous une forme attrayante l'aridité des notions premières et intéresser tout en amusant. Il est clair qu'une histoire naturelle dépouillée de toute terminologie spéciale, qui grouperait les faits avec art, de façon à s'appesantir sur les plus intéressants, en laissant dans l'ombre les abstractions qui sont du domaine de la science pure, couperait le mal dans ses racines. Le lecteur, sans fatigue aucune, s'initierait, pour ainsi dire à son insu, aux merveilles que la nature fait éclore autour de lui à chaque pas et qu'il ne peut apercevoir sans guide. Et une fois ce premier pas franchi, l'esprit, alléché par la beauté du spectacle qu'il commencerait à entrevoir, saurait bientôt aller seul en avant, et ce qui n'aurait été au début qu'une simple distraction deviendrait assurément une passion dominante.

Mais une telle œuvre n'est pas aisée à exécuter, et c'est s'exposer à être taxé de témérité que d'essayer de l'entreprendre. Comment tourner cette grave difficulté? . . . .

IV

J'en étais là de mes réflexions, et je me creusais vainement la tête pour trouver le moyen de résoudre ce problème compliqué, quand j'aperçus dans la prairie un enfant portant un malheureux hanneton suspendu par la patte à l'extrémité d'un fil. Chaque fois que le pauvre insecte, douloureusement tiraillé, voulait replier ses ailes, l'impitoyable gamin le secouait violemment, le faisait tournoyer en cercle en lui criant : *Hanneton, vole, vole*... Et force était à la pauvre bête de reprendre sa course aérienne.

Indigné de ce jeu cruel, j'arrachai la victime des mains de son bourreau, et, dégageant doucement le nœud coulant qui meurtrissait la patte à demi brisée, je posai l'animal sur l'herbe. Durant quelques minutes, il resta comme anéanti, les membres raidis, les ailes entr'ouvertes et respirant avec difficulté; sans doute il se méfiait de moi, et ma présence était pour lui un indice de nouveaux tourments. Peu à peu, cependant, me voyant immobile, il reprit courage et essaya de se relever sur ses jambes; mais il ne put y parvenir. J'eus beau lui prêter main-forte, le réchauffer de mon haleine et le soigner de mon mieux, tout fut inutile. Le supplice avait trop duré, et je compris qu'il n'avait que peu d'instants à vivre.

Tout à coup, à ma stupéfaction profonde, il tourna vers moi sa tête affaiblie par l'approche de la mort, et, me tendant une patte déjà glacée, il me parla en ces termes : « Merci, homme généreux, pour tes soins et ta peine; mais il est trop tard, je vais mourir victime de la cruauté de tes semblables. Tu es le premier être de ton espèce qui ait été bon pour ma race : aussi je veux t'en témoigner ma reconnaissance par un don des plus précieux. J'ai écrit, heure par heure, l'histoire de ma vie, et j'ai noté avec soin les faits intéressants dont j'ai été témoin. Je destinais ce manuscrit à mes enfants, pour lesquels il eût été un guide sûr au milieu des périls qui nous entourent. Mais puisqu'il ne m'est pas donné de les revoir avant de mourir, je veux qu'il t'appartienne. Quand je ne serai plus, tu fouilleras au pied de ce hêtre isolé que tu vois là-bas, et tu trouveras ces Mémoires cachés entre les racines. Prends-les, je te les donne, et je mourrai sans regret en pensant que mon travail sera pour toi de quelque utilité. Adieu! »

A ces mots, un tremblement convulsif secoua son corps défaillant, ses pattes se tordirent dans un effort suprême, et il retomba sur le gazon. Tout était fini, le pauvre insecte était mort!

Après quelques minutes employées à rassembler mes idées fortement ébranlées par un tel incident, je me secouai comme au sortir d'un rêve, et, voulant en avoir le cœur net, je courus à l'arbre désigné, au pied duquel je creusai un vaste trou avec une ardeur fébrile. Tout à coup, j'éprouvai une forte résistance. Redoublant d'efforts, j'enlevai une grosse pierre engagée sous la plus forte racine, et j'aperçus une énorme liasse de feuilles de marronnier parfaitement sèches. Une fine écriture les recouvrait en entier : c'étaient bien les Mémoires du pauvre hanneton! Je les lus sans désemparer. Ils étaient remplis de descriptions d'animaux et d'observations suivies sur leurs mœurs; ils fourmillaient de faits curieux et peu connus, narrés sans apprêt et sans prétention. C'était la nature prise sur le fait. J'étais stupéfait, et c'était à croire que le Ciel, prenant en pitié mes préoccupations au sujet des moyens à employer pour vulgariser l'histoire naturelle, avait voulu me sortir d'embarras en m'envoyant le travail tout fait.

Ce sont ces Mémoires que je livre à la publicité, après les avoir traduits en langage des hommes. Puisse cette traduction fidèle ne pas en altérer le charme et l'intérêt, et vous faire éprouver tout le plaisir que j'ai goûté moi-même à les parcourir!

LES MÉMOIRES D'UN HANNETON

CHAPITRE PREMIER

MA NAISSANCE. — MON PORTRAIT. — MON ENFANCE.

2 avril.

Huit mois se sont écoulés depuis ma naissance, huit mois d'une vie calme et heureuse, rendue plus douce encore par la présence de mes frères. Réunis sous le même toit, partageant les mêmes aliments, courant les mêmes dangers, nous avions vécu comme dans un rêve enchanté, jouissant du présent, insoucieux de l'avenir. Hélas! le réveil a été terrible! Longtemps les feuilles décomposées qui nous servaient de nourriture avaient suffi à nos besoins communs; mais elles commençaient à devenir rares, et comme, d'un autre côté, nous avions beaucoup grandi, la disette se faisait vivement sentir. Aussi, pour éviter de mourir de faim, a-t-il fallu s'imposer un sacrifice pénible, mais nécessaire, et une séparation définitive a été décidée. Il y a trois jours, elle s'est accomplie à notre grand désespoir! Pauvres frères! me sera-t-il donné de les revoir jamais?

Je me sens triste et découragé; cet isolement salutaire me pèse et m'effraye; j'ai peur de tout ce qui m'entoure. La journée me paraît interminable, et je ne sais comment employer les longues heures d'inaction pendant lesquelles je ne suis pas absorbé par la recherche de ma nourriture. Aussi mon esprit, sans cesse tourné vers le passé, ne peut-il se distraire du chagrin qui l'accable, et, sous peine de tomber malade, j'ai compris qu'il me fallait une occupation attachante, un travail journalier qui, me tenant constamment en haleine, ne laissât dans ma vie aucune place pour le découragement. Après mûres réflexions, je crois avoir trouvé ce qu'il me faut. Je vais écrire mes Mémoires.

Jour par jour, je noterai tous les incidents intéressants dont je serai le témoin. Tous les faits curieux, toutes les observations dignes d'occuper mon esprit, y seront exposés avec soin. J'étudierai tout ce qui m'environne, je suivrai pas à pas les événements les plus remarquables, et je tâcherai d'expliquer tout ce qui me paraîtra surprenant ou utile à approfondir. En un mot, mes Mémoires seront un recueil des choses les plus importantes accomplies sous mes yeux. Ce travail aura le double avantage d'exercer mon intelligence et de chasser les idées noires qui ne me laissent aucun repos. Et puis, qui sait? Peut-être qu'un jour mon journal tombera sous les yeux des êtres de mon espèce, et il sera pour eux un guide assuré dans toutes les circonstances difficiles de la vie.

Je crois décidément que cette idée est bonne; depuis qu'elle m'est venue, je ne me sens plus le même, et ma tristesse a diminué; aussi vais-je la mettre à exécution sans désemparer.

J'ai donc fait ample provision de belles feuilles de marronnier toutes fraîches, que l'orage d'hier a détachées de leurs rameaux, et me voici à l'ouvrage. Afin de revivre plus longtemps dans ce passé de douce confraternité où je me sentais si heureux, je vais en retracer d'abord les principaux épisodes. Ne faut-il pas, d'ailleurs, commencer mon histoire par son début naturel, ma naissance?

Coque de terre d'une larve de hanneton.

Au moment où j'ouvris les yeux pour la première fois, je me trouvais dans une sorte de cavité ovale, parfaitement close, dont les parois, fortement tassées, étaient imperméables à la pluie. Cette loge, d'un pouce de diamètre environ, était située, comme je l'ai su plus tard, dans la terre et à une profondeur de vingt centimètres. Autour de moi, je vis une quantité assez considérable de petits œufs blanchâtres, allongés, semblables à celui dont je venais de sortir, et formant un petit tas soigneusement disposé. En outre, j'aperçus aux alentours cinq ou six petits êtres occupés à sucer quelques débris de végétaux : c'étaient mes frères nouveau-nés.

Malgré toutes mes recherches, il me fut impossible de découvrir mon père et ma mère; ils étaient absents, du moins je le crus d'abord. Mais, pendant les jours qui suivirent, ils ne vinrent pas davantage nous témoigner leur affection. Cet abandon de leur part avait lieu de nous surprendre, et nous les accusions de dureté. Peu de temps après, tout nous fut expliqué, et nous sûmes qu'ils étaient morts longtemps avant notre naissance. C'est le triste sort commun à tous les hannetons, destinée fatale qui les prive de la joie de se voir revivre dans leurs enfants!

Avant d'aller plus loin, il me paraît utile de faire d'abord une description détaillée de ma personne. Ce portrait s'appliquera tout aussi bien à mon état actuel qu'à celui où je me trouvais à ma naissance. Rien, depuis lors, n'a changé en moi comme forme; j'ai seulement grandi, surtout en longueur.

Mon corps est allongé, vermiforme, et composé de treize segments, non compris la tête. Il est entièrement mou, sans le moindre squelette osseux : d'où il résulte que mes anneaux, mobiles et élastiques, peuvent, à volonté, s'allonger ou se raccourcir dans tous les sens. Ma peau, lisse, luisante, d'un blanc jaunâtre, est parsemée de quelques longs poils raides d'un beau jaune. La partie postérieure de mon corps offre seule une teinte ardoisée qui tranche assez agréablement sur le fond général. Cette peau, extrêmement flexible, se prête sans peine aux attitudes les plus opposées, faculté précieuse, qui facilite étrangement mes divers mouvements dans les cavités étroites et tortueuses dans lesquelles je dois vivre. Ma posture favorite est de coucher sur le côté, le corps courbé en cercle, le ventre replié, comme un chien qui dort en rond.

Les trois premiers anneaux, à partir de la tête, portent chacun une paire de pattes, ce qui m'en donne six. Elles sont dures, écailleuses, formées de plusieurs parties articulées ensemble, dont la dernière porte un petit ongle crochu. Ces pattes sont courtes et semblent peu proportionnées à la grosseur du corps, mais elles sont parfaitement adaptées à mon genre de vie, et grâce à elles je puis creuser et circuler très aisément dans la terre la plus compacte. Leur couleur est d'un jaune rougeâtre fort agréable à l'œil.

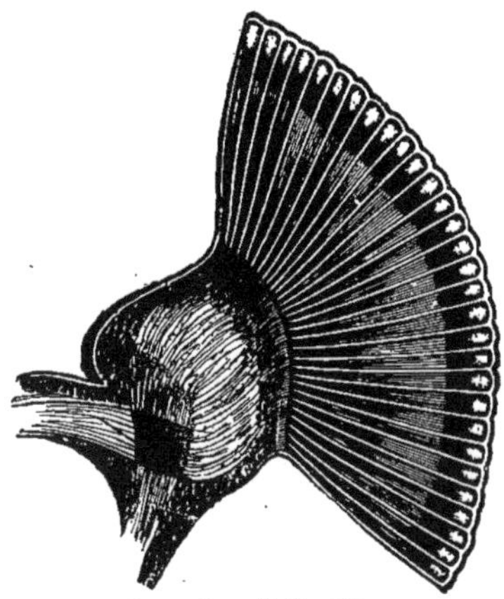

Coupe d'un œil d'insecte.

Ma tête, essentiellement différente de celle de l'homme, n'offre point une face mobile et expressive où viennent se peindre mes impressions intérieures. Elle est entièrement recouverte d'une substance cornée très dure, qui la protège efficacement contre tous les agents extérieurs. Elle est ronde et coupée carrément à la partie antérieure ; les joues et le nez n'y sont point indiqués, et sa couleur est analogue à celle de mes pattes. Je n'ai point de cou. Mes yeux[1] sont placés sur les parties latérales et ne peuvent effectuer aucun

1. Les yeux manquent dans la larve du hanneton ordinaire (*Melolontha vulgaris*, L.), comme dans la plupart de celles de la famille des *Scarabéides*. Mais la larve d'une espèce voisine, la cétoine à bandes (*Trichius fasciatus*, L.), est munie de ces organes. C'est donc sans une trop choquante invraisemblance que nous avons pu en doter notre héros.

Du reste, bien des personnes auront été surprises de ne point reconnaître le hanneton dans le portrait qu'il trace de lui-même. Cela tient à ce qu'il ne s'agit ici que de la *larve* de cet insecte. En effet, l'on sait que tous les animaux de cette classe subissent des métamorphoses, c'est-à-dire que depuis leur sortie de l'œuf ils passent par plusieurs formes intermédiaires avant d'atteindre l'état parfait. Ces formes sont au nombre de trois, ainsi que nous l'apprend l'histoire populaire du ver à soie : 1° l'état de *chenille*, qui prend le nom de *larve* dans les insectes autres que les papillons ; 2° celui de *chrysalide* ou de *nymphe;* 3° celui de *papillon* ou d'*insecte parfait*. Certains insectes (*orthoptères*, *névroptères*, etc.), font exception à cette loi et ne subissent que des demi-métamorphoses ; l'état de nymphe manque, et ils passent de celui de larve à celui d'insecte parfait en acquérant simplement des ailes. Dans le cours de ce récit, nous aurons, du reste, l'occasion de revenir sur ce sujet.

mouvement. Ils sont, en outre, bien différents de ceux de l'homme comme constitution, car ils sont formés d'une infinité de petits yeux juxtaposés dont l'ensemble constitue l'œil entier. Aussi la surface de cet œil est-elle comme chagrinée par des milliers de petites facettes produites par les cornées microscopiques qui le composent et dont les points de rencontre ont lieu sous des angles différents. Cette admirable disposition me permet de voir à la fois dans toutes les directions, et supplée habilement au défaut de mobilité de ces organes.

Dans la terre où je vis, la clarté est peu considérable : aussi me fallait-il d'autres appareils propres à diriger mes mouvements dans l'obscurité. C'est dans ce but que ma tête porte des *antennes*. Les antennes[1] sont deux petits appendices placés sur le front, à côté des yeux, et représentent deux tiges grêles, extrêmement mobiles, formées de cinq petits articles, semblables à des fuseaux ajoutés bout à bout. Leur extrémité est douée d'une sensibilité exquise, et je m'en sers pour palper avec soin tous les objets que je rencontre, afin d'en connaître la nature et la position ; de la sorte, je me dirige aisément sans le secours des yeux.

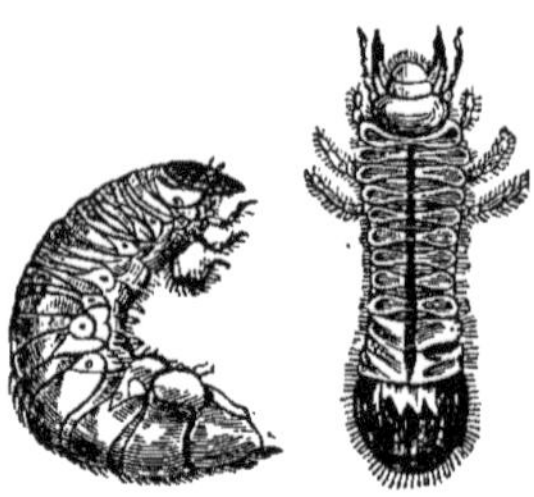

Larve de hanneton vue de profil et dessus.

J'arrive à ma bouche, et ici je recommande la plus grande attention ; car elle a si peu d'analogie avec la bouche humaine, que sans cela je serais incompréhensible dans la description que je vais en donner. Fausse modestie à part, je dois déclarer d'abord que cette partie de mon individu est bien supérieure comme organisation à celle de l'homme, ainsi que vous allez en juger. Comme l'homme, j'ai deux lèvres : une supérieure, cornée, non préhensile ; une inférieure, plus molle, sur laquelle est attachée la langue, à laquelle son peu de grandeur a fait donner le nom de *languette*. Ces lèvres, par leur rapprochement, ne constituent pas une cavité close dans l'intérieur de laquelle les mâchoires puissent jouer, car ces dernières ont leur surface externe tout à fait libre à l'air, et dans leurs mouvements font saillie en dehors de la bouche.

Ces dernières sont au nombre de quatre, disposées par paires et placées l'une au-dessus de l'autre. Les supérieures, qui s'appellent *mandibules*, sont les plus fortes et sont formées d'une corne extrêmement dure. Chacune d'elles ressemble à une sorte de serpe recourbée, peu aiguë à l'extrémité, et munie de petits tubercules ou dents qui servent à broyer les

1. Les noms techniques des parties constitutives des insectes sont essentiels à connaître. Afin d'être plus clair, nous avons cru devoir les placer dans la bouche du hanneton, sans tenir compte de la façon dont il les nomme lui-même, au risque d'encourir le reproche de le transformer en insecte trop érudit.

aliments. Les inférieures, moins résistantes, nommées particulièrement *mâchoires*, ressemblent aux mandibules comme forme générale. A la partie interne, elles offrent une rangée de pointes flexibles, analogues aux dents d'un peigne, qui s'engrènent les unes dans les autres quand je les rapproche. Les mandibules me servent à couper en gros fragments les racines et les feuilles dont je me nourris, et ces fragments sont ensuite broyés en pulpe fine par les mâchoires : c'est une sorte de filière admirable qui facilite singulièrement la mastication.

Dans l'espèce humaine, les mâchoires, en vertu de leur superposition, agissent de bas en haut sur les aliments; chez moi, au contraire, ces organes jouent latéralement et horizontalement; aussi était-il nécessaire que leurs mouvements ne fussent pas gênés sur les côtés. Voilà pourquoi les joues ne viennent pas les recouvrir.

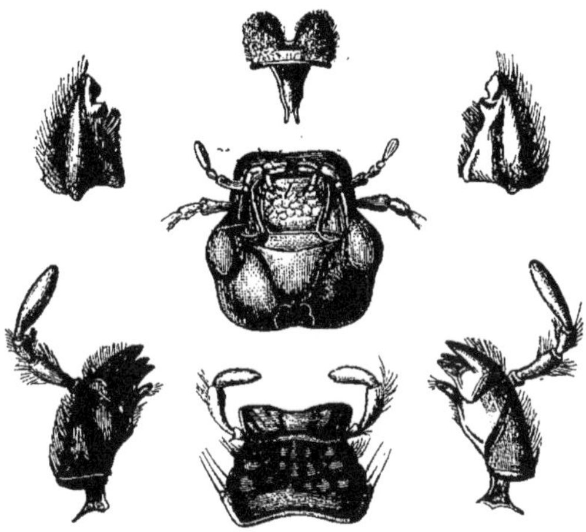
Pièces buccales d'un hanneton.

Il y a encore dans la bouche des insectes des organes accessoires qui en augmentent l'utile complication; ce sont les *palpes*. Ces petits appendices, insérés sur le côté externe des mâchoires, sont formés, de même que les antennes, de petits articles ajoutés bout à bout et jouissant d'une mobilité excessive. Les miens ont quatre articles, doués d'une exquise sensibilité. Ce sont, pour ainsi dire, deux doigts très agiles placés en ce point pour m'aider à saisir les aliments et les guider aisément vers les mâchoires.

Passons maintenant à une autre fonction non moins importante, et par laquelle éclate aux yeux de tous l'incontestable supériorité d'organisation qui me distingue de l'homme. Je veux parler de la respiration. Ici, il faut abandonner toutes les idées reçues et se faire une opinion toute nouvelle. Chez l'homme, la propriété respiratoire est nécessairement liée à l'idée de l'existence d'une ouverture, bouche ou nez, par laquelle doit se faire l'introduction de l'air; cette corrélation est si bien enracinée dans les esprits qu'il n'est plus possible de comprendre la respiration sans ces deux organes. Eh bien, chez moi il en est tout autrement; je respire même mieux que lui, j'ose m'en flatter, et pourtant je ne respire point par la bouche. Cette fonction s'effectue, en effet, par une série de points sans analogue dans l'espèce humaine, car je respire par la poitrine et le ventre! Je m'explique.

De chaque côté de mon corps, il existe à presque tous les anneaux une petite ouverture, que sa couleur jaune fait aisément reconnaître, et par laquelle se fait l'entrée de l'air atmosphérique; j'ai donc environ vingt bouches. Ces petites ouvertures, nommées *stigmates*, sont admirablement constituées pour remplir le but qu'elles doivent atteindre. Leur pourtour est garni d'une sorte d'anneau corné qui, s'implantant dans la peau, force celle-ci à rester toujours béante; on dirait les petites œillères percées dans les étoffes et garnies de cuivre, qui servent à laisser toujours un passage ouvert aux cordons que l'on y passe. En outre, un faisceau de poils fins, très serrés, convergents, les recouvre et empêche ainsi les poussières contenues dans l'air de pénétrer dans l'intérieur.

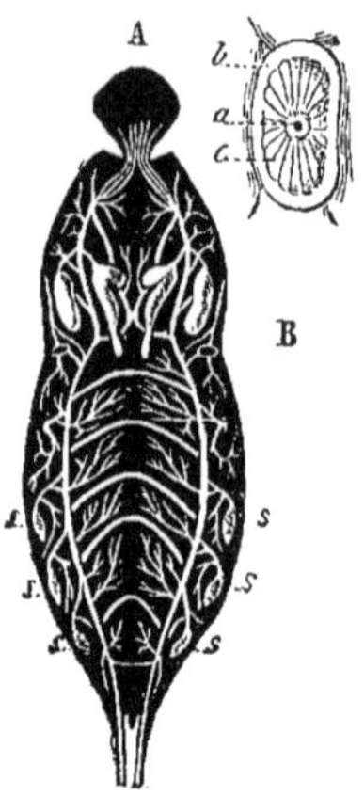

A, appareil trachéen d'un insecte.
s s, stigmates.
B, stigmate d'un insecte.
a, orifice aérien; b, cercle corné; c, tissu tubuleux qui entoure l'orifice.

On voit, par cette description, combien j'avais le droit d'établir notre supériorité respiratoire sur le roi de la création, ainsi qu'il se nomme modestement lui-même. Grâce au nombre de mes bouches à air et à leur habile construction, il est presque impossible pour moi de craindre l'asphyxie, car, plusieurs de ces pores seraient-ils obstrués, les autres suppléeraient fort aisément à leur inaction[1].

Pour respirer, je dilate et je contracte alternativement mon abdomen de façon à forcer l'air à pénétrer dans mes stigmates et à en sortir quand il a rempli son devoir. Ce double mouvement s'accomplit sans l'intervention de ma volonté, instinctivement. Je suis loin cependant de me préoccuper outre mesure de

1. Faute d'études anatomiques, notre hanneton ne peut évidemment connaître toute l'immense différence qui sépare son système respiratoire de celui de l'homme. La fonction reste la même, c'est toujours la revivification du sang par l'absorption de l'air atmosphérique; mais les chemins suivis par la nature pour obtenir ce résultat sont tout opposés. Chez l'homme, en effet, le sang veineux, poussé par le cœur, vient passer tout entier dans un espace restreint, les poumons, où il peut subir l'influence de l'air, mais là seulement. Pour l'insecte, il en est tout autrement. Ici pas de cœur veineux; ce dernier sang n'est pas renfermé dans des vaisseaux, mais baigne tous les organes, qui y sont, pour ainsi dire, plongés. L'air introduit par les stigmates circule dans d'innombrables canaux nommés *trachées*, et vient ainsi vivifier le sang sur place. Rien n'est plus admirable que l'inextricable lacis formé par ces tubes à air dans le corps des insectes; on dirait les mille fils de soie dont l'araignée enveloppe la proie rebelle qu'elle vient de saisir. Pour éviter l'affaissement de ces conduits, la nature les a doublés d'une sorte de cordon élastique, roulé en spirale, qui s'oppose à l'affaissement des parois. Ils vont en se ramifiant à partir des stigmates, comme les racines d'un arbre, et présentent de nombreuses *anastomoses* ou communications qui relient entre eux les divers systèmes nés de chaque bouche respiratoire.

En résumé, chez l'homme le sang va à la rencontre de l'air; chez l'insecte, au contraire, c'est l'air qui va chercher le sang.

la régularité de ces actes, car je puis rester fort longtemps sans renouveler l'air que j'ai inspiré. Quand le temps est au froid surtout, je dépense fort peu de ce côté; j'éprouve alors une sorte d'engourdissement léthargique qui me rend lourd et m'ôte tout appétit.

Tel est mon portrait authentique, sans flatterie comme sans modestie déplacée. Il me resterait maintenant à parler de mon intelligence; mais ici je récuse mon propre témoignage, car je pourrais tout à la fois être taxé de présomption ou de fausse humilité. Je reviens donc à l'histoire de mon enfance.

Pendant les premiers jours qui suivirent ma naissance, je me sentais si faible que je restais presque sans bouger à la même place, me bornant, pour toute nourriture, à sucer les fragments de plantes en décomposition qui se trouvaient à ma portée.

Nous étions environ une vingtaine de jeunes larves rassemblées dans la cavité dont j'ai parlé plus haut, et nous nous écartions le moins possible de cet abri tutélaire. Une sorte d'instinct nous avertissait de mener une conduite prudente, et cette salutaire timidité nous poussait à chercher un appui mutuel dans la présence de nos semblables. D'ailleurs, de temps en temps, quelque catastrophe soudaine venait nous rappeler la nécessité de cette sagesse d'allure; car deux ou trois de nos frères, plus téméraires, ayant osé s'écarter imprudemment de notre logis, ne reparurent plus. Une mort violente les avait frappés.

Nos parents nous avaient admirablement installés. Les vivres n'étaient pas rares autour de nous; la terre, peu compacte, se laissait aisément fouiller par nos pattes encore débiles. En outre, elle présentait cette condition essentielle de se trouver dans ce juste milieu d'humidité et de sécheresse indispensable à la bonne santé de nos corps. Nous habitions un magnifique jardin potager, cultivé avec un soin tout paternel, et où les légumes les plus variés croissaient avec vigueur sous la haute direction d'un vieux jardinier. Celui-ci, toujours à l'ouvrage, ne perdait pas une minute; mais, doué d'un caractère irritable à l'excès, il entrait dans de terribles colères chaque fois que son œil vigilant découvrait quelque méfait de la gent herbivore. Sa voix menaçante nous glaçait de terreur au fond de notre retraite; et quand il s'approchait de notre côté, il nous semblait que, malgré l'épaisse couche de terre qui nous cachait, il nous apercevait et que tout allait mal finir.

Au milieu de ces alertes fréquentes, le temps s'écoulait rapidement; nous grandissions à vue d'œil, et, plus hardis, nous risquions dans nos environs immédiats une excursion trop souvent interrompue. Les feuilles décomposées, depuis que nos mâchoires s'étaient affermies, furent laissées avec dédain, et nous attaquâmes les racines juteuses des plantes voisines, au grand contentement de notre estomac, affadi par ce premier mets insipide.

Deux ou trois mois se passèrent ainsi, sans qu'aucun événement saillant vînt interrompre l'heureuse monotonie de cette première période de ma vie. Je n'insiste donc pas davantage sur ces instants regrettés, et je me hâte de passer à une curieuse aventure dont je fus le témoin.

Un jour — c'était, je crois, au commencement de septembre — je reposais doucement à la suite d'un excellent repas, lorsqu'il me sembla que le sol tremblait sous moi, comme si quelqu'un, placé sous le plancher de notre maison, essayait de le soulever; en même temps, il me tomba sur la tête quelques parcelles de terre détachées par la secousse.

Effrayé par ce mouvement insolite, je voulus fuir en toute hâte, mais je n'en eus pas le temps. L'ébranlement du terrain devenant de plus en plus considérable, un véritable éboulement se produisit, et je me trouvai presque enseveli sous les décombres. Je me dégageai vivement, et, grimpant sur le monceau de débris, je gagnai une sorte de fente ou d'orifice par où l'avalanche s'était produite, et, appliquant mon œil avec précaution, je regardai par cette ouverture.

Je faillis tomber à la renverse de frayeur, tant le spectacle que j'avais sous les yeux était terrifiant. Un affreux animal dont je ne distinguais d'abord que confusément la forme, mais dont ce que j'apercevais était plus que suffisant pour légitimer mon effroi, creusait la terre avec ardeur tout contre notre demeure. A mesure que son travail avançait et qu'il s'enfonçait plus profondément dans le sol, la clarté arrivait plus aisément d'en haut jusqu'à lui, et, blotti dans la petite cavité produite à son insu dans la paroi qui nous séparait, je pus l'examiner tout à mon aise, non sans trembler quelque peu.

Ce qui frappait d'abord en lui, c'était l'énorme disproportion de son corps et de ses membres. Ceux-ci, en effet, grêles, allongés, velus, contrastaient vivement avec le ventre arrondi et gonflé comme un ballon qu'ils supportaient, et n'en paraissaient que plus frêles encore. La tête, petite, carrée, au front large, portait huit yeux inégaux, disposés en deux lignes courbes concentriques sur le sommet du crâne. La ligne intérieure, formée des quatre plus gros, regardait en avant; l'extérieure, formée des plus petits et interrompue dans son milieu, flanquait les parties latérales. L'ensemble formait un dessin assez original. Ses yeux, immobiles comme les miens, étaient tournés selon un axe différent, ce qui permettait à l'animal de voir dans toutes les directions.

Sa bouche était armée de deux énormes mandibules, portant à leur extrémité un crochet articulé, recourbé, aigu et mobile, dont la vue donnait la chair de poule. Ses pattes grisâtres, au nombre de huit, se terminaient par de doubles ongles crochus. De chaque côté de sa poitrine s'élevaient deux sortes d'antennes munies de pinces assez longues, qui, se plaçant de chaque côté de la bouche, devaient l'aider à y porter sa nourriture. La couleur de son corps était le brun fauve, varié de sortes de bandes confuses, de teinte plus foncée.

L'air féroce et menaçant de cet animal ne saurait se décrire. La multiplicité de ses pattes, les crochets de ses mâchoires et la fixité de ses huit yeux formaient un ensemble des moins engageants. Aussi, chaque fois qu'il se tournait de mon côté, un frisson me parcourait des pieds à la tête, à la seule idée qu'il pouvait m'apercevoir. La curiosité était pourtant chez moi plus forte que la peur, et, à l'abri d'une petite motte de terre, je ne perdais pas de vue un seul de ses mouvements, prêt à fuir à la première alerte sérieuse.

A l'aide de ses fortes mandibules et de ses pattes antérieures, il creusait le sol en enlevant peu à peu de petits fragments de terre qu'il rassemblait en tas derrière lui. Quand le monceau de débris avait atteint des proportions convenables, il se retournait, et, se servant de sa tête comme d'un bélier, il poussait vigoureusement jusqu'à ce qu'il eût chassé hors du trou ces déblais embarrassants. Sa patience et son courage au travail étaient extraordinaires, et c'était merveille de voir avec quelle ardeur il attaquait les nombreux obstacles accumulés sur son chemin : petits cailloux, terre dure et compacte, sable mouvant, ne pouvaient l'arrêter, et le tunnel avançait rapidement. Enfin, quand l'excavation eut atteint une profondeur de trente centimètres environ, l'animal cessa de creuser et se mit à en parcourir toutes les parties, polissant les parois, enlevant ici une parcelle de terre oubliée, tassant ailleurs le sol menacé d'un éboulement, en un mot, mettant la dernière main à son œuvre. Cela fait, il jeta un coup d'œil de satisfaction autour de lui, et parut content du domicile spacieux construit ainsi à peu de frais.

La besogne n'était cependant pas terminée, car il fallait encore tapisser ces murailles nues, ainsi que cela se pratique dans tout appartement confortable. Voici comment notre insecte opéra : à l'extrémité de son abdomen se trouvaient quatre petits mamelons charnus, percés d'un grand nombre de pores microscopiques. De chacune de ces ouvertures suintait un liquide visqueux et incolore qui, au contact de l'air, se solidifiait aussitôt en autant de filaments soyeux d'une ténuité excessive. Tous ces brins de soie, en passant au travers des dents de peigne dont les mandibules étaient armées, comme dans un dévidoir, s'y réunissaient ensemble pour former un fil unique plus résistant. L'animal en collait alors le bout au fond du trou, et, remontant en décrivant une spirale, laissait derrière lui un réseau circulaire de fils qui formaient une première couche, tapissant toute la paroi interne. Arrivé à l'orifice, il redescendait en faisant le même manège, mais en ayant soin d'entre-croiser la trame, et une seconde couche était ainsi disposée sur la première. Bientôt, en continuant de la sorte, il obtint un tissu épais, une véritable tenture, cachant la terre sous ses replis. Quand tout fut terminé, l'ensemble formait une sorte de tube soyeux, élastique, ouvert à l'extrémité, et adhérant sur tous les points aux murailles du logis. A l'aide de quelques fils longitudinaux, l'insecte lia entre elles les diverses couches, de façon à en faire un tout homogène, capable de résister aux causes de destruction les plus actives.

Cela fait, loin de se reposer, comme il le méritait bien, mon voisin sortit de sa demeure embellie, plaça un grand nombre de filaments soyeux rayonnant autour de l'orifice, et forma ainsi une petite toile tendue sur le sol, et placée en vedette pour avertir l'habitant du logis des visites des importuns ou des imprudences de ses victimes.

Nous avions maintenant une demeure commode, richement tapissée; mais, pour la mettre complètement à l'abri des intempéries de l'air et des incursions dangereuses des carnassiers, il lui manquait un accessoire important, auquel l'animal avait songé comme nous : c'était la porte. Aussi, sans perdre de temps, il se mit à l'œuvre. Pour cela, avec de la soie plus grossière, il construisit une toile circulaire de la grandeur exacte de l'orifice; puis, pétrissant, à l'aide de sa salive, de fines parcelles de terre, il en forma une pâte, qu'il étendit en couches minces sur ce premier plancher soyeux. A la terre succéda une nouvelle couche de fils, puis un second plateau de glaise, et ainsi de suite, jusqu'à ce que le tout eût atteint une épaisseur assez considérable. La porte était achevée. Elle avait la forme d'un gâteau circulaire, légèrement conique de dehors en dedans, et s'adaptait exactement à l'entrée du terrier, dont le diamètre allait en se rétrécissant d'une manière insensible. Restait à la fixer en place.

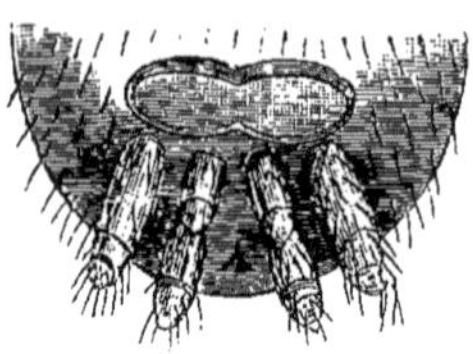

Filières d'une araignée.

L'ouverture du conduit souterrain n'était pas entièrement horizontale; un des côtés s'élevait plus que l'autre, en suivant la pente naturelle du terrain. Le voisin sut profiter habilement de cette disposition des lieux. Ayant placé l'opercule dans sa position définitive, il disposa de nombreux fils en couches entre-croisées, tendus de sa face supérieure au bord du trou, du côté le plus élevé, et bientôt il y eut là une sorte de ligament, véritable charnière élastique et résistante, maintenant solidement le volet en place. Grâce à la déclivité du sol, la porte restait fermée à l'état normal, maintenue dans cet état par son propre poids. Pour sortir de la maison, il fallait faire effort en la soulevant, et elle retombait aussitôt après d'elle-même, comme mue par un ressort. De la sorte, mon voisin se trouvait entièrement chez lui et pouvait reposer tranquille, sans craindre les visites importunes; car la couleur grisâtre de l'opercule se confondait si exactement avec la teinte du sol environnant, qu'à distance il était impossible d'en soupçonner l'existence[1].

Qu'on juge de l'attention et de la surprise admirative avec lesquelles j'avais suivi les diverses périodes de ce magnifique travail ! Je n'en pouvais croire mes yeux ! Comment un insecte aussi dénué de tout ce qui peut plaire et si peu fait en apparence pour accomplir de grandes choses, avait-il pu, avec les frêles membres dont la nature l'avait doué, venir à bout d'un aussi remarquable chef-d'œuvre? Comment ces pattes si longues et si fragiles, comment ces mâchoires si rigides et si massives avaient-elles pu se prêter à tous les mouvements de force et d'adresse exigés par une telle œuvre ? Et pourtant elle était là devant moi, et je sentais mon cœur battre de joie et d'orgueil, en songeant que l'auteur de tout cela était une araignée, c'est-à-dire un insecte comme moi-même, et il me semblait qu'une partie de la gloire qui lui revenait rejaillissait sur nous tous.

La mygale maçonne et son nid.

Aussi notre araignée, puisqu'il faut l'appeler par son nom, me semblait beaucoup moins repoussante depuis que je l'avais vue au travail; elle était même parvenue à m'intéresser, et je me sentais tout disposé à lui venir en aide, au cas où j'aurais pu lui être utile. Mais comme il était certain que le seul service que je fusse à même de lui rendre était simplement d'orner sa table en guise de plat de résistance, je me gardai bien de lui faire part de mes intentions bienveillantes. Je me bornai donc à faire des vœux pour son bonheur, tout en me promettant de la surveiller

1. Grâce aux détails dans lesquels le hanneton vient d'entrer, il nous est facile de reconnaître l'espèce d'araignée à laquelle il a affaire. C'est la mygale maçonne (*Mygale cementaria*, Latr.), de la famille des Arachnides pulmonaires. Elle vit dans le midi de la France, où elle est assez commune, surtout aux environs de Montpellier, Marseille, Narbonne, etc., etc. C'est en septembre qu'il faut la chercher sur les talus en pente des chemins arides. Pour la clarté du récit, nous supposerons que notre héros la connaît sous son nom générique et vulgaire d'araignée.

le plus possible, afin d'éviter de faire plus ample connaissance avec ses redoutables mâchoires.

Je remarquai d'abord que tant que le jour durait elle ne quittait pas le fond de son trou, où, ramassée sur elle-même et comme engourdie, elle restait immobile. Mais à l'arrivée du crépuscule elle sortait de sa léthargie, secouait ses membres raidis et sortait de son repaire. Son absence durait environ une heure, et quand elle rentrait, je voyais toujours quelque malheureux insecte se débattre entre ses mandibules. Parfois elle avait moins de peine à se procurer sa nourriture, car sa proie venait étourdiment donner tête baissée dans les fils dangereux qui rayonnaient autour de l'orifice de son terrier, piège terrible qui ne laissait jamais échapper ses victimes. Elle se bornait à sucer le sang des prisonniers, sans jamais en dévorer le corps; son repas fini, elle laissait dédaigneusement tomber la dépouille vide au fond de son antre, où il y eut bientôt une couche épaisse de débris desséchés.

Parfois une alerte subite venait troubler sa sieste quotidienne. Un jour, entre autres, j'entendis un bruit assez fort au-dessus de nos têtes, et je compris, aux secousses qu'éprouvait le tube de soie, qu'un animal assez gros marchait dans la toile extérieure; l'opercule lui-même, fortement ébranlé, était sur le point de céder sous les efforts qui tendaient à le soulever. Aussitôt, prompte comme l'éclair, l'araignée bondit jusqu'à lui, se renversa la tête en bas, saisit avec les ongles de ses pattes de devant la soie qui en tapissait la surface intérieure, et, s'arc-boutant des autres aux parois de sa demeure, le tira en bas de toutes ses forces. Mais l'inconnu, cause de tant d'alarmes, ne se tint pas pour battu et redoubla d'efforts pour vaincre cette résistance insolite. Tantôt il avait le dessus, et le volet à demi soulevé semblait prêt à lui livrer passage, tantôt ma voisine victorieuse le ramenait brusquement à sa place. La lutte dura ainsi plusieurs secondes, avec ces alternatives opposées, et ne se termina que lorsque l'araignée, à bout de forces, haletante et découragée, eut mis fin à la bataille en se précipitant au fond de son trou, où elle resta immobile, contrefaisant la mort. Aussitôt le museau fin et élégant d'un lézard gris se montra sous l'opercule soulevé, et son œil mutin et curieux examina avec soin l'intérieur de cet étrange repaire. Il paraît que l'examen ne fut pas favorable; car, loin d'y pénétrer, le gentil petit animal laissa vivement retomber la trappe et disparut. La mygale était sauvée[1].

Environ quinze jours se passèrent sans amener aucun fait digne de remarque. Mais un matin je fus tout surpris de trouver ma voisine en compa-

1. Je m'empresse de déclarer, pour ne plus y revenir, que les faits racontés ici sont de la plus rigoureuse exactitude. La forme seule de ce récit est du domaine de la fiction; le fond est puisé aux sources les plus véridiques.

gnie. Une autre araignée de la même espèce partageait son logis. La nouvelle venue était d'un tiers moins grosse et semblait plus effilée, et portait, en outre, près des mandibules, deux longues palpes terminées par un article renflé, en forme de massue. Je ne tardai point à me convaincre que j'avais à mes côtés un jeune ménage. Bientôt la femelle pondit une trentaine d'œufs jaunâtres, transparents, nacrés, qu'elle enveloppa d'une chaude couche d'ouate soyeuse, que recouvrait extérieurement un tissu plus résistant, de sorte que les œufs, ainsi disposés, formaient un cocon blanchâtre presque aussi gros que la mère. Celle-ci ne le perdait jamais de vue, veillant sur lui avec une sollicitude incroyable, et le portant suspendu entre ses pattes quand elle quittait son domicile. Au bout de trois semaines environ, une société de petites araignées sortit du cocon et fut l'objet de mille tendresses de la part du père et de la mère, qui leur portaient de nombreuses proies à dévorer; le père, en particulier, semblait s'être chargé d'approvisionner la famille.

Le scorpion d'Europe.

L'affection mutuelle de ces petits êtres, si peu faits pour plaire, formait un tableau touchant, et je ne pouvais me lasser d'envier le bonheur dont ils paraissaient jouir. Hélas ! ce bonheur devait être de peu de durée. En effet, quelques jours après, j'entendis un grand bruit chez mes voisins, et je me hâtai de gagner mon observatoire, d'où je fus témoin d'un étrange spectacle. Les petits étaient au fond du trou, serrés les uns contre les autres, pendant que la mère, convulsivement cramponnée à l'opercule, le maintenait fermé avec plus de force que jamais. Le père n'était pas avec eux, et je le cherchais dans tous les coins, quand, à un mouvement qui se fit au-dessus de moi, je supposai qu'il était au dehors. Je me glissai donc à la surface du sol, et, caché derrière une grosse touffe de laitues, j'assistai tout tremblant à un combat si terrible que, rien que d'y penser, je sens encore mes stigmates se hérisser !

Le père était là, à un pouce de sa demeure, les pattes étendues, le corps soulevé, les mandibules ouvertes, et observait tous les mouvements d'un autre animal placé en face de lui dans une attitude menaçante. J'avais trouvé la mygale horrible ; mais, je dois l'avouer, son adversaire me parut encore plus hideux.

Qu'on se figure une sorte d'écrevisse à queue effilée, portée sur huit pattes robustes et écailleuses. De chaque côté de sa tête s'élevaient deux grands bras allongés, terminés par des pinces mobiles, complètement analogues à celles du homard, et largement entr'ouvertes. Sa queue, mince, allongée, allant en diminuant de la base à l'extrémité, était relevée au-dessus du corps et se balançait sans cesse d'avant en arrière. Son dernier article, en forme d'ampoule renflée, se terminant en pointe extrêmement fine et acérée, devait constituer une arme redoutable[1]. Rien ne saurait donner l'idée de l'effrayante agilité avec laquelle l'animal la manœuvrait au-dessus de sa tête. Elle allait de droite, de gauche, avançait, reculait, et se dirigeait toujours vers la pauvre araignée, qui, sur ses gardes, lui présentait ses mandibules et cherchait à la saisir ; mais peine inutile : son ennemi était invulnérable et renouvelait sans cesse ses attaques. Bientôt la malheureuse bête, épuisée de fatigue, brisée par la frayeur, recula, essayant de regagner sa retraite, et, arrivée à l'orifice de son logis, voulut se retourner pour y pénétrer. Malheureusement l'opercule était fermé, et son adversaire, profitant du moment où, sans défense, elle lui tournait le dos, lui plongea son terrible dard en plein corps. Elle s'arrêta soudain, frémit convulsivement sur ses pattes, fit quelques pas chancelants, et tomba pour ne plus se relever. Elle était morte ! Aussitôt le vainqueur s'élança sur elle, en un clin d'œil lui coupa toutes les pattes à l'aide de ses pinces tranchantes, et emporta triomphalement le tronc mutilé pour le dévorer à son aise. Ma voisine était veuve.

Crochet et glande à venin de l'araignée. — C, crochet ; — g, glande.

Ce qui m'étonna le plus dans cette mort, ce fut la rapidité avec laquelle l'araignée succomba à une blessure légère en apparence. Ce fait étrange doit évidemment avoir pour cause la présence de quelque venin dans le dard du meurtrier[2].

1. C'est le scorpion d'Europe (*Scorpio Europæus*, L.), très commun sous les pierres, dans les caves, etc., etc., dans le midi de la France seulement.

2. Le hanneton ne se trompe pas en admettant la présence d'un venin dans la queue du scorpion. Il y existe en effet. C'est dans le renflement qui précède le dard que se trouve une double glande qui le sécrète et qui le verse dans la plaie à l'aide d'un canal qui vient s'ouvrir au-dessous de la pointe. Ce venin a même de l'effet sur l'homme, et dans les pays chauds peut causer des accidents graves. Le scorpion d'Europe est moins à craindre, et sa piqûre n'entraîne qu'un gonflement douloureux, qui se dissipe rapidement de lui-même au bout de quelques jours.
Les mandibules des araignées renferment aussi une glande venimeuse, construite sur le

Je dois dire que la perte de son époux ne parut pas affecter outre mesure la femelle, et je crois même que si elle s'en préoccupa, ce fut uniquement pour veiller davantage à sa propre conservation. Mais la mort du père produisit une grande diminution dans les vivres de la communauté, et, pour arriver à nourrir sa nombreuse lignée, la pauvre mère fut obligée de se mettre plus souvent en chasse. Un malheur n'arrive jamais seul, dit le proverbe : j'en fus bientôt convaincu ; car, un jour que l'araignée rentrait au logis chargée de butin, un grand insecte ailé fondit rapidement sur elle et, avant qu'elle eût pu se mettre en défense, la piqua d'un aiguillon qu'il portait à l'extrémité de l'abdomen. Les effets de cette piqûre furent terribles, et quelques secondes après l'insecte disparut, emportant dans les airs un corps inanimé. La force musculaire de cette mouche devait être énorme et hors de proportion avec sa taille exiguë, car l'araignée qu'elle emportait était au moins trois fois plus grosse qu'elle ! Je ne sais ce qu'elle fit du cadavre.

Ces deux pertes furent l'arrêt de mort des jeunes araignées ; l'opercule, resté soulevé, mouillé par la pluie, finit par se réduire en poussière, et l'habitation, ouverte à tout venant, perdit de sa sécurité. Poussés par la famine, les pauvres enfants voulurent aller en quête de leur nourriture : ils se dispersèrent, pour périr misérablement sans doute, et bientôt une légion de fourmis voraces se reput de ceux que la faiblesse avait retenus au logis. Huit jours après la mort de la mère, la demeure déserte, ravinée par les intempéries, n'était plus qu'une ruine délabrée.

Mais bientôt un autre incident vint m'occuper encore. Un nouvel hôte s'était emparé de ce logis abandonné et venait s'y mettre à l'abri de la chaleur du jour. C'était un limaçon fort élégant, dont la coquille svelte et blanchâtre flattait agréablement l'œil. Elle avait la forme d'un petit cône aigu, composé de tours de spirale dont l'ensemble formait une petite tour étagée. L'ouverture par laquelle l'habitant sortait de sa coquille était parfaitement circulaire, à bords lisses, et se trouvait complètement close par un couvercle calcaire que l'animal tirait après lui quand il rentrait[1].

J'admirai cette habile prévoyance de la nature. Cette pauvre bête au corps mou, sans défense, à la marche lente, aurait été trop exposée aux coups des nombreux et voraces tyrans que je voyais sans cesse rôder autour de nous, et elle n'aurait pas tardé à périr presque aussitôt après sa naissance, si ces conditions défavorables n'eussent été modifiées. Grâce à cette cuirasse, impénétrable de tous les côtés, elle vivait, narguant ainsi les cruels

même plan, mais dont les effets sont encore moins à redouter. Les cas de mort accompagnée de circonstances singulières, que l'on a prétendu être l'effet de la piqûre de la tarentule, ne sont dignes d'aucune créance.

1. C'est le cyclostome élégant (*Cyclostoma elegans*, L.), de la famille des Gastéropodes, de la classe des Mollusques. Il est très commun dans toute la France.

ennemis acharnés à sa perte. Que pouvait-elle craindre? Rien, pensais-je. Combien je me trompais! Car n'était-ce pas la même nature qui, ayant préparé la défense, avait aussi préparé l'attaque?

Un jour que notre limaçon, les cornes joyeusement étendues, se dirigeait vers une succulente feuille de laitue en traçant sur le sable un sillon argenté, j'aperçus, derrière une touffe d'herbe, une sorte de petit ver qui rampait traîtreusement. Cet animal, fort disgracieux, allongé, mince, charnu, graduellement atténué en arrière et couvert de poils serrés, surtout sur l'abdomen, était d'une couleur d'un blanc jaunâtre. Sa tête, cornée et noirâtre, portait deux fortes mandibules. Le dernier segment de l'abdomen offrait une sorte de petit disque concave, résistant et à fond mobile[1]. A l'aide de ses six pattes, il s'avançait doucement vers le limaçon, qui, grâce à la lenteur de sa marche, perdait à chaque instant du terrain. Bientôt la distance qui les séparait ne fut plus que d'un pouce, et je croyais le mollusque perdu, quand tout à coup, à un faux mouvement de son ennemi, il entendit du bruit, se retourna et aperçut notre ver à ses trousses. Aussitôt, avec la rapidité d'une flèche, il rentra dans sa coquille, et l'opercule, exactement appliqué, vint fermer toute entrée à l'ennemi désappointé.

Je me réjouissais déjà de sa déconvenue ; car, vous le comprenez, moi, être faible, inoffensif, sans défense, je ne puis accorder ma sympathie qu'aux êtres timides et sans armes comme moi; mais j'avais compté sans mon hôte. Notre ver tourna autour de la coquille, cherchant une entrée, flaira toutes les jointures de l'opercule, essaya de le soulever; mais le limaçon le retenait avec toute l'énergie du désespoir. Voyant la force inutile, l'animal essaya de la ruse, et, appliquant le disque dont j'ai parlé au pourtour de l'orifice, au point où se trouvait le muscle charnu qui sert de gond à cette porte naturelle, il fit le vide, et, grâce à cette ventouse, se trouva fixé solidement à ce poste important; cela fait, il attendit.

Qu'attendait-il? Pauvre limaçon! tu savais bien, toi, ce qu'attendait ce cruel vampire, tu le savais; aussi avec quelle frénésie tu retenais ta porte de salut, avec quel soin tu évitais la moindre fissure qu'il eût pu agrandir! C'était une lutte à mort entre vous deux, mais une lutte inégale ; car, tandis que, plein de terreur, tu t'épuisais à maintenir le frêle rempart qui seul peut te sauver, le cruel attendait patiemment et en repos que, vaincu par la fatigue, l'asphyxie et la faim, tu fusses contraint de lui livrer passage.

Ce moment arriva enfin, mais le limaçon avait résisté plus de dix heures! Dix heures pleines d'angoisses mortelles, où il s'était senti mourir lentement. A peine l'opercule se fut-il entr'ouvert, que le ver se précipita dans la fissure, saisit entre ses mandibules le muscle qui lui servait de charnière,

1. C'est la larve du drile jaunâtre (*Drilus flavescens*, L.), insecte coléoptère, de la famille des Lampyrides, commun dans l'Europe méridionale.

et en deux ou trois morsures le coupa entièrement. A cette douloureuse blessure, le pauvre animal rentra dans sa coquille, mais inutilement; car, désormais à découvert, il resta exposé aux terribles dents de la larve carnassière, qui se mit tranquillement à le dévorer vivant, malgré ses contorsions et ses flots d'écume...

On comprend aisément combien la vue de tant de meurtres successifs, accomplis froidement en ma présence, avait agi sur mon cœur et sur mon esprit. Ces tableaux barbares, en me faisant envisager l'existence sous son aspect le plus sombre, m'avaient rendu d'une tristesse profonde, et mille idées navrantes assiégeaient mon cerveau surexcité. La vie ne m'apparaissait que comme une lutte à outrance, où chacun, pour posséder sa place au soleil, brisait sans pitié les êtres faibles qu'il trouvait sur son chemin. Si encore le combat eût été loyal et les adversaires munis d'armes égales, la victoire eût été le prix du courage et de l'adresse, et non un véritable guet-apens; si les carnassiers n'eussent attaqué que leurs confrères en déprédations, rien de mieux, car celui qui dévore son semblable ne mérite-t-il pas de l'être à son tour? Que le scorpion ait tué la mygale, c'est tout naturel, puisque cette dernière n'épargnait pas davantage les mouches dont elle se nourrit. Mais que le ver ait occis le limaçon, voilà ce qui me révolte, puisque le malheureux mollusque n'avait jamais rongé que des végétaux. Or, c'est ce qui arrive le plus souvent. En effet, les malheureux herbivores, dépourvus d'armes offensives, sont toujours mis à mort, de préférence aux carnassiers, dont le corps est généralement revêtu d'une cuirasse impénétrable. Aussi la nature me paraissait injuste et cruelle.

N'étais-je pas, d'ailleurs, des plus intéressés dans cette grande question de droit vulgaire, moi pauvre être faible, inoffensif, n'ayant d'autre chance de salut qu'une ruse naïve? Comment échapper aux mille embûches tendues sous mes pas par tous ces êtres affamés, pour lesquels mon corps tendre et dodu serait un festin de roi? Sans cesse en éveil, tremblant au moindre bruit, comment pourrai-je jamais goûter la moindre joie et prendre part à cette douce quiétude que donne une vie tranquille, avec cette terrible épée de Damoclès suspendue sur ma tête? Non, je le répète, il y a là une grande injustice; et quand je protestais de toute l'énergie de ma terreur contre un sort semblable, qui donc aurait osé m'en blâmer?

Aussi, par moments, je me sentais si découragé que je serais allé de moi-même au-devant de cette mort qui m'épouvante, afin de mettre fin à mes angoisses, si une puissante considération ne m'avait retenu. Il est impossible, me disais-je, que la nature, dont les œuvres sont si dignes de notre admiration, ait agi de la sorte à notre égard sans qu'un motif souverain ait dirigé ses actes. La fin justifie, dit-on, les moyens. Eh bien, la recherche de cette cause première doit être des plus intéressantes à poursuivre; il y a là un mystère profond dont il serait très utile de connaître la clef. Mettons-nous à l'œuvre patiemment, regardons autour de nous, analysons et étudions les diverses circonstances qui se rapportent à cette loi importante, et, si nous parvenons à la préciser, quelle ne sera pas la suprême jouissance qui nous attend! Je sentais alors une immense curiosité s'emparer de mon âme; l'ardeur de savoir enflammait mon esprit, et, grâce à cette idée généreuse, mon affaissement cessa rapidement.

Mais chassons ces lugubres souvenirs, et achevons le récit de mes premiers pas dans la vie.

Bientôt après la mort du limaçon, l'hiver vint me forcer à interrompre mes observations et mes promenades. Le froid devint si vif qu'il fallut aviser à en atténuer les dangereux effets. Pour cela, mes frères et moi, nous creusâmes un puits profond, dont l'orifice fut fermé avec le plus grand soin, et, entrelacés les uns aux autres, nous y restâmes plongés dans un sommeil léthargique qui m'ôta jusqu'à la conscience de mon existence.

Quatre mois s'écoulèrent ainsi. Quand le printemps nous eut ranimés de sa vivifiante haleine, nous quittâmes notre abri, et je vous laisse à penser de quel appétit nous attaquâmes les racines tendres et savoureuses des plantes avoisinantes, puisqu'il s'agissait de combler le déficit produit par cent vingt jours d'une abstinence complète. Mais ces repas pris en commun ne tardèrent pas à éveiller l'attention du jardinier, car nos mâchoires réunies occasionnaient de grands dégâts, et le terrible homme se mit à nos trousses. Alors, traqués, harcelés sans trêve ni merci, il fallut se séparer afin de mieux dissimuler notre présence, et cette séparation s'est accomplie il y a trois jours, comme je l'ai dit en commençant ces lignes.

Pauvres frères, puissiez-vous éviter les pièges sans nombre qui vous entourent et échapper aux dangers qui vous menacent! Mes vœux vous suivront sans cesse dans cette épreuve difficile de la première phase de notre existence. Qui sait? Peut-être un jour nous retrouverons-nous dans ces lumineuses plaines de l'air, que nous sommes appelés à parcourir, pour y jouir ensemble des fleurs et du soleil!

CHAPITRE II

LE JARDIN ET LE JARDINIER. — UN CHANGEMENT DE PEAU.
UN DRAME SOUS UNE FEUILLE DE LAITUE.

22 avril.

Pendant les vingt jours qui viennent de s'écouler, je ne suis pas resté inactif, comme on pourrait le supposer en constatant mon peu d'empressement à reprendre la plume, et jamais journées ne furent plus utilement employées. Mon manuscrit n'a reçu aucune visite, il est vrai; mais ma conduite à son égard ne saurait donner à croire que je suis déjà dégoûté de l'œuvre que j'ai entreprise, bien loin de là; car c'est, au contraire, pour la traiter plus consciencieusement que j'ai dû lui faire subir ce long repos.

En effet, après avoir raconté, dans le précédent chapitre, les premiers mois de mon enfance, j'ai pensé qu'avant d'enregistrer au jour le jour le détail des faits les plus remarquables, il serait bon de donner une description complète du théâtre sur lequel ils vont se dérouler à tour de rôle. J'ai donc parcouru dans tous les sens le domaine que j'habite, pour faire plus ample connaissance avec les êtres et les choses qui m'entourent.

Ainsi que je l'ai déjà dit plus haut, j'habite un immense jardin consacré à la culture des légumes et des arbres fruitiers. Une haute muraille de briques l'environne de tous côtés et le défend contre toute invasion des maraudeurs. En dedans de cette muraille, qui limite le champ de mes observations, une bande de gazon d'un mètre de largeur, qu'embellissent de loin en loin quelques touffes de fleurs variées, fait tout le tour du terrain, qu'elle égaye considérablement par sa teinte d'un beau vert. De nombreuses allées bien sablées et bordées de plants de fraisiers, dont je suis très friand, divisent le sol en rectangles, où croissent à l'envi de tendres laitues, de savoureuses carottes, de succulentes betteraves et mille autres plantes potagères dont les racines fraîches et juteuses me servent de nourriture. Je ne veux pas faire ici la fastidieuse énumération de tous les légumes qui semblent être là tout exprès pour orner ma table et contribuer à varier agréablement mes repas; je me bornerai à dire, foi de gourmand, que mon estomac aura toujours une reconnaissance éternelle pour les auteurs de mes jours, qui surent si convenablement installer notre berceau. Chaque jour, grâce à cette intelligente prévoyance, je trouve à ma portée de quoi satisfaire mon appétit et mes goûts raffinés. Pauvres parents, comme vous connaissiez bien le péché dominant de vos enfants, la gourmandise!

De nombreux arbres fruitiers, cultivés avec intelligence et en ce moment chargés de fleurs odorantes, sont disposés avec art entre les plates-bandes, et, quoique je n'éprouve pour eux aucune affection intéressée, je les trouve fort beaux et je profite de leur ombrage, car je crains beaucoup le soleil trop vif. Il me faut, pour vivre heureux et bien portant, une température douce et humide, telle qu'on la trouve dans la terre à une profondeur variable suivant la saison. Ainsi, quand il fait froid, je m'enfonce davantage au-dessous de la surface du sol, parce que j'ai observé que la fraîcheur s'y fait moins sentir; quand il fait chaud, au contraire, je remonte peu à peu, de sorte que mon domicile varie, pour ainsi dire, à toutes les heures de la journée et suit régulièrement la marche de l'astre du jour. Cette sensibilité considérable aux variations de la température s'étend même si loin que, pour peu que le ciel soit couvert et le temps légèrement refroidi, je perds un peu de mon agilité; mes membres semblent raidis, et, plongé dans une sorte d'engourdissement voisin du sommeil, je reste sans prendre de nourriture. Aussi la nature, pour me préserver des dangers auxquels m'exposerait cette impressionnabilité spécifique, puisqu'elle m'ôte la possibilité de leur échapper, m'a donné la faculté de deviner à l'avance les changements de temps. Je prends alors mes précautions en conséquence, en me réfugiant dans les profondeurs du sol au moindre symptôme précurseur de la tempête.

Malgré cette délicatesse d'organisation, je n'en vis pas moins fort joyeux dans le paradis terrestre où je suis installé, et rien ne porterait ombrage à ma félicité, si cette médaille si brillante n'avait un terrible revers dans l'homme chargé de cultiver ce véritable pays de cocagne. C'est un être vieux, cassé, à cheveux blancs retombant sur un front étroit et fuyant, aux petits yeux gris enfoncés sous d'épais sourcils. Encore robuste, malgré son grand âge et son dos voûté, il travaille du matin au soir, et c'est avec une sorte de passion qu'il soigne ces légumes délicieux qu'il paraît aimer autant que moi-même, ce qui n'est pas peu dire. Sans cesse auprès d'eux, il les arrose, les purge des mauvaises herbes et assiste à leur croissance avec la joie d'un père.

Aussi il faut voir dans quel accès de colère il entre chaque fois qu'il découvre les dégâts commis par les nombreux insectes qui viennent festoyer à leurs dépens. Il jure, il crie, frappe du pied avec rage, et ses éclats de voix vont porter au loin la terreur. Malheur alors au coupable s'il n'a pas eu le temps de fuir le théâtre de son crime! car, en moins de temps qu'il n'en faut pour l'écrire, il sera saisi et broyé sous les lourds sabots de ce vieillard sans entrailles.

Mais il a beau faire, c'est toujours à recommencer : ventre affamé n'a pas d'oreilles, comme dit le proverbe, et les exemples terribles dont nous sommes journellement les témoins épouvantés ne corrigent personne. Il s'agit seulement de lutter de ruse avec lui, et avec un peu de prudence on peut se tirer sain et sauf de la bagarre. Il a d'ailleurs affaire à forte partie, car les insectes herbivores qui fréquentent le jardin ne sont pas tous assez naïfs pour ne pas prendre leurs précautions en usant de ce qui, après tout, leur appartient tout aussi bien qu'à lui, et je ris souvent sous cape de la triste mine qu'il fait quand, à son nez et à sa barbe, on récolte avant lui les meilleurs morceaux.

Parmi ces insectes intelligents, il en est un surtout dont je tiens à retracer ici les habitudes, car elles sont fort curieuses : c'est une sorte de grillon très allongé, d'une couleur brune, que de longs poils jaunes et soyeux font paraître d'un brun doré. Sa taille est très grande pour un animal de cette espèce, car elle atteint près de deux pouces de longueur. Sa tête est ornée de deux antennes ; il est pourvu d'ailes plus courtes que le corps, et celui-ci se termine par deux soies rigides fort longues. Mais ce qui frappe le plus chez lui, ce sont les pattes antérieures. Qu'on se représente deux sortes de mains élargies et osseuses, garnies sur leur pourtour de grosses dents saillantes qui ressemblent vaguement à celles d'une scie grossière. Elles s'attachent à un corselet très développé, recouvert d'une enveloppe cornée très dure, et lui servent, comme nous allons le voir, à creuser la terre avec une rapidité incroyable[1].

Il est extrêmement commun dans le jardin, au-dessous de la surface duquel il établit de nombreuses galeries tortueuses et entrelacées, dont le vaste réseau constitue une habitation sûre et commode. Je l'ai bien observé longtemps, et voici le résumé des particularités remarquables de son histoire.

C'est un animal nocturne, ce qui veut dire que tout le jour il reste caché dans son terrier et n'en sort que la nuit pour courir à la surface du sol et prendre l'air. Le mâle se poste alors à l'entrée de sa demeure, et, en frottant les étuis de ses ailes l'un contre l'autre, il produit une sorte de sifflement doux et prolongé, à l'aide duquel il avertit la femelle de sa présence. D'un naturel craintif, ces pauvres bêtes se précipitent tête baissée dans leurs souterrains à la moindre alerte ; et si, par mégarde, elles se sont trop écartées de leur domicile, elles se hâtent de fouiller la terre pour s'y cacher.

A l'aide des puissants instruments dont j'ai donné la description, notre fouisseur se creuse un nombre considérable de galeries horizontales et tor-

1. C'est la courtilière commune (*Grillotalpa vulgaris*, L.), vulgairement connue sous le nom de *taupe-grillon, barre*, etc., etc. Elle abonde dans toutes les parties de la France.

tueuses, qui rampent à quelques centimètres au-dessous de la surfacedu sol et s'étendent à des distances considérables. Ces petits tunnels, après maintes circonvolutions, aboutissent tous à un puits vertical de vingt centimètres de profondeur, qui se termine dans une cavité circulaire qui n'est autre chose que la chambre d'habitation. Il est curieux de voir avec quelle rapidité cet animal se fraye un passage à travers la terre même la plus compacte ; quand le terrain est meuble et travaillé fraîchement, il avance aussi vite que s'il marchait dans un chemin à ciel ouvert. Quant à moi, qui me croyais un excellent travailleur dans ce genre, depuis que je l'ai vu à l'œuvre, je me déclare incapable de toute lutte avec lui, et je m'avoue humblement vaincu.

Quand le moment de la ponte est venu, la femelle choisit un endroit où la terre est bien tassée, comme, par exemple, le sol des allées fréquentées, et y établit son nid, qui consiste en une cellule spacieuse qu'une galerie circulaire, d'où rayonnent de nombreux couloirs, entoure de toutes parts. Elle y pond une immense quantité d'œufs d'un blanc jaunâtre, plus de trois cents, et veille avec sollicitude sur ce précieux dépôt. Les petits, qui ne tardent pas à éclore, ressemblent exactement à leurs parents, dont ils sont de frêles miniatures ; ils ne s'en distinguent que par l'absence des ailes, qu'ils n'acquièrent qu'au troisième ou quatrième changement de peau. A peine sortis de leur coquille, ils se séparent et se creusent sans façon un terrier sur le modèle réduit de ceux des auteurs de leurs jours. On reconnaît aisément qu'un terrain est habité par ces insectes aux petits monticules de terre qu'ils rejettent au dehors de leurs excavations.

Le but d'un travail aussi ardu m'échappa au premier abord, et je crus qu'ils agissaient de la sorte pour se créer un réduit, dont les inextricables complications formaient un labyrinthe dans lequel ils pouvaient facilement éluder toute poursuite. Mais, après de longues heures d'observation attentive, je pus me convaincre que ces galeries étaient de véritables mines, qui leur servaient à surprendre les nombreuses larves, vers de terre, etc., etc., qui vivaient autour d'eux, et qu'ils dévoraient ainsi à l'improviste. Aussi je constatai aisément que ces travaux d'approche étaient toujours dirigés vers les endroits où leurs proies étaient en plus grand nombre, et par conséquent dans les couches chaudes et humides des jeunes semis de plantes potagères.

Le jardinier, qui les exècre, leur fait la guerre avec acharnement, et emploie pour les détruire les ruses les plus variées ; car de vive force ils échappent facilement à ses attaques, en fuyant dans le réseau sans limites de leur terrier. Tantôt, connaissant leur faible, il place une épaisse couche de fumier dans un point fréquenté ; nos fouisseurs ne tardent pas à l'envahir en grand nombre, et le lendemain, en soulevant cet engrais par larges plaques, il les y écrase par douzaines avant qu'ils aient pu s'enfuir. Tantôt il creuse des trous profonds, à bords surplombants, sur le trajet de leurs galeries, et place au fond un vase plein d'eau. Dans leurs courses vagabondes, les pauvres bêtes s'y laissent tomber et se noient. Enfin, quand la colère l'aveugle, il bouleverse à grands coups de pioche tout un carré infesté par leur présence, et tue sans miséricorde toutes celles qui lui tombent sous la main. Mais ce système produit peu de résultats, car la plupart d'entre elles ont le temps de s'échapper.

Enfin, quand ces procédés de destruction collective restent sans effet, ce qui arrive presque toujours avec les vétérans, qu'une longue expérience a familiarisés avec les pièges de toutes sortes, notre homme a recours à la chasse individuelle. Pour cela, il met au jour le trou perpendiculaire auquel aboutissent toutes les galeries d'un terrier de ces insectes, le remplit d'eau, et au moment où le liquide, absorbé par le sol, commence à diminuer, il en couvre la surface d'une mince couche d'huile. La courtilière, sur laquelle l'eau était restée sans effet, grâce aux poils serrés qui recouvrent son corps, se sent tout à coup enveloppée d'un liquide visqueux qui s'attache à son épiderme, bouche ses stigmates, et, suffoquée, haletante, elle se hâte de fuir ces lieux souterrains, où l'air lui manque, pour venir mourir asphyxiée au bord de son trou, pendant que son odieux tyran sourit à ses angoisses et rit de ses mouvements convulsifs.

Et ces malheureuses limaces...

Mais, me dira-t-on, pourquoi notre homme fait-il à ces insectes une chasse aussi acharnée, puisqu'il est prouvé qu'ils sont carnivores et ne mangent pas ses légumes ? La raison est facile à trouver. En creusant leurs galeries, les courtilières déracinent ou brisent les jeunes radicelles des plantes qui leur barrent le chemin, et de la sorte en font périr un grand nombre. Cela arrive surtout quand elles s'établissent dans les carrés où sont placés tout nouvellement de jeunes semis ; alors les ravages qu'elles occasionnent sont considérables, et c'est par centaines qu'il faut compter les plantes qu'elles font ainsi périr.

Du reste, notre homme semble possédé d'une véritable monomanie de destruction, et tout ce qui vit, vers de terre, papillons, oiseaux, etc., etc., est en danger de périr sous ses coups. Et ces malheureuses limaces, que d'embûches tendues à leur candide innocence ! Chaque soir, surtout quand le temps est sec, le jardinier dispose une planche à plat sur la terre. Ces mollusques, pour qui l'humidité est une condition essentielle d'existence, viennent, sans méfiance aucune, se réfugier sous cet abri hospitalier; aussi le jour suivant, en soulevant le morceau de bois, notre homme les prend en grand nombre. Quant à celles qui, plus heureuses, ont su échapper à cet autodafé, une autre embuscade les attend. Si, poussées par la faim, elles essayent de grimper sur quelque tige savoureuse, une traînée de cendres vient leur barrer le passage. Alors si, malheureusement, elles osent s'engager sur cette digue, mesquine en apparence, elles sont perdues, car la poussière caustique brûle leur corps visqueux, les pénètre de toutes parts, les épuise par une grande déperdition de *mucus,* et finit par les faire périr dans d'horribles tortures.

Mais c'est surtout à notre égard, pauvres hannetons, que le terrible inquisiteur possède la haine la plus invétérée; sans cesse à nos trousses, il épie tous nos actes, et cela pour nous punir de ce qu'il appelle notre méchanceté.

Quoi! nous sommes méchants parce que nous avons faim! Est-ce notre faute si la nature nous a créés pour vivre aux dépens des racines des plantes! De quel droit veut-il nous priver des aliments qui nous sont nécessaires? Croit-il que, parce qu'il cultive des végétaux, ceux-ci lui appartiennent en propre? En vérité, je trouve cette prétention du dernier plaisant. Ces plantes, avant d'être à lui, ne sont-elles pas la propriété de la nature? Sans elle, qui fournit tous les matériaux de mise en œuvre, l'homme serait-il capable de les créer par ses seules forces? Je sais bien que, par ses soins et son intelligence, il rend le travail créateur plus facile et augmente ses effets; mais cela ne peut que lui donner une plus grosse part du gâteau, et non le droit de l'accaparer tout entier!

Cependant, afin d'être juste pour tout le monde, je m'empresse de proclamer ici que tous les hommes ne ressemblent pas à celui dont je viens de dévoiler les méfaits. Oui, il en est de bons et d'intelligents, qui ne tuent pas pour le plaisir de tuer, et qui, s'ils sont aussi quelquefois sévères, ne se montrent ainsi que forcés par la nécessité. J'en ai eu la preuve hier. Un autre vieillard, à l'air grave et doux, est venu dans le jardin; ce doit être le maître de la maison, car le jardinier lui parlait avec respect. Ses traits respirent la bonté, et sa physionomie n'est pas trompeuse. Le fait suivant va vous le prouver.

J'avais remarqué qu'une nombreuse colonie de lézards gris s'était établie le long du mur de clôture du jardin. Je m'amusais souvent à les voir courir au soleil; j'admirais la grâce et la vivacité de leurs mouvements, leurs yeux pétillants de malice et l'adresse avec laquelle ils savaient s'emparer de leur proie. Lorsqu'une mouche étourdie allait témérairement se poser auprès d'eux, ils profitaient du moment où la coquette, absorbée par les soins minutieux d'une triomphante toilette, négligait de veiller à sa sûreté pour ramper jusqu'à elle avec un lenteur calculée. Puis, quand la distance qui les séparait se trouvait suffisamment diminuée, d'un bond ils s'élançaient sur l'imprudente et la saisissaient presque toujours entre leurs mâchoires.

C'est à ces gracieux animaux que le jardinier fait une guerre impitoyable, et chaque jour, à coups de gaule, de pioche ou de sabot, il en tue ou mutile un grand nombre. Avec l'ardeur qu'il apporte à cette chasse, l'extermination eût été bientôt complète, si, rendus plus prudents par ces désastres journaliers, les survivants n'eussent veillé avec plus de soin à leur sûreté. Aussitôt que le profil peu harmonieux de notre homme apparaît à l'horizon, c'est un sauve-qui-peut général, et la troupe tout entière se précipite, tête baissée, dans les fentes du mur, non sans laisser parfois à la bataille quelques queues retardataires. On ne voit au soleil qu'invalides et blessés, témoignages vivants des tristes exploits de leur bourreau.

Hier donc, le jardinier était occupé à sa poursuite habituelle, quand le vieillard, qui venait d'entrer, le surprit au moment où il écrasait sous son pied un malheureux lézard, déjà écourté dans une précédente rencontre. Le nouveau venu, indigné, lui reprocha vertement sa cruauté inutile et lui démontra, à l'aide de faits nombreux, combien il avait tort de détruire maladroitement ces animaux, et tous ceux qu'il appelait les auxiliaires de l'homme.

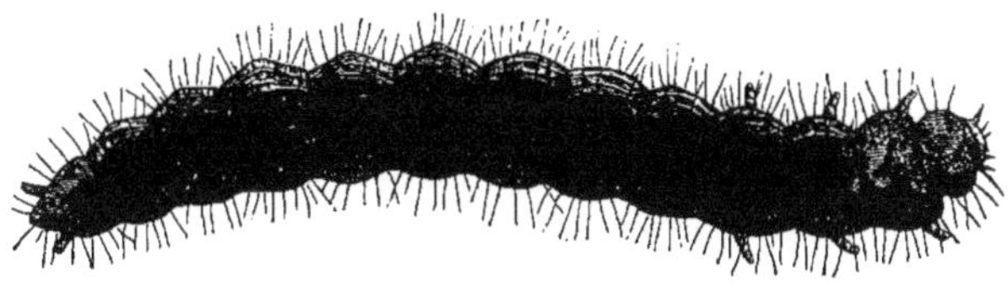

C'est la larve du cossus.

« Ne savez-vous pas, lui disait-il, qu'il y a dans la nature des êtres qui nous sont utiles, et dont les services sont d'autant plus précieux qu'ils nous les rendent gratuitement, sans même nous demander de la reconnaissance, car c'est leur propre intérêt qui les y pousse ? Vous croyez-vous capable de lutter, avec vos seules forces, contre les milliers d'êtres infiniment petits qui s'acharnent à détruire vos œuvres? Tenez, prenons un exemple; ce poirier séculaire va nous le fournir. Regardez à la base du tronc : vous y voyez de petits amas de sciure de bois en décomposition, qui font saillie entre les plaques de l'écorce. Soulevons cette écorce, et nous apercevrons une grosse chenille rouge, à odeur pénétrante, qui s'est creusé une galerie entre elle et le bois : c'est la larve du *Cossus ligniperda,* papillon *crépusculaire,* qui avant peu d'années ferait mourir l'arbre par sa nombreuse postérité, si la nature n'avait créé un être spécial chargé de limiter ses ravages, auxquels, soit dit entre parenthèses, vous ne faisiez aucune attention. Cet être, le voilà qui vient remplir son mandat : c'est cette petite mouche au ventre allongé, terminé par un long filament ; elle se pose sur la sciure de bois et enfonce dans l'intérieur cet organe filiforme, qui n'est autre qu'une tarière. Par ce conduit elle dépose un œuf dans le corps du *cossus,* et celui-ci n'arrivera pas à l'état parfait, car l'*ichneumon* qui doit en éclore vivra à ses dépens. Montons plus haut, enlevons cette lame d'écorce qui ne tient qu'à peine, nous voyons alors une innombrable quantité de petits canaux gravés sur le bois, et imitant, par leur disposition, soit un arbre et ses racines, soit des caractères d'écriture hébraïque. Voici le petit animal qui les a faits : c'est un *scolyte;* il est bien petit, sans doute, mais en revanche il a des milliers de frères, et leurs ravages réunis n'en sont pas moins préjudiciables au végétal. Qui mettra un frein à leurs travaux souterrains? C'est cet autre insecte que vous voyez courir rapidement au milieu d'eux, l'*Aulonium sulcatum,* R., et vous pouvez vous fier à lui pour cela, car c'est à peine si quelques-uns de ces nombreux *scolytes* pourront s'échapper de ses mandibules meurtrières.

L'ichneumon, c'est cette petite mouche...

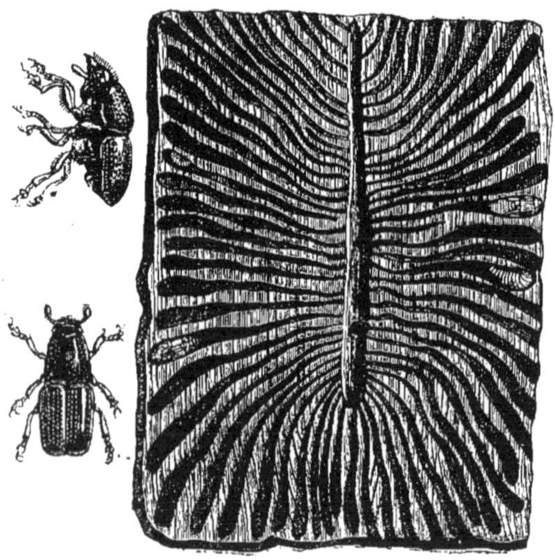

Le scolyte et ses galeries.

« Arrivons aux rameaux. Autour de celui-ci il existe une véritable couche de pucerons, dont les bataillons épais sucent sans relâche la sève du malheureux poirier ; mais il y en aurait cent fois davantage sans ce joli petit animal au corps arrondi, d'un rouge de sang paré de taches noires qui les dévore par milliers : c'est la *Coccinella septempunctata,* L., que vous appelez *bête à bon Dieu.* Examinons maintenant cette feuille dont tout le parenchyme a été rongé : elle est percée à jour comme de la dentelle, les nervures seules sont intactes. A qui faut-il demander compte de ces dégâts? Le criminel n'est plus là, il a quitté le théâtre de sa coupable conduite ; cherchons-le bien, il ne peut être loin. En effet, je l'aperçois dans la bifurcation de ces petits rameaux, enfermé dans ce cocon de soie blanchâtre ;

ouvrons-le. Ah! le pauvre animal a payé déjà sa faute, car par cette petite ouverture ce *staphylin* a envahi sa retraite et l'a dévoré! Plaignons cette malheureuse *noctuelle* tout en nous félicitant de sa mort, qui sauve plus de cent feuilles de la destruction; le poirier n'en respirera que mieux cet été. Enfin, examinez ce petit papillon blanc qui se pose sur cette fleur épanouie; c'est une poire de perdue, car il a déposé là un œuf, et la larve qui en sortira la mangera avant vous. Tenez, le voilà qui reprend son vol, il va en faire de même sur cet autre bouton; chassez-le... Trop tard, mon ami, cette jolie *mésange charbonnière* vous a devancé, et notre *pyrale,* car c'en est une, servira de premier déjeuner à ce charmant petit oiseau.

Les coccinelles, appelées aussi bêtes à bon Dieu.

« Vous le voyez, il n'est pas une seule partie de ce malheureux arbre qui ne soit attaquée par de nombreux parasites doués du meilleur appétit; et il y a longtemps qu'il aurait succombé sous leurs morsures continuelles, si la nature n'eût veillé, dans une certaine mesure, à sa conservation. C'est à vous de faire le reste, et votre premier devoir est de respecter ces utiles auxiliaires qu'elle vous a donnés si généreusement.

« Quelle malheureuse idée vous avez eue de tuer ce lézard! C'est pour vous une perte réelle. Chacun de ces reptiles dévore en un jour cinq à six chenilles, et principalement celles qui attaquent vos choux, parce qu'elles ont le corps lisse et dépourvu de poils; ils ont le palais délicat, comme vous voyez. Maintenant multipliez les cent vingt jours d'activité complète qu'ont ces animaux dans l'année par cinq, et vous aurez un total effrayant de six cents chenilles qui auraient péri sans votre maladroite intervention. Six cents chenilles, c'est-à-dire une véritable armée de gloutons, qui riront de votre sottise en dévorant tranquillement vos légumes! Je pense qu'à l'avenir cela vous servira de leçon, sans quoi nous nous fâcherions. »

Le staphylin.

Cela dit, le vieillard sortit du jardin, laissant notre homme ébahi de ce qu'il venait d'entendre. Il avait l'air si contrit, que je crus un instant qu'il était converti, et qu'à l'avenir il cesserait ses massacres. Ah bien, oui! comme je le connaissais peu! Sortant tout à coup de sa stupeur, haussant les épaules et poussant un juron formidable, il saisit sa pioche et la lança avec tant de force contre le mur, qu'elle se brisa en deux morceaux. Elle atteignit un pauvre lézard qui, ayant écouté les paroles que je viens de rapporter, avait cru désormais n'avoir plus rien à craindre, grâce aux services qu'il rendait. Il paya sa naïveté de sa queue, et, tout sanglant, il vint se réfugier auprès de moi, sous une grosse caisse d'oranger. Depuis lors il n'a pas bougé, et je l'entends se plaindre. Comme il doit souffrir !

C'est égal, je n'aurais jamais cru que les hommes fussent aussi... hommes que cela !

30 avril.

Je ne me sens pas trop bien aujourd'hui. Mon appétit a diminué d'une façon notable, et, symptôme grave ! je suis resté, ce matin, tout à fait impassible en présence d'une racine de salsifis que je convoitais depuis longtemps. Ce qu'il y a de plus curieux dans mon indisposition, c'est qu'il m'est impossible de m'en rendre compte : j'éprouve une sorte de malaise indéfinissable qui consiste dans une sensation toute particulière, comme si mon corps, devenu tout à coup trop gros pour la peau qui le renferme, s'y trouvait gêné et comprimé dans ses mouvements. En outre, mon épiderme est passé du blanc au jaunâtre. Cela m'effraye ; j'ai peur de mourir !

Je ne suis pas, du reste, le seul à plaindre. Mon voisin, le lézard gris blessé, a bien souffert ces jours derniers ; depuis son accident, il n'a pris aucune nourriture et n'a pas bougé de son gîte. Il me semble qu'il va mieux maintenant. Sa plaie, d'abord rouge et saignante, s'est recouverte d'une mince membrane noirâtre qui cache la chair vive, et forme un petit cône à l'extrémité du peu de queue qui lui reste.

Toujours des massacres dans le jardin. Parmi les morts, j'ai vu deux de mes frères horriblement écrasés sur le sol. Cela m'a terrifié. Aussi, pour éviter les surprises et cacher à tous les yeux ma retraite, j'ai construit une galerie horizontale sous la terre, dont l'entrée se dissimule sous une large feuille de laitue. Pour plus de précaution encore, j'ai masqué l'orifice à l'aide d'une petite motte de terreau qui peut se rouler avec facilité et que je retire après moi quand je rentre.

Mais il me semble entendre bien des gens se demander pourquoi je ne quitte pas ce lieu si fréquent en catastrophes. Il y a deux raisons pour cela : la première, c'est qu'il ne me paraît pas facile de sortir du jardin, et que je ne sais pas ce que je trouverais ailleurs ; la seconde, que je n'avoue qu'en rougissant, c'est que la gourmandise me retient ici. Il y a tant de bonnes choses autour de moi que je regrette de les quitter, et j'aime mieux vivre en Lucullus au sein d'inquiétudes incessantes, que de gagner un pays plus tranquille où les vivres seraient peut-être détestables. Que voulez-vous, il est si difficile d'être parfait !

Ce matin, au moment de me barricader, j'aperçus un malheureux grillon qui, d'un air effaré, courait rapidement sur le sable de l'allée, en entremêlant sa course de petits sauts. Évidemment cet insecte n'était pas dans son assiette ordinaire; quelque chose le tourmentait. Je regardai autour de lui pour en connaître la cause, et tout me fut expliqué. Le jardinier le poursuivait et cherchait à le saisir. Arrivé en face de mon logis, le pauvre animal s'introduisit sous la feuille de laitue qui me cachait à tous les yeux; vain espoir, l'homme l'avait vu; et, pour s'emparer de lui, il souleva la feuille. En le voyant ainsi en danger, je fus saisi de pitié, et, sans calculer la portée de mon action, j'écartai le morceau de terre qui me servait de porte. Le grillon, apercevant une retraite, s'y précipita tête baissée, se blottit près de moi, et resta immobile, attendant le départ de l'ennemi.

J'ai maintenant un bien pénible récit à faire, et j'hésite presque à continuer, car ce que j'ai à raconter va jeter un jour bien fâcheux sur la gent grillonienne, et rejaillir peut-être sur le peuple des insectes tout entier. Mais je ne puis passer ce fait sous silence et abandonner mon rôle d'historien impartial, sans risquer d'être accusé de déguiser la vérité. Apprenons donc aux siècles futurs comment mon protégé sut respecter les saintes lois de l'hospitalité!

Le grillon commun.

Le grillon, une fois remis de sa frayeur, au lieu de remercier son sauveur, comme c'était son devoir, s'est avancé vers moi, les mandibules largement ouvertes, l'œil animé de convoitise, dans l'intention évidente de déjeuner de son bienfaiteur. Paralysé par la frayeur, je n'ai pu essayer une fuite, inutile du reste, et j'ai cru que mon dernier moment était arrivé. Tout à coup, à l'instant où je croyais déjà sentir ses cruelles morsures, une petite paille, pénétrant par l'orifice d'entrée dans la galerie, vint le piquer à l'abdomen. Effrayé par cette agression inattendue, le grillon, rappelé au sentiment de sa position, a voulu s'enfoncer plus profondément dans le sol; mais la paille vengeresse le harcelait sans cesse, le suivant partout, le piquant cruellement, sans lui laisser un instant de repos; alors, furieux, hors de lui, il s'est élancé au dehors tête baissée et a été aussitôt saisi par le jardinier; car c'était ce dernier qui, ayant vu mon indigne persécuteur entrer dans le trou, m'avait sauvé en le forçant à en sortir par ce curieux procédé.

Selon l'habitude du jardinier, je crus que tout était fini, et je m'attendais à le voir écraser ; il n'en a rien été cependant. On l'a mis dans une petite cage en fil de fer suspendue à un arbre, où, pour toute nourriture, il n'a reçu qu'une feuille de salade. Depuis lors, il est là prisonnier, tout près de moi, et je l'entends chanter de toutes ses forces, comme s'il voulait s'étourdir.

Ce chant est produit par le frottement des étuis des ailes l'un contre l'autre. Le rebord intérieur de ces organes est tranchant, dur comme de l'écaille et replié sur lui-même. En promenant lentement cette saillie sur celle qui lui correspond, une sorte de bruit aigu et strident, renforcé par le reste de l'élytre, tendue comme un tambour de basque, se fait entendre au loin. C'est, comme on le voit, un talent musical tout à fait dans l'enfance, car l'instrument ne peut produire qu'un seul son, toujours le même ; aussi est-il des plus monotones. En outre, l'insecte a la déplorable habitude de répéter son cri à chaque instant, pendant des heures entières; il y a de quoi en devenir sourd.

Chante, malheureux, chante ! mais n'espère pas m'attendrir, car en abusant de ma bonté à ton égard tu as perdu tout droit à ma pitié, et ton crime est trop grand pour qu'il puisse t'être pardonné... Aussi, juste punition de ta gloutonnerie, toi qui ne vis que d'insectes succulents, te voilà condamné à ne manger que des herbes. Combien ce régime doit te paraître fade, et t'écœurer ! Puisse-t-il te rappeler toujours que tu fus coupable, et que tu as été puni par où tu avais péché ! Du reste, je ne comprends pas pourquoi le jardinier t'a laissé vivre et se donne la peine de te nourrir, lui si peu tendre d'habitude. Est-ce à cause de ton chant ? Vraiment, il faut qu'il ne soit pas difficile, car il me paraît aussi criard que discordant.

Chante, grillon, chante ! cela t'apprendra à violer les lois de l'hospitalité !

2 mai.

Je me sens de moins en moins bien portant. Ma peau augmente de raideur et de sécheresse, ce qui me la fait paraître de plus en plus étroite ; je n'ai rien mangé depuis deux jours. Une sorte d'engourdissement s'est emparé de moi, et à tout moment je m'endors d'un sommeil de plomb.

Chez mon voisin le lézard gris il se passe quelque chose de curieux, de si curieux même que je n'ose croire à ce que j'ai vu. Le petit cône noirâtre qui recouvre sa blessure s'est allongé sensiblement comme si la queue repoussait. Il paraît, du reste, plus vif et plus alerte, et ce matin il a essayé d'attraper une araignée ; elle lui a échappé, il est vrai, mais cela indique que son appétit commence à se réveiller. Est-il bien possible que les membres coupés repoussent chez cet animal ? Cela me semble si extraordinaire, que je me promets de ne pas le perdre de vue pour m'en assurer complètement.

Mon engourdissement augmente, j'ai froid, la plume m'échappe des mains... Que va-t-il m'arriver?

4 mai.

J'ai maintenant l'explication de cette maladie qui m'a tant effrayé : ce matin j'ai changé de peau! Oui, ma peau tout entière s'est séparée, depuis la tête jusqu'au bout des ongles. Je n'en reviens pas. Voici comment cela s'est passé.

Depuis deux jours, cette enveloppe s'était beaucoup desséchée, et je sentais qu'elle n'adhérait que faiblement aux tissus sous-jacents. Dans un violent effort respiratoire que j'ai fait aujourd'hui, elle s'est fendue sur le dos, et par cette ouverture je suis sorti de mon intérieur comme d'une fourrure inutile. Mais cette opération ne s'est pas accomplie sans peine; mes pattes, surtout, ont fait la plus vive résistance, et ce n'est qu'avec les plus grandes difficultés que je suis parvenu à les dégager de leur étui corné ; j'ai cru un moment que je serais forcé d'y renoncer.

Me voici donc vêtu de neuf, et ce nouveau tégument est plus ample et plus souple que le précédent. D'abord, cette peau toute fraîche était si molle et si sensible au contact de l'air, imprégnée comme elle l'était d'une humidité visqueuse, que je suis resté plus d'une heure sans faire un mouvement, de crainte de me blesser. Mais, peu à peu, l'air l'a desséchée, l'a rendue plus résistante, et j'ai senti que mes muscles retrouvaient en elle un point d'appui solide; alors tout malaise a cessé. Il ne m'est plus resté qu'une faim véritablement canine, qu'explique facilement ce jeûne de plusieurs jours, et c'est une malheureuse carotte qui a payé les frais de la guerre. Je l'ai attaquée si vigoureusement et avec si peu de précautions, que je l'ai coupée en deux; de sorte que les feuilles en sont toutes fanées maintenant. Le jardinier sera furieux ; mais il sera bien fin s'il me découvre.

Ce singulier procédé d'accroissement que la nature m'a imposé m'a beaucoup fait réfléchir, et, je l'avoue, ces réflexions ne sont pas trop gaies. En effet, je me demande ce qui m'arriverait si, à mon prochain changement d'épiderme, je ne puis parvenir à me débarrasser de cette nouvelle tunique de Nessus. Mourir étouffé dans sa propre peau n'est pas précisément une perspective agréable!

10 mai.

Il est maintenant hors de doute pour moi que la queue de mon voisin le lézard repousse. Depuis six jours, le petit cône noirâtre qui la termine a doublé de longueur.

Sont-ils favorisés, ces gentils animaux!

Quant à nous, pauvres hannetons, il n'en est pas de même, et les membres que nous perdons le sont bien pour toujours. Pourquoi cette préférence de la nature pour les reptiles? A quoi faut-il attribuer ce remarquable avantage? Est-ce à cause de la fragilité de cet appendice, dont l'utilité est incontestable, car sans lui leur marche est incertaine, et ils ne parviennent que fort difficilement à grimper sur un plan vertical? Je me perds en conjectures, sans parvenir à me former une opinion à ce sujet.

Mais non seulement la nature ne nous a pas traités en enfants gâtés de ce côté, mais encore elle semble s'être donné la tâche de multiplier autour de nous les embûches et les dangers. Chaque jour je découvre un nouvel ennemi de notre race; et comme si ce n'était pas assez du jardinier, voici encore un hideux animal qui s'est mis à nos trousses.

Hier, le long du mur de clôture du jardin, j'aperçus un énorme crapaud caché sous un rosier, à la base duquel il s'était creusé une tanière. Il était horrible de laideur. Sa peau, d'un jaune grisâtre, toute parsemée de rides et de replis, était en outre couverte sur le dos de nombreuses verrues saillantes d'où suintait un liquide blanchâtre. Son corps, ramassé, charnu, informe, était porté sur des pattes trop courtes, qui laissaient traîner le ventre à terre; ses pieds, terminés par des doigts crochus, avaient une lointaine ressemblance avec la main humaine; sa tête, trop petite pour l'énorme masse du corps et déformée par deux grosses glandes situées derrière les tempes, portait une gueule immense, fendue jusqu'aux oreilles; ses yeux, d'un rouge sanglant, brillaient de férocité, et, par leur fixité, inspiraient une terreur mystérieuse. Accroupi sur lui-même, immobile, l'air somnolent, on eût dit un monstre fantastique plongé dans les torpeurs accablantes d'une pénible digestion.

Sa vue m'a fait mal, une frayeur superstitieuse s'est emparée de moi, et instinctivement je me suis mis à l'abri derrière une motte de terre, d'où je pouvais le voir sans en être vu : quelque chose me disait que c'était là un ennemi.

A peine m'étais-je mis en sûreté qu'un gros cloporte, en quête d'un petit vermisseau, est venu étourdiment se jeter dans les pattes du reptile. Dès que celui-ci l'aperçut, il se souleva sur ses pattes de devant, le regarda avec fixité, comme s'il eût voulu le magnétiser, et au moment où le petit crustacé, déplorant sa maladresse, s'empressait de fuir, il ouvrit sa gueule et darda sur lui sa langue longue et charnue. Elle atteignit le cloporte sur le dos, et le malheureux, malgré ses mouvements désespérés, fut enlevé de terre et englouti tout vivant dans le large abdomen de son ravisseur. C'est à l'aide d'une matière visqueuse dont la langue du crapaud est enduite qu'elle peut ainsi se coller sur les corps et les entraîner, pour peu qu'ils soient mobiles. Tout cela s'était passé si rapidement et la langue avait agi avec une vivacité si remarquable, que si je n'eusse été sûr d'avoir bien vu, il m'eût été impossible de me rendre compte de la disparition du cloporte. Cela fait, notre crapaud reprit son attitude indolente.

Le corps, ramassé, charnu, est porté sur des pattes trop courtes.

Une limace, une fourmi, un mille-pieds, eurent successivement le triste sort du cloporte et vinrent tour à tour se faire prendre à ce singulier trébuchet. Je fis aussi la remarque que le reptile ne se mettait pas à la poursuite de sa proie; il restait immobile et se contentait de la happer au passage. Il fallait, en outre, que celle-ci fût vivante, et bien vivante, car lorsque l'animal qu'il convoitait, en se voyant menacé, employait la ruse des faibles et contrefaisait la mort, la terrible langue ne sortait pas de son fourreau; mais aussitôt que, rassuré, il se remettait en marche, ce lasso d'un nouveau genre était lancé avec la rapidité de l'éclair, et tout était dit!

Durant le reste de la journée, je restai à mon poste d'observation, et je pus me convaincre que le crapaud saisissait sans distinction tout insecte, quel qu'il fût, qui passait à sa portée. Rien ne le rebutait. Ainsi, par exemple, il s'empara d'une grosse chenille au corps noir, velouté, portant de distance en distance des bandes d'un jaune d'or fort agréables à l'œil, mais dont la peau disparaissait sous une épaisse couche de longs poils. Cette armure ne put la sauver et ne fit que prolonger son agonie, car il fallut plus de vingt coups de langue pour parvenir à l'amener dans la gueule. Cette difficulté provenait des poils, qui empêchaient le liquide visqueux d'arriver jusqu'au corps et d'y adhérer. Après chaque attaque infructueuse, la pauvre chenille essayait de fuir; mais le vorace reptile la suivait dans sa course désespérée et finit enfin par s'en rendre maître.

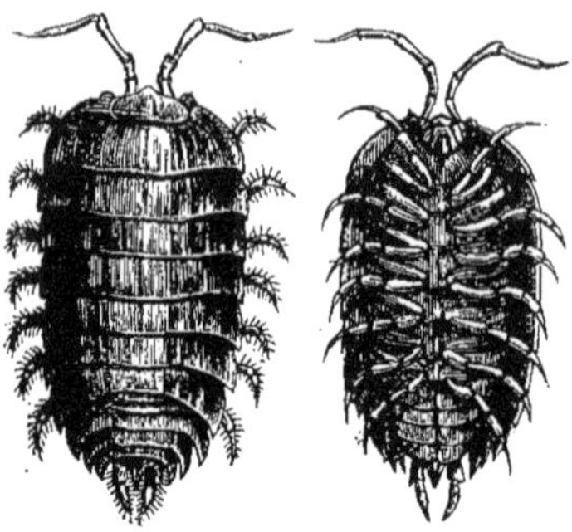

Cloporte grossi vu dessus et dessous.

Cette pénible conquête faillit lui coûter cher; car, dans les péripéties émouvantes de la chasse, s'étant imprudemment écarté de sa cachette, il fut aperçu par le jardinier, qui travaillait non loin de là. Aussitôt notre homme, armé de sa pioche, s'élança vers lui dans le but de l'immoler. Le crapaud, épouvanté et voyant toute fuite inutile, se dressa sur ses pattes et, chose extraordinaire, enfla son corps au point qu'il doubla de volume; on eût dit qu'on lui avait insufflé de l'air entre la chair et la peau. En même temps, les verrues de son dos laissèrent suinter en abondance le liquide blanc bleuâtre dont j'ai parlé. Ses yeux rouges brillaient comme deux escarboucles. Ainsi transformé, il était encore plus hideux, car son ventre ballonné semblait une outre distendue placée sur quatre pieux raidis, constitués par les pattes. Instinctivement je me fis petit au fond de mon trou.

Quant au jardinier, il se montra fort peu sensible à cette démonstration, et, se penchant en avant, il leva sa pioche pour le frapper. Aussitôt le reptile se désenfla subitement et s'aplatit sur le sol en lançant par derrière un jet abondant d'un liquide incolore, semblable à de l'eau. Ce jet avait tant de force qu'il atteignit notre homme en pleine figure et pénétra dans les yeux et la bouche.

Jamais je n'oublierai l'effet singulier produit par cette curieuse agression. Le jardinier lâcha la pioche, porta vivement la main à ses yeux et se mit à les frotter vigoureusement, tout en accompagnant cette opération de trépignements et de jurons formidables. Il paraissait souffrir horriblement, et plus de cinq minutes se passèrent avant qu'il pût ouvrir les paupières. Ses yeux me parurent alors gonflés et rougis. Aussitôt, dans un nouveau transport de rage, il ressaisit sa bêche et voulut mettre en pièces le crapaud, mais il ne le revit plus. Celui-ci, en effet, profitant habilement de la suspension des hostilités produite par son attaque hydraulique, avait gagné, aussi vite que le lui permettait sa lourdeur, une fente de la base du mur, dans laquelle il pénétra. Il était sauvé.

Eh bien, quoiqu'il ne pût y avoir que désagréments pour moi dans ce sauvetage, j'en fus enchanté, et je ne pouvais m'empêcher de rire en voyant la triste figure de notre homme, qui, les traits contractés, les yeux injectés de sang, cherchait autour de lui d'un air furibond son agresseur évanoui.

Combien plus il eût été vexé si en ce moment le maître du jardin fût entré et lui eût reproché sa conduite. Car, il n'y a aucun doute pour moi, le crapaud est un des plus précieux auxiliaires de l'homme, ainsi que le savant appelle les animaux qui lui sont utiles. Ne vivant que d'insectes et choisissant principalement les plus immondes, ceux que les autres carnassiers méprisent, ne touchant jamais aux végétaux, cet animal est un excellent serviteur que la nature a mis à la disposition du roi de la création. Doué d'un robuste appétit, remplissant son mandat sans bruit et sans nuire en rien aux cultures, il aurait dû être sacré aux yeux du jardinier. Sa laideur, rachetée par tant d'utiles qualités, n'aurait pas dû lui être imputée à crime.

C'est égal, son procédé de défense est des plus singuliers et produit de bizarres effets. Je voudrais bien savoir quelle est la nature de ce liquide qu'il lance; elle doit être fort caustique, à en juger par les grimaces et les contorsions désordonnées de celui qui en fut atteint[1].

12 mai.

Il pleut continuellement depuis hier : on dirait un vrai déluge; aussi, sans la large feuille qui préserve l'entrée de mon domicile, j'aurais été

1. Plus heureux que le hanneton, nous connaissons la nature de ce liquide qui l'intrigue si fort. C'est tout simplement de l'*urine*. Son action sur les yeux est loin d'avoir la portée qu'on lui attribue, car elle ne peut y produire que de simples démangeaisons. Jamais, comme on l'a dit, son contact n'a été suivi d'accidents graves.

inondé. Ce temps, du reste, ne me déplaît pas; car la terre, qu'une sécheresse prolongée avait rendue très dure, était fort difficile à percer, et je me fatiguais beaucoup à ce travail.

Il est fort singulier de voir l'effet produit par l'humidité sur les habitants du jardin : les uns se mettent à l'abri et la craignent; les autres, au contraire, semblent se trouver dans l'élément qui leur convient le mieux; d'où il suit qu'avec la pluie toute une nouvelle population apparaît sur le sol. De tous côtés, autour de moi, j'aperçois de nombreux vers de terre en train de ramper sur la terre détrempée et décrivant mille zigzags joyeux. D'épais bataillons de limaçons cornent de toutes parts, prenant d'assaut les feuilles lavées et plus vertes, et la gent limacière traîne plus allègrement son corps lourd et visqueux. Qu'une éclaircie survienne, qu'un peu de vent pompe l'excès d'humidité, aussitôt tout ce peuple disparaîtra comme par enchantement.

De nombreux vers de terre en train de ramper.

Les végétaux aussi prennent leur bonne part de cette eau providentielle, et, parmi eux, les mousses se font remarquer par leur avidité pour cet élément. Hier, il y avait sur le sable de l'allée une sorte de feutrage de petits filaments racornis, tortillés, grisâtres, dont il était impossible de reconnaître la forme; aujourd'hui, un véritable changement à vue s'est opéré : les petits filaments se sont redressés, ont pris la couleur verte et se sont étalés en feuilles; les tiges, sveltes, élancées, élèvent vers le ciel leurs urnes purpurines, et tout un monde d'animaux microscopiques prend ses ébats dans cette forêt en miniature. Une goutte de pluie a fait ce miracle. Pauvres mousses, doivent-elles soupirer après l'orage!

Quant à moi, pour trouver le temps moins long, je me suis installé à l'entrée de ma demeure; j'ai placé près de moi tout ce qu'il faut pour écrire, et en voyant ainsi tout ce qui se passe au dehors, je risque bien moins de m'ennuyer.

Tiens, voici un énorme ver de terre qui passe sa tête effilée à travers le petit monticule de terre délayée qui bouche son trou; il remue son corps de côté et d'autre, comme s'il cherchait quelque chose; mais ce n'est pas évidemment pour y voir plus clair, puisqu'il n'a pas d'yeux. Quelle curieuse organisation que celle de cet animal! Ce corps, tout d'une venue, s'allongeant et se raccourcissant à volonté; cette tête uniquement constituée par une ouverture, la bouche, et qu'il est presque impossible de distinguer de la queue au premier coup d'œil; cette viscosité qui l'enveloppe de toutes parts, tout cela en fait un être à part, une sorte de paria. Serait-ce un fils disgracié de la nature?

Qui sait de quoi il se nourrit? Jamais je ne lui ai vu manger soit des animaux, soit des herbes. Vivrait-il de terre, par hasard? Je ne sais, mais cela ne me surprendrait nullement; car, par transparence, j'aperçois son estomac qui en paraît rempli; d'ailleurs, dépourvu comme il l'est de dents, il lui serait impossible de dévorer aucun corps solide. Si cela est, il faut avouer qu'il n'est pas le mieux partagé. Pouah! rien que d'y penser, mon cœur se soulève!

Le voici qui se décide à sortir tout à fait et qui se met en marche; il tâte le sol avec sa tête, afin de se diriger... La direction qu'il a prise le conduit tout droit vers une large feuille de laitue que l'orage a appliquée sur le sol. Mais que vois-je? Ne dirait-on pas qu'un animal invisible, placé au-dessous d'elle, fait effort pour la soulever? Je ne me trompe pas. Voici, en effet, le bord qui se relève doucement, et une grosse limace grise, d'une espèce nouvelle pour moi, fait son entrée sur la scène. Pendant qu'elle passe près de moi en traçant un sillon brillant sur le sable, je vais l'examiner tout à mon aise.

Ce qui me frappe en elle au premier coup d'œil et qui la distingue des limaces ordinaires, c'est une sorte de petite coquille ovale, allongée, un peu dilatée antérieurement, convexe en dessus, d'un vert bronzé, placée au-dessus de la partie postérieure de son corps. Cette pièce calcaire est évidemment une superfétation, et ne peut en aucune manière servir à l'animal pour s'y abriter, en y rentrant comme les autres limaçons, car il lui serait tout à fait impossible d'y contenir. C'est donc, pour ainsi dire, une sorte de jeu de la nature, et je n'en puis comprendre l'usage.

Son corps allongé, fortement chagriné, porte une tête petite, munie de quatre cornes : les deux supérieures, grêles, non renflées au sommet, laissent voir à l'extrémité deux yeux très petits; les deux inférieures, plus courtes des deux tiers, sont en revanche plus robustes. Ces quatre appendices rentrent facilement en eux-mêmes, comme les tubes d'une longue-vue, et disparaissent alors complètement. Le dos offre deux bandes noires; les flancs, d'un blanc très sale, tachés de points noirâtres, confondent leur couleur avec celle du ventre, d'un jaune très pâle [1]. Suivons cet animal dans sa course tranquille; j'ai l'idée qu'il nous intéressera.

1. A ces caractères, on voit que le hanneton avait sous les yeux une testacelle, et probablement la testacelle de Maugé (*Testacella Maugei*, Desh.), *mollusque* de la famille des *Limaciens*, fort commun dans plusieurs parties de la France.

La coquille rudimentaire dont il est ici parlé est une des meilleures preuves de ce fait que la nature ne passe pas brusquement d'une espèce à une autre, et que tout s'accomplit par tran-

La limace rampait doucement sur le sol et se dirigeait vers le ver de terre, qui, tout entier plongé dans ses exercices de gymnastique, semblait ne pas se douter de ce qu'elle voulait faire. Je dois avouer que, de mon côté, je ne prévoyais pas quel était son but. Peu à peu elle finit par arriver à la hauteur de ce dernier, et se mit à glisser parallèlement à son corps, sans rien changer de son allure et de façon à s'approcher de la tête. Bientôt elle la dépassa, et je fus alors témoin du plus étrange spectacle.

Se retournant sur elle-même, de façon à se trouver face à face avec le ver, la limace marcha droit sur lui, et, arrivée à portée, s'arrêta, rentra ses cornes, renversa sa tête en arrière, et, ouvrant largement la bouche, se précipita sur le lombric, qu'elle saisit par la tête et engloutit par une aspiration vibrante. Ce mouvement fut si rapide que je n'en eus conscience qu'en voyant les contorsions désordonnées de la victime, qui, se repliant sur elle-même et se détendant brusquement, se mit à battre le sol à coups de queue, en donnant tous les signes de la plus vive douleur. Elle se débattait si violemment que la limace se trouvait presque ébranlée sur son plan de position, et je m'attendais à la voir renverser. Il n'en fut rien cependant, et je m'aperçus, au contraire, que peu à peu le corps du ver s'enfonçait dans la gueule de son ennemie, comme si une forte attraction intérieure l'y entraînait malgré ses résistances.

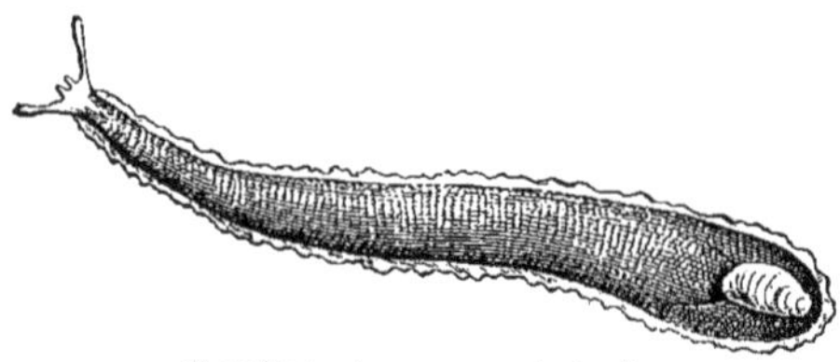

Il avait sous les yeux une testacelle.

Ce spectacle était navrant, et je me serais empressé de fuir pour échapper à cette vue, si, malgré moi, je n'avais été retenu en place par la curiosité. Tout à coup le ver, dans un effort suprême, fit une contraction si puissante, accompagnée de tortillement sur lui-même, que son corps se rompit au niveau de la bouche de la limace, et qu'il se trouva libre. Malgré cette affreuse mutilation, il se hâta de fuir aussi vite que ses forces le lui permettaient, et déjà je le croyais sauvé, lorsque la testacelle, alléchée par la partie qu'elle avait avalée, ne voulut pas perdre la plus grande portion de son festin et se mit à sa poursuite. Le lombric rampait assez vite, et il aurait aisément échappé à son bourreau, si, pris sans doute de quelque élancement douloureux, il ne se fût arrêté un instant pour se débattre sur le sol. Ce fut sa perte.

La limace arriva sur lui et voulut, comme la première fois, le saisir par l'extrémité; mais le ver était sur ses gardes et évitait son attaque en se contractant en arc alternativement de droite et de gauche, de façon que

sitions ménagées. En effet, il est facile de voir ici que cet animal sert de lien pour rattacher les mollusques à coquilles, tels que les escargots, aux limaces, qui en sont totalement dépourvues.

chaque fois que la testacelle se jetait sur lui, son coup tombait à faux. Ce manège dura longtemps, si longtemps même que je ne savais comment tout cela pourrait finir, si, impatientée de ce retard et irritée de ces échecs successifs, la limace n'eût pris le parti d'appliquer fortement sa tête sur le milieu du corps du lombric et, s'appuyant sur lui de tout son poids, ne l'eût rendu immobile en l'enfonçant dans le sable. Maîtresse alors de la position, elle fit lentement glisser sa bouche le long du corps de sa proie, et, remontant jusqu'à l'extrémité, elle l'engloutit de nouveau. Cette fois, tout fut fini; car le ver, affaibli par la perte de son sang, n'opposa plus qu'une faible résistance et, en moins de cinq minutes, disparut presque en entier dans son estomac; la queue seule resta quelque temps en dehors, se remuant faiblement de droite et de gauche et tremblant convulsivement. Quand, à son tour, elle eut été avalée, la testacelle se ramassa sur elle-même, laissa écouler de sa gueule deux ou trois gouttes d'un liquide sanguinolent, et resta immobile, absorbée dans les douceurs de la digestion.

Peut-on imaginer plus terrible mort que celle de ce pauvre lombric? Se sentir ainsi aspirer lentement, meurtri au passage par mille dents acérées, pour aller ensuite, tout vivant encore, expirer dans l'estomac de son bourreau! Est-il supplice plus épouvantable? Et l'on s'étonnera, après cela, que par moments j'en vienne à maudire la nature en l'accusant de cruauté! Quoi! personne ne viendra punir ce meurtrier barbare que je vois encore là, tranquillement accroupi sous les feuilles de laitue qui nous recouvrent, et qui ne semble pas même se douter de l'horreur de sa conduite!...

Mais que vois-je! les tiges s'écartent doucement, une tête que je reconnais s'avance avec lenteur; la langue visqueuse est lancée avec force, et la testacelle a disparu dans l'estomac du crapaud!

O nature, pardon de t'avoir accusée! tu es juste, je le vois, et tôt ou tard tu sais punir le crime. Pauvre crapaud, il me semble maintenant moins hideux qu'auparavant, et, si j'osais, je crois que j'irais le féliciter sur sa belle conduite.

CHAPITRE III

UNE TAUPE. — UN NID DE CHARDONNERET. — BATAILLE! BATAILLE!

16 mai.

Ce matin, à mon réveil, je me suis senti tout triste; un grand poids me serrait le cœur, et mille idées noires se pressaient dans mon cerveau. Je ne savais à quoi attribuer cette disposition de mon esprit à la mélancolie. Maintenant, tout m'est expliqué : c'était un pressentiment du nouveau danger que j'allais courir. Dame Nature me l'envoyait afin de m'avertir d'être sur mes gardes, car jamais ma vie n'avait été plus menacée.

Pour chasser ces lugubres pensées, je sortis après avoir jeté un regard sur mon voisin le lézard gris. Sa guérison, soit dit en passant, est aujourd'hui complète, et sa nouvelle queue est presque aussi longue que celle qu'il a perdue. Je me dirigeais vers une tendre racine de céleri que j'avais entamée la veille avec plusieurs de mes frères, quand tout à coup je trouvai ma petite galerie obstruée par un éboulement qui la remplissait tout entière. Sans m'arrêter à ce petit incident, si fréquent dans nos demeures souterraines, je me hâtai de la déblayer en poussant la terre devant moi à coups de tête. Soudain, je sentis le sol manquer sous moi, et je roulai, pêle-mêle avec les gravois, dans une sorte de ravin profond, où je restai quelques instants tout étourdi de ma chute.

Une fois remis de cette secousse, je voulus me rendre compte de ses causes, et j'examinai avec attention le lieu où je me trouvais. C'était une grande galerie horizontale qui coupait la mienne à angle droit, mais un peu en contre-bas, de sorte qu'en avançant sans précaution j'en avais crevé la voûte et je m'étais précipité. Ce tunnel, d'environ deux pouces de hauteur sur autant de largeur, s'étendait à droite et à gauche en traçant une ligne courbe, et se terminait à quelques pieds par un coude brusque qui m'empêchait de voir au delà.

Quel pouvait être l'animal qui avait ainsi creusé ce vaste souterrain, et qui surtout l'avait exécuté si rapidement, puisque la veille encore il n'existait pas? Je me perdais en conjectures, et une sorte de frayeur vague me serrait le cœur; car, perdu sous ces voûtes sombres, un danger mystérieux semblait me menacer. Cependant, au bout de quelques instants, rassuré par le silence absolu qui régnait autour de moi, je repris courage et je résolus de pousser jusqu'au bout l'aventure. Marchant donc avec la plus grande précaution, je suivis le chemin couvert, et déjà je m'étais assez éloigné de mon point de départ, quand je réfléchis qu'en agissant de la sorte je ne pourrais fuir assez rapidement en cas d'attaque de la part de l'auteur de ces immenses travaux. Je remontai donc dans ma petite galerie, et, remarquant qu'un des coudes du tunnel semblait se diriger vers le pied de céleri premier but de mon excursion, je m'y rendis aussitôt par cette voie plus sûre, pour en continuer l'exploration.

Je ne m'étais pas trompé. Le souterrain passait juste au-dessous de la racine succulente où j'avais dîné la veille en compagnie de mes frères. Ces derniers n'y étaient plus, et, supposant qu'effrayés comme je l'étais par cet incident, ils avaient quitté la place, j'allais ne plus m'en occuper, quand je remarquai sur le sol un endroit comme piétiné dans les efforts d'une lutte, au milieu duquel se trouvait un petit tas de débris. J'examinai ces restes, et je reconnus avec horreur qu'ils étaient formés par les têtes et les pattes mutilées de ces malheureux. Je comptai cinq crânes fraîchement écrasés! Plus de doute, cette galerie appartenait à un animal ennemi de ma race ; mes pressentiments ne m'avaient pas trompé. La mort planait sur ma tête!

Mais, au milieu de ma frayeur, une sorte d'âpre curiosité me saisit; je voulus connaître l'être redouté qui menaçait ma vie; j'éprouvais un désir irrésistible de me repaître, pour ainsi dire, de mon malheureux sort, et j'attendis en m'abritant de mon mieux.

Tout à coup j'entendis une sorte de bruit pareil à un froissement du sol, accompagné d'une respiration bruyante, et bientôt j'aperçus un long mille-pieds qui courait rapidement dans le souterrain. Il marchait avec tant de précipitation que son corps, tiraillé par les mouvements brusques qu'il lui imposait, semblait bondir sur lui-même; sa frayeur était si grande que, perdant toute présence d'esprit, il passa sans y entrer devant plusieurs petits trous de la paroi, dans lesquels il eût pu trouver un refuge. Il venait à peine de s'éloigner quand, le bruit augmentant, je vis déboucher au tournant du tunnel une masse noire remplissant exactement tout le diamètre du conduit. Elle courait fort vite, passa comme une trombe devant la cachette où je me faisais petit, et se précipita sur le mille-pieds. Celui-ci se mit à contourner son corps dans tous les sens, l'allongeant, le raccourcissant, se courbant en arc, se roulant en boule; mais ce fut en vain; il fut saisi par une mâchoire puissante, un seul coup de dent le coupa en deux, et chaque moitié fut dévorée en un clin d'œil. Profitant alors de ce moment pour examiner le nouveau venu, je compris à quel terrible ennemi j'avais affaire.

Il était long environ d'un demi-pied; le corps, épais et massif, était couvert d'un poil noir, si fin et si soyeux qu'on eût dit un magnifique velours; ses pattes, au nombre de quatre et fort courtes, au point que son ventre traînait sur le sol, étaient robustes et terminées par cinq doigts portant des ongles longs et crochus. Les antérieures surtout, énormes, dilatées comme une main humaine, semblaient douées d'une force considérable; leur couleur blanchâtre tranchait vivement sur le noir brillant de la robe. La queue, petite et presque dégarnie de poils, paraissait hors de proportion avec le volume du reste du corps.

La tête, très allongée et un peu aplatie en dessus, était supportée par un cou large et épais, et offrait un museau en forme de boutoir. Les yeux, noirs, très petits, étaient tellement entourés de cils et si profondément cachés par les paupières à peine entr'ouvertes, qu'à un examen superficiel ils eussent passé inaperçus. Les oreilles, sans pavillon externe, semblaient un trou blanchâtre creusé dans le crâne. La gueule, largement fendue, renfermait une belle rangée de dents blanches et aiguës, qui ne laissaient pas que de me faire frissonner chaque fois que je les regardais, occupées qu'elles étaient à broyer le malheureux mille-pieds. Le nez, allongé, mobile et pareil à une petite trompe, constituait un puissant levier, admirablement construit pour creuser la terre[1].

La taupe.

Tel est le portrait fidèle du féroce animal qui m'a causé tant de frayeur et auquel je puis maintenant donner un nom, car le jardinier l'a baptisé devant moi : c'est une taupe.

Après qu'elle eut fini de dévorer les derniers débris du malheureux mille-pieds, elle revint sur ses pas et suivit la galerie jusqu'à l'extrémité; en ce point, elle se terminait en cul-de-sac. Arrivée là, elle se mit à creuser la terre avec ardeur dans la direction d'un immense carré de choux, légumes de prédilection du jardinier.

1. Cet ennemi acharné du hanneton est, comme tout le monde l'a compris, la taupe commune (*Talpa vulgaris*, L.), petit *mammifère* de la classe des *Insectivores*. Elle est extrêmement commune en France, où elle est l'objet de la haine des agriculteurs, qui la détruisent sans pitié. Nous verrons si le hanneton, qui la connaît mieux, partagera cette manière de voir.

Voici comment l'animal opérait, avec une rapidité merveilleuse. Enfonçant ses pattes de devant, en forme de pelles, dans le sol, il écartait la terre avec vigueur, et, introduisant son museau dans la petite excavation ainsi produite, il poussait en avant de toutes ses forces, tandis que les pattes rejetaient en arrière les déblais ainsi produits, déblais peu en rapport avec la grandeur du souterrain. En effet, celui-ci était plutôt formé par le soulèvement du terrain que par l'évidement sur place, de sorte que la partie supérieure de la voûte faisait saillie en relief à la surface du sol. Il creusa de la sorte sur une longueur d'un mètre, mais non en ligne droite, car il fouillait de préférence aux endroits les moins résistants et les plus humides. Pour se débarrasser alors des fragments de terre qui encombraient le tunnel, il fit une ouverture au plafond, et, poussant avec sa tête les déblais entassés, il les rejeta au dehors, où ils formèrent une petite montagne. Dans ce travail, la taupe évitait avec soin de se montrer à découvert, et faisait cheminer la colonne de matériaux de bas en haut, de façon que, pour un observateur placé dans le jardin, le petit monticule avait l'air de se soulever de lui-même par un mouvement insensible, chaque parcelle de terre arrivant par le centre et se déversant ensuite sur les côtés comme un liquide qui sort en nappe d'une source abondante. Quelques coups de patte et de tête tassèrent ensuite fortement la terre fraîche de la voûte et la rendirent d'une solidité suffisante.

Elle avançait ainsi peu à peu vers les choux, dont les racines étaient fort fréquentées, en ce moment, par un grand nombre de larves de toute espèce, et principalement par celles de ma famille. Je voyais le danger qu'elles allaient courir, mais il m'était impossible de les en prévenir; car, dans son travail, la vilaine bête avançait assez rapidement pour que j'eusse toutes les peines du monde à la suivre en creusant ma petite galerie parallèle. D'ailleurs la prudence la plus grande m'était imposée en raison de l'extrême finesse de son ouïe, car plusieurs fois je la vis s'arrêter et prêter l'oreille au bruit presque imperceptible produit par le grattement de mes pattes dans mon travail de contre-mine. J'étais alors obligé de suspendre tout effort jusqu'à ce qu'elle se fût remise en marche.

Parvenue sous les légumes, elle choisit le plus volumineux et le souleva, sans pourtant en briser les racines. Dans ce mouvement, elle surprit et mit à jour quelques vers occupés à dévorer ces dernières, et, avant qu'ils eussent pu seulement comprendre ce qui leur arrivait et songer à la fuite, ils furent saisis et broyés sous les dents redoutables de leur ennemi. Une fois la première plante ainsi nettoyée de ces parasites, elle passa à la seconde, puis à la troisième, et ainsi de suite jusqu'à ce qu'elle eût suffisamment garni son estomac. Et ne croyez pas qu'il fût rassasié facilement, cet estomac glouton, il s'en faut; car il était de si bonne composition que ce ne fut qu'à la *vingt-troisième* larve qu'il se déclara satisfait. Vingt-trois larves, n'est-ce pas effrayant!... Et si l'on considère que ce total respectable n'était que le menu d'un seul repas, l'esprit recule stupéfait devant l'immense destruction opérée par un animal aussi petit. Quel vaillant auxiliaire l'homme avait là à son service pour défendre ses légumes contre nos attaques!

Son festin terminé, la taupe reprit le chemin qu'elle venait de parcourir, et suivit la galerie dans laquelle je l'avais aperçue pour la première fois; puis, s'engageant dans un tunnel transversal qui venait s'embrancher sur cette dernière, elle se dirigea vers le mur de clôture du jardin. En ce point, le souterrain s'enfonçant perpendiculairement sous les fondations, elle s'y engagea et disparut à mes yeux. Je n'osai m'y aventurer pour l'y suivre, et je revins tout pensif à mon logis.

C'est sous cette pénible impression que je viens d'écrire ces lignes. Je suis là, l'oreille aux aguets, placé près du petit chemin qui mène à cette galerie, et prêt à fuir au premier signe de danger. Ce n'est pas vivre que d'être toujours sur le qui-vive. Si cela continue, l'existence dans le jardin deviendra impossible; il faudra déménager.

19 mai.

Voilà trois jours que je n'ai pu écrire un seul mot; trois jours d'angoisses continuelles, dont chaque minute a été employée à surveiller mon ennemi.

Que de travaux il a accomplis dans ce petit espace de temps! Le jardin est tout parsemé de petits monticules de terre friable qui s'élèvent au milieu des carrés les mieux cultivés, dont ils troublent la symétrie, tout en déracinant çà et là quelques plantes, qui, au reste, ne paraissent pas en souffrir beaucoup. Mais ce travail extérieur n'est rien, comparé aux immenses excavations intérieures exécutées par un être en apparence si frêle. Le premier boyau qui lui avait servi d'entrée est devenu une véritable avenue, coupée de distance en distance par de larges carrefours d'où rayonnent deux, trois et parfois jusqu'à cinq embranchements. Ceux-ci, à leur tour, se subdivisent de la même manière, de sorte que l'ensemble des souterrains forme un inextricable labyrinthe, dans lequel il serait impossible de se diriger sans guide et qui offre à l'animal une multitude de retraites bien propres à le mettre à l'abri de toute poursuite.

Ce réseau de voies souterraines, en apparence dirigé au hasard, est cependant construit selon un plan préalable. Ainsi je me suis assuré que ces routes sont toujours dirigées vers les points privilégiés où les larves herbivores sont le plus nombreuses, par exemple sous les grosses racines à chevelu abondant, sous les pierres et les fragments de tuiles saturés d'humidité, au pied des gros arbres fréquemment arrosés, et surtout sous les couches de fumier en fermentation. Grâce à de nombreuses tranchées latérales qui unissent les conduits les plus divergents, la circulation y est toujours facile.

La particularité la plus curieuse de cette demeure souterraine consiste dans le défaut le plus complet d'éclairage. La taupe a horreur de la lumière, et chaque fois qu'une fissure, pour si petite qu'elle soit, vient à se produire dans la voûte, elle s'empresse de la réparer avec promptitude. C'est principalement de neuf heures à midi et de quatre à six heures du soir qu'elle est le plus active et qu'on peut être assuré de la trouver à l'œuvre. Le reste du temps elle sommeille, du moins je le suppose, car je n'ai pu m'en assurer, attendu qu'elle quitte le jardin à ces moments-là, en passant sous le mur de clôture.

Il va sans dire que l'extermination des larves a continué sur une grande échelle : vers de terre, cloportes, mille-pieds, insectes de toute sorte, ont été victimes de sa gloutonnerie, et j'ai calculé qu'il lui faut environ une cinquantaine de ces animaux pour sa nourriture dans les vingt-quatre heures. Aussi déjà sa présence se fait sentir, car les plantes, qui autrefois souffraient beaucoup des attaques de leurs parasites, ont repris leur fraîcheur et paraissent plus luxuriantes que jamais; il suffirait, je crois, de quatre taupes pour dépeupler le jardin des herbivores, au grand profit du jardinier.

Je ne sais si je me trompe, mais je présume que le terrier est habité par deux taupes; hier, il m'a semblé en voir passer une seconde, mais je n'ai pu m'en assurer. Il ne me manquerait plus que cela pour arranger les choses!

J'entends du bruit dans la galerie voisine; c'est sans doute mon fouisseur qui revient pour son repas du matin, car il est dix heures. Allons assister à sa chasse... Ciel! je ne m'étais pas trompé; il y a deux taupes qui se suivent, le mâle et la femelle sans doute!... Qu'allons-nous devenir?

22 mai.

Mon Dieu, que les hommes sont donc peu intelligents, et quelle incroyable manie les pousse à se nuire par eux-mêmes bien mieux que ne le feraient leurs plus grands ennemis! Je ne puis comprendre une telle aberration, et après ce qui vient de se passer je me félicite hautement d'être au rang des bêtes, ainsi qu'ils nous appellent, car c'est évidemment de ce côté-là que se trouve l'esprit. Voyons si vous ne serez pas de mon avis.

Pendant les jours qui viennent de s'écouler, les taupes ont travaillé de plus belle, et leurs galeries ont envahi la moitié du jardin. De tous côtés se dressent les petites montagnes révélatrices de leur travail occulte. Une immense quantité de larves de toute sorte, dont le terrain pullulait, ont été détruites, et les plantes potagères se trouvent dans les meilleures conditions. A peine si l'on aperçoit çà et là quelque feuille jaunie ou flétrie, quand, il y a huit jours, on en voyait un très grand nombre. Il est donc de toute évidence pour tout le monde qu'à part les petites dégradations causées par le passage de leur souterrain, les taupes ont rendu un véritable service à notre jardinier. Aussi, en voyant ce résultat, l'idée m'était venue que c'était lui qui les avait introduites dans le jardin. Comme je le connaissais peu!

En apercevant les monticules indice de la présence de ces animaux, l'homme est entré dans une terrible colère; les jurements les plus sonores sont sortis à flots pressés de sa bouche, et il les a voués à toutes les vengeances infernales. Il voyait déjà son jardin détruit, ravagé de fond en comble, et ses beaux légumes, dont il est si fier, perdus à jamais. Enfin, une telle rage s'est emparée de lui que, s'armant d'une pioche, il a défoncé tout un carré pour mettre à découvert les galeries souterraines, et les a bouleversées jusqu'à ce que les forces lui aient manqué. Bien entendu qu'il en a été pour sa peine; car nos taupes, bien avisées, s'étaient tranquillement réfugiées au delà du mur, d'où elles pouvaient braver sa poursuite. Enfin, haletant, inondé de sueur, il a lancé son outil au hasard et est parti en grommelant.

Ce matin, le dommage était réparé par nos animaux, et ils ont même creusé une nouvelle galerie sous une bordure de violettes en fleur qu'ils ont soulevée de terre aux trois quarts; aussi le jardinier, en constatant ce nouveau désastre, a-t-il failli devenir fou, et, quittant le jardin, est revenu quelques instants après avec le savant, son maître, dont j'ai déjà parlé. Voici alors la conversation que j'ai entendue :

« Voyez, Monsieur, disait le jardinier, ces dégâts affreux, ces montagnes de terre, ces plantes déracinées; je suis au désespoir, le jardin est perdu!

— Calmez-vous, mon ami, le mal n'est pas grand, ce sont des taupes qui ont tout fait.

— Comment, le mal n'est pas grand! Plaisantez-vous? Y a-t-il moyen de cultiver votre terre avec fruit, si ces maudites bêtes viennent détruire ensuite ce que je fais?

— Détrompez-vous, mon ami; ces taupes, loin de vous nuire, vous rendront, au contraire, le plus signalé service, car elles vous aideront à vous débarrasser des insectes qui dévorent vos légumes.

— Mais elles les déracinent et les mangent, mes légumes!

— C'est là une grave erreur. La taupe ne mange jamais de végétaux; elle se nourrit presque exclusivement de vers de terre et de larves de hannetons. (Hélas! je ne le savais que trop.) En outre, en cas de disette de ces mets de prédilection, elle attaque les autres milliers de petits êtres affamés qui vous causent tant de dommage, et que vous devez d'autant plus redouter que vous êtes sans armes pour les atteindre dans leurs retraites cachées. La taupe, elle, qui est très vorace, sait parfaitement les découvrir, et en un seul jour elle en détruira plus que vous ne pourriez le faire en une année entière.

« Du reste, ce fait a été établi expérimentalement d'une manière incontestable. Un agriculteur des environs du bois de Vincennes, dont le jardin potager était ravagé par d'innombrables légions de vers blancs, voulut se rendre compte des services que peut rendre la taupe. Pour cela, il choisit le carré le plus attaqué, l'entoura de briques placées de champ, destinées à l'isoler complètement du sol environnant, et y plaça quatre taupes que cette barrière maintenait prisonnières. Eh bien, huit jours après un changement sensible s'était opéré dans l'état des légumes de cet endroit; ils reverdissaient à vue d'œil, et bientôt ils ne donnèrent plus aucun signe de souffrance. De plus, les vers blancs y étaient devenus si rares qu'en défonçant tout le carré on ne put en découvrir qu'une douzaine, tandis qu'auparavant chaque coup de pioche en ramenait trois ou quatre. Le reste du jardin, dans lequel les taupes n'avaient pu pénétrer, était plus habité que jamais par cette race malfaisante. Est-ce assez concluant, dites?

— C'est possible. Mais les plantes qu'elles déracinent, et les couches qu'elles bouleversent, n'est-ce donc rien?

— Ce ne sont là que des inconvénients de peu d'importance, si nous les comparons aux immenses avantages qui découlent de la présence des taupes dans le jardin; c'est ce que l'on peut appeler un petit mal pour un grand bien. Il vous est facile, en effet, à l'aide de quelques coups de pioche, de remettre en place tous les jours les plantes soulevées et de préserver les plantes trop délicates par une barrière de tuiles. Quant à ces monticules de terre qui vous donnent tant de souci, vous devriez plutôt vous en féliciter, car c'est un nouveau service qui vous est rendu. En fouillant et en rejetant à la surface les couches profondes du terrain, ces animaux rendent la terre plus meuble et plus perméable, et mélangent mieux les diverses parties du sol. Ne vous inquiétez donc plus de tout cela et soyez heureux, au contraire, de ce que les taupes aient daigné vous rendre visite.

— Cependant tout le monde les détruit.

— Tout le monde a tort, voilà tout, et je ne vois pas pourquoi vous imiteriez ce fâcheux exemple, puisque vous êtes éclairé maintenant sur les véritables conditions d'existence de la taupe. Un temps viendra, je l'espère, où ce préjugé déplorable sera déraciné dans l'esprit des masses, et, au lieu de faire une chasse maladroite à ces précieux insectivores, on s'appliquera à en accroître le nombre. Ce jour-là, le règne du hanneton sera terminé. En attendant cette époque fortunée, veuillez, je vous prie, cesser toute nouvelle poursuite contre la taupe qui habite chez nous. C'est bien entendu, n'est-ce pas? »

Le jardinier marmotta quelque chose entre ses dents, qu'il me fut impossible d'entendre, mais qui, à coup sûr, n'était pas un acquiescement aux sages paroles prononcées devant lui. Le savant, sans s'en inquiéter davantage, quitta le jardin en haussant les épaules.

A peine eut-il disparu que notre homme, humilié, s'écria : « Attends, va! plus souvent que je vais laisser vivre une pareille vermine! Je serais montré au doigt dans tout le pays. Un jour ou l'autre elle y passera, ou j'y perdrai mon nom. »

Pendant toute cette conversation, on doit comprendre combien j'étais attentif, et si j'étudiais avec soin la physionomie de notre homme pour savoir ce qu'il allait décider, car de cette résolution dépendait notre salut à tous. Aussi, quand je voyais avec quelle lucidité et quelle justesse de vues le vieux savant énumérait tous les avantages produits par la présence des taupes dans le jardin, je me sentais frémir, car je pensais que le jardinier aurait été convaincu. Sot que j'étais! j'avais compté sans la routine et les préjugés, nos meilleures sauvegardes, et les dernières exclamations de notre ignorant me rendirent toute ma confiance, un moment ébranlée. La perte de ces animaux était décidée, et je pouvais espérer que bientôt nous en serions débarrassés.

En effet, depuis hier, le jardinier a mis en œuvre plusieurs procédés pour s'emparer de ses ennemis. Ayant remarqué, comme moi, que la taupe venait réparer aussitôt les fissures produites dans ses galeries et par lesquelles la lumière pénétrait dans l'intérieur, il a ouvert plusieurs monticules et s'est placé à l'affût tout auprès, la pioche à la main, guettant l'infatigable fouisseur. Aussitôt que le mouvement du terrain lentement soulevé l'avertissait que l'animal était à l'œuvre, d'un coup de son instrument lestement appliqué, il essayait de l'arracher de dessous terre. Mais, soit qu'il eût mal calculé son coup, soit que le rusé quadrupède, averti par la finesse de son ouïe, se tînt sur ses gardes, il n'a pu encore parvenir à s'en rendre maître. Une fois seulement il le mit à découvert; mais avant qu'il eût eu le temps de l'écraser, l'animal parvint à s'insinuer dans une galerie transversale. A chaque tentative infructueuse, le chasseur devenait furieux et accablait la pauvre bête d'invectives haineuses. Malheur alors à tout autre animal qui se trouvait à sa portée : un bon coup de pioche venait lui apprendre à se trouver ainsi dans les embarras.

En désespoir de cause, voyant que ce procédé n'avait aucun succès, il versa une grande quantité d'eau sur les carrés les plus garnis de taupinières, espérant sans doute en noyer les auteurs. Mais malheureusement il n'obtint aucun résultat de ce moyen bizarre, car la terre pompait rapidement le liquide sans que la taupe en fût même inquiétée...

Enfin, ce soir il a essayé un autre piège qui me paraît avoir plus de chance de réussir. Choisissant un endroit où la terre fraîchement remuée lui indiquait un passage récent de ces animaux, il a enlevé la voûte de la galerie sur une longueur d'environ un pied, et dans la cavité même il a placé un instrument composé d'un tuyau de terre cuite d'un diamètre égal à celui du tunnel, qu'il semblait continuer. Ce tuyau portait à l'un de ses bouts, largement ouvert, une espèce de soupape s'ouvrant de dehors en dedans et cédant aisément dans ce sens aux efforts de l'être qui voudrait s'y introduire, mais qui, retombant par son propre poids sur lui dès qu'il serait entré, devrait opposer une invincible résistance à sa sortie. L'autre extrémité ne présente qu'une petite ouverutre, fermée par un grillage en fil de fer. Une fois ce cylindre mis en place, il le recouvrit de terre de façon à le cacher entièrement. Il résultait de la disposition de l'appareil que la taupe, en suivant sa galerie, devait forcément y pénétrer et y rester prisonnière.

Qu'il me tarde d'être à demain pour savoir si le piège aura réussi ! Avec quel bonheur je verrais notre bourreau hors d'état de nous nuire ! Car la vie est intolérable avec cette épée de Damoclès continuellement suspendue sur la tête. Depuis huit jours, j'ai maigri horriblement; mon corps, si gras et si dodu, est maintenant mince et fluet. Aussi ma première visite, au lever du soleil, sera pour le traquenard.

23 mai.

Victoire, victoire complète ! Ce matin, au point du jour, j'ai été visiter le piège placé hier au soir ; le cœur me battait, et, malgré mon désir de connaître le sort de la taupe, je n'osais avancer, dans la crainte d'une déception amère. Enfin, j'ai pris mon courage à deux mains, et j'ai regardé ! O bonheur ! j'ai aperçu, à travers le grillage du tube, le boutoir de l'animal prisonnier. Une sorte de joie barbare s'est emparée de moi, et tout à mon aise j'ai contemplé le cruel ennemi de ma race.

Il était dans une inquiétude extrême, allant d'un bout à l'autre de sa prison, tantôt en avant, tantôt à reculons, car l'étroitesse du tube l'empêchait de se retourner. De temps en temps, à l'aide de ses robustes mâchoires, il essayait de briser les mailles de fer de l'ouverture, et j'entendais le métal crier sous l'effort de ses dents, ce qui ne laissait pas que de m'émotionner un peu, en songeant à ce qu'il pourrait m'arriver s'il parvenait à rompre cette barrière. Mais, heureusement, le grillage a résisté. Alors, désespérée, haletante, la taupe allongeait entre les barreaux son groin d'un rouge de sang et poussait un grognement de terreur.

Sur ces entrefaites survint le jardinier. Il poussa un cri de joie en constatant le succès de sa ruse, et, déterrant le bienheureux tuyau, il tint tout près de son visage sa captive, immobile de frayeur ; on eût dit qu'il allait la dévorer des yeux. Puis il se mit à l'accabler de gros mots, d'invectives grossières, insultant à son malheur et lui reprochant ses nombreux méfaits. Je riais de bon cœur, tout en m'avouant tout bas qu'en agissant de la sorte notre homme ne brillait pas par l'intelligence.

Après avoir ainsi dégonflé son cœur, il ouvrit le petit clapet de tôle qui s'opposait à la retraite de l'animal, et, renversant le tube, le fit tomber sur le sol sablonneux de l'allée. La taupe, sans perdre de temps, se mit à creuser la terre, et cela si rapidement qu'en deux ou trois secondes elle avait à moitié disparu. Peut-être serait-elle parvenue à s'échapper, si le jardinier, d'un vigoureux coup de talon de son sabot ferré, ne l'eût arrêtée en l'écrasant presque complètement. S'emparant alors du cadavre, à l'aide d'une ficelle il l'attacha par la patte à un gros échalas qui servait de tuteur à de jeunes pieds de haricots, et l'étala soigneusement au milieu de l'allée, en grommelant : « Que d'autres y viennent, maintenant; elles verront de quel bois je me chauffe, et cela les fera réfléchir. » Et, tout fier de ce brillant exploit, il quitta le jardin en sifflant un air de victoire. Que son ignorance lui soit légère !

Quant à moi, depuis ce matin, je me sens tout autre; un ennemi terrible a disparu, et j'ai repris courage. Aussi jamais je n'avais déjeuné d'un si grand appétit. Je vais aller maintenant visiter plusieurs de mes frères qui sont dans le voisinage, pour causer de l'heureux événement de la journée.

Mais j'y pense !... le mâle est bien mort, mais la femelle vit encore ; qui donc nous en délivrera ?

26 mai.

Voilà trois jours que le jardinier a replacé le piège dans un autre point du souterrain, pour surprendre la taupe femelle ; il n'a pu y parvenir. Sans doute celle-ci, avertie par la mort de son ami, aura agi avec plus de circonspection ; peut-être aussi, ayant flairé le tube dangereux, qui doit conserver l'odeur de son époux, elle l'aura évité avec soin. Elle est venue pourtant dans le jardin, et j'en ai eu la preuve en constatant la formation de plusieurs taupinières toutes fraîches. Le jardinier, qui avait employé toute la journée d'hier à enlever toutes celles qu'avait faites le mâle et avait ainsi nivelé le sol, a été plus furieux que jamais en les apercevant. Mais il sera, je crois, fort difficile de saisir la coupable ; car elle se tient sur ses gardes, au grand détriment de toutes les larves du jardin, qu'elle a décimées. Quel appétit elle a ! c'est effrayant, et, à ce qu'il paraît, le chagrin de son récent veuvage n'a pas influé sur son estomac.

Ces carnassiers n'ont pas de cœur !

Ces jours-ci, j'ai été distrait de mes appréhensions par un charmant spectacle, qui me repose un peu de toutes ces idées de meurtres et de dangers qui depuis un mois assiègent continuellement mon esprit. Un petit oiseau a fait son nid sur un arbre du jardin.

Son plumage est paré des couleurs les plus brillantes. La tête, noire en dessus, offre une bordure d'un rouge éclatant qui, commençant à la partie postérieure, va en s'élargissant sur le devant du cou ; le dessus du corps, la plus grande partie des ailes et la queue sont brun noirâtre, le ventre et le bas de la gorge blancs ; en outre, les ailes sont parées de deux grandes taches d'un beau jaune. L'ensemble de ce petit animal est charmant, et l'on ne pourrait peut-être lui reprocher qu'un bec trop gros, trop pointu et d'une couleur un peu blafarde. La femelle ne ressemble pas tout à fait au mâle : chez elle les couleurs sont toutes moins vives.

Quand je remarquai pour la première fois leur présence, ils avaient déjà fait leur nid à moitié. Il était posé au centre de l'arbuste, à l'endroit où les petits rameaux entrelacés sans ordre formaient un fouillis inextricable. La charpente était formée de petites bûchettes artistement disposées, reliées entre elles par de la mousse sèche, des brins de foin, du jonc et de menus filaments blanchâtres. Quand il fut terminé entièrement, il avait la forme d'une coupe parfaitement régulière, assez profonde et à parois si bien tassées qu'on eût dit un tout homogène. C'était avec le bec et les pattes que ces deux industrieux petits animaux avaient construit cet édifice remarquable ; le mâle allait chercher les matériaux, la femelle les disposait à son gré, en entremêlant son travail de petits cris joyeux.

Le chardonneret.

Une fois la maison terminée, il fallut la meubler ; on y procéda au moyen de brins de laine arrachés par les buissons à la toison des brebis ; le duvet le plus soyeux des plantes ne fut pas non plus dédaigné, et une couche moelleuse et chaude fut ainsi disposée, toute prête à recevoir les œufs, objet de tant de préparatifs.

Je crois que la femelle a pondu ce matin, car elle ne quitte plus le nid et reste accroupie au-dessus, les ailes un peu entr'ouvertes ; le mâle, perché sur un poirier voisin, ne cesse de faire retentir les échos d'alentour de ses roulades les plus audacieuses ; son chant est très sonore, mais je le trouve un peu monotone. Du moment qu'il plaît à la femelle, de quoi me plaindrais-je, puisque c'est uniquement pour cette dernière qu'il chante ? De temps en temps il s'interrompt pour aller chercher les graines dont il se nourrit, et il a toujours soin d'en faire part à la couveuse, qui le remercie en poussant de petits soupirs entrecoupés de battements d'ailes[1].

1. Ces deux oiseaux sont des chardonnerets.

J'aime à contempler ces deux petites bêtes : elles sont si jolies, si aimantes, si insoucieuses du danger, que je ne puis m'empêcher de m'intéresser à elles. Au moins celles-là ne font de mal à personne, et leur vie ne coûte ni souffrance ni sang.

28 mai.

Rien encore du côté de la taupe ; une sorte de puissance occulte semble la protéger, car elle a évité tous les pièges du jardinier, tout en fouillant à son aise dans les plates-bandes. C'est à désespérer du succès.

Il fait un soleil magnifique, et, comme il est de bonne heure, je vais, avec mon manuscrit, m'installer au bord de mon trou pour surveiller tout à mon aise le ménage emplumé abrité sous les roses.

La gueule est grande et renferme des dents crochues.

La femelle est toujours sur ses œufs ; je la vois, immobile, les ailes et la queue étendues, augmentant autant que possible le volume de son corps pour mieux concentrer la chaleur dans le nid. Où donc est le mâle ? On dirait que la couveuse le cherche avec inquiétude, car sa petite tête se retourne dans tous les sens...

Ah ! je le vois volant en cercle au-dessus d'un buisson de houx qui croît contre le mur de clôture. Il a l'air tout préoccupé, et son œil perçant ne quitte pas le feuillage sombre de la plante, comme s'il guettait quelque chose. Le voici qui revient vers le nid, il jette un cri strident tout particulier que je ne lui connaissais pas... La femelle quitte ses œufs, elle semble fort effrayée, et tous les deux volent au-dessus du fourré épineux... Que se passe-t-il donc ?

Le feuillage du houx s'agite doucement, une tête triangulaire et aplatie se montre entre les branches, puis elle s'avance lentement, et un serpent rampe sur la terre, se dirigeant vers le rosier. Quelle horrible bête ! Rien qu'à sa vue j'éprouve comme une sorte de répulsion intérieure qui me la rend odieuse. Les oiseaux la suivent en poussant des cris plaintifs et en volant au-dessus d'elle.

Elle est longue d'un mètre environ ; son corps est sans grâce, trop massif pour sa taille; sa couleur est fauve foncé sur le dessus et gris ardoisé sous le ventre; le dos est paré de deux rangées de taches noires dont la disposition d'ensemble constitue une ligne en zigzag fort remarquable. La tête, comme je l'ai dit, est triangulaire, aplatie, noirâtre, portée sur un cou trop petit, ce qui lui donne un faux air de fer de lance. Elle offre deux yeux glauques, sans paupières, immobiles, dont la fixité glace de terreur. La gueule est grande, fendue très loin en arrière des yeux, et renferme une double rangée de petites dents crochues que j'aperçois très bien, placé à contre-jour comme je le suis. Quand elle est fermée, l'animal en fait sortir presque continuellement une langue longue, fourchue, molle et flexible qu'il darde en avant avec une rapidité extrême. Serait-ce une arme offensive?

Le serpent est arrivé au milieu de l'allée, il s'est replié sur lui-même en s'enroulant comme un cordage, et sa tête est placée au centre du cercle; il reçoit avec délices les chaudes caresses du soleil; ses écailles, frappées par les rayons de cet astre, reluisent comme autant de petits miroirs. De temps en temps il siffle doucement en relevant la tête et regarde les petits oiseaux, qui continuent leur manège.

Que lui veulent-ils donc? Pourquoi le harceler ainsi? Ne craignent-ils donc pas qu'à la fin il ne soit ennuyé par leurs criailleries? Allons, voici le mâle qui, enhardi par l'immobilité du reptile, vient de le froisser de son aile; la femelle en fait autant!... Malheureux! vous voulez donc périr?

Ce que j'avais prévu va arriver: le serpent s'est irrité, il a poussé un sifflement terrible, ses yeux se sont injectés de sang, et le voilà qui dresse sa tête en la balançant légèrement de droite et de gauche; en même temps il a ouvert sa gueule toute grande, abaissant sa mâchoire inférieure si fortement, qu'elle est appliquée contre son cou. Ce mouvement m'a permis d'apercevoir distinctement à la partie supérieure du palais deux petits crochets recourbés, beaucoup plus longs que les dents, et qui se relèvent et s'abaissent alternativement...

Laissons là ma plume pour voir ce qui va se passer.

Hélas! je l'avais bien prophétisé, les malheureux oiseaux ont trop excité le serpent, et le mâle a payé de sa vie cette folle imprudence, que justifie peut-être l'instinct paternel surexcité. Voici comment cela s'est passé:

Quand le reptile eut pris son attitude de combat, le mâle se mit à tourner en cercle autour de lui en poussant des cris d'effroi, les plumes hérissées, la respiration haletante. Le serpent suivait tous ses mouvements, décrivant comme lui des circonférences avec la tête et ne le quittant pas des yeux un seul instant. Les tours de spirale de l'oiseau allaient en se rétrécissant, de sorte qu'il en arriva bientôt à toucher presque son ennemi et à essayer de le piquer avec son bec; puis il s'éloignait aussitôt et recommençait le même exercice.

Pour un observateur qui n'eût vu que l'apparence seule des choses, les rôles auraient paru intervertis, c'est-à-dire que, dans ce cas, le serpent eût été pris pour l'agresseur. Les mouvements saccadés de l'oiseau, les cris d'effroi qu'il poussait à chaque instant, en diminuant de plus en plus le diamètre des cercles qu'il décrivait, auraient pu faire croire qu'un pouvoir merveilleux était ici en action et que le serpent le fascinait par la fixité de son regard et le forçait, malgré ses efforts pour fuir, à se rapprocher de lui. Il n'en était rien cependant, et par un examen attentif il était facile de se convaincre que l'oiseau attaquait réellement, entraîné sans doute dans cette lutte par l'affection pour sa femelle et la défense de ses œufs.

Mais que pouvaient toutes ces démonstrations et ces bravades impuissantes contre un ennemi aussi disproportionné? Le résultat ne pouvait être douteux. Peu à peu l'oiseau, épuisé par ses cris et son vol saccadé, perdit ses forces, les cercles devinrent plus étroits, si étroits même qu'à un moment donné il se trouva à la portée de la gueule du reptile. Aussitôt celui-ci lança sa tête en avant et frappa de ses crochets le malheureux volatile. Ce coup porté ne fut pas, à proprement parler, une morsure, mais plutôt un véritable choc, analogue au lancement d'un grappin. Puis, avec la rapidité de l'éclair, l'animal reprit sa première position.

Rien ne parut changé d'abord dans l'attitude des combattants; mais au bout de quelques secondes le pauvre oiseau poussa un cri désespéré, tourna deux ou trois fois sur lui-même en battant convulsivement l'air de ses ailes, puis tomba sur le sol à côté de son meurtrier[1]. Ses pattes se raidirent, quelques contorsions agitèrent ses membres délicats, et il resta immobile, comme foudroyé.

Alors le serpent, qui jusqu'alors était resté immobile et suivait froidement les rapides péripéties de cette cruelle agonie, déroula ses anneaux, allongea son corps en droite ligne sur le sable et saisit sa victime par la tête pour l'engloutir tout à son aise, sans se préoccuper davantage des cris de désespoir et de terreur de la femelle. Dilatant effroyablement sa gueule hideuse, il aspira lentement sa proie. A mesure que ce travail s'accomplissait, le cou prenait un développement énorme, et peu à peu le cadavre disparut dans l'estomac de son bourreau. La disproportion était si grande entre le volume du contenant et du contenu, que, quoique aucune partie de l'oiseau ne pût s'apercevoir par la bouche, on pouvait suivre très aisément la marche descendante du bol alimentaire dans l'œsophage, grâce à la saillie difforme qu'il faisait extérieurement.

1. Ce serpent est la vipère commune (*Vipera aspis*, Mer.), reptile fort commun en France. On le voit, le hanneton vient de combattre ici un des préjugés les plus accrédités sur les reptiles, préjugé qui leur attribue un pouvoir d'attraction par la fascination du regard. Après les détails dans lesquels notre héros vient d'entrer, il est inutile, je crois, d'insister davantage sur ce point.

Une fois son repas terminé, le reptile s'étendit quelques instants à toute l'ardeur du soleil, plongé dans une sorte de torpeur digestive ; puis, tout à fait remis des fatigues de cette pénible déglutition, il se retira lentement et disparut bientôt à mes yeux dans le fouillis des nombreuses tiges du buisson de houx. C'est là sans doute qu'il a son repaire.

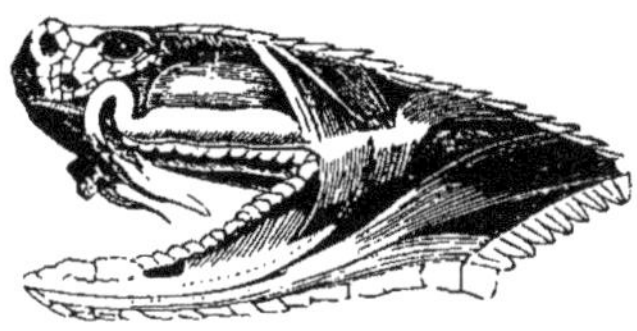

Appareil venimeux de la vipère.

L'horrible scène à laquelle je viens d'assister m'a rendu tout triste. Pauvres oiseaux que j'aimais tant, quel affreux malheur est venu briser ainsi tout cet avenir de bonheur que vous vous étiez préparé ! Quelle singulière chose que la vie, et qui peut compter sur le lendemain !

Je ne m'explique pas clairement pourquoi l'oiseau a succombé à une blessure si légère en apparence. Y a-t-il là derrière quelque venin mystérieux ? Je penche fort à le croire[1].

29 mai.

Il s'est passé aujourd'hui des choses étranges, une succession d'événements imprévus qui ont été des plus heureux pour la population des larves du jardin. Mais n'anticipons pas sur les faits.

Je venais ce matin d'examiner le piège de la taupe. Vain espoir, il était vide. Je retournais, découragé, vers mon domicile, lorsque, derrière une taupinière toute fraîche, j'aperçus un animal assez gros aplati sur le sol, comme s'il cherchait à se cacher.

Son corps mince et effilé...

Je me dirigeai vers lui, et, sans attirer son attention, je pus l'examiner à l'aise.

Son corps, mince et pour ainsi dire effilé, paraissait beaucoup trop long pour ses pattes, sans cependant lui donner un air de lourdeur, bien loin de là ; car, au contraire, il semblait souple et léger. Le dos, les côtés du corps et des jambes étaient d'un fauve clair, la queue jaunâtre et le bout noir ; le front, jusqu'aux yeux, et les côtés de la mâchoire supérieure, brun noirâtre ; une petite tache blanche existait à l'angle extérieur de l'œil. Les joues, le menton, le bord des oreilles et le bout des pattes, d'un blanc laiteux, tranchaient vive-

1. C'est, en effet, au moyen d'un venin que la vipère hâte la mort de sa proie. Ce venin est sécrété par une glande située en arrière des crochets dont le hanneton a parlé. Ces dents venimeuses sont percées d'un canal par lequel le poison s'écoule dans la plaie qu'elles produisent. La piqûre de la vipère n'est que très *rarement* mortelle pour l'homme. On peut, sans courir aucun danger, boire le venin de ce reptile et de tous les autres animaux, car pour agir il doit être mêlé directement au sang.

ment sur la teinte du reste du corps. Le poil dont il était couvert était doux et soyeux et présentait de beaux reflets à la lumière.

Au premier coup d'œil je l'aurais pris pour un rat allongé; mais, en le regardant de près, je changeai vite d'opinion. Ses yeux chatoyants, les longues griffes de ses pattes, la grandeur de sa gueule, me prouvaient que j'avais sous les yeux un animal beaucoup plus redoutable. Que faisait-il donc ainsi aux aguets auprès de ce monticule de terre? Serait-ce par hasard un ennemi de la taupe[1]?

Tout en faisant ces réflexions, je ne le perdais pas de vue. Je ne tardai pas à remarquer que la taupinière contre laquelle il était adossé avait été défoncée fraîchement, et que la voûte percée laissait entrer l'air à flots dans le souterrain. La taupe, sans doute, allait venir réparer le dégât. Je me promis donc de ne pas quitter mon poste d'observation avant d'avoir bien vu ce qui allait résulter de la rencontre de ces deux êtres.

J'avais parfaitement deviné que la taupe allait survenir. En effet, je vis tout à coup une petite motte de terre qui, lentement soulevée par son puissant boutoir, commençait à fermer l'ouverture. Elle venait à peine de donner avis de sa présence, quand la belette s'avança en rampant et se plaça dans la tranchée découverte de façon à avoir en face d'elle le côté vers lequel la taupe se dirigeait en poussant la terre devant elle. Celle-ci, sans méfiance, continuait son œuvre de réparation, et arriva bientôt à une petite distance de l'animal aux aguets.

Soudain celui-ci s'élança d'un bond rapide; d'un seul coup de ses pattes, armées de griffes aiguës, il écarta la terre qui recouvrait le fouisseur, lui enfonça ses dents dans la nuque et essaya de l'extraire de son terrier. Mais il ne put y réussir; car la taupe, prévenue à temps par le mouvement du terrain, s'était vivement reculée, et il n'y eut que la surface de sa peau qui fut saisie entre les mâchoires de son ennemi; aussi céda-t-elle facilement. Cette légère blessure saigna avec abondance.

Rendue furieuse par cette attaque et comprenant, du reste, qu'elle n'avait pas le temps de chercher son salut dans la fuite, la victime de ce hardi guet-apens se précipita sur la belette, et, avant que celle-ci se fût mise sur ses gardes, elle la mordit si violemment au museau que la moitié de sa lèvre lui resta dans les dents; en même temps, de ses fortes pattes antérieures, elle lui serrait le cou de toutes ses forces, comme si elle eût voulu l'étrangler. A cette cruelle morsure, la belette poussa un cri plaintif, semblable à un miaulement, et parut prête à s'enfuir; mais le désir de la ven-

1. C'est la belette (*Mustela vulgaris*, L.), petit *mammifère* de l'ordre des *Carnassiers digitigrades*. Elle est fort commune en France, où elle cause de grands ravages parmi les oiseaux, dont elle dévore les petits et les œufs. Elle est l'ennemie acharnée des rats et des souris.

geance lui rendit des forces, et elle fondit à son tour sur son adversaire, qui l'attendait de pied ferme. Le choc fut terrible; les deux combattants roulèrent sur le sol, et ce fut pendant quelques secondes une lutte à outrance, entrecoupée de grognements et de cris plaintifs. Mais la taupe devait succomber, car elle n'avait pas les armes offensives et la souplesse de son adversaire, et bientôt la belette parvint à la maintenir sous elle. Elle en profita pour déchirer le cou du vaincu, et un jet de sang vermeil, qui jaillit avec force, vint tacher sa blonde fourrure.

Cette grave blessure mit fin au combat; la taupe perdit ses forces avec son sang, ses membres tressaillirent convulsivement, et son petit mufle rouge perdit ses brillantes couleurs. Pendant ce temps, la belette, couchée sur elle de tout son long, buvait avec avidité le sang qui jaillissait en abondance. Puis, broyant entre ses puissantes mâchoires la tête de sa victime, elle en dévora le contenu. Cela fait, elle saisit entre ses dents le tronc mutilé, et, le traînant sur le sol, elle se dirigea vers le mur de clôture. Sans doute elle voulait en régaler ses petits.

Pendant toute la durée de ce combat, on comprend quelle vive émotion je devais éprouver. C'était notre sort à tous qui allait se décider, et je ne cessais de faire des vœux pour la belette, qui seule pouvait nous sauver. Ce n'était pas méchanceté de ma part, mais bien un sentiment personnel de justice : la taupe, puisqu'elle avait tué, ne devait-elle pas périr violemment à son tour? C'est la loi du talion.

Cependant la belette, en portant son fardeau sanglant, était arrivée tout auprès du mur; or, en ce point, maître crapaud, alléché par la douce température de l'air, s'était installé à l'ombre d'une passe-rose, et guettait tranquillement les insectes de passage. Tout entier à son pénible labeur, le quadrupède passa si près de lui sans l'apercevoir, que le reptile, effrayé par cette apparition subite, eut recours à son mode habituel de défense, et lança un énorme jet de liquide, qui inonda complètement la belette. Celle-ci, irritée de cette agression, lâcha sa proie, s'élança sur lui et le mordit violemment sur le dos, au point où les verrues blanchâtres dont j'ai parlé se trouvaient le plus serrées. Le crapaud, blessé, se blottit contre la terre et se fit aussi petit que possible. Je m'attendais à le voir mettre en pièces, quand soudain le carnassier se dressa sur ses pattes raidies en poussant un cri, tressaillit de la tête au bout de la queue, et tomba sur le sol, où il se débattit en se roulant sur lui-même. Dans cet état, il se cambrait si violemment en arrière que la tête touchait presque le train postérieur. Peu à peu ses mouvements devinrent moins violents, une écume sanglante coula de sa gueule, et il expira dans une dernière convulsion.

C'est en vain que je me creuse la tête pour trouver une explication raisonnable à cette mort si prompte. Il y a là quelque mystère au-dessus de ma faible intelligence[1].

Quoi qu'il en soit, la journée a été bonne pour nous; nous voilà débarrassés du même coup de la taupe et de la belette, et peut-être aussi du crapaud, car il m'a paru gravement blessé, et c'est à peine s'il a eu la force de se traîner jusqu'au trou qui lui sert d'abri.

C'est égal, la nature a parfois du bon, et je ne la blâmerai jamais de permettre que les loups se dévorent entre eux!

1. Autant que l'on peut en juger par les détails ci-dessus, il est présumable que la mort si prompte de la belette a été occcasionnée par le liquide visqueux découlant des verrues qui émaillent le dos du crapaud. Ce liquide, en effet, est extrêmement venimeux et tue rapidement les petits animaux qui en sont atteints. Pour agir activement, il faut qu'il soit mêlé directement au sang; et si la belette n'avait eu une plaie toute fraîche à la lèvre, il est certain qu'elle n'eût pas succombé, car sur la peau saine il est sans action.

CHAPITRE IV

LE LION DES FOURMIS ET CELUI DES PUCERONS. — UN ÉCHANGE DE BONS PROCÉDÉS.

29 mai.

Le temps est magnifique depuis hier, et le soleil, qui semblait nous bouder obstinément, a daigné se montrer dans tout son éclat. Aussi le jardin, vivifié par la chaleur bienfaisante de ce roi du ciel, étale-t-il à nos yeux toutes les splendeurs de sa végétation luxuriante. Les fleurs s'épanouissent à l'envi, et des milliers d'insectes bourdonnants viennent leur faire une cour assidue. Sont-ils heureux, ces habitants de l'air! Que je voudrais comme eux, déployer des ailes transparentes et irisées, et parcourir en touriste les sites qui m'environnent! Mais, hélas! je suis condamné à ramper sur le sol et à traîner mon corps pesant sous les racines de ces mêmes plantes dont ils visitent délicieusement les corolles éclatantes. A eux la lumière et les parfums! à moi les ténèbres et le fumier!

J'aurais tort cependant de me plaindre trop haut, car depuis la disparition de nos deux taupes, ma vie s'écoule douce et tranquille. Sans inquiétude de ce côté, n'ayant à redouter que le jardinier, dont les ruses me sont toutes familières, je puis me livrer à mes occupations favorites; et, grâce à ces heureuses circonstances, j'ai repris toute ma santé et ma gaieté d'autrefois. C'est que, voyez-vous, il était temps que tout cela eût un terme, car j'avais maigri de moitié!

Cependant, je dois le dire, je suis fort intrigué, et un peu effrayé en même temps, d'une aventure dont j'ai été le témoin. J'ai découvert, dans des circonstances singulières, un petit animal dont je n'ai pu voir encore que la tête, et fort vaguement. Depuis lors je le guette avec patience, et, coûte que coûte, il faudra que je sache au juste ce qu'il peut être. Voici comment j'ai été mis sur ses traces:

Je venais de me lever, et, pour m'ouvrir l'appétit, je rongeais machinalement une racine de violette, plante que, soit dit en passant, je trouve fort agréable au goût, lorsque mon attention fut attirée par une colonne serrée de petites bêtes qui marchaient à la file les unes des autres. Elles se dirigeaient vers un rosier couvert de roses blanches, situé de l'autre côté de l'allée sablée au bord de laquelle je me livrais à mon premier déjeuner. Ces insectes étaient des fourmis.

Ces petits animaux suivaient tous la trace de ceux qui les précédaient, plaçant exactement leurs pattes dans le même point et palpant le terrain avec leurs antennes. La route qu'ils suivaient était à deux voies, c'est-à-dire que d'un côté ils allaient vers le but commun, tandis que de l'autre ils en revenaient. Le va-et-vient était continuel et s'exécutait avec une vitesse singulière ; on eût dit que chacun des marcheurs se croyait incapable d'arriver à temps. Seulement je ne tardai pas à me convaincre que ni les uns ni les autres ne rapportaient rien de visible de cette excursion, qui cependant paraissait les intéresser beaucoup, car leurs mandibules n'étaient chargées d'aucun fardeau. Qu'allaient-ils faire vers ce rosier assez éloigné ? Du point où j'étais placé, il m'était impossible de le savoir.

Tout à coup le vent détacha d'un poirier voisin une feuille malade et la fit tomber au milieu de la colonne en mouvement. Cet incident troubla considérablement l'ordre si remarquable de la marche. Les fourmis s'arrêtèrent et parcoururent le sol autour d'elles avec inquiétude. Elles cherchaient, au moyen de leurs antennes coudées, appliquées avec soin sur la terre, à retrouver le chemin si brusquement intercepté, comme auraient pu le faire d'excellents chiens de chasse à l'aide de leur nez. Bientôt, comme le courant ne s'arrêtait pas pour cela de chaque côté de la feuille, celle-ci fut rapidement entourée de nombreuses fourmis affairées, indécises, se touchant les unes les autres de leurs palpes, comme pour se communiquer leurs impressions, et furetant tout autour de l'obstacle avec une sorte de rage. Enfin, l'une d'elles, la plus courageuse sans doute, se hasarda à grimper sur la feuille. Mais elle n'accomplit ce trait d'audace qu'avec une précaution infinie, s'arrêtant à chaque instant, sondant continuellement ce terrain nouveau où son odorat ne pouvait plus la guider. Enfin, de pas en pas, d'arrêts en arrêts, elle atteignit le bord opposé ; aussitôt, et comme par enchantement, le charme fut rompu, et le troupeau tout entier franchit la malencontreuse barrière.

Dans un des angles se trouvait, blottie sous un léger tissu de soie, une petite chenille verte, transparente, rayée de jaune d'or sur le dos, qui, roulée en cercle sur elle-même, semblait endormie. La feuille lui devait certainement sa chute, car elle l'avait rongée sur plus d'un point. Les fourmis l'aperçurent et se précipitèrent ; en un clin d'œil, elle disparut sous une épaisse couche d'ennemis, et, en moins de temps qu'il n'en faut pour l'écrire, elle fut complètement déchiquetée par cette armée de mandibules aiguës et mise en cent morceaux. Puis chacun des pillards s'empara d'un de ces trophées sanglants et l'emporta triomphalement entre ses mâchoires. La marche reprit alors son cours.

L'une des fourmis les plus robustes s'était chargée de la tête tout entière de la malheureuse chenille, tête encore vivante, dont les palpes tremblaient convulsivement, et, toute fière de ce glorieux fardeau, elle se dirigeait avec ses compagnes vers le domicile commun. Mais ce poids considérable entravait sa marche. Parfois même, dans un violent effort pour se maintenir en ligne, elle perdait l'équilibre et roulait entre deux grains de sable, sans pourtant lâcher sa proie. Les fourmis voisines s'avançaient alors pour la secourir et s'emparer du butin; mais elle repoussait fièrement leurs avances, et se remettait en route pour retomber encore. Peu à peu, épuisée, mais non découragée, sa course déjà bien lente se ralentit encore, et, de chute en chute, elle finit par s'écarter insensiblement du chemin battu. Tout à coup, comme elle allait atteindre le pied du poirier dont j'ai parlé, je la vis disparaître comme si la terre se fût entr'ouverte sous ses pas, et elle ne reparut plus. Deux ou trois de ses compagnes, qui la suivaient dans l'espoir de profiter de sa fatigue pour la dépouiller, parvinrent au même point qu'elle; mais aussitôt elles s'arrêtèrent et rebroussèrent chemin à toute vitesse, en donnant tous les signes de la plus vive terreur. Qu'était-il donc arrivé?

Le fourmi-lion : entonnoir, larve et insecte parfait.

Fortement intrigué par cet événement inattendu, je me dirigeai avec précaution vers l'arbre mystérieux, dans le but de résoudre ce problème. Le pied de ce végétal était entouré d'une bonne couche de sable fin et blanc que le vent y avait poussé et qui formait un petit talus à pente douce, tourné vers le midi. Je n'aperçus d'abord rien de bien remarquable, et je comprenais de moins en moins la cause de tant de frayeur, quand, en examinant le sol sous une grosse racine dont la saillie le préservait de la pluie, je compris tout. A mes pieds s'ouvrait une sorte de cratère creusé dans le sable et de forme parfaitement régulière. On eût dit un entonnoir enfoncé dans le sol. Sa profondeur était d'environ un pouce, sa largeur d'un pouce et demi. Ses parois, en inclinaison assez forte et formées de grains de sable mobiles, devaient céder facilement au moindre choc et rouler en petite avalanche jusqu'à son fond. Je me penchai prudemment sur l'abîme et je regardai dans ses sinistres profondeurs. Au centre s'élevait un petit monticule de sable qui me parut agité de mouvements convulsifs, mais il me fut impossible de découvrir aucune trace de la fourmi. Cependant j'étais bien sûr que ce ne pouvait être que là qu'elle était tombée; car, sur un des flancs du cratère, une traînée de sable fraîchement éboulé indiquait qu'en ce point la malheureuse bête avait perdu l'équilibre et avait roulé sans pouvoir se retenir.

Comme je me perdais en conjectures sur cette disparition inexplicable, un mouvement involontaire de mes deux pattes de devant fit tomber quelques grains de sable dans le trou. Aussitôt le petit monticule qui occupait le centre s'affaissa sur lui-même, comme s'il se fût, à son tour, précipité dans les entrailles de la terre; quelques secousses brusques en agitèrent la surface, puis tout rentra dans l'immobilité. Le petit cratère avait repris sa forme géométriquement conique, et le mystérieux auteur de ce curieux travail restait plus invisible encore.

J'éprouvais une impression de malaise d'autant plus grande que le danger dont je me croyais menacé était moins accessible à mes recherches. Peu à peu, surexcité par les sensations pénibles que produit toujours le sentiment d'un péril dont on ne peut apprécier exactement la nature, je sentis qu'une sorte d'hallucination s'emparait de moi. Le sol tremblait sous mes pieds convulsivement raidis, et je croyais perdre l'équilibre. Je me voyais rouler, rouler, sans pouvoir me retenir, sur cette pente dangereuse, au bas de laquelle était la mort, et je me cramponnais avec fureur sur le sol mouvant. Sous l'influence de ce cauchemar affreux, je m'approchais lentement du gouffre et j'allais y tomber réellement, quand la voix du jardinier, qui arrivait en ce moment, vint heureusement m'arracher à cette périlleuse contemplation. Il était temps; une seconde de plus, et c'était fini de moi! Je me reculai donc à quelque distance et j'attendis patiemment.

Une heure se passa sans qu'aucun changement se produisît dans l'entonnoir. Soudain un violent soubresaut se produisit au centre; le sable, vivement secoué, s'écarta brusquement, et pendant la durée d'une seconde je crus apercevoir une sorte de tête grisâtre se mouvoir dans l'ombre sinistre du gouffre. En même temps un objet assez volumineux lancé avec force, comme les pierres ponces d'un volcan, passa au-dessus de ma tête en décrivant une courbe et alla tomber à un pied du cratère. Puis la vision disparut, et le silence et l'immobilité continuèrent de régner dans l'entonnoir mystérieux, dont les escarpements mobiles semblaient encore demander une victime.

Je me rendis aussitôt vers cet objet dont l'expulsion avait été si singulière, et jugez de ma stupéfaction quand je reconnus la fourmi dont la disparition m'avait tant intrigué. Elle était parfaitement intacte, sans mutilation aucune, et semblait endormie. Entre ses mandibules, fortement serrées, se trouvait encore la tête de la chenille, qu'elle n'avait pas abandonnée. Je m'enhardis à la toucher; mais à peine l'eus-je frôlée de mes palpes, que je reculai avec horreur. Elle était morte, et son corps, entièrement vidé, n'était composé que de la peau gonflée d'air; tous les organes internes avaient été enlevés, et, légère comme un ballon, elle oscillait au moindre souffle du vent.

Qu'on se figure l'impression terrible qu'un tel spectacle dut produire sur mon cerveau déjà péniblement surexcité! Quelle mort épouvantable était venue frapper cette fourmi à l'improviste, au moment où, joyeuse de son butin, elle rentrait au nid commun! Tout à coup elle avait roulé dans un gouffre; d'horribles mâchoires l'avaient saisie, et là, sous le sable, en dehors de tout secours, elle s'était sentie mourir lentement sous les étreintes d'un vampire qui avait sucé son sang goutte à goutte. Quoi de plus affreux qu'une mort pareille! L'imagination la plus sombre peut à peine en rêver une plus terrible et plus effrayante. Et quand je pense que le cruel auteur de ce méfait est là tout près de moi, digérant tranquillement sa victime, et songeant sans doute que maîtresse Nature lui accordera encore la faveur d'un pareil repas, il me prend des envies folles d'aller saccager son habitation et de le traiter lui-même comme il a traité la pauvre fourmi!

Mais à quoi bon m'arrêter à de pareilles pensées? Mes idées de grand justicier ne serviraient qu'à me rendre moi-même sa première victime, car la force me manque et je n'ai pas d'armes offensives. Qui sait, d'ailleurs, si la fourmi que je plains tant aurait daigné seulement me tendre une main secourable en me voyant englouti à sa place? Évidemment non, car la façon dont elle a traité la chenille me donne une juste idée de son cœur. Décidément, pour nous autres animaux, l'égoïsme devient une loi de vitalité. Chacun pour soi et la nature pour tous, voilà notre devise. C'est triste à avouer, mais telle est la vérité.

Revenons à notre cratère. Depuis lors, rien de nouveau ne s'y est passé. Aucun insecte n'y a roulé, et par suite je n'ai pu apercevoir son propriétaire. La vue de ce piège singulier m'est devenue plus familière, et je le regarde maintenant sans trembler. Plusieurs fois j'ai essayé d'y faire tomber un grain de sable pour tâcher de donner le change au monstre qui l'habite et l'engager à se montrer; mais il ne s'est pas laissé prendre à cette ruse grossière. Il me tarde que quelque fourmi maladroite vienne encore s'y faire prendre... Allons, décidément, je crois que la curiosité me rend féroce; j'ai là une bien singulière idée!

Mais aussi pourquoi cet animal inconnu s'obstine-t-il à me rester caché? Cela m'agace, me devient insupportable, et par conséquent pourra servir à excuser mon souhait peu charitable.

30 mai.

Ce matin, tandis que, déjà rendu à mon poste, je ne perdais pas de vue le piège que depuis hier je surveille, le propriétaire du jardin, accompagné d'un de ses amis, s'est approché de mon observatoire ; ils étaient chargés d'une énorme gerbe de fleurs.

« Tenez, mon cher ami, a dit le premier, cueillez cette belle rose-thé qui manque à notre razzia ; c'est une Malmaison. Prenez bien garde surtout de vous piquer, car elle est défendue par de respectables aiguillons.

— Elle est magnifique, dit l'ami en se baissant vers le rosier aux fourmis dont j'ai parlé et en brisant la tige avec précaution. Mais il ne l'eut pas plus tôt coupée qu'il la laissa tomber, comme si la queue lui eût brûlé les doigts.

— Que vous arrive-t-il? Je vous avais prévenu ; vous êtes-vous blessé?

— Non, ce n'est pas cela ; mais le rosier est couvert de vilaines petites bêtes, et, sans m'en apercevoir, j'en ai écrasé quelques-unes.

— Voyons un peu à qui nous avons affaire, dit notre homme en ouvrant un verre grossissant pour inspecter l'écorce avec attention. Ah ! je m'en doutais, ce sont des pucerons, le fléau de nos pauvres fleurs, des roses surtout. Examinez-les avec attention, ils en valent la peine. Voyez : leur corps brunâtre, composé d'anneaux transparents, est mou et recouvert d'un duvet laineux et blanchâtre. Vous y reconnaissez aisément trois parties distinctes : 1° une tête noire, arrondie, munie de deux longues soies très fines et fort raides, que nous nommons des antennes, et portant deux yeux noirs et lisses, énormes pour la taille de l'animal : ils ne lui servent pas à grand'chose, soit dit en passant ; au lieu d'une bouche conformée sur le plan ordinaire, elle est armée d'une sorte de bec ou suçoir perfectionné, composé de trois articles ajoutés bout à bout ; — 2° un corselet verdâtre donnant attache à six pattes vertes, allongées et terminées par des ongles recourbés en hameçon ; — 3° enfin, un abdomen très développé, comme boursouflé, et orné à la partie postérieure de deux petites cornes charnues que prolongent deux longues soies. A ces caractères, il est facile de reconnaître le puceron de la rose, l'*Aphis rosæ* des savants.

« Ce sont des pucerons. »

— Il faut avouer que l'animal n'est pas digne du joli nom qu'il porte, car il est fort disgracieux. Ne trouvez-vous pas qu'ainsi réunis en légions compactes, ils ressemblent à une armée de sangsues microscopiques pompant à qui mieux mieux le sang du malheureux rosier?

— En effet, la comparaison est très juste. Regardez comme ils se tiennent étroitement appliqués contre la tige, dans laquelle ils ont enfoncé leur trompe, suçant la sève sans relâche. Au premier coup d'œil, on croirait qu'ils sont placés là pêle-mêle et qu'aucun ordre n'a réglé leurs positions, tant leur masse est serrée et homogène. Mais examinez-les plus attentivement, et vous ne tarderez pas à reconnaître qu'ils sont disposés en lignes longitudinales, au-dessous d'un chef de file qui les dépasse en grosseur : c'est le patriarche de la tribu, et, sans grand effort d'imagination, il est facile de deviner qu'au fur et à mesure de leur naissance, les jeunes pucerons issus de celui-là se sont rangés symétriquement les uns à la suite des autres. Ils forment ainsi de véritables familles distinctes. Quant au repas, il est fort de leur goût, à ce qu'il paraît, car ils sont complètement immobiles, et si absorbés par l'agréable occupation qu'ils ont choisie, qu'ils ne se doutent seulement pas que nous les examinons de si près. Vous pouvez même les toucher, ils ne daigneront pas se déranger.

— Je le crois bien, et ces gaillards-là ne sont pas dégoûtés. Vivre ainsi du suc de la reine des fleurs n'est pas donné à tout le monde : c'est une vraie nourriture de poète.

— Ne vous hâtez pas trop de les en féliciter; car si vous saviez à quel prix ils achètent cette vie, si douce en apparence, vous ne seriez pas si prompt à ambitionner leur existence. Il n'est pas d'animaux qui aient plus d'ennemis à leurs trousses que ces pauvres pucerons. Pour vous en convaincre, mettons-nous en chasse, et nous ne tarderons pas à mettre la main sur l'un d'eux. Regardez cette feuille tout fraîchement sortie du bourgeon, son berceau, et dont la surface est déjà presque entièrement envahie par nos gourmands; un mouvement inexplicable s'y passe. Pourquoi ce puceron est-il ainsi soulevé au-dessus de ses confrères, et quelle singulière fantaisie lui a-t-il pris de se livrer aux contorsions les plus désordonnées?

— Que sais-je? Peut-être exprime-t-il par une pantomime vive et animée la joie qu'il éprouve de vivre dans de si heureuses conditions!

— Le pauvre diable n'est pas aussi gai qu'il en a l'air, allez, et vous verrez bientôt à quelle cause il faut attribuer ces ébats en apparence si joyeux.

« A l'aide d'une épingle, écartons doucement cet amas informe de débris de toutes sortes placés au-dessous de lui, et regardons sans frémir. Voyez-vous cette tête carrée, emmanchée dans un cou long et étroit, et que supporte un corps aplati, ovalaire, grisâtre, parsemé de poils raides et de rugosités? Examinez surtout cet abdomen profondément sillonné en travers, que six pattes robustes maintiennent solidement fixé sur l'épiderme de la feuille. Est-il assez hideux, ce petit être-là! L'éclat féroce de ces yeux immobiles contribue encore à le rendre plus repoussant. On dirait une araignée, mais enlaidie encore, si c'est possible.

« Pendant que, tout surpris de se trouver à découvert, notre insecte reste immobile, jetez un coup d'œil sur sa bouche. Comme vous pouvez aisément le voir, elle se compose de deux pinces, aiguës et tranchantes, dont l'extrémité est encore plongée dans le corps du malheureux puceron. Cela vous explique pourquoi ce dernier se livrait à cette gymnastique effrénée : il n'avait que de trop bonnes raisons pour cela, n'est-ce pas?

— Pauvre bête! Quel nom donnez-vous donc à ce petit vampire insatiable?

— C'est l'hémérobe perle des auteurs (*Hemeroba perla*, L.), insecte de l'ordre des *Névroptères;* c'est un proche parent de la libellule, dont le nom vulgaire de *demoiselle* rappelle si bien la taille élancée et les mouvements gracieux et rapides. Elles ont là un vilain parent, il faut en convenir, du moins dans ce premier état. Mais si la nature l'a traité en marâtre au point de vue physique, elle l'a grandement dédommagé sous le rapport de l'instinct. De ce côté-là, c'est un véritable enfant gâté; et pour vous en convaincre, posons cette feuille à terre et attendons que l'hémérobe, familiarisé avec notre présence, ait repris ses habitudes.

« C'est l'hémérobe perle, parent de la libellule. »

« Tenez, le voici qui reprend confiance; il abandonne la dépouille du puceron et se dirige par petits mouvements saccadés vers le troupeau de petits aphidiens placés à sa gauche... Bon! en voilà un de transpercé! Oh! il a beau se débattre; malgré ses contorsions douloureuses, il périra... Que vous disais-je? Le voilà mort et vide, sans une goutte de sang; ça n'a pas été long, comme vous voyez. Attention maintenant, voici le plus curieux... Une... deux, le tour est fait. Avez-vous bien vu?

— A merveille, et j'en suis encore tout enthousiasmé. L'hémérobe a glissé sa tête sous la dépouille vide de sa victime, l'a bien assujettie sur ses pinces, et, renversant la tête en arrière, d'un coup l'a lancée en l'air si adroitement que le cadavre est retombé justement au milieu de son dos, où il est resté accroché par les soies dont il est couvert. C'est admirable! Mais je crois qu'il va encore recommencer.

— Je le crois bien; nous avons un excellent appétit, et puis nous sommes si frileux qu'un vêtement chaud nous est indispensable. Bien, voici un second puceron qui a subi le sort du premier : en voici un troisième... un quatrième... Remarquez que les carapaces des nouveaux morts ont été rejoindre la première sur le dos de l'hémérobe, et...

— Pardon, si je vous interromps. Pourquoi donc les jette-t-il ainsi dans cet endroit?

— C'est justement pour se fabriquer ce paletot chaud et imperméable dont je vous parlais il n'y a qu'un instant. La perle va continuer à faire le même carnage de pucerons jusqu'à ce que leurs dépouilles soient accumulées sur son corps en assez grand nombre pour le recouvrir entièrement.

Chaque petit corps desséché, grâce aux aspérités et aux poils dont il est parsemé, s'enchevêtrera avec ses voisins, de telle sorte que le tout formera un édifice solide. Jamais la perle ne manquera son but, et elle lancera le cadavre au point exact où la couche sera moins dense. Puis, quand elle sera satisfaite de l'épaisseur de son manteau, à l'aide de sa tête, qu'elle peut renverser dans tous les sens, elle donnera le fini à son ouvrage, redressant ce corps très enfoncé, enfonçant celui-ci qui domine les autres, fixant la couche inférieure dans les plis transversaux de son abdomen ; et quand l'œuvre sera terminée, elle possédera une carapace artificielle qui la mettra à l'abri des injures de l'air et des voisins. Ce n'est pas plus compliqué que cela.

— C'est simple, mais cette simplicité même touche au sublime. Qui croirait jamais qu'un animal aussi infime puisse posséder un instinct aussi remarquable? Mais il me semble que vous parlez bien à votre aise du nombre de pucerons qu'il lui faudra immoler ! et croyez-vous que ces derniers seront assez peu intelligents pour ne pas se soustraire à ses attaques par la fuite ? Il ne pourra donc pas finir sa maison faute de matériaux !

— Les pucerons s'enfuir ! allons donc ! on voit bien que vous ne les connaissez pas, et ils ont bien autre chose à faire que de se préoccuper d'une telle misère. Croyez-vous que pour si peu ils vont abandonner leur *far-niente* et leur repas? Ils ont vraiment tout autre chose en tête ; et la perle peut, sans se presser, les dévorer tous l'un après l'autre, sans que les voisins du supplicié daignent seulement détourner la tête. A quoi bon perdre un coup de dent ! Tant pis pour les maladroits qui se laissent prendre.

— Quel stoïcisme !

— Dites plutôt quelle stupidité ! Ce n'est pas, croyez-le bien, que je les blâme pour cela ; mon Dieu, non ! ils ont été créés pour servir de pâture résignée aux ennemis de leur race, et ils s'acquittent en conscience de leur mission, voilà tout. Le fatalisme est la loi fondamentale de la psychologie des animaux.

— Ne m'avez-vous pas dit tantôt que l'hémérobe était encore à son premier état? Que doit-il devenir?

— En effet, nous n'avons en ce moment sous les yeux que la larve de cet insecte, larve que le célèbre Réaumur avait surnommée le lion des pucerons, à cause du carnage qu'elle en fait. Lorsqu'il aura pris tout son accroissement, ce qui ne tardera pas à arriver, grâce au succulent régime auquel il se soumet sans peine, l'hémérobe se filera un joli petit cocon de soie blanche, dans lequel s'accomplira la dernière métamorphose, et dans une huitaine de jours il en sortira transformé. Et jamais, on peut le dire, transformation n'aura été plus complète, tant la nature semble se plaire à déjouer nos conjectures par les surprises les plus incroyables.

« Cette vilaine araignée deviendra un charmant insecte, au corps allongé et svelte, paré des plus brillantes couleurs. Sa tête, d'un jaune d'or éclatant, portera deux yeux d'un rouge de cuivre étincelants comme des rubis. De plus, quatre ailes d'un jaune clair à nervures saillantes d'un vert foncé compléteront le changement, et notre insecte méritera alors sans peine le joli nom de perle qui lui a été donné par ses admirateurs.

« Mais la transformation ne se bornera pas là, car le régime alimentaire subira une modification non moins remarquable. Les pucerons qu'elle dévore aujourd'hui avec tant de plaisir ne seront même plus pour elle un souvenir, et c'est de fleur en fleur qu'elle ira chercher sa nourriture, en s'abreuvant des sucs emmiellés de leurs corolles ; le lion sera devenu gazelle ! Puis, un jour, l'instinct maternel le poussera à venir placer sa progéniture au lieu le plus propre à son existence, et c'est au milieu des pucerons qu'elle ira déposer ses œufs.

« Ces derniers sont fort singuliers. Ils ressemblent à de petites tiges de la grosseur d'un cheveu, longues d'environ deux centimètres, de couleur blanche, placées à côté les unes des autres, au nombre de dix ou douze. Ces petites tiges, ordinairement recourbées légèrement à l'extrémité, supportent un petit renflement sphérique qui est l'œuf proprement dit, et sont fixées verticalement sur la feuille par l'extrémité opposée. Les formes singulières de ces œufs sont si éloignées du type habituellement suivi par la nature, que quelques botanistes les ont pris pour des champignons de la famille des *Mucédinées* et leur ont imposé le nom d'*Ascophorus perennis*. Que voulez-vous : *errare humanum est !* Aujourd'hui, grâce à l'observation attentive d'un grand nombre de savants, tout quiproquo a disparu, et l'*Ascophorus perennis* a été rejoindre les grands serpents de mer et les boas de plusieurs centaines de mètres de longueur dont fourmillaient naguère les traités de zoologie.

— Ce qui m'étonne le plus, c'est de voir que, malgré l'effrayante consommation de pucerons que la perle occasionne, ceux-ci ne finissent pas par être détruits jusqu'au dernier, que l'espèce ne soit pas anéantie depuis longtemps.

— Votre étonnement ne me surprend pas ; mais permettez-moi de vous dire qu'il a pris naissance trop tôt; car si les ravages produits par la perle toute seule suffisent pour vous rendre inexplicable la conservation du puceron, que direz-vous donc en apprenant que ce petit carnassier est un des moindres dangers qui le menacent ? La chair de ces animaux est extrêmement recherchée, et, en outre de l'hémérobe, les *syrphies,* les *pemphredons,* les *psens,* les *microps,* les *aphidius,* les *coccinelles,* les *perce-oreilles* et plus de cinquante autres espèces, dont je vous épargne l'aride nomenclature, vivent exclusivement à ses dépens. C'est un véritable plat de fondation que la nature a institué en faveur des insectes de tous les ordres, mais principalement des *hyménoptères pupivores*. Mais rassurez-vous, j'ai hâte de vous le dire, malgré cette armée de ravisseurs à leur trousses, les pucerons n'ont pas à trembler pour l'avenir de leur race. Ils sont comme l'hydre de la Fable, dont les cent têtes renaissaient à mesure qu'Hercule les abattait; toutefois, avec cette notable différence que, pour un puceron dévoré, il y en a cent frais éclos; et cela grâce à un remarquable procédé que je vous expliquerai tout à l'heure.

— Pardon de mon insistance, qui vous fatigue peut-être; mais ce que vous me racontez est si nouveau pour moi, que je suis insatiable de vos paroles. Est-ce que les mœurs des autres ennemis des pucerons présentent des particularités aussi remarquables que celles dont vous m'avez rendu témoin chez la perle?

— Oh! certainement. Je vous l'ai dit, la nature fait marcher ses familiers de surprise en surprise; et lorsque, après une découverte des plus intéressantes, on croit avoir atteint le dernier mot du fantastique en fait de singularité de mœurs des insectes, on est tout étonné de rencontrer une nouvelle supériorité en ce genre. Aussi, après la perle, nous ne dérogerons pas le moins du monde en nous occupant des *syrphies* et des *aphidius*, par exemple, puisque notre intérêt ira toujours croissant. Étudions donc en première ligne les *syrphies*.

Ces petits insectes, de l'ordre des *Diptères,* c'est-à-dire des mouches à deux ailes, ont, à l'état de larves, une existence des plus singulières. Celle-ci, une sorte de ver blanchâtre atténué aux deux bouts, est dépourvue d'yeux et de pattes; sa bouche consiste en un bec-suçoir corné, très aigu. Quand elle se sent en disposition, elle enfonce ce dard dans le corps du puceron le plus voisin et suce entièrement tout le contenu de l'abdomen du pauvre diable, tout comme l'hémérobe; mais il est curieux de voir par quel procédé elle parvient à maintenir sa victime pendant toute la durée du supplice. Quand le puceron se sent blessé, il veut fuir; mais alors la larve, par un mouvement brusque de sa tête qu'elle redresse, lui fait perdre plante et le soutient en l'air le ventre en haut, jusqu'à ce que mort s'ensuive. Le malheureux a beau se démener et allonger ses pattes dans tous les sens pour chercher un point d'appui qui lui permette de se dégager, vains efforts! il est condamné.

— Mais comment la syrphie, qui est aveugle et sans pattes, peut-elle s'emparer d'une proie qu'elle ne peut apercevoir ni poursuivre?

— D'abord, sa mère l'a placée au milieu des pucerons, d'où il suit qu'elle n'a qu'à allonger la tête à tâtons pour toucher les corps succulents qui l'entourent, et vous savez qu'il n'y a aucun danger que les victimes abandonnent le voisinage de leur ennemi, en vertu de leur apathie traditionnelle. Mais, à force de piquer ainsi au hasard autour d'elle, la larve finit par épuiser son garde-manger, et son cou a beau s'allonger dans toutes les directions, elle ne rapporte rien de cette chasse à l'aveuglette. Elle rampe alors lentement sur la feuille, à laquelle elle est fixée par un liquide visqueux, à la façon des limaces, et ne s'arrête que lorsqu'elle a senti qu'une nombreuse colonie de pucerons l'entoure de tous côtés. Ces nouvelles provisions une fois dévorées, elle émigre de nouveau. Et ainsi de suite.

— Quelle curieuse existence !

— Curieuse, en effet, mais pleine de périlleuses péripéties. Par exemple, il arrive souvent que deux syrphies viennent à se rencontrer dans leurs pérégrinations ; aussitôt la plus agile plonge son dard dans le corps de sa sœur, l'enlève de la feuille, et, sans le moindre scrupule de conscience, la suce jusqu'à la dernière goutte, ni plus ni moins qu'un puceron. Question d'appétit, voilà tout, et juste application de la loi du talion! Parfois encore, c'est un hémérobe qui remplit le même office, ou bien une coccinelle. Et, je le déclare, il faut un grand fonds de philosophie pour voyager ainsi à tâtons au travers des mille embûches que la nature a semées sur les pas des animaux. Du reste, les pucerons sont là pour leur prêcher d'exemple, et ces estimables parasites ne paraissent pas plus émus en assistant au supplice de leurs bourreaux qu'à celui de leurs semblables. C'est du fatalisme oriental, voilà tout.

« Quand notre larve a échappé à tous les accidents auxquels elle est exposée et que son accroissement est complet, elle gagne le dessous d'une feuille et s'y suspend, la tête en bas, à l'aide du suc visqueux dont j'ai parlé. La peau se sèche et durcit, le corps se rapetisse, et l'insecte, ainsi transformé en chrysalide, ressemble à un petit baril : c'est ce que les savants appellent une *pupe*. Quinze jours après, une petite calotte ronde se détache comme un couvercle au sommet de cette prison, et la syrphie prend son vol pour aller déposer ses œufs au milieu des pucerons.

— Est-ce que les syrphies sont ces petits moucherons que je vois voltiger en ce moment au-dessus de ces insectes?

— Oh! non, la syrphie est de bien plus grande taille. Ce sont apparemment de petits *hyménoptères*. Voyons, attrapez-en un. C'est cela. Maintenant examinons-le avec soin... Je ne me trompais pas, c'est bien un *hyménoptère* du genre *Aphidius*. Vous avez eu, pour votre début, la main heureuse.

— Comment cela? Est-ce que les mœurs de ce petit être sont dignes d'intérêt?

— Je le crois bien, et il me sera facile de vous en convaincre. D'abord, avec ma loupe, examinez-le attentivement et constatez si le signalement que la science a mis sur son passeport est exact. Taille, un millimètre. Forme générale, rappelant celle d'une mouche commune, mais quatre ailes transparentes au lieu de deux, comme chez cette dernière. Tête noire avec un point jaune de chaque côté de la bouche et portant deux antennes élégantes. Corselet noir, effilé à la partie inférieure, où il donne attache à un abdomen très grêle au point de suture, ce qui donne à l'insecte une vraie taille de guêpe. Six pattes noires agréablement variées de jaune. Signes particuliers : vivacité extrême, antennes toujours en mouvement et comme vibratiles, allures suspectes.

— C'est bien cela.

— Puisque le signalement est exact, nous pouvons donner à notre *Aphidius* son nom spécifique; c'est l'*Aphidius aphidum* : traduction littérale : *puceronnier* des pucerons, ce qui déjà vous donne à entendre qu'il doit fréquemment être en rapport avec ces animaux. Allons maintenant plus avant dans l'étude de notre conquête, et pour cela comprimez légèrement son abdomen entre les doigts.

— Oh! c'est fort singulier; cette manœuvre a fait sortir de l'intérieur une sorte de tube allongé qui rentre aussitôt que je cesse la compression.

— Parfaitement observé. Rendez maintenant la liberté à ce pauvre diable, que nos études anatomiques doivent fortement contrarier; nous n'avons plus besoin de lui, et sa vie peut nous être utile.

« Ce petit organe dont vous avez découvert l'existence est fort compliqué. Au microscope, nous y reconnaîtrions quatre pièces : 1° deux extérieures, creusées en demi-canal, formant, par leur accolement réciproque, un fourreau dans lequel les intérieures jouent à frottement doux ; 2° deux intérieures, consistant en deux petits stylets lanciformes, dentés en scies, à pointe extrêmement aiguë et doués d'un mouvement rectiligne alternatif de va-et-vient. L'ensemble de cet appareil a été nommé *tarière* par les savants.

« Maintenant que nous connaissons intimement notre petite mouche à quatre ailes, il faut tâcher de découvrir de quelle nature sont ses relations avec les pucerons. Il est d'abord aisé de s'apercevoir qu'elle n'en fait pas sa nourriture, car, au lieu de les attaquer, elle se borne à voltiger autour d'eux en s'arrêtant parfois sur l'un l'espace d'une ou deux minutes, puis elle recommence encore le même exercice.

— Oui, mais je m'aperçois qu'elle s'arrête toujours sur les plus gros, les plus dodus, et que les pucerons objet de cette préférence y paraissent complètement insensibles. En outre, il me semble que la tarière dont vous m'avez fait connaître l'existence, fait saillie hors de l'abdomen durant cette halte.

— Allons, allons, nous voici sur la voie : si vous suiviez attentivement un des pucerons auquel notre insecte a rendu visite, vous ne tarderiez pas, dans quelques jours, à observer du changement dans ses allures. La belle couleur verte de ses téguments pâlirait peu à peu; inquiet, comme tourmenté d'un mal inconnu, vous le verriez errer au milieu de ses congénères comme une âme en peine, négligeant d'enfoncer son bec dans le parenchyme du végétal : symptôme grave ! Puis il finirait par succomber, et un étrange phénomène éveillerait votre attention. Le cadavre, au lieu de se détacher de la plante au moindre souffle, y semblerait, au contraire, rivé ; et si vous essayiez de l'en détacher avec l'ongle, vous éprouveriez une certaine difficulté... Cherchons un peu sur cette feuille, et nous en découvrirons bien quelqu'un dans cet état... En voici un. Je le détache, comme vous voyez, et vous pouvez constater que des fils de soie le fixent solidement sur l'épiderme. Devinez-vous déjà tout ce qui se passe?

— Ma foi, je dois avouer que non. Mais je suppose qu'en ouvrant ce petit cadavre, nous aurons la clef du mystère.

— A la bonne heure ! vous voilà dans le vrai. Évitons les théories et les hypothèses, et contentons-nous d'observer les faits; c'est là le seul moyen de faire progresser la science. Fendons la peau de ce pauvre puceron; là, comme cela, et tout nous est expliqué.

« Voici le coupable : ce petit ver, mollement étendu sur cette couche soyeuse d'un blanc laiteux, est la cause de tout le mal. Cette brusque invasion de l'air et de la lumière l'a grandement offusqué; aussi se livre-t-il aux contorsions les plus bizarres. Comme vous le voyez, son corps, privé de pattes, est tellement gorgé de liquide qu'il semble près d'éclater. Il est aveugle, comme la syrphie, et sa bouche consiste en une simple ouverture circulaire; c'est une larve sur le point de se changer en chrysalide, et cette dernière donnera passage à l'*Aphidius aphidum*.

« Nous pouvons donc rattacher ensemble par un lien commun toutes les circonstances que nous connaissons du mystérieux événement accompli sous nos yeux. Quand l'*Aphidius* se pose sur un puceron, c'est pour lui enfoncer sa tarière sous la peau et, par cette ouverture, faire glisser un œuf dans la couche graisseuse qui la tapisse intérieurement. De cet œuf sort le petit ver blanc que voici, lequel, dès sa naissance, trouve autour de lui, sans effort, une nourriture succulente aux dépens des tissus vivants qui l'environnent. Le puceron, ainsi dévoré tout vif, dépérit lentement, sans toutefois succomber, jusqu'à entier accroissement de la larve, qui ménage les organes essentiels de sa victime, dont la mort prématurée entraînerait la sienne. Puis, quand le moment de sa transformation est arrivé, n'ayant plus les mêmes scrupules, elle met le malheureux à mort, dévore tous les viscères en respectant la peau, tapisse tout l'intérieur de celle-ci d'un léger tissu de soie, et attend, dans cette demeure aussi sûre que singulière, l'heure de ses métamorphoses. Par une ingénieuse attention, elle a eu le soin de fixer par quelques fils de soie le cadavre au végétal, afin de le maintenir en place, malgré les secousses et les chocs du vent ou des voisins. Que dites-vous de tant de merveilles ?

— C'est si extraordinaire que, si les preuves n'étaient là sous mes yeux, je me refuserais à croire un tel récit; mais il n'y a pas moyen de douter. Vous m'en voyez confondu.

— Ah! ah! vous commencez à comprendre, maintenant, qu'en fait d'imprévu et d'originalité dans la mise en œuvre, la nature n'a rien à envier à personne. Je vous l'avais bien dit que vous marcheriez de surprise en surprise!

— Savez-vous que le puceron victime de l'*Aphidius* doit avoir une horrible existence, en se sentant ainsi rongé à petits coups?

— C'est probable. Cependant on peut supposer que les souffrances qu'il endure ne doivent avoir rien d'exagéré; car la larve vit presque exclusivement de sa graisse, qui est peu douée de sensibilité, et ce n'est qu'au dernier moment qu'elle attaque les viscères importants. Alors, la mort arrive rapidement.

— Par exemple, cette fois-ci vous me trouverez incrédule, et, malgré cette explication, j'ai le frisson chaque fois que je pense à la position de ce pauvre animal! Aussi n'insistons plus sur ce point, si vous le voulez bien, et permettez-moi de vous répéter, avec plus d'insistance que jamais : « Comment se fait-il que la race des pucerons ne s'éteigne point sous les « coups d'ennemis aussi nombreux et aussi intelligents? »

— L'explication est des plus simples, car pour la donner il suffit de remonter à l'origine de l'une de ces tribus de pucerons étagées si régulièrement sur cette tige. Au printemps, elle n'était représentée que par une seule femelle. Celle-ci, au lieu de pondre des œufs comme la plupart des autres insectes, a donné naissance à des petits vivants, environ quinze à vingt par jour; ces jeunes pucerons sont tous des femelles comme leur mère. Avant que quinze jours se soient écoulés, les nouvelles venues suivent l'exemple de leur mère commune et produisent d'autres femelles non moins nombreuses. Ces dernières, à leur tour, marchent sur les mêmes traces, et ainsi de suite jusqu'à l'automne. Or, comme il y a de douze à seize générations de femelles fécondes dans l'année, il vous est facile de comprendre l'effrayante multiplication de ces animaux. Cette succession de races, croissant en proportion géométrique, donne, au bout de quelque temps, un nombre si élevé, que l'esprit recule effrayé devant les résultats ainsi obtenus, et l'on a pu dire sans exagération que si les pucerons sortis d'une seule femelle se reproduisaient sans encombre, sans coupes réglées, ils finiraient par couvrir la surface entière de la terre en moins de deux années. Aussi les hémérobes, les syrphies, les aphidius et bien d'autres peuvent redoubler de zèle dans la destruction sans que le puceron disparaisse.

« A l'automne, un fait curieux se produit. La dernière génération venue, au lieu de donner exclusivement naissance à des femelles, comme ses devancières, produit concurremment des mâles et des femelles. Alors nous voyons apparaître les œufs pour la première fois. Ces œufs, qui appartiennent tous au sexe féminin, passent l'hiver sans éclore, et, au printemps suivant, les femelles qui en naissent deviennent, à leur tour, le point de départ d'innombrables générations, évoluant régulièrement d'après les mêmes principes.

— Ce que vous venez de me dire est si concluant, que maintenant je commence à craindre que les ennemis des pucerons ne soient plus assez nombreux, et je me demande ce qui arriverait s'ils venaient à faiblir dans leur tâche. Une invasion de ces petits animaux n'a rien de séduisant ; aussi est-ce avec une bien vive satisfaction que je vous ferai remarquer que, dans votre énumération de leurs parasites, vous me semblez avoir oublié les plus importants. Voyez ces fourmis qui se dirigent en foule vers le rosier et qui circulent au milieu d'eux ; doivent-elles en faire une terrible consommation !

Fourmis et pucerons.

— Trop de zèle, mon ami, trop de zèle, vous dirai-je comme un diplomate célèbre ; car c'est surtout en histoire naturelle que cette maxime est applicable. Voir n'est rien, bien voir est tout ; et vous conviendrez de toute la valeur de cet axiome quand vous saurez que les fourmis, loin d'être les ennemies des pucerons, sont, au contraire, leurs amies les plus tendres et les plus attentionnées. Examinez attentivement l'une d'elles et... rougissez de votre précipitation.

« La voici qui s'approche d'un puceron d'une majestueuse rotondité ; à l'aide de ses antennes, elle caresse doucement les deux petites cornes charnues qu'il porte à l'extrémité de son abdomen et dont nous avons parlé. Notre insecte, sensible à cette amabilité, laisse échapper de leur extrémité une petite gouttelette d'un liquide transparent, et la fourmi boit avec avidité cette liqueur sucrée. Elle passe maintenant à un autre ; mais celui-ci, qu'une autre fourmi a déjà visité, reste insensible à ses agaceries. Elle s'adresse à un troisième ; cette fois, elle a réussi, et une énorme goutte de sirop a récompensé ses attentions.

« Ce qu'il y a de plus curieux dans cet échange mutuel de bons procédés, c'est de voir avec quelle délicatesse nos gourmandes accomplissent ces visites quotidiennes. Pour enjamber ces corps si tendres, quels soins et quelles précautions ! Jamais berger n'a montré tant de sollicitude pour ses vaches laitières que nos fourmis en montrent pour les leurs ; car ce sont les véritables troupeaux de nos industrieux insectes.

« Mais nous avons encore mieux que cela. La fourmi commune, qui est sous nos yeux en ce moment, borne là toute son attention envers les pucerons. La fourmi jaune la dépasse de cent coudées sur ce chapitre. Elle ne laisse pas ses pucerons exposés à toutes les intempéries de l'atmosphère et aux attaques de leurs ennemis; elle les met à l'abri sous un cylindre de terre qui fait tout le tour de la branche où ils sont cantonnés; ce cylindre est complètement fermé, sauf deux petites ouvertures d'entrée et de sortie. Quand les insectes qu'elle a ainsi parqués viennent à diminuer de nombre, elle va en chercher de nouveaux sur les végétaux voisins et les transporte dans sa ferme modèle. Si la branche qui nourrit le troupeau vient à périr, elle déménage en emportant ce dernier, et va l'installer sur un autre arbuste bien portant. Elle occasionne ainsi de grands dégâts, en amoncelant un grand nombre de pucerons sur un seul végétal, et les jardiniers savent très bien que les artichauts, par exemple, succombent souvent aux piqûres des milliers d'aphidiens que la fourmi jaune a réunis dans leurs racines.

« Enfin, ce qu'il y a de plus merveilleux encore, c'est que lorsque deux fourmilières de cette espèce sont proches, elles se livrent de fréquents assauts, dans lesquels bien des combattants succombent, dans le seul but de conquérir des pucerons. La lutte est souvent terrible, et les vainqueurs mettent au pillage les riches troupeaux de vaches laitières que les vaincus ont eu bien de la peine à amasser. Le butin est alors porté en triomphe dans la cité victorieuse.

« Du reste, nous reviendrons sur ce sujet, et nous tâcherons de bien connaître les mœurs des fourmis, qui sont des plus intéressantes, comme vous en pouvez juger par ce court aperçu.

« Mais en voilà assez pour aujourd'hui; d'ailleurs voici l'orage qui s'apprête, et peut-être n'aurons-nous pas le temps d'éviter la pluie, si nous ne partons en toute hâte. J'étais si plongé dans mes descriptions que l'état du ciel m'avait échappé. Allons, sauve qui peut! »

Et les deux amis s'éloignèrent au plus vite, me laissant plongé dans une stupéfaction facile à comprendre. Est-il possible que les pucerons soient si curieux à connaître! Je ne m'en serais jamais douté, tant leur aspect est repoussant. Aussi, avant d'ajouter foi à toutes ces merveilles, je commencerai par en vérifier la complète exactitude.

1er juin.

L'orage a été terrible; pendant plus d'une heure, les éclairs se succédaient sans interruption; le ciel était en feu, et les éclats du tonnerre, roulant d'écho en écho, augmentaient encore la sinistre majesté de ce spectacle. Une pluie torrentielle est venue compléter le tableau : un véritable déluge! L'eau a envahi mon habitation, et je n'ai eu que le temps nécessaire pour me sauver avec mon manuscrit sur une racine du poirier mon voisin, que son élévation met à l'abri des inondations.

Le jardin a beaucoup souffert; les allées sont ravinées et jonchées de branches brisées par le vent; la plupart des fleurs ont perdu leurs pétales; enfin le plant de laitues, objet de ma prédilection, est recouvert d'une épaisse couche de sable que l'eau y a entraîné. Pour comble de malheur, la foudre a abattu un magnifique peuplier qui bordait la pièce d'eau. C'est un vrai désastre, et nous allons avoir quelques mauvais jours à passer, car le jardinier est d'une humeur massacrante, humeur qu'une hécatombe de queues de lézard et de larves ne parviendra qu'à grand'peine à apaiser. Quant à moi, je connais ce dont il est capable, et je me tiendrai sur mes gardes.

Vous devez comprendre qu'aussitôt que la pluie cessa je m'empressai d'aller faire une tournée exploratrice pour constater les résultats de l'orage. Mon cœur se serra à la vue du piteux état de mes laitues; quand je dis le cœur, c'est l'estomac que je devrais dire. Que de richesses gastronomiques perdues! que d'excellents repas évanouis! Aussi, pour chasser les idées noires occasionnées par ce navrant spectacle, je me dirigeai vers le petit talus sablonneux où est creusé le piège singulier dont j'ai parlé plus haut. Il était parfaitement sec, grâce à la saillie du tronc du poirier, et le petit cratère ouvrait sa grande gueule béante sous les pas de l'imprudent qui eût osé s'aventurer sur ses bords. Quant à son habitant, il restait toujours invisible.

Au moment où, las de le surveiller, j'allais reprendre ma course, un petit mouvement sur l'écorce de l'arbre attira mon attention, et je m'aperçus qu'une grosse mouche bleue à ailes transparentes grimpait le long du tronc. La pauvre bête avait dû être fort malmenée par l'orage, car sa démarche paraissait chancelante et ses pas incertains; ses pattes raidies ne la soutenaient qu'à peine. Elle essayait de gagner le haut de l'arbre, que les rayons du soleil commençaient à dorer, pour y sécher ses ailes froissées et humides. Clopin-clopant, elle avait déjà atteint la bifurcation des branches, et j'allais cesser de la suivre des yeux, quand un obstacle inattendu vint lui barrer le chemin. C'était un petit bassin circulaire en zinc que le jardinier avait placé autour du tronc pour empêcher les fourmis d'y monter. A peine se fut-elle engagée sur cette surface glissante, à laquelle ses ongles affaiblis ne pouvaient s'accrocher, qu'elle perdit l'équilibre. Elle ouvrit ses ailes pour se soutenir; mais, celles-ci refusant leur service, elle tomba lourdement au pied de l'arbre, à quelque distance du piège, et resta quelques instants étendue sur le dos, comme morte, tant la chute avait été rude. Mais cette mort apparente dura peu; elle se secoua en bourdonnant et voulut se remettre sur ses pattes. Ce n'était pas chose facile; aussi, dans ses mouvements désordonnés, glissa-t-elle peu à peu sur le sol en pente, jusqu'à ce que, arrivée au bord du fatal cratère, elle y eut roulé jusqu'au fond en entraînant une véritable avalanche de sable.

Aussitôt, avec la rapidité de l'éclair, une paire de longues pinces, largement ouvertes, apparurent au-dessous d'elle, et, se refermant avec rapidité, la saisirent par le tissu transparent d'une de ses ailes. La précipitation de l'attaque ne leur avait pas sans doute permis de mieux assurer leur coup. La mouche, épouvantée, se redressa, et, retrouvant des forces dans sa frayeur même, essaya de se dégager de cette étreinte terrible en s'arc-boutant contre les parois de l'entonnoir, qui lui servirent de point d'appui pour tirer de toute sa vigueur. Mais les crochets tenaient bon, et à mesure que la mouche s'épuisait en efforts pour remonter, ils essayaient à leur tour de l'enfoncer dans le sable, et lentement, lentement, ils y réussissaient; car la pauvre bête, affaiblie par le froid et n'ayant qu'un terrain mouvant pour se cramponner, n'était pas la plus forte. Déjà je la croyais perdue, car le sable montait jusqu'à son cou, quand soudain, dans un brusque effort, l'aile se déchira, et elle se trouva dégagée. Elle en profita aussitôt pour remonter aussi rapidement que possible les parois fatales du cratère qui fuyaient sous ses pieds... Elle était sauvée!

Hélas! je me trompais, car le monstre ne laissait pas aussi aisément échapper de ses griffes une proie d'une telle importance. Du fond de l'entonnoir, une petite tête carrée, aplatie, aux yeux d'un noir brillant, s'éleva avec vivacité, et au moment où la mouche allait atteindre le sommet de l'escarpement, une pluie de sable, lancée avec force, vint violemment la fouetter en plein corps. C'était l'insecte qui chargeait sa tête de ce nouveau genre de projectiles et, comme une catapulte antique, le projetait sur sa victime en fuite. Cette mitraille singulière tombait si drue et si épaisse, elle laissait si peu d'intervalle entre ses décharges, que la mouche, aveuglée, étourdie, contusionnée, ne sachant où se diriger, perdit pied et retomba directement sur les pinces qui l'attendaient. Cette fois, elles furent mieux dirigées, car elles disparurent tout entières dans l'abdomen de la malheureuse bête.

Ce fut alors une lutte affreuse, indescriptible : la captive, surexcitée par la douleur et le péril, reprit toute son énergie, et pendant quelques instants ce fut un tiraillement dans tous les sens, entremêlé de bourdonnements aigus. Tantôt elle avait l'avantage et entraînait son bourreau, dont on pouvait alors apercevoir le ventre grisâtre et ramassé; tantôt ce dernier avait le dessus, et la mouche s'enfonçait dans le sable, que le battement convulsif de ses ailes faisait voler en pluie fine. Mais le résultat de la lutte ne pouvait être douteux, car à chaque nouvel effort de traction, les pinces, qui lui perçaient le ventre, en déchiraient les parois et devaient lui causer d'horribles douleurs. Bientôt les bourdonnements devinrent plus sourds, les mouvements plus saccadés et comme nerveux, et, malgré ses efforts, la victime disparut sous le sable, dont une patte, secouée de tremblements convulsifs, vint quelque temps encore agiter la surface. Puis toute agitation cessa, et le fond du cratère reprit sa sinistre immobilité ! Et, comme pour cacher encore plus profondément le crime qui venait de s'accomplir, les parois, minées par tant d'efforts, s'écroulèrent et vinrent remplir les profondeurs du gouffre de leurs débris amoncelés.

Pendant toute la durée de ce drame, j'étais resté comme pétrifié de terreur, et sans l'ardente curiosité qui me tenait en haleine, je n'aurais pu résister à l'angoisse qui me serrait le cœur. Oh ! pourquoi la nature cherche-t-elle dans ces barbares destructions cette loi de l'équilibre des espèces qui semble avoir été sa préoccupation ! N'eût-elle pas trouvé aisément d'autres moyens pour atteindre le même but, et n'eût-il pas été plus digne de sa puissance de donner à tous ses enfants une part égale de ses faveurs, au lieu de choisir toujours ses parias parmi les faibles et les innocents ? Qui m'expliquera cette conduite, si contraire à nos idées de justice et de bonté ?

Quand je quittai mon poste d'observation, le petit entonnoir sablonneux avait presque entièrement disparu, et, comme la première fois, le cadavre vide et desséché de la mouche avait été projeté à une assez grande distance. Je suppose que cette dernière opération a pour but de dégager les abords de toute trace des meurtres dont il est le théâtre, afin que les passants ne soient pas avertis des dangers qu'ils ont à courir dans ces parages. C'est une bonne précaution, et, malgré la répulsion que le chasseur m'inspire, je dois avouer qu'il est fort intelligent.

Mais quel est-il ? Il m'est encore impossible de le savoir exactement, car je l'ai aperçu pendant un temps si court que je n'ose pas tout à fait le ranger dans la classe à laquelle il appartient. Néanmoins, je pense qu'il doit avoir une analogie avec le lion des pucerons, dont le savant nous a conté l'histoire il y a deux jours. Ces deux vampires sont à coup sûr cousins germains, sinon frères. Provisoirement, je l'appellerai donc le lion des fourmis.

2 juin.

L'autre jour, en assistant à la conversation si intéressante de nos deux amis, je croyais connaître tous les ennemis qui menacent la vie des pucerons, et la liste si longue de ceux que je pouvais déjà nommer me paraissait définitivement close. Il n'en est rien cependant, car le plus terrible de tous n'y figurait pas, comme je viens d'en avoir la preuve il n'y a qu'un instant.

Comme je sortais de ma cachette pour respirer l'air frais du matin, j'aperçus le jardinier occupé d'une manœuvre qu'il m'était impossible de comprendre. Autour de lui se trouvaient plusieurs ustensiles singuliers : un soufflet, un flacon renfermant une poudre jaune, un vase rempli d'un liquide noirâtre dans lequel baignaient un pinceau et une brosse de chiendent. Notre homme, placé près du rosier aux pucerons, semblait livré à de profondes réflexions et bougonnait entre ses dents :

« Sont-ils drôles, ces savants! Qu'est-ce que ça peut leur faire que cette vermine couvre les tiges de ce rosier? Comme si des poux pouvaient faire du mal à une plante! J'y en ai toujours vu, moi, depuis cinquante ans que je suis jardinier, et jamais personne ne s'est mis dans la tête de les détruire. Enfin, puisqu'il le veut, il faut obéir.

« Il m'a dit de comparer ensemble toutes ces drogues pour savoir quelle est celle qui agira le mieux. Commençons par l'eau de goudron. »

Aussitôt, prenant le pinceau imbibé de ce liquide, il le passa légèrement sur une des branches où les pucerons étaient en troupe serrée. L'effet de cette substance fut terrible. Les pauvres bêtes se livrèrent aux contorsions les plus désordonnées, se mirent à fuir de toute la vitesse de leurs jambes; mais à peine eurent-elles fait quelques pas chancelants, qu'elles se laissèrent tomber sur le sol, en proie aux convulsions de l'agonie. En moins de cinq minutes, la branche fut entièrement débarrassée de ces parasites.

« Eh! eh! exclama le jardinier, il paraît que cette liqueur n'est pas de leur goût! En font-ils de vilaines grimaces! Essayons un peu la poudre maintenant. »

Et, à l'aide du soufflet, il se mit à saupoudrer les pucerons des tiges voisines avec une poussière jaunâtre renfermée dans son intérieur. L'effet ne fut pas aussi prompt, mais il fut tout aussi remarquable. Les pucerons semblaient affolés; ils couraient en sautillant sur l'écorce, comme s'ils eussent marché sur un fer rouge, et, après quelques bonds désordonnés, ils périssaient comme les précédents.

Ici, je l'avoue, la curiosité faillit m'être fatale. Pendant que, la tête en l'air, je suivais attentivement cette singulière manœuvre, quelques grains de la poudre en question, poussés par le vent, vinrent tomber sur mon abdomen et pénétrèrent dans un de mes stigmates. Il me sembla aussitôt que je respirais un air embrasé. La douleur fut si vive que, malgré moi, je me roulai convulsivement sur le sol; une sorte d'engourdissement me saisit, et je restai étendu sans connaissance.

Quand je revins à moi, j'éprouvais une gêne considérable de la respiration ; l'air était suffocant ; en outre, le ciel me parut obscurci par une vapeur blanchâtre, à odeur âcre et violente. Je crus d'abord que tous ces phénomènes étaient la suite naturelle du poison violent que j'avais absorbé. Mais un coup d'œil jeté sur le rosier me fit voir mon erreur. C'était encore le jardinier qui, après avoir couvert le végétal d'un linge, avait allumé en dessous la matière jaune renfermée dans le flacon dont j'ai parlé. Elle brûlait avec une flamme bleue, et la fumée qui s'en exhalait enveloppait complètement l'arbuste. A son contact, les pucerons tombaient comme frappés de la foudre. En moins de temps qu'il n'en faut pour le dire, tous ceux qui auparavant infestaient le rosier avaient succombé, et celui-ci se trouvait purgé de ses ennemis comme par enchantement. Et, chose extraordinaire! les roses, qui étaient rouges avant l'opération, étaient devenues parfaitement blanches partout où cette vapeur meurtrière les avait atteintes.

« Allons, allons, voilà, je crois, ce qu'il y a de mieux, dit le jardinier en éteignant le feu délétère, la fleur de soufre a remporté le prix. Ah! ah! mes braves, maintenant nous vous tenons, et puisque mon maître a la singulière manie de vous détruire, je saurai dorénavant comment m'y prendre. »

Il dit, et, s'emparant de ses engins destructeurs, il alla recommencer l'opération sur un autre point.

J'étais moulu, brisé, comme si je sortais d'une longue maladie, et le stigmate que la poudre avait atteint me faisait cruellement souffrir; aussi je me hâtai de regagner ma demeure en maugréant contre ma curiosité.

Cette nuit, comme je ne pouvais trouver le repos, je résolus d'aller visiter le lion des fourmis, que depuis la veille j'avais oublié d'examiner. Bien m'en prit, car je fus témoin d'un curieux spectacle.

Le piège, comme je l'ai dit précédemment, avait été comblé dans les diverses péripéties de la lutte entre la mouche et son meurtrier. Au moment où j'arrivais, ce dernier était occupé à en construire un nouveau sur le même emplacement.

Il commença d'abord par tracer sur le sol, à l'aide de son abdomen et en marchant à reculons, un cercle parfait d'un pouce et demi de diamètre environ. Sa démarche était saccadée, et à chaque pas son ventre laissait une trace profonde dans le sable. Ce cercle indiquait les dimensions futures du nouveau traquenard. Il se plaça alors tout contre cette ligne de démarcation, en disposant son corps parallèlement à cette circonférence; puis, chargeant sa tête de sable, il la redressa brusquement en la renversant en arrière et de côté, et par cette ingénieuse manœuvre il lança en dehors du cercle tous les grains dont elle était couverte. Il fit ensuite un pas en arrière et exécuta la même opération. Un second pas succéda au premier, puis un troisième, un quatrième, et ainsi de suite jusqu'à ce qu'il eut creusé un second sillon circulaire tout contre le premier, car chacune de ses enjambées était suivie d'un ou plusieurs coups de tête, et par conséquent expulsait tout autant de pelletées de sable. Quand ce second fossé fut achevé, il en commença un troisième à l'intérieur, toujours selon le même procédé expéditif, et continua de la sorte jusqu'à ce qu'il eut atteint le milieu du plan tracé à l'avance. Le résultat de cette manœuvre est facile à concevoir. En effet, le sable étant mouvant et s'écroulant à chaque effort sur notre travailleur, le trou qu'il creusait s'approfondissait rapidement en conservant la forme circulaire et en diminuant de diamètre avec une régularité parfaite, si bien que l'entonnoir se dessinait pour ainsi dire à vue d'œil.

Mais, me dira-t-on, si le fourmi-lion se borne à charger sa tête de sable et à le projeter hors de l'enceinte qu'il s'est tracée, cette dernière ira toujours en augmentant de diamètre, car, en expulsant les gravois sans autre précaution, il les extraira aussi bien des parois de l'entonnoir que du centre, et celles-ci s'ébouleront sans cesse. Sans doute ; mais notre insecte a prévu cette difficulté, et voici comment il parvient à la tourner. Pour mettre le sable sur sa tête, il se sert d'une de ses jambes de la première paire, et précisément de celle qui est placée du côté de l'intérieur. De la sorte, il ne se débarrasse que des déblais situés en dedans du cercle. Cependant, au bout d'un certain temps, cette patte, que je supposerai être la gauche, finit par se fatiguer, car le travail qu'elle exécute est des plus pénibles ; il faut donc en changer. Pour y parvenir, le fourmi-lion, au lieu de se retourner bout pour bout et de tracer ensuite des sillons dans un sens contraire à celui qu'il avait adopté précédemment, ce qui permettrait à la patte droite d'entrer à son tour en action, s'y prend d'une autre façon. Il traverse à reculons toute la partie centrale de son piège et gagne le sillon diamétralement opposé à celui qu'il occupait. Il n'a plus, dès lors, qu'à tracer de nouvelles circonvolutions dans un sens inverse pour pouvoir utiliser la patte fraîche, pendant que la première prend du repos.

Enfin, quand, à force de se rapprocher du centre, il y fut parvenu, il changea de façon d'agir. Enfonçant son ventre dans le sol, il se borna, sans changer de place, à lancer le sable, en pivotant sur lui-même à chaque coup. Le trou ne s'en approfondit que plus vite, si bien qu'en moins d'une demi-heure cette œuvre difficile était entièrement terminée. Mais aussi quelle ardeur au travail ! J'en étais émerveillé ; parfois les coups de tête étaient si multipliés, qu'aux environs de l'entonnoir le sable tombait en pluie fine et continue. Et, malgré cette précipitation fébrile, le nouveau piège était aussi remarquable que l'ancien par ses proportions géométriques et la régularité de ses pentes. Un ingénieur habile n'eût pas mieux fait.

Mais notre animal ne paraissait nullement fier de son talent, et, calme comme tout être qui vient d'accomplir un devoir important, il se plongea tranquillement dans le sable au centre du trou, et bientôt je ne distinguai plus que ses pinces, qui, largement ouvertes, attendaient, toutes prêtes, qu'une proie nouvelle vînt rouler entre leurs branches.

Je puis maintenant, on le comprend, donner la description de notre industrieux chasseur, car je l'ai bien vu et revu pendant qu'il opérait, sans se douter de ma présence, et l'on verra que j'avais raison de le supposer proche parent du lion des pucerons. En effet, comme ce dernier, il possède un corps ovalaire aplati, grisâtre, parsemé de poils raides et de rugosités, sur lequel s'emmanche une tête carrée pourvue d'un long cou ou corselet, muni de six pattes courtes et épineuses; mais les pinces qui lui servent à saisir ses victimes sont beaucoup plus fortes et plus longues, et sont garnies sur leur côté interne de pointes aiguës et inégales qui les font ressembler aux flèches barbelées du moyen âge. Enfin, comme dernier trait de ressemblance, on voit que tous deux savent se mettre à l'abri par des procédés des plus ingénieux. Je lui conserve donc, à juste titre, le nom que je lui ai donné d'abord, celui de lion des fourmis[1].

Pourquoi faut-il qu'un animal aussi intelligent n'emploie les brillantes qualités dont il est doué qu'à semer la mort autour de lui !

1. Le hanneton a ici une excellente idée, et le nom de baptême qu'il impose à cet insecte est celui précisément qu'il porte dans la science. C'est, en effet, la larve du lion des fourmis, ou fourmi-lion commun (*Myrmeleo formicarius*, L.), de l'ordre des *Névroptères* et de la famille des *Myrmeleoniens;* or, comme le lion des pucerons, ou hémérobe, appartient également à la même famille, le degré de parenté signalé par notre conteur se trouve parfaitement justifié.

La larve du fourmi-lion, arrivée à son entier développement, se file une coque de soie mélangée de grains de sable et se change en chrysalide, sans abandonner son terrier, au fond duquel elle reste enfouie. L'insecte parfait, qui par sa forme ressemble, d'une manière générale, aux *libellules* ou *demoiselles*, en sort au bout de quinze jours, et, dans sa vie aérienne, conserve ses habitudes carnassières. Ce curieux insecte est très commun en France.

CHAPITRE V

LES ORPHELINS ABANDONNÉS. — UNE FORÊT EN MINIATURE.
LES SIX PETITS FOSSOYEURS.

3 juin.

J'ai employé la journée à une excursion des plus instructives, et que depuis longtemps je désirais accomplir. Il s'agissait de s'engager dans le souterrain de la taupe, au point où il descend sous le mur de clôture, et de le parcourir, pour voir si je n'y découvrirais pas quelque chose de curieux. Sans la surveillance attentive que je me trouvais dans l'obligation d'exercer sur le lion des fourmis, je me serais mis en marche bien plus tôt. On comprend sans peine que tant que le fouisseur était vivant, il n'y fallait pas songer ; car c'eût été se jeter de gaieté de cœur dans la gueule du loup. Aujourd'hui que, grâce à Dieu et au jardinier, nous en voilà débarrassés, l'exploration n'offre plus aucun danger. J'en ai donc profité.

Ce matin, lesté d'un excellent repas de racines de fraisier, racines qui sont pour moi le *nec plus ultra* de la bonne chère, je me suis rendu à l'entrée du puits sombre et profond qui commence contre la muraille du jardin et dont cette dernière forme une paroi. Avant de pénétrer dans cet abîme obscur et mystérieux, j'ai hésité quelques instants, car j'ignorais ce qui pouvait m'attendre au delà ; mais la curiosité a été plus forte que la peur, et je suis descendu. Cette première partie de la route a été marquée d'un incident désagréable. Le boyau était tellement raide que, dans ma précipitation, j'ai perdu pied et j'ai dégringolé, infiniment trop vite, jusqu'au fond, sans pouvoir me retenir. Heureusement, j'en ai été quitte pour quelques contusions sans gravité.

Ce puits, perpendiculaire, profond au moins d'un mètre, aboutissait à une galerie horizontale qui passait sous le mur, et, se courbant à angle droit, remontait de l'autre côté pour se terminer dans une sorte de vaste carrefour placé au-dessous d'une énorme taupinière. En ce point, je me trouvais sous le sol d'une grande prairie, dont les herbes succulentes laissaient pendre leurs racines au-dessus de ma tête à travers la voûte du souterrain, et je m'arrêtai quelques instants pour admirer l'intelligence et le courage de la taupe, qui avait eu la patience de creuser un tunnel aussi considérable, sans se laisser arrêter par les gigantesques déblais qu'il devait occasionner.

Quatre voûtes divergentes venaient aboutir au carrefour auquel j'étais parvenu, et je ne savais trop quel chemin prendre. Cependant, à force d'inspecter le sol, je me décidai pour la galerie dans laquelle la terre était le mieux battue. Je marchai ainsi fort longtemps, en laissant de côté beaucoup d'embranchements latéraux, et, après de nombreux tours et détours, je gagnai une sorte de grande salle où la taupe avait déployé toutes les ressources de son instinct.

Qu'on se figure une vaste crypte aux parois parfaitement lisses, dont la voûte serait supportée par de nombreux piliers taillés d'un seul bloc dans la terre, et, par conséquent, formant une suite d'arcades assez élevées pour permettre le passage d'un animal beaucoup plus grand que la taupe, et l'on comprendra ma stupeur admirative. Dans toutes les directions, et disposées comme les rayons d'une roue, s'ouvraient de longues galeries semblables à celle par laquelle j'étais arrivé. Le plancher de la crypte, beaucoup plus élevé que celui des voies de communication, était fortement tassé, et, grâce à son élévation, se trouvait à l'abri des inondations, qui l'auraient laissé à sec quand bien même la totalité du souterrain eût été remplie d'eau. Au centre, sur une espèce d'estrade dominante, et au point où la voûte, dépourvue de piliers de soutènement, s'arrondissait le plus hardiment sur ma tête, se trouvait une sorte de nid, ou plutôt de lit, formé de feuilles et de fibrilles sèches entassées, sur lequel étaient couchées quatre petites taupes, tout au plus grosses comme des noix. Leur peau rougeâtre et lisse ne portait aucun poil; leurs yeux, fermés par une membrane, ne s'étaient pas encore ouverts à la lumière. Il était évident qu'elles étaient tout au plus nées depuis six ou sept jours.

Dans toutes les directions s'ouvraient des galeries.

Les pauvres petites bêtes, privées de leurs parents depuis si longtemps, étaient mourantes de froid et de faim. Inquiètes et remuantes, elles essayaient de se traîner sur leurs pattes débiles et déjà raidies, et allongeaient leur petit museau dans tous les sens, espérant encore saisir la mamelle absente de leur mère. Déjà l'une d'elles, plus faible sans doute, avait succombé, et les autres, couchées près du cadavre, ne devaient pas tarder à subir le même sort. Ce spectacle était navrant, et je me sentais sur le point de défaillir. En un instant, j'oubliai la cruelle conduite de leurs parents; l'idée ne me vint pas qu'à leur tour ces animaux, devenus grands, eussent commis les mêmes méfaits ; je ne vis qu'une chose : c'est que ces malheureuses victimes étaient encore innocentes du crime de leur race, et qu'elles périssaient d'une mort cruelle. J'aurais voulu leur porter secours ; mais que pouvais-je pour leur venir en aide? Évidemment, rien. Aussi, ne pouvant supporter plus longtemps cette pénible scène, je m'enfuis en toute hâte, poursuivi dans ma course par les gémissements plaintifs des orphelins agonisants.

Mais, dans ma précipitation à quitter ce lieu de souffrances, j'oubliai de reprendre le chemin que j'avais suivi, et pendant plusieurs heures j'errai dans les innombrables couloirs de cet inextricable labyrinthe. J'étais exténué ; la faim se faisait vivement sentir, et je commençais à désespérer de retrouver la route de ma demeure, quand je remarquai que le sol du tunnel où je me trouvais alors était parsemé de petites écailles très charnues, qui me parurent être les débris d'un oignon d'une plante inconnue[1]. Malgré leur goût amer, j'en mangeai quelques-unes, ce qui me rendit quelques forces, et je parvins enfin, par une galerie transversale, à gagner le grand carrefour placé au pied du mur de clôture du jardin. Il était temps. Quelques instants après, j'étais rentré chez moi, exténué de fatigue et fort peu satisfait, en somme, des diverses péripéties de mon excursion.

Le colchique d'automne.

Les animaux à quatre pattes, qui sont, en réalité, bien mieux doués que nous lorsqu'ils ont atteint un certain âge, sont, en revanche, bien moins favorisés de la nature dans leur jeunesse. Ainsi les petites taupes vont périr nécessairement d'une mort horrible, parce qu'il leur manque les soins de leur mère ; elles ne sauraient gagner leur vie, car le lait, seule nourriture qui leur convienne, ne peut se trouver en dehors des mamelles maternelles. Nous, au contraire, hannetons méprisés, quand nous venons à naître, nous n'avons besoin de personne, et, sans compter sur les bons soins d'une mère que nous ne connaissons jamais, nous nous tirons d'affaire sans trop de difficultés. Cette pensée me

1. Ce sont les écailles du bulbe du colchique d'automne (*Colchicum autumnale*, L.), charmante petite fleur de la famille des *Colchicacées*. La taupe, quoique essentiellement insectivore, aime beaucoup cette plante, dont elle dévore les oignons.

sert de fiche de consolation et me relève à mes propres yeux. Pourquoi la nature, qui pourtant est sage, a-t-elle fait toutes ces distinctions bizarres?... En bonne mère, n'aurait-elle pas mieux agi en traitant tous ses enfants sur un pied d'égalité parfaite? C'est à plus savant que moi de résoudre ce problème difficile.

Une fois reposé et réconforté, je suis allé rendre visite au petit oiseau et au nid qu'il a construit dans le jardin. La femelle, malgré la mort du mâle, n'a pas abandonné les œufs et couve avec le plus grand soin, ce qui ne laisse pas que de lui donner beaucoup de peine. Il me tarde de voir naître cette jolie petite famille. Quelle joie aura cette charmante petite bête en assistant à l'éclosion de sa postérité!

J'ai parcouru aussi le champ de bataille de ces jours derniers. Messire crapaud n'est pas mort, comme je le supposais; je l'ai aperçu qui passait le nez sous la tuile qui le protège. Tant pis!

Le cadavre de la belette et celui de la taupe femelle ont disparu; sans doute les chats, très nombreux dans le jardin pendant la nuit, les auront dévorés. Il n'en est pas de même de celui du mâle, que le jardinier a attaché par les pattes à un gros échalas; ils n'ont pu sans doute l'emporter. J'ai longtemps contemplé les restes inanimés du tyran qui fut notre plus grand ennemi. Déjà la corruption s'en est emparée, et, gonflé, livide, il est hideux à voir.

4 juin.

Aujourd'hui, à midi, en sortant de table, je me dirigeais vers mon logis par l'allée où gît la dépouille de la taupe. Le soleil était dans toute son ardeur, et, sous cette haute température, la décomposition putride marchait avec une grande rapidité. Aussi l'odeur que le cadavre répandait autour de lui était réellement insupportable, et je m'en sentais incommodé. J'allais donc m'éloigner, quand j'entendis tout à coup un bourdonnement très sonore au-dessus de moi. Je me hâtai de lever les yeux pour tâcher d'en connaître l'auteur, — car, dans ma position, il est bon d'être toujours sur ses gardes, — et j'aperçus un insecte de taille moyenne qui volait en cercle autour du corps putréfié. Curieux de savoir quelles étaient ses intentions, je m'étendis à l'ombre sous une feuille de plantain, et je regardai.

Après avoir tourné assez longtemps, comme pour bien se rendre compte de la situation, l'animal vint s'abattre à un ou deux pouces de la taupe, s'en approcha avec précaution et se mit à la flairer en la touchant de ses antennes.

Il était gros comme une fève et paré de couleurs vives. Sa tête, carrée, noire et velue, portait deux antennes terminées par une massue formée d'articles triangulaires plus renflés; son corselet, velu et marqué de petites fossettes rugueuses, était d'un noir gris un peu velouté. Les élytres, noires aussi et parées chacune de deux bandes d'un jaune orangé brillant, n'atteignaient pas l'extrémité de l'abdomen, de sorte que celui-ci, noir et hérissé de poils, restait à découvert sur plus de la moitié de sa longueur, et se terminait en pointe obtuse. Ses six petites pattes, robustes, courtes et garnies d'épines assez grosses, surtout les antérieures, étaient noirâtres, et leurs pieds offraient des crochets très considérables. Les mouvements de l'insecte étaient vifs, et son vol bruyant et un peu lourd[1].

Il allait d'un bout à l'autre du cadavre, remuait vivement ses palpes et ses antennes, le palpait dans tous les sens, et, autant que je pouvais en juger, l'odeur infecte qui s'en échappait, loin de le rebuter, semblait, au contraire, le mettre parfaitement à l'aise. Après avoir ainsi constaté exactement la position et l'état du corps, deux points qui lui paraissaient sans doute d'une grande valeur, il écarta ses élytres, déplia ses ailes brunâtres et prit lourdement son vol; quelques instants après il avait disparu.

Nécrophores enterrant un oiseau.

Je me perdais en conjectures sur ce brusque départ. Dans quel but avait-il exploré avec un soin aussi minutieux ces débris corrompus, pour se retirer aussi vite sans y avoir goûté? L'odeur exécrable qui s'en exhalait était-elle pour quelque chose dans ce dédain apparent? Je ne savais que croire. Cependant quelque chose me disait que cet épisode, si bien commencé, ne pouvait s'arrêter au début, et je ne quittai pas mon poste d'observation, bien décidé à en connaître le dénouement. Pour trouver l'attente moins longue, je m'occupai à ronger machina-

1. C'est le nécrophore fossoyeur (*Necrophorus fossor*, L.), insecte fort remarquable, appartenant à la famille des *Sylphides* et à l'ordre des *Coléoptères*. Il est très commun en France, principalement dans le Midi.

lement, en guise de dessert, un rejet de fraisier que l'amour de l'indépendance avait poussé bien loin du domicile maternel, et qui essayait de traverser l'allée pour aller s'établir sur la plate-bande opposée.

Mes pressentiments ne m'avaient point trompé, car il y avait à peine un quart d'heure que j'attendais quand j'entendis en l'air le même bourdonnement, et mon insecte revint se poser tout droit sur la taupe; puis, successivement, un second, un troisième, et ainsi de suite jusqu'à cinq nouveaux animaux, tous semblables, vinrent s'abattre auprès d'elle.

La taupe, on s'en souvient, avait été déposée sur le sable d'une allée du jardin, où elle reposait couchée de tout son long. Une ficelle assez forte, nouée à l'une de ses pattes, l'attachait solidement à un bâton servant de support à de jeunes plants de haricots. Cette corde, assez courte, était moyennement tendue et s'opposait à ce que l'on pût l'en éloigner de plus de trois ou quatre centimètres.

Nos insectes, s'insinuant sous le corps mort, ne tardèrent pas à disparaître. Un quart d'heure, au plus, s'était écoulé depuis cette disparition, quand il me sembla que le cadavre ne faisait plus une saillie aussi considérable à la surface du sol; on eût dit qu'il s'était enfoncé dans le sable. Je n'y fis pas d'abord grande attention, considérant cela comme une simple illusion produite par un effet d'optique; mais je ne tardai pas à me convaincre que mes yeux ne m'avaient pas trompé. Le corps descendait, en effet, par un mouvement gradué, et déjà une de ses pattes, recouverte de terre, ne pouvait plus s'apercevoir.

Tout surpris de ce phénomène aux allures surnaturelles, et désireux d'en connaître la cause, je me traînai doucement tout auprès de la taupe, et je constatai que tout autour de l'animal se trouvait une couche de sable fraîchement remué, formant comme une sorte de bourrelet s'élevant autour de ses flancs. Au fur et à mesure que le corps s'enfonçait dans le sable, ce bourrelet augmentait progressivement de hauteur par l'adjonction de nouvelles parcelles de terre qui sortaient de dessous la partie appuyée sur le sol. Écartant alors prudemment quelques grains de cette fragile barrière, je regardai, et jamais je n'oublierai l'étrange spectacle que j'avais sous les yeux.

Mes six insectes étaient là, placés à égale distance les uns des autres, travaillant avec ardeur. Avec leurs mandibules et leurs pattes de devant, ils grattaient vigoureusement le sol et en détachaient des parcelles, pendant que les autres pattes, fortement arc-boutées, maintenaient le corps de la taupe à un centimètre au-dessus de terre. Quand les grains de sable, ainsi dissociés, finissaient par former un petit tas entre leurs jambes, ils cessaient de creuser, et, se retournant sur eux-mêmes, tassaient ces déblais avec leurs corps; puis, enfonçant leur tête dans la masse, ils poussaient en avant et parvenaient à la faire sortir de dessous le cadavre; le bourrelet dont j'ai parlé s'en trouvait augmenté d'autant. Ils continuèrent ainsi à expulser de nombreuses pelletées de débris jusqu'à ce que le chantier eut été entièrement nettoyé; puis ils recommencèrent à creuser encore. On comprend alors quel devait être le résultat de ce travail d'excavation; à mesure que le trou creusé sous la taupe s'approfondissait, celle-ci s'enfonçait davantage dans le sol et disparaissait ainsi peu à peu aux yeux étonnés de l'observateur.

J'étais émerveillé de l'ardeur et du savoir-faire de ces mineurs infatigables. Malgré le poids considérable qu'ils portaient sur le dos et leurs pattes si débiles en apparence, ils ne prenaient aucun repos, et saisissaient avec la même énergie la pioche du fouisseur et la pelle du manœuvre. Mais ce qui me frappait le plus, c'était l'ensemble avec lequel ce travail gigantesque s'accomplissait; jamais la moindre querelle ne s'élevait entre eux; et, sans qu'il me parût qu'il y eût dans leurs rangs un chef pour commander, chacun exécutait sa tâche sans faiblir. Quand une partie du sol devenait trop compacte et que le travail d'un des ouvriers, retardé par cet obstacle, éprouvait quelque retard, les autres s'en apercevaient bientôt; alors deux ou trois quittaient leur poste et lui venaient en aide jusqu'à ce que la difficulté fût vaincue ; puis ils reprenaient leur place. Grâce à ces efforts si bien combinés, le trou se trouvait également avancé sur tous les points.

Quel admirable instinct poussait donc ces petits animaux à entreprendre cette pénible opération? Il devait y avoir sous jeu un but commun à tous et d'une haute importance, mais qu'il m'était impossible de deviner. Tout ce qui me paraissait probable, c'est que le premier de ces insectes, après avoir découvert le cadavre, avait été prévenir ses camarades, afin de pouvoir accomplir avec leur aide un travail que ses seules forces ne lui auraient pas permis d'exécuter. Et le jardinier qui prétend que tous les animaux ne sont que des bêtes! Pauvre homme!

Cependant, grâce à leur ardeur au travail, le trou gagnait à chaque instant en profondeur; déjà la taupe était presque entièrement enfoncée dans le sol, et les débris qui l'entouraient commençaient à la recouvrir; à peine si son ventre, gonflé par la putréfaction, s'apercevait encore entre les grains de sable. Je m'attendais à le voir disparaître à son tour, quand, tout à coup, une certaine inquiétude se manifesta parmi nos travailleurs; l'un d'eux quitta son poste, courut vers son voisin et le toucha de ses antennes.

Celui-ci abandonna aussitôt sa place, et tous les deux se mirent à palper le sol à l'endroit où travaillait le premier. Cet examen, minutieux et prolongé, parut les troubler visiblement. Ils se dirigèrent alors vers leurs confrères, et il s'établit entre tous une sorte de conciliabule d'une haute importance, dans lequel les antennes et les palpes des orateurs jouèrent un grand rôle.

Au bout de quelques instants, pendant lesquels chacun parut avoir dit son mot sur quelque incident sérieux dont je ne pouvais me rendre compte, cette grave délibération se termina, et je compris qu'une décision capitale venait d'être adoptée à l'unanimité. En effet, la troupe entière se dirigea vers le côté de l'excavation opposé à celui où se trouvait la cause de tout ce mouvement, et l'on se mit à creuser avec ensemble, en laissant intacte cette partie du trou. Au moyen de leurs efforts réunis, la cavité augmenta rapidement de profondeur. Mais alors le cadavre, s'affaissant en ce point, ferma complètement toutes les fissures par lesquelles je pouvais plonger mes regards à l'intérieur.

Que s'était-il donc passé d'assez grave pour les forcer d'interrompre, sur la moitié de son étendue, ce travail accompli jusque-là avec tant de régularité? Pourquoi cette inquiétude et ce conciliabule si animé? Je ne savais que penser. Sans doute il eût été tout simple de m'introduire sous la taupe et d'examiner le terrain pour découvrir les causes d'un pareil changement. Mais j'étais trop prudent pour m'engager dans une aventure de cette nature, pour ainsi dire à l'étourdie, car j'ignorais complètement quelles seraient les intentions de ces insectes à mon égard. Or, j'avais trop bien observé leurs puissantes mandibules et leur force musculaire pour être tenté d'aller m'immiscer de trop près dans leurs affaires sans leur autorisation. Le mieux était donc d'attendre patiemment et de guetter le moment favorable, afin d'arriver sans danger à la connaissance de l'inconnu de ce curieux problème.

Quelques minutes se passèrent sans que la situation fît mine de se modifier. Puis, tout à coup, je m'aperçus que le bourrelet de terre placé du côté de la tête de la taupe se renversait comme si on le poussait du dedans au dehors; quelques instants après, il se divisa en tout petits fragments, et aussitôt le cadavre parut s'avancer dans cette direction par un mouvement lent et continu. Bientôt le doute ne fut plus permis, et il changea si bien de position qu'il finit par laisser à découvert cette partie du trou primitif creusée au-dessous de son arrière-train. Quand il s'arrêta, il était parvenu à quatre ou cinq centimètres de sa première place.

Pourquoi cette modification dans le plan d'abord suivi? Pourquoi quitter ce lieu déjà choisi et perdre ainsi le fruit d'un premier labeur? Un regard jeté dans la cavité mise au jour suffit pour me l'apprendre. En effet, son fond était totalement nettoyé de la terre qui l'obstruait, et je pus voir qu'une brique, placée là pour servir de conduite, l'occupait entièrement. Tout devenait alors clair et précis. Un des travailleurs avait découvert cet obstacle infranchissable : de là le conciliabule destiné à se rendre compte de l'état des lieux, et enfin, après délibération, la décision qui avait modifié l'intention primitive, devenue inexécutable. Puisque le percement était de toute impossibilité sur ce point, il n'y avait qu'un seul parti à prendre, déplacer le cadavre ; et l'on s'y était résolu.

Une fois le corps transporté dans sa nouvelle situation, le travail de creusement reprit avec une ardeur toute pareille, et en moins d'une heure le temps perdu avait été regagné. La taupe avait complètement disparu sous le sol. Or, sur ces entrefaites, le jardinier entra dans le jardin, et à sa vue je me sentis moins à l'aise sous l'abri léger qui me protégeait. Voyant, en outre, que j'aurais le temps de revenir avant qu'aucun changement important se fût opéré dans le travail souterrain, je me décidai à la retraite, et je viens d'écrire ces lignes sous l'impression toute fraîche que m'a laissée l'admirable scène dont j'ai été le témoin.

4 juin, soir.

Mes petits fossoyeurs sont décidément les plus intelligentes bêtes que j'aie encore observées depuis ma naissance, car la nouvelle preuve qu'ils viennent de me donner de leur esprit est encore plus remarquable que les précédentes.

Aussitôt que le jardinier a eu fini sa tournée, je suis revenu auprès d'eux, et j'ai constaté que pendant les deux heures qui venaient de s'écouler le trou s'était grandement approfondi ; il avait au moins dix centimètres. La main-d'œuvre devenait de plus en plus difficile, car le sol, plus compact, ne cédait qu'avec peine aux efforts des infatigables mineurs, et le cadavre, recouvert d'une bonne couche de sable, pesait plus lourdement sur leurs épaules. Les insectes n'en travaillaient pas moins avec la plus remarquable énergie, et leurs robustes pattes usaient le terrain avec la même vivacité. Six heures d'un effort continuel n'avaient pu diminuer leurs forces. C'était à n'y pas croire.

Pendant une autre heure, le travail s'effectua encore avec la même uniformité. Puis, soudain, il me sembla qu'un nouvel incident allait varier la monotonie de ce spectacle. En effet, le cadavre, qui jusqu'alors avait conservé la position horizontale, parut vouloir l'abandonner ; la tête s'enfonçait plus que l'arrière-train, et celui-ci, malgré le creusement opéré sous sa masse, ne cédait en rien aux lois de la pesanteur et restait suspendu au-dessus de la cavité. Mes fouisseurs s'aperçurent bientôt, à la diminution du poids qu'ils supportaient, que quelque chose d'insolite gênait leurs manœuvres, et ils se hâtèrent d'en chercher la cause. Croyant d'abord que les inégalités des parois du puits empêchaient la descente du cadavre, ils en firent le tour, enlevant avec soin toutes les aspérités qui pourraient le retenir ; mais ce moyen n'eut pas de succès. Alors, pour augmenter le poids du corps sur les points en souffrance et le rendre plus apte à vaincre toute résistance, ils se réunirent tous ensemble sous la tête et creusèrent avec tant d'ardeur, que celle-ci s'enfonçait à vue d'œil. Mais, malgré cela, le train de derrière persistait à rester immobile, et bientôt la différence de niveau entre les deux extrémités du corps devint si sensible, qu'on aurait dit que ce dernier, au lieu d'être étendu sur le côté, avait été suspendu la tête en bas.

J'étais si intrigué en voyant cette obstination incompréhensible de la partie postérieure de la taupe à se refuser à obéir aux règles de la gravité universelle, que, sans désemparer, je résolus d'en avoir le cœur net. J'examinai donc attentivement le cadavre, et, après quelques secondes de recherches, je découvris qu'une des pattes de derrière était fortement tendue et à elle seule en supportait tout le poids. Ce fut un trait de lumière. On se souvient, en effet, que la taupe était attachée par une ficelle à un tuteur de haricots; eh bien, cette ficelle, maintenant trop courte, était l'obstacle qu'il fallait vaincre. Tant que sa longueur avait été suffisante pour permettre l'inhumation, celle-ci avait pu s'accomplir; mais une fois cette limite dépassée, l'opération s'était forcément interrompue d'elle-même. Aussi la tension du lien était-elle considérable. Pour le coup, je crus le mal sans remède, et je fus sur le point de me décider à rentrer au logis, tout contrit de ne pas voir mener une si belle œuvre à bonne fin. Pourtant, comme je n'étais pas fâché de voir l'imagination de mes petits mineurs en travail, je résolus d'attendre encore quelques instants.

Quand il fut bien constaté que, malgré tous leurs efforts, le cadavre persistait à garder sa fausse position, nos insectes se réunirent de nouveau en conseil. Au mouvement des antennes, je compris que la discussion était vive et animée et que ce fâcheux contretemps les intriguait fortement. Enfin, après un gros quart d'heure de séance, ils se séparèrent et se mirent, chacun de leur côté, en quête. Les uns repassèrent encore le long de la paroi pour en repolir la surface, les autres coururent tout autour du cadavre et en examinèrent minutieusement les diverses parties. Enfin, l'un d'eux, mieux inspiré, en explorant la patte cause de tout le mal, finit par arriver jusqu'au nœud du lien. Puis, quand il se fut parfaitement rendu compte de la situation, il redescendit promptement et courut vers ses camarades.

Une minute après, tout le monde était réuni autour du nœud fatal; il fut étudié soigneusement, et, après mûr examen, on fit les plus grands efforts pour essayer de le briser à l'aide des mandibules. Hélas! leurs mâchoires étaient trop faibles pour entamer un tissu aussi résistant, et il fallut bientôt renoncer à ce moyen d'exécution.

Alors nos insectes prirent un nouveau parti. Remontant l'un à la suite de l'autre le long de la ficelle malencontreuse, ils gagnèrent rapidement le petit morceau de bois auquel elle était attachée, et les mandibules recommencèrent à jouer avec énergie. Mais le nœud supérieur était aussi solide que l'autre, et il fut impossible de le briser.

Comme l'échalas n'était pas trop gros, l'idée leur vint de le couper par le milieu. En conséquence, on se mit à l'œuvre à qui mieux mieux, et sous les coups répétés de leurs dents aiguës l'écorce fut entamée circulairement. D'abord tout alla bien : la partie extérieure, à moitié décomposée par l'humidité, était assez faible et cédait facilement. Malheureusement le bois devenait de plus en plus dur à mesure qu'on s'approchait du centre, et bientôt, malgré leurs efforts réunis, l'entaille ne gagnait pas en profondeur.

Que faire alors? Comment sortir de cette désagréable impasse? Je ne le savais pas moi-même et je ne voyais pas comment ils pourraient y parvenir. Aussi quelle fut mon admiration en voyant par quel habile stratagème ils avaient su tourner la difficulté!

Nos six insectes descendirent sur le sol au pied dudit bâton et se hâtèrent de creuser la terre tout autour. Le reste se devine facilement, et l'on comprend qu'ainsi déchaussé par la base, l'échalas, entraîné par le poids de la taupe et n'étant plus soutenu, ne tarda pas à s'incliner fortement et finit par tomber sur le sol comme un arbre déraciné.

Aussitôt nos fossoyeurs, calmes et impassibles comme si ce qu'ils venaient de faire était la chose du monde la plus simple, pénétrèrent de nouveau sous le cadavre, qui, délivré des entraves qui le retenaient captif, s'était affaissé tout de son long dans la fosse préparée pour le recevoir, et reprirent tranquillement leur besogne. Pendant plus de trois heures je restai à mon poste d'observation, surveillant les progrès accomplis dans leur travail, sans qu'aucun incident nouveau vînt en gêner l'exécution. Au moment où la nuit arriva, la taupe se trouvait enfouie à plus de vingt centimètres de profondeur, profondeur jugée suffisante, car je pus constater que les fouilles s'étaient définitivement arrêtées. En rentrant chez moi, je me suis en vain posé la question de savoir pourquoi ils ont enterré cette chair putréfiée. Demain, peut-être, le saurai-je.

Et après ce que je viens de voir, que l'on ne vienne pas me dire que les animaux n'ont pas d'esprit : ce serait nier l'évidence la plus complète. Est-ce qu'un tel travail n'exige pas un plan combiné à l'avance, un raisonnement des plus soutenus et une entente cordiale, un plan, qu'une intelligence bien développée peut être seule en mesure d'exécuter? Ah! pauvre jardinier, qui sait si, à la place de ces insectes méprisés, tu serais parvenu à te tirer si facilement d'embarras, toi qui t'intitules si fièrement le roi des animaux! Je ne le pense pas; aussi que ceci te serve de leçon.

5 juin.

De la pluie, de la pluie et toujours de la pluie. Depuis hier, on croirait que le ciel veut inonder la terre, et si cela continue il n'y aura guère que les animaux aquatiques qui seront à l'abri de l'asphyxie. Je n'ai pas bougé de chez moi, malgré tout le désir que j'avais d'aller rendre visite à mes industrieux fossoyeurs, car plusieurs tentatives que j'ai faites pour mettre le nez dehors ne m'ont pas réussi; une d'elles a même failli m'être fatale, car je m'étais tellement embourbé que ce n'est qu'avec les plus grands efforts que je suis parvenu à regagner mon gîte.

Pour employer mes loisirs forcés, je me suis occupé à suivre le développement d'une mousse fort singulière qui pousse près de l'entrée de ma demeure, sur le sable humide de l'allée. Cette étude m'intéresse beaucoup; d'ailleurs je n'ai pas le choix, et j'ai dû me contenter de ce qui m'était offert.

Depuis un certain temps j'avais remarqué qu'en cet endroit les grains de sable avaient pris une teinte verdâtre assez marquée. En y regardant avec plus de soin, je pus voir que chacun d'eux était relié avec ses voisins par des filaments entre-croisés, fort ténus, dont l'ensemble formait une sorte de feutrage. Ces diverses plaques de fils semblaient rayonner autour du centre commun à chacune d'elles, et constitué par un amas de granulations d'un beau vert. Peu à peu ces filets augmentèrent en nombre; de simples qu'ils étaient d'abord, ils se ramifièrent, et bientôt leur assemblage constitua une véritable membrane, lisse, d'un vert magnifique, recouvrant comme d'un tapis moelleux la surface du sol.

A la partie supérieure de ce tissu et aux points granuleux dont j'ai parlé apparut ensuite une sorte de petit bourgeon formé de trois ou quatre feuilles rudimentaires, s'emboîtant les unes dans les autres; elles poussèrent rapidement, s'écartèrent en s'étalant dans toutes les directions; de nouvelles s'y adjoignirent, et enfin le tout forma une petite plante en forme de rosette, à tige très courte et composée de sept ou huit folioles. Celles-ci étaient d'une forme ovale un peu allongée, transparentes, terminées en pointe et parsemées de nombreux points opaques qui les faisaient paraître comme criblées de taches. Grâce à leur disposition en étoile, ces feuilles présentaient un aspect des plus gracieux, et leur tissu, lâche, gorgé d'eau, les rendait pour ainsi dire translucides. Ces petites plantes finirent, en s'accroissant, par recouvrir toute la surface du tapis vert qui leur servait de support, et, pressées les unes contre les autres, elles formèrent un gazon serré et compact d'une couleur des plus agréables à l'œil.

Lorsque, il y a quelques heures, je m'arrêtai à les regarder, je fus tout surpris de l'étrange changement qui s'était accompli dans leur aspect, à tel point que j'hésitai un instant à les reconnaître. Du milieu de chaque rosette s'élevait une sorte de tige nue, filiforme, d'un beau rouge, luisante et d'une hauteur d'un pouce environ. L'extrémité supérieure, un peu renflée, disparaissait sous une enveloppe des plus singulières, ressemblant à une sorte de capuchon conique, membraneux, blanchâtre, dont la base, finement frangée et libre de toute adhérence, était coupée carrément. Chacun de ces corps constituait, à s'y méprendre, un petit cierge rose très fin, surmonté d'un immense éteignoir, et l'ensemble de tous ces cierges ainsi coiffés et dominant les feuilles présentait un coup d'œil des plus originaux. Chez certaines plantes même, les tiges rouges avaient avorté, et l'éteignoir sortait directement du centre de la rosette de feuilles, et, étroitement appliqué sur elle, semblait placé en ce point pour cacher avec le plus grand soin un trésor d'une haute importance.

L'épais coussin formé par toutes ces mousses était une véritable petite forêt en miniature, servant d'abri et d'habitation à un grand nombre de jolis animaux d'une taille microscopique. Ces animaux, construits sur un plan uniforme, mais différant entre eux de taille et de nuance, étaient pourvus d'un corps mou porté sur huit pattes grêles. Leur abdomen était considérable. La tête offrait de gros yeux noirs fort saillants, et le suçoir qui leur servait de bouche supportait deux palpes assez gros et articulés. Malgré leur ressemblance marquée avec la gent araignée, ces petits êtres n'en étaient pas moins fort jolis, car leurs téguments étaient ornés des couleurs les plus vives. Il y en avait du rouge écarlate le plus tranché, de roses, de bleuâtres, de violets, de noirs tachetés de roux et de bleu, de verts, et, enfin, d'un beau blanc transparent. Doués d'une grande agilité et d'une vivacité excessive, ils parcouraient en tout sens la mousse protectrice, grimpaient le long des tiges et des éteignoirs, visitaient tous les plis et replis des feuilles, et ne restaient pas un instant en repos. Ils suçaient, pour se nourrir, la sève du végétal. Rien n'était amusant comme de les voir se chercher et se poursuivre en jouant le long des tiges microscopiques, ou se livrer aux plaisirs de l'escarpolette, suspendus la tête en bas à l'aide de leurs ongles crochus, au risque de dégringoler de feuille en feuille jusqu'au fond d'une rosette profonde, enfin animer par leur présence ce coin du monde, qui pour eux était une immensité[1].

Du milieu de chaque rosette s'élevait une tige.

Ils avaient, du reste, l'air de vivre en fort bonne intelligence, ne s'attaquaient jamais entre eux, et se réunissaient souvent en petits groupes pour causer des nouvelles du jour ; c'est du moins ce que j'ai supposé.

De petits limaçons, aux formes variées et élégantes, rampaient çà et là

1. Ces animaux appartiennent à la classe des *Arachnides* et constituent le genre bdelle (*Bdella*), dont les nombreuses espèces sont extrêmement communes en France, et principalement les *Bdella latirostris, clavicornis* et *insignis*. On les trouve presque toujours dans les mousses gazonnantes humides.

au milieu d'eux, broutant les feuilles tendres et juteuses; parfois aussi une fourmi alerte et vive traversait le gazon en quête de quelque goutte sucrée et jetait la terreur parmi ce peuple en miniature. Enfin, sous un petit gravier, placé au centre, un perce-oreille ne montrait que ses pinces gigantesques, au-dessus desquelles une grappe d'œufs microscopiques, provenant sans doute de nos escargots, formait un petit amas transparent.

Mais, comme cela arrive toujours dans la nature, le drame se cachait sous cet aspect riant et heureux, et la faim, cette terrible conseillère du lion comme du ciron, faisait là de nombreuses victimes. En voici la preuve. Un petit insecte rouge de sang, aux pattes noires, grimpait tranquillement le long d'un des supports des singulières productions dont j'ai parlé. Sa marche était lente et calme; tout en montant, il suçait les gouttes d'eau placées le long du pédoncule, et peu à peu il s'avançait vers le point où ce dernier disparaissait sous le bord de l'éteignoir. Bientôt il l'atteignit, et soudain je le vis s'arrêter tout effrayé, les antennes tremblantes, sans que rien de visible pût me rendre compte de son trouble. Au moment où il allait contracter ses pattes pour se laisser tomber, selon le procédé de défense usité par ces animaux, une petite tête noire sortit de dessous le capuchon conique, le saisit par le milieu du corps et, rentrant aussitôt sous son abri, l'entraîna avec elle. Ce mouvement avait été si rapide et si imprévu que je n'eus pas le temps de distinguer la forme du ravisseur.

Une seconde, une troisième proie, eurent le même sort. Décidément, cet éteignoir si gracieux, si élégant, était un véritable antre de Polyphème, qui ne rendait jamais ses victimes. J'étais fortement intrigué de n'en pas savoir davantage, lorsqu'une violente rafale vint secouer fortement tous nos petits cierges, et plusieurs des coiffes se fendirent dans toute leur longueur sous l'effort du vent. Celle que j'examinais particulièrement fut de ce nombre, et ce mouvement fit tomber de l'intérieur un petit insecte allongé et paré de vives couleurs, qui se mit aussitôt à fuir tout effrayé, et chercha un abri sous une petite pierre.

Il était d'une taille considérable par rapport à ses victimes, car il avait plus d'un demi-centimètre de longueur. Son corps, linéaire, d'un noir brillant et terminé par deux soies divergentes, présentait sur le milieu du dos une bande rouge écarlate; ses six pattes bleuâtres s'attachaient à un corselet également pourpré et élégamment ponctué; sa tête, carrée, armée de puissantes mandibules, était ornée de deux antennes épaisses et mobiles. Ce qu'il y avait de plus curieux en lui, c'était la singlière manière dont il marchait. Relevant en arc son abdomen flexible, il le ramenait en avant sur sa tête, et, ainsi doublé en deux, il courait rapidement en ouvrant la bouche toute grande, prêt à mordre tout audacieux qui eût osé lui barrer le passage : c'était évidemment l'animal qui avait dévoré successivement mes trois petites bêtes rouges[1].

Le vent, en enlevant la coiffe de ma mousse, m'avait permis de voir ce qu'elle recouvrait. C'était un petit corps vert en forme d'urne allongée, ouvert à l'extrémité, d'où s'échappaient des flots de petits grains jaunâtres. Le pourtour de cette ouverture était muni de deux rangées de cils rouges disposés en couronne et se contractant et se dilatant alternativement. Je supposai que cet organe devait être le fruit de cette plante[1].

Relevant en arc son abdomen flexible...

Mais il m'a été tout à fait impossible d'en découvrir les fleurs. Sans doute qu'elles ne doivent pas être conformées comme toutes celles qui croissent dans les jardins. Il faudra que je m'occupe de cette question, des plus intéressantes, et, pour me guider plus sûrement, je commencerai par étudier les fleurs ordinaires que je vois autour de moi. Il y a précisément une grosse fleur bleue qui pousse dans la plate-bande à côté de mon trou; j'irai l'examiner la première, aussitôt que le soleil aura daigné reparaître.

7 juin.

On n'a pas oublié qu'il y a deux jours je racontais les merveilleuses prouesses de six insectes qui, sans autre instrument que leurs pattes débiles, avaient enfoui dans la terre le cadavre en putréfaction d'une taupe, et que le mauvais temps m'avait empêché d'assister au dénouement de ce singulier épisode. Aujourd'hui, grâce aux rayons du soleil, je suis à même d'en connaître davantage.

On sait que le soir, quand je quittai mes habiles travailleurs, le corps était déjà descendu à une profondeur de vingt centimètres, et que le creu-

1. Il est fort probable que cet animal est le *Pæderus ruficollis*, petit insecte de la famille des *Staphylinides*, fort commun en France, où il vit par troupes nombreuses le long des rivières et sur les terrains sablonneux. S'il relève son abdomen en marchant, c'est pour le protéger d'une attaque par derrière, car cet organe mou, non protégé par des plaques cornées, est la seule partie faible de son corps.

2. Cette mousse est évidemment l'éteignoir commun (*Eucalypta vulgaris*), qui croît en touffes serrées sur la terre et sur les murs. Sa coiffe en forme d'éteignoir suffit pour la faire reconnaître au premier coup d'œil.

sement paraissait terminé. Ce matin, de bonne heure, j'ai repris mon poste d'observation, espérant les y retrouver encore ; mais ils avaient disparu, et la taupe, couverte par plus de trente centimètres de terre, se trouvait dorénavant à l'abri des dents voraces des carnivores. Le puits s'était donc approfondi encore de dix centimètres. Je constatai aussi avec étonnement que nos fossoyeurs n'avaient pas touché au cadavre; il était intact. Cela me fit plaisir, car je vis par là que ce n'était point dans le but égoïste de le dévorer à eux seuls qu'ils avaient accompli ce travail gigantesque. Quel était donc le mobile qui les avait poussés? Il fallait le connaître à tout prix.

C'est pourquoi, excité par le vif désir de trouver la clef de ce mystère, je pris mon courage à deux mains, et, malgré l'odeur infecte qui s'exhalait du corps mort, j'osai en parcourir la surface et en explorer les moindres replis, car quelque chose me disait que mes peines seraient récompensées. Longtemps je ne vis rien d'extraordinaire, et j'allais me retirer désappointé, quand, au coin des lèvres de la taupe, je découvris un petit amas de corpuscules blanchâtres collés sur la muqueuse livide. Ils étaient ovales, légèrement opalins et d'une consistance cornée. Au moment où je m'approchais de plus près pour les examiner attentivement, j'entendis tout à coup un bruit de pas au-dessus de ma tête, et des éclats de voix parvinrent jusqu'à mon oreille. Je me hâtai de quitter cet endroit dangereux et j'écoutai de mon mieux, car dans l'une de ces voix j'avais reconnu celle du maître du jardin.

« Qu'est-ce que cela signifie? disait-elle ; où donc est le jardinier? Voyez comme le sol de cette allée est bouleversé ; on dirait qu'on a creusé là quelque trou. Tiens, un tuteur de haricots renversé. Qui donc a pu le sortir de sa place?... »

En parlant ainsi, le savant saisit l'échalas et voulut tirer sur lui pour le redresser ; mais ce fut en vain, car il demeura fixé au sol. Fort intrigué par cette résistance inattendue, il redoubla d'efforts et parvint enfin, mais non sans peine, à extraire de dessous terre le cadavre de la taupe, qui, on se le rappelle, y était attaché par la patte à l'aide d'une ficelle. Notre homme poussa une exclamation d'étonnement à cette fantastique apparition, examina soigneusement ce singulier assemblage, et aperçut sous le ventre de l'animal un de mes fossoyeurs qui y était accroché par ses pattes raidies. (Sans doute il était mort de fatigue.) Il se releva alors, laissa retomber le tout, et, se tournant vers son compagnon d'un air triomphant, il s'écria :

« Eh bien, mon cher ami, voici qui arrive à point pour me fournir une preuve palpable de ce que je vous disais tout à l'heure, et il ne vous sera plus permis maintenant de soutenir que les animaux sont dépourvus d'intelligence.

— Comment cela?

— Voyez cette taupe et cet insecte. Hier, sans doute, ce cadavre reposait là sur le sable; eh bien, ce petit être chétif, ce nécrophore fossoyeur, comme on l'appelle, l'a enseveli, avec l'aide de plusieurs de ses congénères, pour y déposer ses œufs, afin que ses petits, en naissant, trouvent une nourriture abondante et appropriée à leur nature. Croyez-vous qu'il n'ait pas fallu une remarquable intelligence pour conduire à bonne fin une telle entreprise?

— Quoi! vous croyez que cette taupe a été enterrée par ces petites bêtes?

— Parbleu! j'en suis très sûr. Tenez, voilà l'un des terrassiers; il est mort après avoir pondu ses œufs. A quoi bon vivre encore, puisque sa tâche était accomplie? Les œufs, les voici, au coin de la bouche. Dans huit jours, il sortira de chacun d'eux un petit ver blanchâtre, qui s'introduira dans la gueule de la taupe et se repaîtra de cet immonde débris. C'est, vous le voyez, un admirable artifice de la nature destiné à faciliter l'accomplissement de deux nécessités importantes des lois qu'elle s'est imposées. En effet, elle a enseigné à cet animal à enfouir les cadavres, afin que les autres nécrophages ne viennent pas lui disputer le pain de ses enfants, et du même coup elle a assaini la surface du sol en en faisant disparaître une cause d'insalubrité. Qu'en dites-vous?

— C'est incroyable! Mais vous disiez, je crois, que ces insectes ont accompli ce travail en compagnie? Où sont donc les autres? Je ne les vois pas.

— Les autres sont allés recommencer ailleurs une opération semblable, et ils continueront de la sorte jusqu'à ce qu'ils aient placé en lieu sûr tous les œufs qu'ils doivent produire. Cela fait, ils mourront, comme l'a fait celui-ci. Et c'est encore là une précaution remarquable; car s'ils déposaient tous leurs œufs sur le même cadavre, celui-ci serait insuffisant pour nourrir toutes les larves qui naîtraient; il faut donc de toute nécessité les disperser. Vous m'avouerez que, pour des bêtes, tout cela n'est pas trop mal raisonné.

— Je conviens de mon erreur. Mais pardon si j'insiste encore. Je ne m'explique pas comment peuvent faire ces animaux pour découvrir ainsi leur proie. Il faut qu'il y ait quelque chose qui leur indique le lieu où elle gît, puisqu'ils parviennent ainsi à s'y réunir aussi facilement en nombre.

— Ce quelque chose, mon cher ami, est tout simplement l'odorat. Le nez des insectes est d'une délicatesse dont vous pouvez à peine vous faire une idée. Quand je dis le nez, il est bien entendu que je parle au figuré, car ces animaux sont totalement dépourvus de cet organe. Chez eux, le sens de l'odorat ne s'en exerce pas moins d'une manière incontestable, mais jusqu'à ce jour les naturalistes sont indécis pour savoir en quel point du corps cette fonction a son siège; et il est fort curieux de voir toutes les opinions auxquelles cette incertitude a donné naissance. Les uns, par analogie, ont voulu le placer aux alentours de la bouche, entraînés qu'ils étaient dans cette voie par ce qui existe chez les animaux supérieurs, et tour à tour ils en ont doué les antennes, les palpes ou la languette. Mais il est incontestable qu'ils n'avaient pas suffisamment réfléchi en émettant cette idée. Le sens de l'odorat ne peut s'exercer qu'aux points où l'air, chargé de particules odorantes, peut se trouver en contact prolongé avec une membrane d'une sensibilité propre; cet air doit, en outre, être en mouvement et se renouveler sans cesse. Or, ces conditions essentielles n'existent qu'aux abords des orifices respiratoires. D'où il suit que chez les insectes il ne peut se trouver aux alentours de la cavité buccale, puisque ce n'est point par cette ouverture que la respiration s'effectue, mais bien sur les côtés du ventre, à l'entrée des stigmates. C'est, du reste, par cette manière de voir qu'on parvient à s'expliquer le degré de perfection auquel ce sens est arrivé, car c'est pour ainsi dire par le corps tout entier que les insectes perçoivent les odeurs. Quoi qu'il en soit, ce n'est là qu'une conjecture extrêmement probable, mais qui n'est pas encore démontrée anatomiquement.

« Il existe une plante, l'Arum.... »

— Tout cela est fort bien; mais, je vous l'avoue sincèrement, cette hypothèse ne suffit pas pour me convaincre entièrement, et il me paraît fort difficile d'admettre que d'aussi petits animaux puissent discerner les odeurs à d'aussi grandes distances.

— Ah! vous êtes incrédule! et vous avez tort.

« La vue, qui joue un grand rôle chez d'autres êtres, les oiseaux de proie par exemple, est très bornée chez les insectes, qui sont tous myopes par trop de convexité dans le cristallin; et c'est l'odorat qui la remplace chez eux. Ce n'est pas, du reste, une simple hypothèse, ainsi que vous allez le voir. Vous savez que les mouches communes déposent leurs œufs dans les cadavres en putréfaction; il existe une plante, la serpentaire (*Arum dracunculus,* L.), dont la fleur, longue de plus d'un mètre, exhale au moment où elle s'ouvre une odeur infecte, complètement analogue à celle des gaz putrides. Eh bien, les mouches, trompées par cette ressemblance, vont déposer leurs œufs dans l'intérieur de cette spathe, sans que leurs yeux ni leur instinct viennent les avertir d'une erreur qui entraîne nécessairement la mort de leurs larves, qui périssent de faim. Vous voyez donc bien que c'est l'odorat qui a guidé ici ces animaux et non la vue, et que je suis parfaitement en droit de conclure qu'il en est de même pour les autres insectes. Croirez-vous, maintenant, homme de peu de foi?

— Sans doute, cette preuve est des plus décisives. »

Ici, je n'ai pu malheureusement en entendre davantage. Les deux interlocuteurs s'étaient éloignés tout en parlant, et leur voix n'arriva pas jusqu'à moi. Quel dommage!

La conversation que je viens d'entendre m'a appris bien des choses et me permet de résoudre un grand nombre de questions qui, pour moi, étaient insolubles. Quant à prétendre que les insectes n'ont pas d'odorat, c'est une erreur, et je suis totalement persuadé du contraire; car, en ce moment, le voisinage du cadavre infect de la taupe suffirait, en cas de négation de ma part, pour me forcer d'avouer que je suis dans le faux. Quant au siège de ce sens, il m'est impossible de me prononcer définitivement, faute d'études anatomiques suffisantes. Tout ce que je puis dire, c'est que je sens une odeur si horrible, que mes stigmates en sont empoisonnés, ce qui me fait penser que c'est par ces ouvertures que cette fonction s'effectue.

Que les hommes sont heureux de savoir tant de choses!

CHAPITRE VI

UNE FOURMILIÈRE

16 juin.

Depuis une semaine, le printemps est dans toute sa splendeur et le temps est irréprochable. Sous la douce influence de la saison, tout paraît embelli autour de moi, et l'air lui-même, saturé de mille parfums divers, semble modifié dans son essence et posséder une force vitale nouvelle. Ce principe fortifiant fait courir le sang plus vite dans mes veines et double, pour ainsi dire, le bonheur que j'éprouve de vivre. Je me sens plus alerte, plus dispos. Pourquoi la nature, au lieu de me donner la forme humaine, m'a-t-elle condamné à végéter ainsi, obscur et méprisé?... Allons, du courage, pas de faiblesse, et sachons montrer à tous que, dans quelque position infime que le sort nous ait placés, il y a encore du bien à faire, et du bonheur à s'élever au-dessus de sa condition par l'étude.

D'ailleurs je serais un ingrat de me plaindre trop haut, car, pour un hanneton, la nature a bien fait les choses autour de moi. Le jardin, vivifié par les souffles tiédis du printemps, est dans toute sa magnificence. Les fleurs et les plantes potagères croissent à l'envi et entremêlent leur humble verdure et leurs brillantes couleurs, en formant le plus charmant tableau que l'on puisse imaginer. C'est l'utile et l'agréable réunis. En ma qualité de larve, attachée par instinct aux goûts matériels, je dois avouer que les plantes utiles sont pour moi bien supérieures aux végétaux de pure ornementation. Les laitues romaines surtout, sans vouloir cependant mépriser les frisées, qui ont leur mérite propre, largement arrosées par le jardinier, développent un cœur si blanc, si délicat, et des racines si juteuses, que tous les jours je leur fais une visite des plus intéressées.

Quel vilain gourmand! va-t-on peut-être s'écrier. Que voulez-vous! ne faut-il pas vivre, après tout, et est-il défendu de préférer les bonnes choses aux médiocres? Évidemment non; et en agissant ainsi je ne fais que suivre les exemples de l'homme, qui me paraît, de son côté, ne pas mépriser ce qui est excellent. Aussi, c'est merveille de voir comme cette douce vie me réussit. J'ai presque doublé de volume, et mon corps, ferme et rebondi, semble trop à l'étroit dans son enveloppe. La blancheur de ma peau fait ressortir fort agréablement, je vous l'assure, la couleur dorée de ma tête et de mes pattes, et la teinte ardoisée de l'extrémité inférieure de mon corps rehausse encore cette vivacité de coloris. Je ressemble à un morceau d'ivoire poli. Et chaque matin, quand les rayons bienfaisants du soleil viennent me réveiller au fond de mon terrier et m'appellent à de nouvelles recherches instructives, c'est avec un bonheur chaque jour plus grand que je me sens vivre. En un mot, je suis le plus fortuné des hannetons !

Maintenant que tout le monde est rassuré sur l'état de ma santé, je vais reprendre, sans digression, mon rôle d'historien de la nature. Jamais peut-être de longues pages blanches ne m'ont été plus nécessaires qu'aujourd'hui, car, depuis quelques jours, j'ai observé tant de choses saillantes, qu'un volume entier ne suffirait pas pour en contenir la narration détaillée. Je vais donc choisir, parmi mes notes, celles qui me paraîtront les plus intéressantes : ce sera le dessus du panier.

Après avoir vérifié avec un soin scrupuleux l'exactitude des faits dont le savant a enrichi l'histoire des pucerons et suivi pas à pas leurs singulières métamorphoses, je me sentis le désir d'étudier également les fourmis, dont je voyais à chaque instant les colonnes serrées prendre d'assaut l'abdomen des parasites du rosier. D'où sortaient-elles? Quel était leur genre de vie et les rapports qui existaient entre les divers membres de leur société? Telles étaient les importantes questions que j'avais à résoudre.

En conséquence, je me mis à l'œuvre, et, ayant avisé une fourmi bien repue qui descendait le long de la tige d'un arbuste infesté par les aphidiens, je la suivis en évitant de lui faire remarquer ma présence. Après un trajet assez long et fort sinueux, accompli le long d'une bordure de jolies *mignonnettes* fleuries, ma conductrice et ses compagnes atteignirent la bande de gazon qui bordait le mur d'enceinte et disparurent à mes yeux sous une vigoureuse touffe d'herbe, entre les racines de laquelle elles s'engageaient. Je m'approchai avec précaution, et j'aperçus une sorte d'ouverture de forme irrégulière, issue mystérieuse d'un conduit souterrain. Les insectes y entraient et en sortaient en foule, mais sans se gêner mutuellement, malgré leur nombre. L'orifice de ce petit tunnel, usé par le va-et-vient continuel de tant de petits êtres affairés, était battu comme une route fréquentée. C'était, à n'en pas douter, le grand chemin de leur domicile.

On comprendra sans peine que je ne fus pas tenté de pénétrer pêle-mêle avec les fourmis dans cet étroit passage, car un prudent coup d'œil jeté sur leurs mandibules me les montra sous un jour trop respectable pour que toute velléité de faire plus intime connaissance avec elles ne disparût pas à l'instant. Je me bornai donc à explorer le terrain avec soin aux alentours, et à quelque distance je découvris une sorte de monticule à demi enfoui sous les gramens. Sa forme était sphérique; on eût dit un petit dôme aux flancs très convexes, terminé par une surface plane parfaitement lisse. Il était composé d'une terre fine, pétrie avec soin et desséchée par le soleil. La base, cachée par les plantes au milieu desquelles il s'élevait majestueusement, offrait deux ou trois petites ouvertures obstruées par des débris de végétaux. En poursuivant mes investigations, je constatai que, dans un rayon de trois pieds, deux autres ouvertures, en tout semblables à celle que j'avais observée, donnaient passage à d'autres colonnes de fourmis. Évidemment, quoique aucun de ces animaux ne fût visible sur le dôme, cet édifice devait constituer leur habitation.

Pour m'en assurer, je résolus de faire tous mes efforts pour examiner l'intérieur de ce nid remarquable, et, malgré les dangers que j'avais à courir si je venais à être découvert, je creusai la terre avec précaution, de façon à gagner le mur d'enceinte, où je voulais pratiquer une ouverture qui me permît de voir sans être vu. Ce fut en tremblant que j'exécutai cette dernière opération, n'enlevant les parcelles de la muraille que peu à peu, m'arrêtant à chaque nouvelle effraction comme un malfaiteur qui craint d'être découvert. Enfin je finis, après plus de deux heures d'alertes continuelles et d'efforts incessants, par obtenir une fissure imperceptible. Les fourmis ne se doutèrent de rien, et, désormais plus confiant en mon adresse, j'appliquai un œil avide à cet observatoire d'un nouveau genre. Je ne m'étais pas trompé, j'étais en présence d'une fourmilière.

Au premier abord, je ne vis les objets que fort confusément, car les habitants étaient si nombreux et leurs allures si vives, qu'il était impossible de se reconnaître au milieu d'un tel tohu-bohu. Peu à peu, cependant, je me familiarisai avec ce tableau animé, le désordre apparent fit place à un ordre admirable, et je pus me rendre un compte exact du monde nouveau qui s'agitait sous mes yeux. Voici ce que je vis.

La cité se composait d'une trentaine d'étages superposés, dont les dimensions allaient croissant du sommet à la base. Le dôme que j'avais aperçu d'abord ne formait que la moitié de l'édifice, dont la partie inférieure ou sous-sol s'enfonçait dans la terre. Les étages souterrains étaient horizontaux et parfaitement de niveau; les extérieurs, au contraire, étaient légèrement convexes, forcés qu'ils étaient, à partir du rez-de-chaussée, de se courber en calotte sphérique comme le toit qui les protégeait. C'est cette disposition heureuse qui augmentait notablement la surface de ces étages et leur donnait l'apparence du confortable des logements destinés aux maîtres de la maison. Le dernier de tous, placé sous la toiture, avait un peu plus d'élévation que les autres.

Chaque étage était constitué par une multitude de petites cellules inégales, arrondies, communiquant entre elles par des ouvertures en œil-de-bœuf ou s'ouvrant parfois seulement sur le petit couloir qui servait de passage. Çà et là plusieurs de ces chambres réunies, les cloisons en ayant été abattues, formaient de grandes salles, dont de petits piliers, évidés au milieu, de sorte que la base et le sommet étaient beaucoup plus gros, soutenaient la large voûte. En d'autres points, les couloirs aboutissaient à une espèce de carrefour irrégulier, point de ralliement d'où rayonnaient les divers chemins parcourant tout l'étage. Ceux-ci communiquaient entre eux soit par leur circonférence, soit par de petites ouvertures placées de distance en distance. Les loges, les salles et les couloirs étaient d'une propreté exquise, et les matériaux qui en formaient les murs si bien unis entre eux qu'on eût dit que l'édifice entier avait été taillé dans un seul bloc de pierre ou plutôt de terre, car, comme le dôme, il était composé de cette substance. L'épaisseur des cloisons et des murs de soutien était si peu considérable, qu'une feuille de papier était à peine aussi mince. Les piliers seuls, destinés à supporter un plus grand poids, étaient plus épais. Nulle autre matière que la glaise n'entrait dans la construction de la cité, et, comme nous le verrons plus tard, toutes les autres substances que j'apercevais dans les cellules ne servaient qu'à la nourriture des habitants.

Les étages souterrains étaient horizontaux.

Passons maintenant à la description de ces habitants eux-mêmes. Il y en avait de plusieurs sortes, que je vais dépeindre minutieusement, car de la connaissance parfaite de leur organisation dépendra la clarté des détails de mœurs dans lesquels je vais entrer ensuite.

Les uns, les plus nombreux, que je reconnaissais pour les avoir vus à la chasse des pucerons et qui sortaient seuls de la fourmilière, avaient environ un tiers de centimètre de longueur. Leur corps était d'une couleur brune rougeâtre uniforme, avec les yeux, les antennes, le sommet de la tête et le dos noirâtres. La tête, en triangle allongé, finissait en pointe obtuse et portait en avant deux fortes mandibules saillantes et des palpes. Les antennes, placées au sommet du crâne et formées d'articles distincts, étaient coudées vers le milieu de leur longueur. Les yeux étaient au nombre de cinq : deux gros, réticulés, placés de chaque côté de la bouche, et les trois autres, fort petits, disposés en triangle sur le haut du vertex : les premiers, largement ovalaires ; les seconds, arrondis et lisses, tous en outre complètement fixes. Les mandibules, écailleuses, concaves, robustes et dentées sur la courbure, surmontaient des mâchoires membraneuses et ciliées ; nous verrons plus tard à quels admirables usages ces organes servent chez les fourmis.

Le corselet, uni à la tête par un cou très étroit, était assez développé, surtout en avant, où il offrait une sorte de gibbosité, et se terminait en pointe, en s'unissant à l'abdomen. Six pattes venaient s'y attacher, six pattes agiles, allongées, composées des mêmes parties que celles des autres insectes, offrant un ongle double à l'extrémité des tarses, et, en dessous de ces derniers, une sorte de feutrage de poils courts analogue à une brosse rude. De fortes épines, placées le long du bord externe de la jambe, venaient ajouter encore à la complication remarquable de ces appendices. Un étranglement notable signalait la jonction du corselet et de l'abdomen et simulait une taille élégante et souple, au milieu de laquelle s'élevait perpendiculairement une sorte d'écaille, bifide au sommet, dont la concavité était tournée en arrière. Cet organe singulier attirait mon attention, car je n'avais jamais vu chez les autres insectes une partie du corps qui pût lui être comparée.

Enfin l'abdomen, beaucoup plus gros que le corselet, se composait d'anneaux diminuant de grandeur d'avant en arrière jusqu'au dernier. Celui-ci, de forme conique, se terminait en pointe aiguë. Les anneaux étaient unis entre eux par un tissu jaunâtre, élastique, qui, lors d'un repas copieux, se distendait aisément et permettait au ventre d'augmenter beaucoup de volume.

Çà et là, sur toute la surface des téguments, quelques longs poils jaunâtres, raides et hérissés, se dressaient menaçants, et devaient servir à l'insecte de sentinelles vigilantes, destinées à lui annoncer le contact des objets extérieurs et le mettre ainsi plus tôt en garde contre tout danger.

Telle est la photographie exacte des fourmis les plus nombreuses de la cité. Je leur donnerai le nom d'ouvrières, qui indique que c'est à elles qu'incombent tous les travaux de la société.

Les autres fourmis différaient principalement de celles-ci par la présence au corselet de quatre longues ailes, repliées et croisées comme les branches d'une paire de ciseaux, et dépassant d'un bon tiers l'extrémité abdominale. Ces individus ailés, dont le corps était entièrement semblable à celui des ouvrières, étaient les mâles et les femelles : les premiers plus petits, noirâtres, à ailes diaphanes; les secondes noires, à pattes rousses, de taille plus grande, et munies d'ailes roussâtres à nervures fortement saillantes. Dans mes observations antérieures, jamais je n'avais aperçu ces animaux, en dehors de la fourmilière, et je fus tout étonné de voir qu'il y eût des fourmis ailées.

Ces trois espèces d'individus de la même famille constituaient ce que je crois pouvoir nommer les habitants actifs de la fourmilière. Mais il y avait encore au milieu d'eux d'autres êtres vivants dont le rôle me paraissait tout passif : je veux parler des œufs, des larves et des nymphes, dont je m'occuperai tout à l'heure.

Maintenant, afin que le récit ait toute sa clarté, et pour éviter la confusion qui résulterait nécessairement de la multiplicité des détails dans lesquels je vais entrer, je négligerai tous les faits dont je n'aurai pas l'explication immédiate, pour ne les exposer qu'au fur et à mesure qu'il me sera donné d'en comprendre la portée.

Il était environ trois heures du matin, le lendemain, quand je parvins à mon poste d'observation. Tout le peuple de la fourmilière était rassemblé. Les fourmis étaient, pour la plupart, immobiles, et remplissaient les cellules et les couloirs, mais disposées dans un ordre régulier. Les loges les plus profondes, celles de l'étage immédiatement en contact avec le sol, contenaient les œufs. Ces œufs, de diverses grosseurs, étaient tantôt sphériques, tantôt cylindriques, allongés et légèrement arqués; ces derniers étaient les plus développés. On en voyait de petits tas pyramidaux dans les couloirs, et certaines cellules en étaient remplies jusqu'au plafond. Toutes les avenues conduisant à cet étage étaient fidèlement gardées par de vigilantes sentinelles qui, dressées sur leurs pattes et l'abdomen porté en avant, veillaient attentivement sur ces germes précieux.

Dans les étages voisins, de nombreuses larves empilées les unes sur les autres, comme les œufs, et placées sous la protection d'autres fourmis, attiraient l'attention par leur singulière conformation. En effet, qu'on se figure de petits vers entièrement dépourvus de pattes, d'yeux et d'antennes, et, par suite, sourds, aveugles, muets et incapables de faire aucun mouvement, et l'on comprendra ma surprise. Leur corps, formé d'anneaux blancs, transparents comme l'albâtre et distendus par les sucs qui les gorgeaient, semblait sur le point d'éclater. Leur taille variait beaucoup, suivant l'âge, peut-être aussi suivant le sexe. Ces larves étaient immobiles et paraissaient endormies.

Non loin de là, les nymphes, placées dans de grandes chambres, montraient leurs cocons de soie blanche ou rousse. Cet étui, en forme de petit baril allongé, terminé par deux calottes sphériques, cachait le corps de l'animal, dont la forme n'était pas discernable à l'extérieur. De nombreuses ouvrières ne les perdaient pas de vue.

Au milieu des salles et des corridors, restés libres dans les quatre ou cinq étages inférieurs, se trouvaient les mâles et les femelles. Pressés les uns contre les autres à s'étouffer, leurs grandes ailes repliées, ils restaient à leur place dans l'attitude du repos.

Les autres étages de la fourmilière donnaient asile au peuple entier des ouvrières, qui, dispersées par groupes compacts, occupaient les cellules et les corridors, dans l'immobilité la plus complète. Tout au plus si quelqu'une d'entre elles, que la coquetterie tenait éveillée, passait ses pattes sur toute la surface de son corps, pour redonner tout son lustre à sa peau fine et luisante, à l'aide des brosses des tarses postérieurs; mais ses mouvements, lents et indécis, cessaient bientôt comme par lassitude. La cité tout entière était donc plongée dans le sommeil le plus profond.

Tout à coup un rayon du soleil levant vint frapper obliquement le dôme de la fourmilière, et peu à peu la chaleur se fit sentir à travers le toit de l'habitation. Une certaine agitation, d'abord contenue, se manifesta parmi les fourmis des mansardes. Elles se tournaient les unes vers les autres, se touchant mutuellement le corselet de leurs antennes, comme pour se communiquer leurs impressions. Bientôt l'une d'elles, envoyée en éclaireur, descendit le long du couloir le plus voisin, et, gagnant une des fissures placées à la base du dôme, passa la tête à l'extérieur à travers les fascines, et parut examiner l'état de l'atmosphère. Puis elle rentra, se dirigea vers la fourmi la plus proche, et lui annonça que tout faisait présumer que la journée serait belle. Celle-ci, à son tour, courut au dehors pour vérifier l'exactitude de l'assertion, et, convaincue, se mit elle-même en quête de prévenir ses compagnes. Chaque ouvrière, ainsi prévenue, accomplissait le même manège, de sorte que la propagande se fit avec rapidité, et, le nombre des adeptes croissant sans cesse et se multipliant par son propre mouvement, la fourmilière tout entière fut bientôt informée que le soleil venait de permettre de commencer les travaux de la journée, en promettant une chaleur suffisante. Une incroyable agitation se manifesta soudain, et, après quelques tumultueux conciliabules, les barricades furent démolies, et les ouvrières se mirent en marche et sortirent de la cité par les portes latérales situées au-dessous du dôme.

Ces portes conduisaient chacune à une sorte de long souterrain voûté sur tous les points, véritable tunnel de trois pieds de longueur, dont l'ouverture extérieure était cachée sous l'herbe, ouverture dans laquelle, la veille, j'avais vu pénétrer les fourmis. Ce fut par là qu'une colonne serrée d'ouvrières empressées se mit en route pour aller à la recherche des vivres. Nous verrons plus tard ce qu'elles rapportèrent de cette expédition.

La sortie de ces nombreux régiments fit de grands vides dans les étages supérieurs; aussi furent-ils bientôt envahis par les mâles et les femelles, attirés par la chaleur. Ces paresseux ne sortaient pas au dehors; ils erraient nonchalamment dans les galeries, occupant leurs loisirs à polir et lisser leurs ailes avec les pattes, qu'ils passaient ensuite entre les mandibules.

Toutefois, les nombreuses sentinelles préposées à la garde des œufs et des larves n'avaient pas encore bougé. Çà et là quelque ouvrière restée à la maison réparait les dégâts commis pendant le sommeil, et veillait à ce que l'ordre et la propreté régnassent partout, tandis que quelques autres, placées en embuscade aux portes de la cité, veillaient attentivement pour détourner tout danger extérieur.

Le soleil, montant sur l'horizon, devenait de plus en plus ardent, et sa chaleur bienfaisante pénétrait dans les profondeurs de l'édifice. Alors les gardiennes, prévenues de cette circonstance par le procédé déjà décrit plus haut, saisirent les œufs, les larves et les nymphes à l'aide de leurs mandibules, et transportèrent ce précieux dépôt, avec une délicatesse infinie, du sous-sol aux étages les plus élevés. Ce transport n'était pas chose facile à travers les nombreux dédales de ce vaste labyrinthe, surtout avec les larves les plus grosses; tantôt elles traînaient plusieurs ensemble le même fardeau; tantôt, quand il s'agissait de franchir un étroit défilé où elles n'auraient pu passer deux de front, l'une marchait à reculons portant la tête, tandis que sa compagne soutenait l'autre extrémité, et l'obstacle était surmonté, non sans chutes fréquentes et tiraillements prolongés. Enfin, au bout d'une demi-heure, les caves furent complètement vidées de leurs habitants, et tout le monde fut rassemblé sous le dôme, absorbant avec délices les rayons calorifiques. Les ouvrières surtout paraissaient heureuses de cette température élevée, car elles s'étendaient sur le plancher passant joyeusement leurs antennes sur tout le corps et en frappant leurs compagnes avec animation, comme pour leur faire partager leur joie.

Du reste, les fourmis paraissaient vivre entre elles dans l'harmonie la plus parfaite, et l'égoïsme était inconnu parmi elles. Quand l'une découvrait une place plus chaude, loin de vouloir en jouir toute seule, elle courait prévenir deux ou trois de ses compagnes et les conduisait à l'endroit favorisé; et même, si celles-ci ne se décidaient pas assez vite à, son gré, à partager son gîte, elle les saisissait sans façon par le corselet avec ses mâchoires et les transportait tranquillement au point désigné, où elle les déposait doucement. Les victimes de cette sorte de douce violence ne paraissaient s'en fâcher nullement, bien au contraire, car elles se hâtaient de profiter de cette bonne aubaine.

Cependant, les premières fourmis parties pour la chasse ne tardèrent pas à rentrer toutes chargées de butin : celle-ci portait une mouche, celle-là une petite chenille, une autre succombait sous le poids d'une grosse cuisse de sauterelle détachée du tronc. A peine ces provisions toutes fraîches eurent-elles fait leur apparition dans la cité, que les fourmis sédentaires en débarrassèrent les porteuses et se hâtèrent de satisfaire leur appétit. Cette opération s'accomplissait toujours sans lutte et sans gloutonnerie, car celle qui avait goûté aux mets les plus succulents s'empressait, avant d'être repue, d'aller prévenir ses voisines, et toutes ensemble venaient prendre part au festin, que de nouvelles provisions, arrivant sans relâche, rendaient copieux et abondant pour toutes.

Le plus grand nombre des ouvrières qui rentraient de la maraude ne portaient rien entre leurs mandibules, et je crus d'abord qu'elles avaient fait une excursion improductive. Il n'en était rien, et je m'en convainquis bientôt en suivant des yeux l'une d'elles. Celle-ci, arrivée en présence d'une de ses compagnes, la frappa de ses antennes avec un mouvement précipité. La fourmi ainsi interpellée parut comprendre le sens de cet avertissement, car elle s'approcha aussitôt et toucha aussi les antennes de sa compagne; puis toutes les deux ouvrirent la bouche, et je vis que la fourmi qui rentrait avait une goutte de liquide entre les mâchoires, que l'autre se hâta de sucer. Durant tout ce temps, elle ne cessa de flatter sa nourrice momentanée, qu'elle caressait doucement de ses antennes et de ses pattes antérieures sur les parties latérales de la tête, comme pour lui témoigner sa reconnaissance, à la façon d'un enfant qui jette ses petits bras au cou de sa mère.

Une autre fois, je vis qu'une des fourmis, qui rentrait à vide, se hâtait de communiquer un fait de haute importance à ses compagnes, car elles semblaient se livrer à une causerie des plus animées. Cette causerie à la muette s'accomplit à l'aide des antennes, qui, par leurs mouvements rapides et les roulements qu'elles exécutent sur le corselet et la tête des interlocutrices, constituent un langage auquel les fourmis ne se trompent jamais. Bientôt un grand nombre d'ouvrières sortirent de la cité sous la direction de la première et se dirigèrent vers un point du jardin. Je me suis rendu compte de ce fait, et j'ai su, plus tard, que cette expédition se rendait vers quelque gros insecte ou animal mort. La fourmi qui l'avait découvert, n'ayant pu l'emporter à elle seule, avait été chercher un renfort indispensable. N'est-il pas admirable de voir de si petits êtres donner le spectacle de tant de générosité, et combien l'homme, qui se croit supérieur à nous tous, devrait profiter d'un tel exemple!

Mais ce n'était pas tout encore que de se donner mutuellement à manger;

il fallait aussi nourrir les mâles, les femelles et les larves. Les premiers, en effet, ne sortant jamais du nid et, par suite, ne pouvant se mettre en quête de leur nourriture, seraient exposés à mourir de faim si leurs compagnes ne venaient à leur secours. Alors la scène que j'ai déjà décrite à propos des ouvrières se reproduisait en tous points; une fourmi, la bouche remplie de sucs, rencontrait un individu ailé; celui-ci la flattait de ses antennes et suçait avec avidité entre ses mandibules la goutte de sirop qui s'y trouvait suspendue; puis chacun reprenait sa route sans autre souci. Aussi, comme de nombreuses travailleuses rentraient à chaque instant, il était fort curieux de voir ce spectacle se répéter à la fois à tous les étages de la fourmilière, et j'admirais la complaisance de ces pauvres petites bêtes nourrissant ces gros fainéants, qui, l'appétit une fois satisfait, s'étendaient sous le dôme, à la chaleur, pour digérer, pendant que leurs nourrices ressortaient pour renouveler leurs provisions.

Du reste, je dois ajouter que ce n'était qu'à elles seules que les ouvrières pouvaient s'en prendre de ce surcroît de travail, car les mâles et les femelles étaient tenus en séquestre, et on les empêchait de sortir. Quand une velléité de ce genre leur prenait, ce qui était fort rare, et qu'ils essayaient de franchir les portes de la cité, les sentinelles préposées à cet effet les saisissaient par les pattes, auxquelles elles s'attachaient en grand nombre, et les fourmis ailées, malgré leur grande taille, ne pouvaient se débarrasser de ces suivantes, respectueuses et tendres, mais inflexibles dans leur consigne. Peu à peu, tous ces efforts réunis les entraînaient doucement en arrière; on les flattait, on les caressait, et, bientôt vaincues, elles rentraient d'assez bonne grâce dans leur prison.

Pour les larves, c'était le même travail. Ces petits vers, sans pattes, sans yeux, aux anneaux gonflés et rigides, sont entièrement à la merci des ouvrières, et leur santé dépend uniquement des bons soins qu'ils en reçoivent. Mais, je l'avoue, jamais plus tendres mères ne soignèrent leurs enfants avec plus d'affection, de douceur et de délicatesse. Elles s'approchaient d'eux, les avertissaient de leur présence avec un frottement léger de leurs antennes, animées d'un tremblement rapide. Aussitôt la larve approchait sa bouche, en forme de suçoir, de celle de sa nourrice, et prenait sa nourriture. Quand elle était repue, la fourmi la caressait encore, lui passait sa langue sur tout le corps pour la nettoyer, comme font les chats à leurs petits, et finissait enfin par la déposer endormie sur le plancher échauffé de la cellule.

Au milieu de ces allées et venues, de ces soins divers, le temps avait marché, et le soleil, déjà haut sur l'horizon, échauffait fortement le dôme de la fourmilière et rendait la température des étages supérieurs très élevée, brûlante même. Aussi je vis bientôt une nouvelle conversation animée s'établir entre les sentinelles, et d'un commun accord elles s'emparèrent des œufs et des larves, qu'elles descendirent à deux ou trois étages au-dessous, où la chaleur était moins forte. Là, on les laissa jusqu'à ce que cet étage, à son tour, fût devenu inhabitable, et on les descendit plus bas. De sorte que, à mesure que la chaleur gagnait en profondeur, les germes précieux étaient transportés plus bas. A onze heures on abandonna l'édifice supérieur pour le sous-sol, et à trois heures de l'après-midi, heure où le soleil était le plus ardent, tout le peuple était de nouveau replacé dans les caves où je l'avais vu le matin. Tous les jours le même manège est exécuté, du moins quand le temps est beau; car, quand il est froid ou humide, comme nous le verrons plus tard, les larves et les œufs ne quittent pas les profondeurs de l'habitation.

Ainsi, on n'en peut douter, les fourmis graduent le calorique à leurs petits et savent parfaitement leur donner la température convenable, grâce aux divers étages de la cité, dont chacun, par sa position plus ou moins souterraine, possède une chaleur propre et croissante de la base au sommet. Cela m'expliquait pourquoi la cité était formée d'étages superposés et non de cases placées au même niveau sous le sol, et j'étais émerveillé de l'intelligence de ces petits êtres, si frêles en apparence.

A mesure que le jour déclinait, les fourmis parties en course, dont les convois, comme on l'a vu, s'étaient succédé sans interruption, rentraient à l'habitation en troupe serrée, et toujours chargées de vivres. Mais chacun était rassasié au logis, et malgré toutes les agaceries des porteuses, il leur fut impossible de faire accepter les nouveaux mets, pour si succulents qu'ils fussent. Ce fait une fois bien constaté, elles déposèrent leur butin dans une des cellules les plus grandes; d'autres les imitèrent successivement, et à la nuit tombante ces greniers improvisés furent remplis de vivres frais, destinés à satisfaire tout surcroît d'appétit du lendemain.

Enfin la nuit devint complète; quelques retardataires rentrèrent encore au logis, puis les sentinelles, à l'aide de bûchettes et de brins d'herbe, barricadèrent hermétiquement les portes d'entrée, derrière lesquelles elles montèrent religieusement leur faction conservatrice. Puis, peu à peu, tout mouvement cessa, et le peuple de la fourmilière, disposé dans le même ordre que la veille, se livra aux douceurs du repos. La journée avait été bien remplie. Le lendemain et les jours suivants, les mêmes faits se reproduisirent sans changement appréciable.

Telles sont les premières observations que je fis sur les fourmis. Mais on comprend que cela m'avait demandé beaucoup de temps. Ce n'est que par lambeaux, avec une attention soutenue, en suivant, pour ainsi dire, chaque fourmi l'une après l'autre dans ses évolutions, que j'étais arrivé à me rendre compte de tous leurs actes, si difficiles à apprécier au milieu du va-et-vient continuel de tant de petits êtres. Le premier jour, je ne parvenais que difficilement à bien surveiller l'ouvrière dont je voulais connaître les attributions ; car les travailleuses étaient si semblables entre elles, que, malgré l'attention la plus soutenue, je la confondais dans la foule avec ses compagnes. Maintenant je suis plus habile, et j'ai acquis une telle habitude que, comme le berger qui reconnaît si bien tous ses moutons, je pourrais presque donner un nom à chacune de mes fourmis.

Connaissant désormais exactement l'emploi de la journée d'une fourmilière pendant le beau temps, je résolus de fixer mon attention sur un autre point non moins intéressant. J'avais bien vu un grand nombre d'œufs, de larves, mais je n'avais pas découvert les parents de cette famille nombreuse. D'où venaient donc ces nombreux enfants, objet de tant de sollicitude ? La question, on en conviendra, valait la peine d'être examinée, et sans plus tarder je me mis à l'œuvre.

Je constatai d'abord que les œufs ne provenaient point du dehors ; car j'eus beau examiner scrupuleusement les mandibules de chaque fourmi revenant de la chasse, aucune d'elles n'était chargée d'un fardeau de ce genre. Cependant je pus me convaincre que le nombre en augmentait tous les jours. Fort de cette première assurance, je concentrai mes recherches autour des cellules qui les renfermaient.

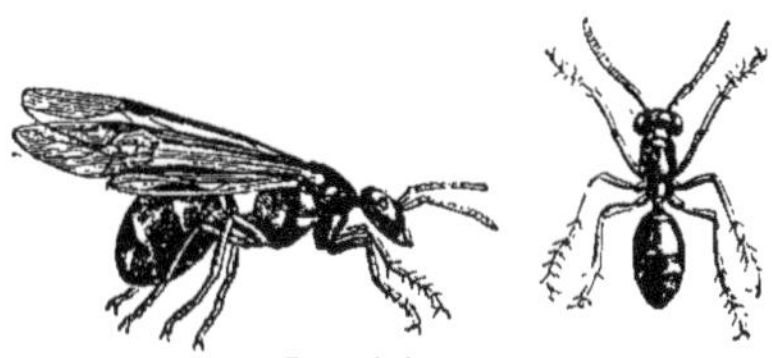

Fourmis brunes.

Je ne tardai pas alors à voir une ouvrière, venant d'un couloir central voisin, se diriger de ce côté, portant à sa bouche un petit corps rond, blanchâtre, qu'elle roulait entre ses mâchoires en le baignant de salive. C'était un nouvel œuf, qu'elle déposa délicatement sur le tas. Il fallait suivre cette fourmi, car là était la clef du mystère. C'est ce que je fis aussitôt du regard. Elle entra dans le couloir dont j'ai parlé, fit quelques tours et détours, et enfin pénétra dans une grande chambre, à la porte de laquelle plusieurs de ses compagnes étaient rassemblées, et je fus témoin d'un spectacle inattendu.

Au milieu de la cellule, trois fois plus grande au moins qu'une loge ordinaire, j'aperçus une grosse fourmi entourée de nombreuses ouvrières. Elle n'avait pas d'ailes et offrait, comme particularité remarquable, un ventre énorme, distendu, deux fois plus long à lui seul que le reste du corps, et que son poids maintenait appliqué sur le sol. Les membranes qui réunissaient entre eux les anneaux de ce vaste abdomen étaient blanches et transparentes, ce qui le faisait paraître annelé de noir et de blanc. Les ouvrières qui la gardaient faisaient cercle autour d'elle, les plus familières grimpaient même sur ses pattes et semblaient de fidèles sujettes attentives à ses moindres volontés. Quand cette reine d'un nouveau genre faisait quelques pas, ce qui lui arrivait rarement, son peuple la suivait avec ordre, comme un état-major suit son général en chef. On lui donnait à manger presque continuellement ; on nettoyait fréquemment son vaste corps ; en un mot, c'étaient des petits soins de tous les instants.

Je ne tardai pas à découvrir que cette reine, puisque reine il y a, n'était pas seule à gouverner la nation, car cinq autres fourmis toutes semblables existaient dans la fourmilière, logées séparément dans de vastes chambres, et ayant aussi une cour respectueuse et attentionnée. Du reste, nos princesses ne paraissaient nullement se porter envie ; elles vivaient en fort bonne intelligence, et quand, dans leurs promenades, elles venaient à se rencontrer, c'était sans la moindre provocation et d'un air fort tranquille que les deux cortèges passaient côte à côte. Je dois ajouter, il est vrai, que le pouvoir qui leur était dévolu était plutôt nominatif que réel, car, en y regardant d'assez près, on finissait par être persuadé que ces prétendues reines étaient plutôt les véritables esclaves de leurs sujets, dont l'adoration les tenait en charte privée.

Quelles étaient les attributions de ces monstrueuses fourmis, et pourquoi tant de soins et de sollicitude déployés à leur égard? Un seul mot vous fera tout comprendre : elles étaient les mères de tout ce petit peuple. En effet, je m'aperçus qu'en marchant elles laissaient tomber de leur abdomen de petits corps ronds transparents, que les ouvrières attentives recueillaient aussitôt; ces petits corps étaient des œufs. Tout en les transportant, les fourmis les faisaient rouler entre leurs mandibules et les imbibaient de leur salive; puis elles les remettaient à d'autres, qui, tout en continuant le même manège, les transmettaient à leurs voisines, et ainsi de suite jusqu'à ce qu'ils fussent arrivés près des cases à œufs, où ils étaient déposés. Chaque femelle pondait environ cinquante œufs par jour, d'où il est permis de conclure, sans être taxé d'exagération, que le poste qu'elle occupe n'est pas une sinécure.

Voyons maintenant ce que devenaient ces œufs pondus avec tant de libéralité. Ils augmentaient rapidement de volume, au point que les plus anciens avaient au moins quatre fois la grosseur des derniers pondus; en outre, de sphériques qu'ils étaient d'abord, ils prenaient une forme allongée, cylindrique et légèrement arquée. A chaque instant du jour, leurs gardiennes les prenaient entre les mâchoires, les léchaient avec soin, et j'ai supposé qu'en les imbibant ainsi de liquide, elles leur fournissaient une nourriture suffisante, qui, traversant les pores de la fine membrane qui les recouvre, explique nettement leur accroissement singulier.

Au bout de quelques jours, quand ils ont pris tout leur développement, la coque se fend sur les côtés et la larve en sort avec peine. Ce petit ver, dont j'ai donné plus haut la description, nourri avec soin par les ouvrières, grossit rapidement et atteint bientôt toute sa croissance.

A cette époque, la peau qui le recouvre se ride et devient peu extensible. Le ver ne mange plus et ne tarde pas à se filer une coque de soie blanchâtre, qui lui est fournie par de petits trous placés à l'angle de ses lèvres. Il la tisse en se roulant sur lui-même et en portant sa tête circulairement tout autour de ses flancs, de façon à former des cercles concentriques dont la réunion finit par constituer un tube soyeux qui l'enveloppe de la tête aux pieds et qu'il ferme ensuite par deux calottes convexes en dehors. A force d'augmenter l'épaisseur de ce premier tissu par l'application à l'intérieur de couches concentriques, il finit par former une paroi assez épaisse pour le cacher complètement à la vue. Ainsi claquemuré, il ne prend aucune nourriture, et les fourmis se bornent à le transporter, avec les larves et les œufs, aux divers étages de l'habitation, pour y recevoir les bienfaits d'une température appropriée à ses besoins.

Mais bientôt une difficulté se présente. Comment sortir de cette prison quand le moment de la transformation en insecte parfait est arrivé ? Ici encore les nourrices viennent à son aide, et ce n'est que par leurs soins que sa délivrance peut s'effectuer.

Ce matin précisément j'ai été le témoin émerveillé de cette opération délicate. Il y avait dans une case plusieurs gros cocons, dont l'un parut à point à ses gardiennes. Aussitôt trois ou quatre d'entre elles montèrent sur le tissu de soie et, à l'aide de leurs mandibules, s'efforcèrent d'ouvrir un passage du côté de la tête de la nymphe. Elles commencèrent par amincir la trame en ratissant la surface, et, à force de pincer et de tordre les mailles, elles parvinrent à en rompre quelques-unes et à ouvrir une fissure très étroite. Elles essayèrent alors d'agrandir cette ouverture en tirant de toutes leurs forces sur les deux lèvres de la solution de continuité, afin de l'augmenter par déchirure. Mais le tissu était trop solide pour céder à d'aussi faibles tractions, et, malgré les efforts les plus violents, il resta inébranlable.

Alors, sans se rebuter, elles introduisirent l'extrémité de leurs mandibules au travers de la fente et coupèrent chaque fil, l'un après l'autre, avec une précaution et une patience admirables, et, dirigeant leur coupure en ligne circulaire, elles réussirent à détacher du cocon la petite calotte sphérique qui le fermait d'un côté. Par cette ouverture, j'aperçus la tête de la nymphe, dont les yeux noirs tranchaient vivement sur la blancheur des téguments. Mais le trou n'avait pas encore de dimensions suffisantes pour permettre la sortie du prisonnier, et il fallut l'augmenter encore. Pour y parvenir, nos ouvrières firent une autre incision dans le sens longitudinal. Mais ce travail était fort pénible, car les fils, extrêmement résistants et entremêlés d'une bourre roussâtre, ne cédaient que difficilement à leurs mandibules peu tranchantes ; aussi ce ne furent pas les mêmes fourmis qui l'accomplirent tout entier. Elles se relayaient à chaque instant, et il y avait une telle émulation parmi les travailleuses, qu'une ouvrière fatiguée en trouvait dix toutes prêtes à prendre sa place. Enfin, tous ces efforts furent couronnés de succès ; la fente longitudinale atteignit l'extrémité du fourreau ; une des travailleuses la tint entr'ouverte, et la nymphe fut extraite délicatement de sa prison volontaire.

Dans cet état, elle était blanche comme la neige ; ses pieds étaient repliés sur sa poitrine et étroitement maintenus dans cette position par une membrane transparente qui l'emprisonnait encore ; ses ailes, car c'était un mâle, étaient aussi renfermées dans un étui, ce qui ne lui permettait pas d'en faire usage. On eût dit une momie égyptienne encore entourée de ses bandelettes. Bientôt ce dernier obstacle se fendit le long du dos ; les gardiennes s'en saisirent, l'enlevèrent doucement, firent sortir l'une après l'autre les antennes de leur fourreau, dégagèrent les pattes et les ailes, et tout le corps se trouva débarrassé de cette dernière entrave.

La nouvelle fourmi se mit sur ses pieds et essaya quelques mouvements incertains ; mais elle chancelait et tombait à chaque pas. Elle prit alors le parti d'attendre que ses membres raffermis lui permissent de jouir de l'air et de la lumière, et, pour utiliser son repos forcé, elle se hâta de prendre la nourriture qu'une douzaine de mandibules affectueuses lui tendaient à l'envi. Cette gourmandise était en vérité bien excusable, car depuis quinze jours qu'elle s'était enfermée dans son cocon elle n'avait rien mangé : on aurait l'estomac creux à moins dans l'espèce humaine.

Je remarquai que pendant tout le jour qui suivait la naissance des nouvelles fourmis, leurs gardiennes ne les quittaient pas d'une seconde ; afin de les initier au genre de vie de ce peuple dont elles allaient faire partie, elles les accompagnaient dans les divers étages de la fourmilière, leur faisant connaître les cellules, les salles et les divers passages qui transformaient l'habitation commune en un labyrinthe inextricable. Comme de bonnes mères, elles soutenaient les pas chancelants du nouveau-né, et, quand les forces lui manquaient, elles le portaient en le suspendant à leurs mandibules. Ce mode de locomotion est assez singulier et vaut la peine d'être décrit, car c'est le procédé mis en usage à chaque instant dans la fourmilière : la fourmi fatiguée se couche sur le dos, glisse son ventre entre les pattes de la porteuse, saisit avec ses mandibules celles de cette dernière et s'y suspend. L'ouvrière se met alors en marche en se dressant sur ses pattes, et transporte son précieux fardeau sans gêne ni fatigue.

Les ailes des mâles et des femelles restent longtemps froissées et raides à la sortie de leurs étuis ; quand cet état persiste un peu trop, les gardiennes les étendent et les déplissent avec soin, travail minutieux et difficile par la délicatesse du tissu alaire, mais dont ces intelligents et adroits animaux savent toujours se tirer à leur honneur.

La couleur des téguments des jeunes, de blanche qu'elle est à la sortie du cocon, ne tarde pas à passer au jaune, puis au jaune roux, puis au brun rougeâtre, et enfin, avant la fin de la journée, l'insecte a acquis la teinte foncée de ses parents. Dès le lendemain, du reste, complètement au courant des divers devoirs qu'il a à remplir, il va à la chasse avec les ouvrières s'il appartient à cette catégorie, ou se borne à traîner nonchalamment son oisiveté, en compagnie des autres mâles et femelles nés avant lui.

Enfin, les gardiennes des œufs se hâtent d'enlever les dépouilles des nymphes après leur éclosion, et les transportent dans certaines cases profondes de l'habitation, où elles sont jetées pêle-mêle : c'est la voirie de la cité.

Voilà ce que j'ai pu découvrir jusqu'ici sur les mœurs de ces petits êtres si remarquables. Cela m'a donné beaucoup de mal; mais j'oublie vite ma fatigue, en songeant à tout ce que j'ai appris de choses curieuses et instructives.

1er juillet.

Depuis quinze jours que je suis en observation devant le nid de mes fourmis, le nombre en a considérablement augmenté; car, d'une part, les grosses femelles pondent continuellement des œufs, et, de l'autre, les nymphes éclosent sans interruption. La fourmilière commence à devenir trop étroite pour tant de résidents nouveaux, et il faudra l'agrandir bientôt ou courir les risques d'une asphyxie par encombrement; peut-être aussi une partie du peuple ira-t-elle fonder ailleurs une colonie nouvelle. Il me tardait bien de savoir à quel parti ces animaux s'arrêteraient, et depuis trois jours je ne les perdais pas de vue un seul instant. La nuit même je restais à mon poste, prêt à m'éveiller au premier signal. Enfin, hier au soir tout a été décidé, et voici le merveilleux épisode dont j'ai été le témoin.

Le temps avait été magnifique depuis le commencement de mes observations; toujours un soleil éclatant et un ciel sans nuages. Hier seulement, dans la soirée, un petit orage s'est formé sur nos têtes, et une pluie douce et fine n'a cessé de tomber toute la nuit. J'étais à la fourmilière quand cet incident atmosphérique est survenu, et j'allais rentrer chez moi, croyant que la nuit se passerait tranquille, lorsqu'un mouvement insolite de mes voisines attira mon attention.

A peine les premières gouttes eurent-elles mouillé le dôme de l'habitation, qu'une fourmi, qui s'en aperçut, se précipita à l'intérieur, et, selon le mode habituel de communication en usage ici, se mit à informer de cet événement toutes ses compagnes qu'elle rencontrait; celles-ci, à leur tour, firent la propagande, et, quoique l'heure du repas eût sonné, tout le nid fut bientôt en révolution; on ne voyait qu'antennes et têtes en mouvement :

c'était un véritable délire. Enfin l'émotion se calma un peu, l'ordre se mit dans ce tohu-bohu, et, d'un commun accord, la plupart des ouvrières descendirent dans les étages inférieurs, où elles se mirent à creuser le sol avec leurs mandibules. Aussitôt qu'une parcelle de terre était détachée, elles la saisissaient fortement, et, se mettant en marche avec ce fardeau, sortaient de la fourmilière et escaladaient l'extérieur du dôme. Bientôt toute la population, à part les mâles et les femelles, toujours inactifs, fut occupée à charrier ces déblais et à les répandre dehors sur le toit de la cité, sans qu'il me fût possible de deviner ce qu'elles voulaient en faire.

Quand la quantité de terre fut suffisante et que la pluie l'eut un peu détrempée, la scène changea de face. De toutes parts, je vis s'élever de petits murs laissant entre eux de petits espaces vides. Ces murailles étaient tantôt continues, comme de longues cloisons, tantôt, au contraire, elles étaient circonscrites et formaient de petits piliers placés de distance en distance, comme pour soutenir une voûte. Peu à peu ces constructions s'élevèrent, les diverses cloisons se rapprochèrent et s'unirent, et j'eus sous les yeux l'ébauche d'un nouvel étage, avec ses loges, ses salles et ses couloirs.

Voici comment opéraient nos petits maçons. La parcelle de terre que chacun d'eux portait entre ses mandibules, composée d'argile et humectée par la pluie, formait une petite boule compacte et malléable bien propre à prendre toutes les formes et à adhérer au corps sur lequel elle serait appliquée. L'ouvrière la pétrissait avec soin et la plaçait au point choisi, où, à l'aide de sa tête et de ses pattes, elle l'étendait de son mieux, en guidant ses mouvements par ses antennes. Comme ce travail s'effectuait à la fois sur toute l'étendue du dôme et que les travailleurs étaient animés d'une ardeur incroyable, on eût dit que les murs poussaient à vue d'œil.

Bientôt, sur tous les points, les murailles et les piliers atteignirent la hauteur définitive qu'ils devaient avoir. A ce moment, l'aspect de la calotte sphérique de la fourmilière était des plus singuliers. Qu'on se figure une ville en miniature dont tous les toits des maisons auraient été enlevés d'un coup de baguette, et dont on pourrait voir l'intérieur des habitations en regardant du haut d'un point élevé, et l'on aura une idée parfaite du tableau que j'avais sous les yeux. Une admirable régularité régnait dans l'ensemble de toutes ces constructions, en ce sens que toutes atteignaient la même hauteur, et que les murs, d'une épaisseur uniforme, étaient parfaitement droits sur leurs fondations; mais les rues et les places n'offraient aucune uniformité, et les alignements droits n'existaient nulle part. C'était une vraie ville du moyen âge.

Pour construire les voûtes destinées à rendre les maisons habitables, nos ouvrières plaçaient contre l'arête supérieure de deux murs en regard, de fines parcelles de terre dont l'ensemble formait deux rebords horizontaux à angle droit. Ces deux rebords, augmentés sans cesse par l'adjonction de nouveaux matériaux, marchaient l'un vers l'autre, soutenus en l'air par la compacité de l'argile, et finissaient par se rencontrer. Le plafond était alors constitué, sans que sa construction eût exigé aucun échafaudage.

Pour voûter les grandes salles, le procédé était le même. Les rebords de terre étaient commencés dans les angles des murs et autour du chapiteau des piliers, et allaient, comme les précédents, à la rencontre les uns des autres. Tous ces planchers, légèrement bombés, se soudaient entre eux, et la voûte totale était ainsi formée d'une vingtaine de petites voûtes si bien ajustées entre elles, que l'œil le plus exercé n'en pouvait découvrir les points de suture.

Peu à peu les toits des maisons, des palais et des rues se terminèrent et se rejoignirent, et le dôme se trouva reconstitué à nouveau avec une augmentation de hauteur correspondante au nouveau compartiment bâti à sa surface. La fourmilière avait un étage de plus.

Quand je dis un étage, je me trompe, c'est deux que j'aurais dû dire; car toute la terre employée à la construction extérieure avait été extraite des profondeurs du sous-sol, de sorte qu'il résulta de cette excavation souterraine un nouvel étage de caves : on peut dire que jamais travail n'avait été combiné par un architecte plus habile, car d'une pierre on avait fait deux coups.

Il ne faut pas croire qu'une construction si remarquable eût été exécutée d'après un plan général étudié à l'avance et sous les ordres d'un ingénieur chargé d'en surveiller les détails et la bonne confection. Il n'en était rien, ce qui le rendait encore plus remarquable. Voici comment tout cela s'opérait. Une fourmi, chargée de terre, trouvait un emplacement à son gré, et aussitôt, sans se préoccuper de l'ensemble, elle y jetait les fondements d'une muraille; ce travail, à peine commencé, était examiné par les voisines arrivant avec leurs matériaux, et s'il leur paraissait convenable, sans le moindre amour-propre, elles se mettaient de la partie et y bâtissaient à leur tour. Si, au contraire, l'ébauche n'avait pas leur approbation, l'erreur était corrigée et le mur s'élevait sur de nouvelles bases. J'eus la preuve incontestable de ce fait. La cloison d'un corridor avait été élevée sur des proportions trop restreintes, et quand le moment fut venu de faire la voûte dont elle devait former un des soutiens, l'erreur fut facilement constatée. Aussitôt les fourmis qui s'en aperçurent démolirent sans hésiter la partie du cintre déjà établie, et, après avoir conduit à la hauteur voulue le mur en contre-bas, elles édifièrent le plancher selon les règles les plus sévères de leur architecture. Ainsi, on le voit, chaque membre de la communauté a le droit d'exécuter le plan qui lui sourit; mais son travail, pour être accepté, doit subir le contrôle, bienveillant mais juste, de tous. C'est à cette liberté d'exécution qu'il faut attribuer l'irrégularité qui existe dans l'alignement général des habitations.

A peine cet étage eut-il été achevé, que les ouvrières infatigables se mirent en devoir d'en élever un second à sa surface. Déjà les murs avaient atteint la moitié de leur élévation définitive, quand la pluie vint à cesser. Ce contretemps mit fin au travail, car les parcelles de terre, n'étant plus humectées, devinrent difficilement malléables, et, n'adhérant plus les unes aux autres avec assez de force, elles faisaient écrouler les cloisons en construction. Aussitôt qu'il fut bien prouvé que la besogne était impraticable, nos maçons s'arrêtèrent, et, détruisant entièrement tout ce qui avait été fait, elles en répandirent les matérieux sur toute la surface du nid. Une heure après, la fourmilière tout entière goûtait un repos bien mérité.

Qu'on juge de l'attention avec laquelle j'avais suivi toutes les péripéties de ce travail gigantesque! Aucune des admirables scènes auxquelles il avait donné lieu ne m'avait échappé; aussi j'éprouvais une sorte d'excès d'étonnement qui me plongeait dans un état voisin du rêve et de l'hallucination. Je n'en pouvais croire mes yeux, et à chaque instant je me les frottais vivement pour me convaincre que j'étais bien éveillé; et maintenant encore, en essayant de décrire le tableau de cette nuit mémorable, je doute de la vérité d'appréciation de mes sens. Et pourtant combien le récit que je viens d'en faire est pâle et décoloré à côté de la réalité!

Mais ce qu'aucune description ne pourra jamais rendre, c'est l'ardeur déployée par les travailleurs dans l'accomplissement de leur tâche. Jamais ni lassitude, ni faiblesse, ni mauvais vouloir; absorbés par l'importance de leur œuvre, ils ne se laissaient en rien détourner de leur devoir. Dans chacun de leurs mouvements il régnait une exubérance si grande d'énergie et de volonté, une excitation si fébrile, qu'un observateur superficiel les eût pris pour une légion de fous acharnés sur une idée fixe et l'exécutant avec cette indifférence à la fatigue qui caractérise ces infortunés malades.

Aussi, à la vue de ces exemples frappants de ce que peuvent l'amour du travail et l'affection mutuelle, je me sentais tout prêt à aimer et à admirer ce peuple si intelligent et si bon. Était-il, en effet, de plus touchant spectacle que de voir ces ouvrières entourer des soins maternels les plus raffinés ces petits êtres confiés à leur soin, et dont pourtant elles n'étaient pas les mères, et, au milieu de travaux de tous les instants consacrés au bien-être et à la sûreté de tous, trouver encore le temps de nourrir ces mâles et ces femelles ailés, véritables rois fainéants, plus esclaves que maîtres dans leur palais! Tableau frappant de l'influence que peuvent donner le travail, l'énergie et le courage à de petits êtres laborieux, dirigeant à leur gré ces gros insectes sans volonté, qui d'un coup de leurs mandibules auraient pu les mettre en pièces!

10 juillet.

Le temps est devenu extrêmement chaud depuis quelques jours. C'est à peine si, en m'enfonçant profondément dans le sol, je puis trouver la fraîcheur et l'humidité nécessaires à ma santé. Je n'ai pas osé me montrer à découvert, de crainte d'être complètement rôti par le soleil, et par suite je ne vis que de racines tendres de fraisier, dont la cueillette peut se faire sur place; aussi ai-je passé tous mes instants à surveiller attentivement mes voisines les fourmis.

Les premiers jours, rien de bien saillant ne s'y est accompli; ce sont toujours les mêmes scènes : transport des larves et des œufs aux divers étages, suivant les heures de la journée, chasse aux provisions, soins d'alimentation et de propreté; en un mot, tous les actes visibles en tout temps dans une fourmilière. Il a plu un peu avant-hier, et un nouvel étage a été construit sur le précédent; aussi le dôme s'élève-t-il de plus en plus majestueusement dans le gazon. Les mâles et les femelles sont devenus très nombreux et encombrent les couloirs et les cases qui leur sont destinés; les premiers surtout sont en nombre double des seconds.

Mais hier il s'est passé du nouveau. Vers trois heures de l'après-midi, au moment où le soleil de juillet, dans toute sa force, semblait prendre à tâche de nous incendier, un mouvement inusité se produisit dans la cité. Les ouvrières paraissaient dans un état d'exaltation inouï. Elles allaient les unes vers les autres, se touchant de leurs antennes, ne pouvant tenir en place, secouant même rudement celles de leurs compagnes qui ne se hâtaient pas de prendre part à l'émotion générale. Bientôt, toutes les avenues voisines des portes furent encombrées de légions innombrables, se heurtant et se pressant pour sortir. Et, ce qui me surprit au dernier point, je vis les individus ailés, au lieu de rester tranquillement au fond de leurs appartements, selon leur habitude, se mêler à la foule, se mouvoir dans tous les sens par masses compactes, et prendre aussi à leur tour la direction des ouvertures de sortie. Non seulement les ouvrières ne s'opposaient point à cette velléité de promenade, mais encore j'en aperçus plusieurs occupées à élargir les portes, devenues trop étroites pour permettre la circulation de tant de monde. Lorsque leurs mandibules eurent enlevé une quantité suffisante de terre, mâles, femelles et ouvrières, confondant leurs rangs, sortirent avec empressement, et en un instant le dôme de la fourmilière et ses alentours furent envahis par cette marée montante.

Puis, tandis que les ouvrières restaient inactives, l'ensemble des fourmis ailées sortit de la cité, au-dessus de laquelle elles prirent leur essor, et je les perdis de vue...

Quelques heures plus tard, je vis les ouvrières ramener quelques femelles, à qui elles arrachèrent les ailes, comme pour les punir de leur escapade, et les conduire dans des cellulles où elles doivent, à ce que j'ai entendu dire, passer le reste de leur vie à pondre des œufs, comme celles dont j'ai parlé plus haut.

Quant aux mâles, il n'en est point rentré dans la cité, et j'ai vu plus tard beaucoup de morts aux environs. Les aurait-on tués comme citoyens inactifs et inutiles? Je croirais pouvoir l'affirmer.

Le départ d'un si grand nombre d'insectes a laissé de grands vides dans la fourmilière. Celle-ci paraît morne et pour ainsi dire déserte. Les ouvrières, un moment abattues et attristées, ont repris leur calme et leur activité ordinaires, et la vie habituelle suit son cours.

J'ai pu faire de nouvelles observations.

Mon étonnement a été extrême en constatant dans la fourmilière la présence de nombreux intrus qui rôdent effrontément dans tous les carrefours; ce sont des parasites, ou plutôt de véritables animaux domestiques vivant avec leurs maîtres. Cette expression d'animaux domestiques est la seule qui puisse rendre exactement ma pensée sur le rôle qu'ils jouent par rapport aux fourmis, et les quelques détails dans lesquels je vais entrer à leur sujet établiront surabondamment la vérité de cette assertion.

Il y a d'abord les pucerons, dont j'ai esquissé plus haut l'histoire et sur lesquels je ne reviendrai pas, d'autant plus qu'il ne s'en trouve point dans la cité, et que ce n'est qu'au dehors que les ouvrières vont puiser les liquides sucrés qu'ils fournissent en abondance. Mais j'ai aperçu dans les couloirs une grande quantité de petits insectes dont les mœurs sont fort curieuses. Ils ont à peine deux millimètres de longueur[1]. Leur tête est très étroite et porte en avant deux antennes énormes. Le corselet est aussi très étroit et donne attache à un abdomen d'un volume considérable que deux élytres rudimentaires recouvrent à moitié, comme les basques étriquées d'un habit trop court. Le bord de cet organe et des étuis des ailes, qui manquent totalement, offrent plusieurs pinceaux de poils allongés, poils qui jouent un grand rôle, comme on va le voir. Ces animaux n'ont aucune trace d'yeux. Leur corps est d'un roux fauve.

Ce singulier animal ne saurait prendre tout seul sa nourriture; sa démarche est lente et comme incertaine. Quand une fourmi vient à le rencontrer sur son chemin, elle s'arrête en face de lui, un colloque à coups d'antennes s'établit, et presque aussitôt l'ouvrière ouvre la bouche, dans laquelle le coléoptère boit avec délices la pâtée ardemment désirée. Mais

1. Cet insecte appartient à l'ordre des *Coléoptères* et porte le nom de *Claviger testaceus*, Illig. Il foisonne dans les fourmilières. Sa petite taille rend néanmoins sa recherche fort difficile, et il faut une grande habitude pour le distinguer au milieu des fourmis.

service pour service; dès qu'il est repu, notre gourmand se retourne, tend son dos à sa nourrice, et celle-ci lèche avec avidité et presse entre ses grandes mandibules les poils dont j'ai parlé pour en extraire le liquide sucré, auquel elle paraît trouver une saveur délicieuse. Il n'y en a pas beaucoup pourtant ; car j'ai eu beau examiner un grand nombre de ces insectes, jamais je n'ai pu en découvrir la plus petite gouttelette. Cela fait, nos deux convives se séparent, enchantés l'un de l'autre.

J'en ai vu aussi une autre espèce deux fois plus grande et de même couleur. Celle-ci a au moins cinq millimètres de longueur et appartient à ce groupe de coléoptères que mon ami le savant appelle des *staphylins*, c'est-à-dire qu'elle a un abdomen allongé, laissé aux trois quarts à découvert par les élytres et qu'elle tient constamment relevé et presque plié en deux, comme si avec l'extrémité postérieure elle voulait se toucher le derrière de la tête. Cet abdomen porte aussi sur les côtés des touffes de poils humectés sans cesse par un liquide sucré[1].

Les rapports de ce staphylin avec les habitants du nid sont des plus originaux. Notre parasite est pourvu d'ailes et de bons yeux, et il en profite pour aller faire l'école buissonnière dans la campagne; mais ces excursions sont toutes poétiques, et l'amour seul de la belle nature peut l'y engager, car il ne saurait manger sans aide, et, bon gré mal gré, il lui faut rentrer au logis quand il se sent l'estomac creux. Voici alors ce qui se passe : notre malin se promène au milieu des fourmis, qui s'empressent autour de lui pour sucer les poils de son abdomen; mais peine inutile! car il tient cet organe redressé en l'air, et nos gourmandes ne peuvent atteindre l'objet de leur convoitise. Tout en manœuvrant ainsi, le staphylin quête son repas en flattant les ouvrières de ses antennes. Celles-ci font souvent la sourde oreille; alors, tant pis pour elles; donnant donnant : si point de pâtée, point de mets sucré; c'est à prendre ou à laisser. Enfin, la plus gourmande se laisse tenter et présente sa bouche pleine. Aussitôt, en animal bien appris et reconnaissant, notre parasite, bien repu, abaisse son abdomen, l'étend devant sa nourrice et lui laisse prendre sa récompense sans lésiner. A chaque nouveau repas, la même scène se reproduit avec les mêmes détails singuliers, et, grâce à ses poils sucrés, notre staphylin trouve sans peine gîte chaud et nourriture succulente.

Ces deux parasites ne sont pas les seuls que j'aie observés dans la cité; on peut y en voir circuler un grand nombre d'autres qui y vivent au même titre qu'eux, et payent par leurs sécrétions sucrées les bons soins que les fourmis leur donnent. La qualification d'animaux domestiques que je leur ai donnée est, on le voit, des plus vraies : c'est un commerce agréable

1. C'est le *Lomechusa nana*, Grav. Il est, en effet, un des membres de la grande famille des *Staphylinides*, ce qui prouve que le hanneton a profité de ce qu'il a vu et entendu.

d'amitié qui les unit aux véritables propriétaires du nid, commerce dans lequel la réciprocité des échanges est complète.

En outre de ces animaux utiles pour elles, les fourmis supportent sans trop de peine la présence de plusieurs autres insectes que la chaleur attire dans leur nid. On y voit des *perce-oreilles,* des *cloportes,* des *mille-pieds* et même certaines larves herbivores. Je ne puis m'expliquer cette tolérance, qui ne puise sa raison d'être dans aucune relation d'intérêt. Je pense qu'une étude plus approfondie me donnera la clef de ce problème, insoluble pour qui connaît comme moi l'irritabilité naturelle des fourmis.

Mais ce qui me surprit au plus haut degré, et au point que je ne pouvais en croire mes yeux, c'est que j'ai vu parmi les fourmis d'autres petits insectes à mandibules aiguës, qui profitent du moment où ils ne sont pas vus pour saisir une larve ou un œuf et le dévorer tranquillement. Comment se fait-il que les fourmis, si vigilantes pour tout ce qui touche à leur progéniture, ne chassent pas ces intrus qui viennent sans façon détruire leurs plus chères espérances? Cette tolérance, si en dehors des habitudes de ces animaux, est pour moi inexplicable. Je m'y perds, et cela d'autant mieux que, cet après-midi, j'ai vu que les ouvrières sont intraitables quand il s'agit de violation de domicile. Voici le fait.

Il était quatre heures. Tout à coup un fort bourdonnement se fit entendre, et un insecte de taille gigantesque vint s'abattre lourdement sur le dôme de la fourmilière. Il avait au moins deux pouces de longueur, et sa tête était fort remarquable par la présence de deux énormes mandibules, semblables à une paire de pinces, de trois centimètres de longueur, ce qui lui donnait un aspect formidable.

Dans les violents efforts qu'il faisait pour se relever, car il était tombé sur le dos, ses pattes robustes entamèrent la calotte terreuse du toit de la cité, et une ouverture s'y produisit. Aussitôt les sentinelles, sans s'effrayer de la grosseur de l'assaillant, se précipitèrent sur lui et essayèrent de le mordre avec leurs mâchoires aiguës, tout en lui lançant en même temps, par l'extrémité de l'abdomen, un liquide d'une odeur acide très forte, et en si grande abondance qu'en un instant il en fut tout mouillé. Sans perdre une seconde, plusieurs autres fourmis se hâtèrent de pénétrer dans la fourmilière et donnèrent l'alarme. Aussitôt un double effet se produisit : les gardiennes des œufs se rangèrent en bataillons serrés autour des cases qui les renfermaient, et les autres ouvrières sortirent en foule par toutes les issues et vinrent prêter main-forte aux sentinelles déjà engagées dans l'action. En outre, les nourrices transportèrent les nymphes des étages supérieurs aux inférieurs et, cela fait, allèrent grossir les rangs des combattants.

Le malheureux insecte disparut bientôt sous un entassement de fourmis tel qu'il m'était impossible de distinguer une seule partie de son corps. Nos guerrières essayaient d'entamer sa peau; mais celle-ci, couverte d'un enduit corné impénétrable, ne cédait pas; quant à lui, il faisait jouer ses monstrueuses mandibules et écrasait un bon nombre d'assaillants; mais les vides étaient rapidement comblés. Il eût donc été infailliblement perdu sans sa cuirasse. Enfin il parvint à se remettre sur ses pattes, et rien n'était singulier comme de le voir marcher portant des centaines de fourmis accrochées à toutes les saillies de son corps et de ses jambes; on eût dit un être fantastique formé d'une agglomération de ces hyménoptères.

Peu à peu il s'éloigna, abandonné par les ouvrières, qui, voyant leurs coups inutiles, le laissèrent fuir malgré toute leur fureur, et il disparut à mes yeux derrière un buisson, portant encore à ses pattes deux ou trois fourmis tenaces qui, acharnées à leurs attaques, ne voulaient pas lâcher prise.

Une fois le danger passé, on s'occupa des blessés et des morts. Les premiers furent secourus avec tendresse; ceux qui ne purent marcher furent transportés par les mandibules dans les cases du sous-sol, et les blessures de tous furent léchées avec soin. Quant aux seconds, leurs dépouilles furent portées loin de la cité et abandonnées. Ensuite les dégâts du dôme furent réparés avec de la terre toute fraîche, et un quart d'heure après il ne restait plus, comme trace de cette alerte, que quelques grains de poussière à sa surface.

Quel courage et quelle solidarité de tous les instants entre ces petits animaux!

Du reste, les fourmis ont tant d'ennemis, qu'il n'est pas étonnant qu'elles sachent prendre leurs précautions contre tout être qui viole leur domicile. Une foule d'oiseaux leur font la chasse et en détruisent des milliers, aidés dans cette œuvre barbare par beaucoup d'insectes carnassiers. Parmi les oiseaux, il en est un qui emploie un singulier procédé pour s'emparer de ces animaux. Il est pourvu d'un long bec, et, perché sur ses longues pattes, il s'approche de la fourmilière. Or, tandis que nos ouvrières montent en foule sur le toit de leur habitation pour la défendre, notre fin matois, après les avoir excitées en défonçant à coups de bec le dôme, applique sa longue langue gluante sur le point où les fourmis sont le plus nombreuses. Les pauvres bêtes, engluées dans le liquide visqueux qui la recouvre, sont enlevées de terre et avalées gloutonnement. L'oiseau recommence ce curieux exercice jusqu'à ce qu'il soit entièrement rassasié, ce qui est fort long.

Parmi les insectes qui dévorent les ouvrières, j'en citerai un des plus remarquables; il appartient aussi à la famille des Staphylins. Son corps est allongé, couvert d'une pubescence fine et soyeuse et d'une couleur roussâtre, variée de brun sur les élytres et le dessus de l'abdomen. Ce dernier organe est aussi recourbé en forme d'arc au-dessus du corselet, à la façon de tous les membres de cette tribu. Cet insecte est ailé et n'atteint pas cinq millimètres de longueur[1].

C'est ce matin que je l'ai vu à l'œuvre. Il s'était embusqué sous une feuille de plantain qui rasait la terre, tout contre le chemin habituel suivi par les ouvrières dans leurs excursions journalières, et là, aplati sur le sol, il restait immobile. Que fait-il en ce point? me demandai-je; surveillons-le pour le savoir. De nombreuses fourmis allaient et venaient en trottinant lestement à la suite les unes des autres. Tout à coup, au moment où une d'entre elles passait isolée et sans méfiance, il s'élança hors de sa cachette, fondit sur la pauvre bête, et, avant qu'elle eût pu même se rendre compte du danger qui la menaçait, d'un seul coup de ses mandibules il lui coupa le pédicule qui rattache le corselet à l'abdomen. La fourmi, ainsi séparée en deux, trembla un instant sur ses pattes, puis se mit à courir dans tous les sens comme affolée, et bientôt je la perdis de vue dans les herbes, sous lesquelles elle s'engagea. Il y avait de quoi, avouez-le, perdre la tête à la suite d'une aussi terrible mutilation, et peu de gens subiraient avec résignation une opération aussi radicale que la perte de l'abdomen.

Quant au meurtrier, rentré tranquillement dans sa cachette, il dévorait avec avidité l'intérieur du ventre de sa victime, et semblait savourer avec délices les liquides sucrés que l'estomac renfermait en abondance. Il jeta ensuite l'enveloppe extérieure, que sa ténacité rendait un mets peu enviable, et reprit son poste d'observation. Dans moins d'une heure, il traita de la même façon trois autres malheureuses fourmis, et au train dont il y allait, il est présumable qu'à lui seul il finirait par causer des vides sensibles dans les rangs pourtant si épais de ces insectes.

Au premier abord, on serait tenté de plaindre de bon cœur ces industrieux animaux, en les voyant en butte à tant d'attaques meurtrières. Mais il faut, d'un autre côté, reconnaître que si les fourmis sont entourées d'ennemis, elles-mêmes, de leur côté, ne respectent pas la vie des autres. Elles sont sans pitié pour tout être plus faible que son mauvais destin place sur leur route. Que de vers de terre, de limaces, de chenilles, j'ai vus périr sous leurs morsures impitoyables! Pourquoi, à leur tour, ne serviraient-elles pas au repas du plus fort? C'est la loi du talion, et, malgré moi, je suis forcé de reconnaître que celui qui est puni par où il a péché a mérité son sort.

Que voulez-vous! je ne suis pas un carnassier, moi; je ne suis qu'un pauvre herbivore, et je ne fais de mal à personne! Qu'on me laisse donc la consolation de voir mes ennemis se dévorer entre eux!

Ces réflexions peu bienveillantes sur le compte des fourmis ont, du reste,

1. C'est probablement le *Myrmedonia humeralis*, Grav. On le rencontre souvent aux abords des fourmilières.

une excuse toute naturelle dans la frayeur que ces insectes m'inspirent à chaque instant. Ma situation dans leur voisinage immédiat est loin d'être sans péril; la fente de mon observatoire me paraît souvent trop grande, et ce n'est qu'en tremblant que j'ose y appliquer un œil curieux. Aussitôt qu'une ouvrière passe de l'autre côté de la cloison, il me semble que son regard est dirigé sur moi, et instinctivement je me recule avec terreur, croyant voir mon domicile envahi par une troupe féroce, qui, sans pitié, me mettrait à mort pour me punir de ma curiosité. Heureusement que, jusqu'à ce jour, j'en ai été quitte pour la peur!

En sera-t-il toujours ainsi?

CHAPITRE VII

UNE PATTE BRISÉE. — MÉTAMORPHOSES ET CLASSIFICATIONS. — MON ÉTAT CIVIL.

9 septembre.

Voilà près de deux mois que je n'ai touché à mon manuscrit, et ce long espace de temps m'a semblé un siècle, tant j'ai souffert. Oui, cher lecteur, j'ai failli ne plus causer avec vous, et clore brusquement ces Mémoires au moment où ils commençaient à devenir intéressants. Un accident terrible m'a mis à deux doigts de la mort, et il y a des moments où je ne puis comprendre comment je suis encore vivant, tant il a fallu de circonstances favorables pour m'arracher au péril que je courais.

On se souvient que, dans le but d'examiner les habitudes des fourmis, j'avais établi un observatoire tout contre le mur d'enceinte. Or, un jour, jour néfaste, j'étais à mon poste, et, tout préoccupé de mes recherches, je m'appuyais fortement sur la cloison qui me séparait des fourmis. Imprudent que j'étais! car ce mouvement ébranla cette faible barrière, et quelques parcelles du mur tombèrent dans le couloir au moment où passaient les ouvrières. Celles-ci, surprises par cet éboulement et croyant à un accident tout fortuit, se hâtèrent de grimper au point d'où il provenait pour y mettre un terme, et je fus découvert.

Aussitôt les méchantes bêtes attaquèrent la fissure avec fureur, et en un clin d'œil mon domicile paisible fut envahi par un épais bataillon, qui se précipita sur moi. Déjà paralysé par la terreur, j'en étais tout couvert, et je sentais d'horribles piqûres, rendues plus cuisantes encore par le venin distillé par leur abdomen; en un mot, j'étais perdu, quand soudain une commotion violente ébranla le sol; je me sentis vaguement enlevé avec la terre sur laquelle je me trouvais et lancé au loin avec force. La secousse fut si grande que je perdis connaissance...

Lorsque je revins à moi, je ressentais une douleur aiguë à la seconde patte du côté droit, qui pendait, écrasée et inerte, à mon côté. En outre, tout mon corps, contusionné et criblé de morsures, n'était qu'une plaie. Un moment encore je restai tout ahuri, à la façon d'une personne qui s'éveille d'un long sommeil, et me souvenant confusément de ce qui s'était passé. Puis, tout à coup, je songeai aux fourmis et regardai avec terreur tout autour de moi, croyant retrouver encore leurs mandibules tranchantes;

mais elles avaient disparu. Je me trouvais enseveli sous un épais monceau de terre meuble dont le poids m'étouffait, et qui, de temps en temps, éprouvait comme de petites secousses; en même temps j'entendais un grand bruit au-dessus de ma tête, et je distinguais la voix du jardinier en colère.

Évidemment tout péril n'était pas écarté, et il fallait à tout prix se rendre un compte exact de la position. Je soulevai donc avec précaution le sable qui me recouvrait, et, me traînant tant bien que mal, malgré les élancements de ma patte brisée, je parvins à glisser ma tête entre deux mottes de terre et je regardai. Ce que je vis me donna la chair de poule.

A deux pas de moi, le jardinier, armé d'une énorme pelle, creusait le sol avec acharnement sur l'emplacement du nid des fourmis. La cité était renversée de fond en comble; les œufs, les reines, les ouvrières, entassés pêle-mêle, étaient à découvert au milieu des débris informes des salles, des couloirs et des piliers. Les habitants couraient éperdus parmi ces ruines, essayant de transporter leurs œufs à distance, puis, culbutés, recommençaient le même travail inutile. D'autres, plus hardis, grimpaient le long du manche de la pelle pour punir le téméraire qui s'attaquait à eux; mais leurs mandibules trop faibles ne pouvaient entamer la peau calleuse de notre homme, qui se bornait à les écraser d'un revers de sa main, quand ils devenaient trop nombreux. Pendant ce temps, les femelles sans suite, sans cour, embarrassées de leur vaste abdomen, se traînaient lourdement parmi leurs sujettes épouvantées. C'était un spectacle lamentable, que rendaient plus navrant encore les éclats de rire du jardinier, qui, fier de son œuvre barbare, insultait à leur désespoir.

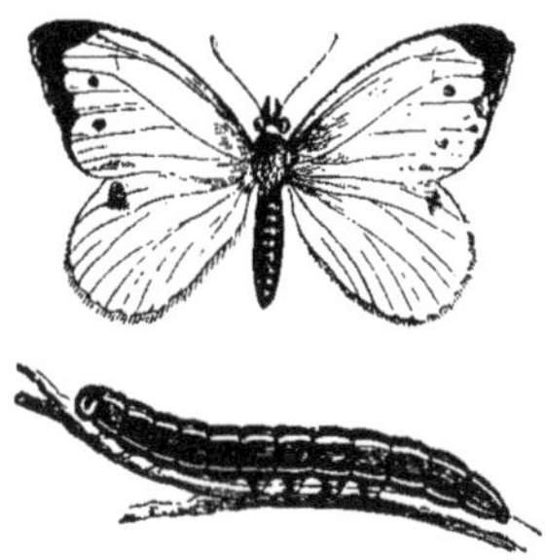

Piéride du chou et sa chenille.

Quand notre homme eut entièrement détruit la cité, profitant du moment où les fourmis étaient ramassées en groupes compacts autour des œufs, il versa sur elles de grands flots d'une eau bouillante, apportée pour la circonstance. Sous ce brûlant déluge, les fourmis se tordirent dans de violentes convulsions, et, malgré leurs blessures, essayèrent de fuir cette place maudite; mais l'horrible liquide les suivait partout, imbibant le sol sous leurs pas, et bientôt tout fut fini : œufs, larves, ouvrières et reines avaient subi le même sort! A peine si quelques travailleuses parvinrent à s'échapper de cet épouvantable désastre.

Je compris alors ce qui m'était arrivé et à quelles circonstances je devais mon salut. Le jardinier avait découvert la fourmilière, et, au moment où j'étais prêt à périr sous les morsures de ses habitants, il avait enfoncé sa pelle dans le sol pour la détruire et avait jeté de côté cette première pelletée, dans laquelle je me trouvais. De là le tremblement de terrain, la secousse violente et la chute qui s'en était suivie. Malheureusement, le fer de l'instrument avait brisé ma patte en passant, et la douleur de cette grave mutilation m'avait ôté le sentiment.

Une fois édifié sur ce point important, je vis bien qu'il était temps de se mettre en sûreté, car l'eau bouillante pouvait m'atteindre et le jardinier me découvrir, ce qui, des deux côtés, rendait ma perte certaine. Je rampai donc le plus rapidement que cela me fut possible, et, après mille angoisses mortelles, je parvins à regagner mon ancien domicile, où je me barricadai de mon mieux.

C'est là que j'écris ces lignes, après deux mois de traitement nécessités pour obtenir la cicatrisation presque complète de la blessure de ma patte, ou du moins de ce qui fut autrefois ma patte, car j'en ai perdu plus de la moitié à la bataille; me voilà réduit à cinq jambes pour le reste de mes jours. Ce n'est pas gai, il faut l'avouer. Aussi, quand je regarde ce pauvre tronçon douloureux qui me reste, je maudis la fatale curiosité qui m'a valu déjà tant de malheurs, et qui, je le sens, causera un jour ma perte.

Mais si ces deux mois ont été perdus complètement au point de vue des excursions exploratrices que j'accomplis avec tant de bonheur dans les alentours de mon domicile, il n'en a pas été de même pour mon instruction personnelle. Bien loin de là, car, grâce aux conversations de mon ami le vieux savant et de son disciple, j'ai pu entendre bien des choses intéressantes et les noter, tant bien que mal, au fur et à mesure qu'il m'était permis d'en profiter. J'ai joué le rôle d'un véritable sténographe, bien mieux : celui d'un expéditionnaire, en ce sens que j'ai écrit bien souvent des dissertations dont je ne pouvais comprendre un traître mot, tant le sujet qu'elles traitaient était au-dessus de ma faible intelligence. Je vais donc puiser dans ces notes et transcrire, sur mon manuscrit, ce qui me paraîtra le plus digne d'être conservé. Je n'ai que l'embarras du choix.

C'était il y a environ un mois. Je reposais tristement la patte, en bandoulière, quand le savant vint dans le jardin et, avec l'aide de son ami, se mit à ramasser les chrysalides de papillons qui se suspendent la tête en bas sous le chaperon du mur de clôture : il y en avait des quantités. Tout en faisant cette singulière cueillette, le vieillard lui faisait remarquer combien ces chrysalides étaient jolies.

« Voyez, lui disait-il, comme les pointes qui hérissent le corselet sont brillantes sous leur parure d'or et d'argent ! Admirez l'élégance de forme de cet abdomen si gracieusement arqué et aux mouvements si vifs ! Qui se douterait que d'un si bel étui il ne doit sortir qu'un simple papillon blanc, celui que nous appelons la *piéride du chou?* Papillon funeste, dont les chenilles ravagent ces estimables végétaux. Écrasons-les sans merci, car une seule femelle épargnée deviendrait la souche d'une innombrable armée de ravageurs impitoyables.

— Massacrons donc, puisque tel est le mot d'ordre, dit alors gaiement son compagnon. Mais, puisque l'occasion se présente, permettez-moi une question. Je vous entends sans cesse parler de larves, de chrysalides, d'insectes parfaits, noms totalement muets pour moi, et que vous appliquez sans façon au même animal. Ainsi vous dites souvent : La larve de tel ou tel insecte s'est changée en nymphe. Je vous l'avouerai, ces changements à vue me paraissent tellement extraordinaires, qu'il m'est fort difficile de les admettre couramment et sans protestations. Seriez-vous donc assez aimable pour me donner quelques explications sur les métamorphoses des insectes? Vous me rendriez un grand service, car Dieu sait la confusion qui règne sur ce sujet dans mon esprit.

— Je ne demande pas mieux, mon cher ami, et sans plus attendre je prends la parole. Ouvrez donc toutes grandes vos deux oreilles et préparez-vous à entendre des choses merveilleuses, qui bouleverseront toutes vos idées sur la façon dont la nature a réglé le mode d'accroissement de ces animaux.

« Loin d'avoir, au sortir de l'œuf, la forme définitive qu'ils doivent acquérir dans l'âge adulte, les insectes, pour atteindre ce dernier degré de leur existence, passent par quatre états distincts. Prenons pour exemple le ver à soie, dont les mœurs sont un peu plus connues de tous. La femelle pond un œuf; de cet œuf naît une larve ou chenille, dont la forme est totalement différente de celle de sa mère. Puis cette chenille se file un cocon de soie dans lequel elle passe à l'état de chrysalide; enfin l'insecte parfait, nommé papillon, brise ses enveloppes et prend son essor. Examinons avec quelque attention chacune de ces périodes tranchées.

« D'abord la chenille. Ce premier état, qui constitue la phase de l'accroissement, ou, si l'on veut, l'enfance des insectes, est caractérisé, d'une façon bien nette, par ce fait que l'animal est alors impropre à reproduire son espèce. La chenille s'accroît et change plusieurs fois de peau avant de se transformer en chrysalide. Puis, ce moment venu, elle perd sa forme, et cette dernière apparaît.

« Ce second terme de la vie des insectes est le plus remarquable. L'animal, plongé dans une sorte de mort apparente, ne prend aucune nourriture et se trouve ordinairement renfermé dans une membrane rigide qui ne lui permet que quelques mouvements instinctifs; on le croirait couché dans un sépulcre. Pourtant, ce prétendu tombeau est, en réalité, un admirable atelier d'organisation, où les diverses parties du corps se préparent à se transformer pour une autre période d'existence.

« Ici une question physiologique d'une haute importance doit nous captiver un instant. Que se passe-t-il, en effet, sous cet étui corné qui dérobe la chenille à nos yeux? La chrysalide n'est-elle en résumé qu'un changement de peau longuement élaboré, à la suite duquel l'insecte parfait doit sortir avec tous ses attributs, ou bien serait-ce plutôt une nouvelle incubation qui s'effectue dans cet œuf d'un nouveau genre? La première opinion était celle de Réaumur et des savants de son époque, qui supposaient que, par une sorte d'emboîtement, le papillon existait dans la chenille à l'état rudimentaire, au moment de la sortie de l'œuf, c'est-à-dire que cette dernière ne différait de l'insecte parfait que par la forme et le nombre des enveloppes. Pour eux, la larve n'était qu'une nourrice chargée de les conduire, en les développant, jusqu'à l'époque de la transformation définitive, et qui, n'ayant plus alors de raison d'être, disparaissait pour faire place à son nourrisson adulte. Ils appuyaient cette singulière théorie sur ce fait que si l'on coupe les pattes d'une chenille un peu avant qu'elle ne se change en chrysalide, le papillon qui en naîtra restera privé de ces appendices. On concluait de là qu'en amputant les organes locomoteurs de cette larve, on avait du même coup mutilé le papillon qu'elle emboîtait. C'est là une erreur, comme nous le démontrerons tout à l'heure.

Transformations d'un insecte : chenille, chrysalide et insecte parfait.

« Les partisans de la deuxième opinion, la seule vraie, prétendent que la chrysalide n'est qu'un œuf où toutes les parties constitutives de la chenille subissent une nouvelle réorganisation, en se moulant sur les divers reliefs de l'étui qui les enveloppe. Si on ouvre, en effet, un de ces corps, on remarque que la membrane extérieure adhère intimement avec le papillon futur, dont tous les organes externes sont plus ou moins rudimentaires, selon que l'éclosion est plus ou moins prochaine. Une matière vivante amorphe remplit tous les creux et s'organise lentement pour créer de toutes pièces les pattes, les ailes, les yeux, etc. Ces matériaux sont puisés dans une épaisse couche de graisse qui entoure tous les viscères internes. Si la théorie de l'emboîtement était vraie, il n'en serait pas ainsi, et l'on pourrait, en disséquant la chenille avec précaution, apercevoir dans son intérieur le futur papillon, ce qui n'arrive pas. Il se passe donc ici un fait analogue à celui qui s'accomplit dans l'œuf d'une poule. D'où il faut conclure que la chrysalide est bien réellement un œuf, qui ne diffère du type ordinaire que par les formes extérieures, ce qui est sans importance. Si en coupant la patte d'une larve on obtient un papillon manchot, ce n'est pas qu'on ait tranché du même coup les membres de ces deux êtres emboîtés l'un dans l'autre, mais bien parce qu'en enlevant cet appendice on a supprimé le moule dans lequel l'insecte parfait aurait obtenu sa patte, et que par suite le travail de réorganisation a été arrêté dans sa marche régulière.

« Cela est si vrai que si l'on comprime, à l'aide d'appareils ingénieux, la partie du moule chrysalidaire qui répond à la tête de l'insecte, on obtient des papillons chez lesquels cet organe est atrophié au point qu'il n'est plus perceptible. Par le même moyen on a produit des insectes parfaits sans pattes, sans ailes, sans les derniers anneaux de l'abdomen. Et il est à remarquer que ceux qui naissaient sans tête étaient très bien portants, tandis que ceux qui étaient dépourvus de ventre traînaient leur vie languissante et périssaient sans bouger presque de place. Le rôle de l'insecte parfait va nous donner l'explication de ce phénomène si bizarre en apparence.

En effet, ce dernier, au sortir de son maillot, personnifie l'instinct reproducteur. Toutes les autres fonctions cèdent le pas à celle-là. Aussi, comme conséquence, nous voyons qu'en cet état l'animal ne prend aucun accroissement; tel il était en naissant, tel il sera au moment de sa mort. Il en est même qui ne prennent aucune nourriture. La durée de la vie est fort courte, et elle s'éteint aussitôt que la reproduction a eu lieu.

Ainsi, en résumé, l'on peut conclure que la larve représente l'individu; c'est elle qui est la véritable personnalité de l'insecte; sa seule préoccupation est de manger pour grandir; l'insecte parfait, lui, représente l'espèce; la vie végétative est terminée, et il n'est chargé que de reproduire sa race. Ce qui veut dire qu'à l'état de chenille l'animal accomplit toutes les phases de son existence et remplit le but pour lequel il a été créé ; au moment où il va passer à l'état de chrysalide, sa vie est finie ; il a assez vécu comme individu, et avant de mourir il faut qu'il satisfasse à la loi générale de reproduction. C'est alors que l'insecte parfait éclôt pour quelques heures et meurt définitivement après avoir exécuté son mandat. Aussi peut-on dire que jamais l'insecte n'est plus près de la mort que lorsqu'il semble acquérir une nouvelle vie sous des formes plus parfaites.

« Des conséquences curieuses découlent tout naturellement des deux attributions diverses de la chenille et du papillon. La chenille vit longtemps, s'accroît sans cesse et mange régulièrement ; le papillon, au contraire, ne grandit plus, ne mange plus et meurt presque aussitôt après sa naissance. De la sorte se trouvent expliquées ces anomalies singulières de durée qu'on observe fréquemment entre ces deux états du même animal et qu'on serait presque tenté d'appeler des inconséquences de la nature. L'*éphémère,* par exemple, vit un an à l'état de larve, et deux heures seulement à l'état parfait ; le *lucane cerf-volant* ronge pendant six années les fibres ligneuses de nos chênes sous la forme d'un ver, et ne parcourt les allées de nos bois, sous sa dernière parure, que deux mois tout au plus.

« Les quatre périodes que nous venons d'étudier, et qui embrassent le cercle entier de la vie des insectes, constituent ce que l'on est convenu d'appeler les métamorphoses complètes. L'immense majorité des *coléoptères* et des *diptères,* tous les *lépidoptères* et les *hyménoptères* subissent ces phases dans toute leur rigueur. Mais chez les autres insectes on constate des exceptions en plus ou en moins à cette loi générale.

« Ainsi, chez les *hémiptères* et les *orthoptères,* l'état de nymphe n'existe pas, ou plutôt n'offre pas les caractères tranchés que nous lui avons attribués. On remarque...

— Pardon si je vous interromps ; mais les noms barbares que vous venez de prononcer sont pour moi lettre close. Ne pourriez-vous pas, à l'aide de quelques explications, m'en donner le sens précis ? Je ne suis qu'un profane, ne l'oubliez pas, et les mots techniques me font l'effet d'un véritable épouvantail.

— Je comprends votre effroi. Cependant, soyez indulgent pour ces dénominations, qui rendent d'immenses services, car en un seul mot elles dépeignent, pour les initiés, le principal caractère des tribus d'insectes qu'elles désignent. Je vais d'ailleurs vous en donner la clef. D'après les différences de structure des ailes, on divise les insectes en plusieurs ordres. D'abord, sous le nom d'*aptères* on réunit tous ceux qui sont privés de ces appendices. Ainsi les *puces,* les *poux,* font partie de ce groupe. Si les ailes existent au nombre de deux seulement, nous aurons les *diptères,* dont la *mouche commune,* le *cousin,* le *taon,* sont des échantillons connus de tous. Maintenant, si nous examinons les autres insectes, nous constaterons qu'ils ont tous quatre ailes, mais que ces organes sont loin d'être semblables dans leur structure. Chez les uns, elles sont toutes membraneuses et transparentes et servent également au vol. Chez les autres, les supérieures ne servent pas à l'aviation; elles sont opaques et plus ou moins cornées, et recouvrent les inférieures comme d'un fourreau protecteur. On leur a donné le nom d'*élytres*. Ces différences nous permettent de former deux grandes divisions, que nous allons subdiviser à leur tour :

« PREMIÈRE DIVISION : quatre ailes transparentes et pas d'élytres. Nous en formerons trois ordres distincts : 1° les *Lépidoptères* ou *papillons,* dont les ailes sont recouvertes d'écailles colorées superposées comme les tuiles d'un toit et présentent une trompe en spirale pour bouche ; 2° les *Névroptères,* à ailes traversées de nombreuses nervures et à organes buccaux formés par des mâchoires et des mandibules; je citerai comme type de cet ordre les *libellules* ou *demoiselles,* dont tout le monde connaît le vol léger et gracieux, les couleurs brillantes et la taille svelte et élégante ; 3° les *Hyménoptères,* à ailes dépourvues de nervures, ou à peu près, et à bouche munie de mâchoires ou de trompe. C'est la section la plus remarquable, au point de vue des mœurs qu'elle renferme; on y range les *abeilles,* les *fourmis,* les *guêpes* et les *ichneumons.*

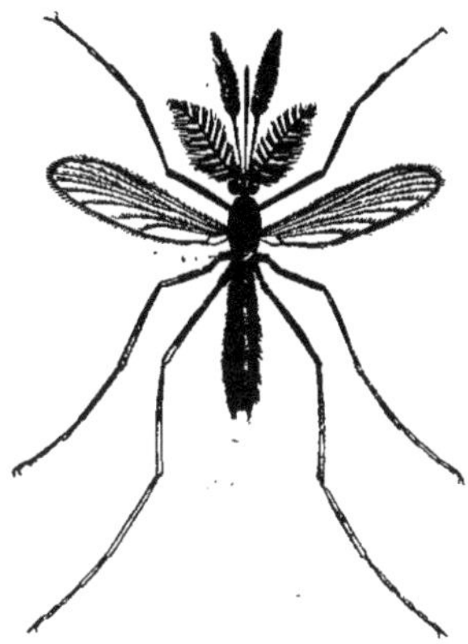

Le cousin.

« DEUXIÈME DIVISION : deux ailes membraneuses et deux élytres. On les partage aussi en trois ordres : 1° les *Coléoptères,* les plus nombreux de tous, et dont on connaît plus de cinquante mille espèces. On y comprend les *hannetons* (ah ! ah ! je suis un *coléoptère;* cela me flatte tout de même d'appartenir à une tribu aussi puissante), les *cerfs-volants,* les *coccinelles* ou *bêtes à bon Dieu,* etc., etc. Ils sont caractérisés par des élytres entièrement cornés, recouvrant complètement les ailes dans le repos. Ces dernières sont alors pliées en deux dans le sens transversal, et elles se déploient pour voler; 2° les *Orthoptères,* à ailes supérieures ou élytres cornés comme chez les précédents insectes, et par suite ne servant pas au vol, mais dont les inférieures restent droites dans le repos et sont seulement plissées longitudinalement. On range dans cet ordre les *sauterelles,* les *grillons,* les *criquets,* les *courtilières,* etc. ; 3° enfin les *Hémiptères,* dont les ailes supérieures ne sont cornées que sur une partie de leur étendue, et dont la bouche est constituée par un suçoir articulé, tandis que dans les deux autres ordres elle se compose de mandibules. Telles sont les *punaises,* les *cigales,* etc., etc. Ces explications sont-elles suffisantes? Désirez-vous d'autres détails?

— Je vous remercie, cela suffit pour le moment; et si quelque autre difficulté se présente, j'aurai de nouveau recours à votre obligeance.

— Je reprends donc. Je disais que chez les *orthoptères* et les *hémiptères* l'état de nymphe n'est pas tranché. Chez les *sauterelles* et les *punaises,* en effet, l'insecte, au sortir de l'œuf, ressemble à ses parents, moins les ailes, qui manquent entièrement. A chaque mue, la jeune larve prend de

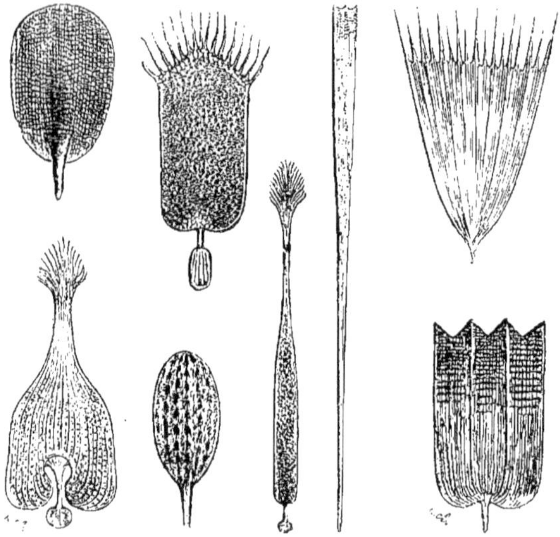

Écailles de papillons vues au microscope.

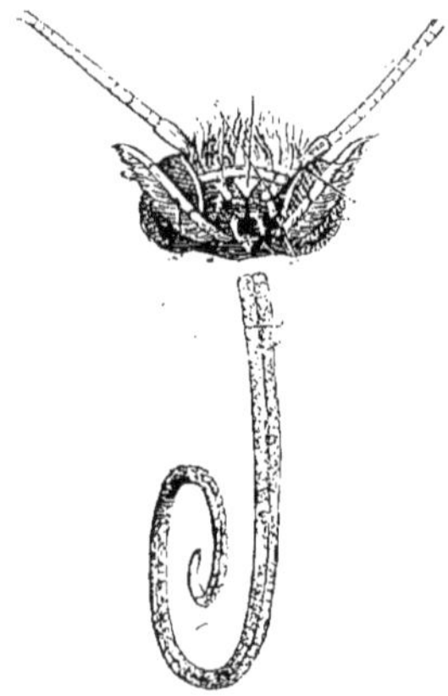

Tête et trompe de papillon.

l'accroissement. A la cinquième, la peau, en se détachant, laisse apercevoir le rudiment des ailes supérieures ou élytres; enfin, à la sixième et dernière, les organes du vol apparaissent, et l'insecte, parvenu à l'état parfait, se reproduit et périt, selon la loi générale dont nous avons parlé. Vos souvenirs d'enfance confirmeront ce que j'avance. Si, comme je le pense, à cette époque vous vous êtes livré à la chasse au grillon, vous n'êtes pas sans avoir remarqué que fort souvent vos captures étaient dépourvues d'ailes et ne pouvaient chanter, puisque la stridulation produite par cet insecte dépend du froissement du bord des élytres.

— En effet, je me le rappelle très bien. Nous écrasions avec dédain ces chanteurs sans voix, pour les punir de la peine inutile que leur prise nous avait coûtée.

— Vous commettiez là une injustice flagrante; car si vous eussiez attendu quelques jours, le grillon, débarrassé de sa peau de nymphe, vous serait apparu avec tous ses moyens. Vous n'aviez pas conquis un musicien manqué, mais bien un virtuose sans instrument, et la dernière mue aurait réhabilité le malheureux, innocent et méconnu.

— Je m'explique maintenant pourquoi j'ai fait souvent sortir de leurs trous des insectes de ce genre, dont le corps était mou et d'un blanc rosé, et qui noircissaient peu à peu en captivité. Ces animaux avaient sans doute changé de peau récemment?

Transformations de la libellule.

— Vous avez deviné juste. Je n'insisterai donc pas davantage sur ce point. S'il est des insectes chez lesquels l'état de nymphe est dissimulé, il en est qui paraissent aussi éviter une ou plusieurs des autres périodes réglementaires. Ainsi certains *diptères* sont *vivipares,* c'est-à-dire naissent à l'état de larve et non à l'aide d'un œuf. Je ne citerai qu'un exemple trop connu, celui de la *mouche* de la viande, qui fait le désespoir des bouchers. Cet animal dépose des vers vivants sur la chair des quadrupèdes morts, ce qui nous explique la rapidité avec laquelle celle-ci est décomposée. Cela ne veut pas dire, bien entendu, que la larve soit créée de toute pièce dans l'ovaire de cette mouche, mais tout simplement que l'œuf éclôt dans l'oviducte, au lieu d'attendre la ponte pour opérer son éclosion ; la loi générale n'est donc pas violée ; de fausses apparences seules masquent la réalité de son application.

« Cette funeste propriété a causé quelquefois de terribles accidents, bien faits pour corriger à jamais les gens qui s'adonnent à l'ivrognerie, cette avilissante passion, comme le prouve le fait suivant. Un chiffonnier ivre-mort s'était couché auprès de la voirie de Montfaucon, alors encombrée de débris animaux de toute espèce. Pendant son sommeil léthargique, des mouches de viande s'introduisirent dans ses narines et y déposèrent leurs larves, qui aussitôt se mirent à l'œuvre. Ce malheureux, transporté à l'Hôtel-Dieu vingt-quatre heures après, avait la face littéralement criblée de trous d'où sortaient des myriades de vers. Tous les moyens mis en œuvre pour détruire ces rongeurs dégoûtants furent impuissants, et le malade succomba au bout de trois jours de souffrances atroces. Son visage n'offrait plus forme humaine ; ses yeux, ses lèvres et ses joues, rongés en entier, laissaient les dents et les os à nu, et formaient par leur ablation de hideuses plaies d'où sortaient sans cesse des masses grouillantes de larves. Ce spectacle était affreux, et ceux qui l'ont vu ne parviendront jamais à oublier les sensations poignantes qu'il leur a fait éprouver.

Punaise des maisons.

— Comment peut-il se faire que les mouches aient choisi un être vivant pour y placer leur descendance ? Vous m'effrayez ! Est-ce que cela arrive souvent?

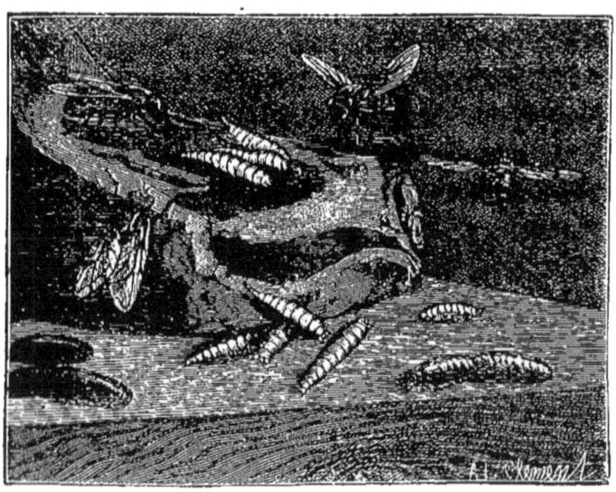

Mouche de la viande et sa larve.

— Rassurez-vous, mon ami, ces cas-là sont extrêmement rares en Europe, et il a fallu les circonstances exceptionnelles du fait actuel pour rendre la chose possible. En Amérique, cela est plus fréquent, et à Cayenne notamment il est un *diptère* particulier qui attaque l'homme et qui a reçu pour cela le nom de *mouche hominivore* (*Lucilia hominivora*). Rendons grâces au Ciel de nous avoir épargné un voisinage aussi incommode.

« Enfin, il est des insectes chez lesquels les périodes d'œuf et de larve sont supprimées ; on leur a donné le nom de *pupipares,* parce que la femelle pond une sorte de corps ou *pupe* en forme de baril, corps énorme pour sa taille. Cette pupe n'est autre chose qu'une chrysalide, de laquelle sort de toutes pièces l'insecte parfait. L'hippobosque (*Hippobosca equi,* L.), mouche singulière à bien d'autres titres, et qui incommode les chevaux au point de les rendre fous furieux, jouit de cette singulière propriété. Mais dans ce cas, comme dans les précédents, cette exception n'est qu'apparente, car l'insecte subit dans le sein de sa mère les métamorphoses qui, dans l'état normal, auraient dû s'accomplir à l'air libre.

« Tels sont les divers changements *en moins* que la nature a introduits dans sa loi des métamorphoses des insectes ; ils ont reçu pour cela le nom de métamorphoses incomplètes. Mais tout ne se borne pas là, et nous avons aussi à parler des modifications importantes subies par quelques insectes, chez lesquels on constate un plus grand nombre d'états de transition que ceux que nous avons admis pour type. Ces *hypermétamorphoses,* comme on les appelle, sont des plus curieuses, et les diverses péripéties au travers desquelles doivent passer les animaux qui les subissent sont si merveilleuses, que l'esprit étonné serait porté à en nier la possibilité, si des preuves sensibles ne le forçaient à s'incliner devant les faits.

« Je prends pour exemple la cantharide (*Cantharis vesicatoria,* L.), bel insecte coléoptère connu de tout le monde, grâce aux propriétés vésicantes dont il jouit. Tout le corps est d'un vert doré brillant, ainsi que les pattes ; les élytres, mous et flexibles, sont couverts de points enfoncés ; la tête, grosse et munie d'yeux très développés, est inclinée vers le sol. L'animal à l'état parfait dévore le feuillage des frênes, et dans le mois de juin l'odeur âcre et pénétrante qu'il exhale le fait découvrir à distance. Suivons-le dans ses développements.

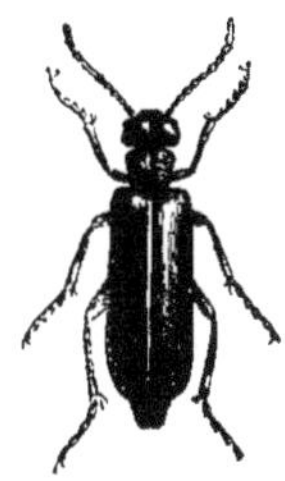
La cantharide.

« Quand la cantharide veut pondre, à l'aide de ses antennes et de ses palpes, elle semble chercher la place la plus convenable pour abriter sa progéniture. C'est ordinairement sur les pentes sablonneuses d'un talus exposé au midi qu'elle creuse un trou rond, peu profond, et y dépose, en un tas irrégulier, un nombre considérable d'œufs, qu'elle recouvre de terre. Ces œufs, de couleur jaunâtre, ont la forme d'un cylindre arrondi à ses extrémités, et sont si transparents que l'on peut aisément distinguer au travers de leur coque la larve qui commence à se former. Cette larve naît au bout de quinze jours. Elle ressemble d'une manière générale à un *perce-oreille* dont les pinces auraient été remplacées par deux longues soies. Sa couleur est d'abord d'un jaune citron, passant bientôt au brun foncé. Sa tête, armée de deux fortes mandibules arquées et de deux antennes, est ogivale. Six pattes, munies de forts crochets, supportent les segments thoraciques. L'abdomen est couvert de longs poils, raides et hérissés.

« Aussitôt après leur éclosion, ces larves montrent une vivacité et une activité pour ainsi dire fiévreuses. Elles courent çà et là sur le sol, d'un air affairé et anxieux, ou grimpent sur les tiges des plantes, et en particulier sur celles des chardons et des pissenlits, dans les fleurs desquelles elles se postent en embuscade, cachées entre les fleurons jaunes des calathides. Que cherchent-elles avec tant d'ardeur? quelle est la proie qu'elles guettent si patiemment? On a mis bien des années à le découvrir, mais enfin aujourd'hui les investigations ont été couronnées de succès.

« Sur le talus sablonneux où l'instinct maternel les a placées, un grand nombre de mouches à miel ont élu domicile. Ces abeilles, dites solitaires parce qu'elles ne vivent pas en communauté comme l'abeille domestique, ont creusé le sol en maint endroit, et au fond des petits puits cylindriques, produit de leur industrie, une couche de miel a été déposée pour la nourriture de leurs larves. Chaque trou renferme une provision considérable de ce mets sucré et un petit ver blanc destiné à le dévorer. L'orifice de l'habitation a été fermé avec soin à l'aide d'un bouchon de terre, et la pauvre abeille croit avoir assuré l'avenir de ses enfants.

« Mais notre larve de cantharide est là pour déranger ce calcul. Avec une infatigable ardeur, elle se met en chasse et ne s'arrête que lorsqu'elle a découvert l'entrée d'un de ces nids; c'est ce qui vous explique l'activité fébrile dont elle est douée. Celles qui n'ont pas eu le même bonheur usent d'un autre stratagème. Nous les avons vues en arrêt sur les fleurs; l'abeille, sans méfiance, vient y butiner le suc parfumé qu'elle doit changer en miel. Aussitôt les chasseurs s'élancent, s'accrochent à la mouche et s'y cramponnent avec une ténacité invincible. Elles choisissent habituellement le cou ou la taille de l'hyménoptère pour but de leurs efforts et, faute de mieux, les articulations des pattes. Une fois bien installées sur leur véhicule animé, elles restent immobiles. On ne peut douter cependant qu'elles ne fassent endurer de vives souffrances aux malheureux insectes ainsi attaqués, car on voit souvent l'abeille employer ses pattes et faire des efforts violents et répétés pour se débarrasser de ces hôtes incommodes. Mais tout est inutile, car nos larves ont eu trop de peine à trouver une monture pour se laisser facilement désarçonner.

« La mouche à miel finit par prendre son parti de cet accident, et, les pattes chargées de pollen, rentre au logis. Aussitôt la larve de cantharide, ainsi introduite sans peine dans le nid, se laisse tomber, et, pénétrant jusqu'à l'œuf de l'abeille, le dévore tranquillement ; huit jours lui suffisent pour qu'il soit rongé jusqu'à la coque. Puis la scène change tout à coup. Notre carnassier, n'ayant plus que du miel à manger, n'a besoin ni de mandibules, ni d'yeux, ni de pattes agiles, tous instruments bons uniquement à chasser une proie vivante ; aussi se hâte-t-il de se délivrer de cet attirail inutile. Pour cela, la peau se fend sur le dos, et par cette ouverture un ver blanchâtre aux formes ramassées, aux pattes rudimentaires, à la tête petite et sans yeux, à la bouche formée d'un simple pore à succion, sort avec beaucoup de peine et se laisse choir dans le miel sucré, dorénavant sa seule nourriture. C'est un véritable coup de théâtre, un changement à vue complet. Le loup s'est fait agneau !

— C'est merveilleux !

— N'est-ce pas ? Voyez quel enchaînement de faits bizarres. La larve a été principalement créée pour vivre de miel. Mais elle ne sait pas en fabriquer, et pour s'en procurer il lui faut piller le bien d'autrui, si bien qu'entre elle et cet aliment se trouve toujours un obstacle à détruire : le descendant de l'abeille, vrai propriétaire de ce mets. La nature a alors façonné un être intermédiaire uniquement destiné à supprimer ce premier possesseur, après avoir découvert sa retraite ; cet être intermédiaire est précisément celui qui sort le premier de l'œuf. Mais le forfait est consommé, le *Sic vos non vobis* de Virgile a reçu une nouvelle application ; à quoi bon conserver les pièces de conviction, les armes qui ont servi à commettre le crime ? Elles disparaissent, et le ver inoffensif qui apparaît alors peut jouir en paix de ce bien mal acquis, car il n'est pas de juge d'instruction qui puisse reconnaître en lui le coupable.

« Vous comprenez maintenant pourquoi les observateurs ont tant de peine à découvrir les diverses phases de ces curieuses métamorphoses. Qui donc aurait reconnu dans ce ver bouffi, presque incapable de mouvement, aux mandibules microscopiques, cet insecte agile, bien armé, aux goûts carnassiers, que l'on avait vu sortir de l'œuf de la cantharide ? Il a fallu prendre la nature sur le fait pour ne voir dans ces deux êtres si opposés qu'un seul et même animal.

« Mais tout n'est pas fini. Quand l'accroissement de la larve est complet, ce qui arrive lorsque le miel est épuisé, un nouveau changement de peau a lieu et laisse apparaître une masse oblongue, aplatie, d'un fauve vif, qui durcit et passe l'hiver sans modifications. C'est la première chrysalide. Au printemps suivant, de plate qu'elle était, elle devient ovoïde ; son enveloppe cornée se détache, et il en sort une troisième larve tout à fait semblable à la deuxième. Cette première chrysalide n'est donc qu'un abri qui permet à l'insecte de passer la mauvaise saison sans être incommodé par le froid. Enfin, cette dernière larve, après quelques jours passés dans l'apathie et sans prendre de nourriture, se change en une seconde chrysalide, qui cette fois est la vraie. L'insecte parfait, enfin, ne tarde pas à prendre son essor, pour terminer bientôt une existence pleine de surprises et de péripéties, pendant laquelle il a changé trois fois de régime alimentaire et sept fois de forme, le tout en moins d'un an.

— C'est ce qu'on peut appeler une véritable odyssée, où l'ennui doit tenir peu de place. C'est à douter encore, malgré votre témoignagne ! Une chose me paraît d'ailleurs incompréhensible. Comment se fait-il que les cantharides soient si communes, alors que leurs larves ont tant de peine à gagner leur vie ? Il est difficile d'admettre que toutes puissent trouver à portée un nid d'abeille solitaire.

— La nature a prévu le cas et a résolu le problème en donnant à ces insectes une fécondité merveilleuse. Chaque femelle pond de trois à quatre mille œufs ! Admettez que les trois quarts de ces germes ne puissent arriver à bon port et périssent misérablement de faim, nous aurons encore mille cantharides à l'état parfait issues d'une seule, ce qui suffit et au delà pour expliquer les épais essaims de ces animaux qui envahissent nos frênes.

— Allons ! je suis battu, et je m'incline ; mais je ne puis revenir de ma surprise. Que d'admirables choses l'on découvre, quand, comme vous, l'on sait déchiffrer le livre merveilleux de la nature ! Combien je regrette de n'avoir pas

« Prenons pour exemple les méduses. »

mieux profité des leçons d'histoire naturelle que j'ai reçues dans ma jeunesse !

— Oh ! vous pouvez y suppléer sans peine. La nature n'est pas un grimoire lisible seulement pour ceux qui ont subi une initiation pénible. Il suffit de jeter un coup d'œil autour de vous, de ne laisser aucun fait inobservé, quelle que soit son apparente insignifiance, et bientôt vous jouirez des ineffables sensations que la science accorde sans réserve à ses adeptes.

— Je suivrai votre conseil. Mais encore une question. Comment se fait-il que la nature, qui agit toujours d'après des plans généraux d'organisation, ait été faire une exception aussi remarquable envers les insectes, en leur réservant exclusivement les métamorphoses ?

— Cette opinion que vous émettez est fort répandue, et a pris naissance dans les idées erronées des observateurs anciens, qui, peu au courant des faits, ne pouvaient porter un jugement d'ensemble. Aujourd'hui tout est changé : la généralité des animaux est soumise à la loi des métamorphoses, et ceux qui n'en subissent pas constituent l'exception.

« En effet, les animaux inférieurs ont tous des métamorphoses plus ou moins compliquées : ainsi les *polypiers,* les *crustacés,* les *mollusques,* présentent un grand nombre d'espèces chez lesquelles les jeunes sont loin de ressembler à l'animal adulte. Chez certains *zoophytes* même, les transformations vont si loin que l'esprit hésite, confondu. Prenons pour exemple les *méduses,* ces curieux *acalèphes,* dont tous ceux qui ont visité les bords de la mer connaissent la singulière structure. Ces masses gélatineuses, en forme de chapeau de champignon, frangées sur les bords et teintes de vives couleurs, flottent sur les eaux à l'aide de longs tentacules placés en cercle au-dessous du corps. Leur organisation est des plus simples : la même cavité sert à la fois d'estomac, de poumons, d'intestin et d'ovaire, et une seule ouverture expulse l'air, les œufs et le résidu des aliments.

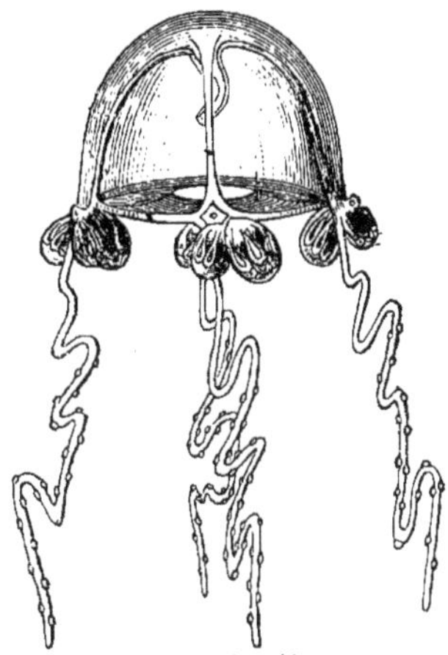

Bourgeon de méduse.

— Ah ! mon Dieu, voilà un animal dont l'existence doit présenter peu de gaieté ! On ne pourra pas accuser la nature d'avoir fait pour lui de grands frais d'imagination. Mais est-ce bien sérieux ce que vous me dites là ?

— On ne peut plus sérieux, mon pauvre ami. Cette organisation élémentaire est le partage de la plupart des animaux qui occupent le bas de l'échelle. C'est l'enfance de l'art, comme vous le voyez, et l'on serait tenté de croire, au premier abord, que la nature n'est pas arrivée du premier coup à exécuter les merveilles de structure qui appartiennent aux animaux supérieurs, et qu'elle a dû subir un véritable apprentissage, dont les êtres inférieurs seraient les premières ébauches.

« De l'œuf de la *méduse* sort une larve sphérique munie de cils vibratiles placés au pourtour de l'ouverture buccale et servant à la fois à la natation et à la préhension des corpuscules vivants qui lui servent de nourriture. Cet infusoire, d'abord vif et agile, finit, au bout d'un certain temps, par se fixer sur un rocher par l'extrémité caudale. Il prend alors de l'accroissement, s'allonge, et finit par ressembler à un cylindre terminé par une bouche entourée de tentacules. Bientôt, à la base de l'animal apparaissent de véritables bourgeons-animaux, qui poussent vigoureusement et prennent la forme de la souche mère. Si bien qu'au bout d'un certain temps, au lieu d'un seul individu, on peut en compter une douzaine implantés sur une base commune.

— Permettez, mon cher professeur, vous me dites là des choses bien... extraordinaires, pour ne pas dire plus.

— Allons, Monsieur l'incrédule, quand cesserez-vous vos inutiles protestations contre la vérité ? Ne vous avais-je pas prévenu qu'avec la nature vous ne seriez jamais au bout de vos étonnements? Remarquez, au reste, afin de vous convaincre plus aisément, que ce qui vous paraît une impossibilité chez les animaux devient la règle générale pour les végétaux. Qu'est-ce qu'un arbre, en réalité, sinon une véritable agrégation d'individus distincts, jouissant à la fois d'une vie propre et des bénéfices de l'association commune? Chaque bourgeon, avec le rameau auquel il donne naissance, est un être complet, doué de facultés reproductrices, puisqu'il fleurit, et, une fois ce grand acte accompli, périt comme individu, pour n'être plus que le support sur lequel d'autres bourgeons viendront à leur tour épanouir leurs fleurs. La multiplication des plantes par *boutures* vient confirmer pleinement cette manière de voir, en nous montrant que les divers membres de l'agrégat peuvent s'isoler et vivre avec leurs seules forces. Eh bien ! c'est pourtant d'une seule graine, renfermant un seul embryon, que ces milliers d'individus distincts sont sortis progressivement.

« Voici, d'ailleurs, un autre exemple, dans lequel la séparation des divers membres composant le même végétal saute aux yeux, pour ainsi dire Vous savez que les champignons croissent rarement solitaires. On les trouve rassemblés en groupes formés d'individus plus ou moins nombreux, dont l'ensemble décrit parfois une circonférence parfaite autour d'un centre idéal. Ceux qui font la cueillette de ces cryptogames connaissent bien cette disposition; et quand ils en ont découvert un, ils visitent scrupuleusement les environs, dans l'espoir, presque toujours confirmé, d'en récolter plusieurs. L'explication de ce fait est des plus simples. Pour les gens du monde, le champignon, tel qu'on le sert sur nos tables, est un végétal tout entier. Cependant il n'en est rien, car ce que l'on prend pour un être complet n'en est réellement qu'une partie, la fleur. Lorsqu'une graine de *morille,* par exemple, se met à germer, elle produit une sorte de membrane blanchâtre, formée de filaments feutrés, entièrement cachée dans la terre, appelée *mycelium* par les savants, et *blanc de champignon* par les horticulteurs. Ce *mycelium* n'est autre chose que le végétal tout entier, moins les fleurs; c'est, si je puis m'exprimer ainsi, par analogie, la larve des cryptogames. La *morille,* qui pousse ensuite à l'extérieur et est seule visible pour l'observateur inattentif, est la fleur de cette singulière plante. Il suit de là que tous ces délicieux champignons que nous voyons réunis ensemble dans un petit espace font partie du même pied, dont la floraison est multiple. On se rend bien compte ainsi de leur agglomération et de leur disposition en cercle. De plus, la rapidité merveilleuse avec laquelle s'effectue leur croissance n'a plus rien d'extraordinaire. On comprendrait difficilement, en effet, que d'une graine microscopique de champignon il pût sortir, en vingt-quatre heures, un cryptogame d'un volume un million de fois plus considérable, tandis que le développement rapide d'une fleur n'a rien d'anormal. Le *mycelium* accumule pendant plusieurs mois les matériaux nécessaires à la floraison, et, quand le moment est venu, il les met en œuvre. C'est ce qui se passe dans plusieurs plantes d'un rang plus élevé, notamment chez l'*aloès*, qui, après plusieurs années employées à rassembler les éléments nécessaires, produit une hampe de fleurs qui s'allonge de trente à quarante centimètres par jour.

« Or, puisque tous ces champignons proviennent d'une seule graine, comme toutes les méduses d'un seul œuf, il est permis de conclure que ces deux êtres vivants sont soumis aux mêmes lois. Ne trouvez-vous pas l'analogie d'une évidence incontestable?

— Oh! tout à fait !

— Aussi, maintenant, vous est-il permis de comprendre l'admirable unité des œuvres de la nature, unité masquée jusqu'ici à vos yeux par des incompatibilités apparentes. Le règne végétal et le règne animal, qu'un abîme semble séparer, sont cependant étroitement unis par des points de contact nombreux et importants. Cette homogénéité va même si loin, qu'il est des êtres sur lesquels la science n'a pu encore se décider à donner son appréciation définitive. Sont-ce des végétaux ou des animaux? *Adhuc sub judice lis est.* Ces parias n'ont pas encore d'état civil, tant la ligne de démarcation est peu facile à établir entre les membres infimes qui occupent le dernier rang de l'échelle des deux règnes.

Le ténia ou ver solitaire.

« Je ne terminerai pas ce rapide aperçu sur les métamorphoses des animaux sans vous parler du *ténia* ou *ver solitaire;* car les transformations de ce parasite présentent tant de particularités remarquables, que si je les passais sous silence, vous n'auriez pas un tableau complet de la question. Je ne suis pas fâché, d'ailleurs, de mettre de nouveau votre incrédulité à l'épreuve, afin de la rendre plus souple à l'avenir.

« Il n'est personne qui ne connaisse, au moins de réputation, le ver solitaire ou ténia. Ce parasite est une sorte de long ruban aplati, composé d'articles ajoutés bout à bout, et allant en grossissant insensiblement de la tête à l'extrémité postérieure. La tête, extrêmement petite et portée sur un cou rétréci, est ovoïde et munie de quatre petites bouches ou suçoirs placés sur quatre petits mamelons rétractiles. Ces oscules sont disposés en cercle, à égale distance les uns des autres. A la partie antérieure, on remarque une sorte de trompe imperforée, munie de deux rangs de crochets superposés.

« La longueur du ténia est difficile à préciser, car les anneaux postérieurs se détachent aisément, et l'on ne peut savoir exactement si l'on a affaire à un animal complet. On a cependant exagéré d'une manière incroyable la grandeur du ver solitaire, puisque les auteurs disent en avoir vu de trente, quarante, deux cents et même neuf cent cinquante mètres de long! Ce dernier appartenait à un Danois, qui, d'après Bremser, n'en était pas le moins du monde incommodé!

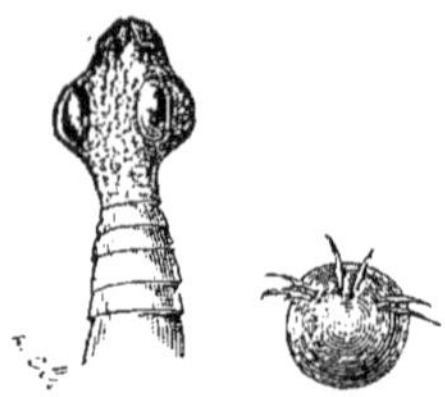

Tête et crochets du ténia.

« On s'accorde aujourd'hui à donner au ténia une longueur variable entre cinq centimètres et dix mètres, ce qui est déjà fort raisonnable, ce nous semble.

« Cet animal habite dans les intestins de l'homme et des animaux, où il se fixe solidement en enfonçant ses crochets dans la muqueuse. Mais il ne faut pas croire qu'il ne s'y rencontre qu'isolé ; c'est une erreur, car on a trouvé jusqu'à trente vers solitaires dans un seul individu.

« A mesure que le parasite prend de l'accroissement, les derniers articles se remplissent d'œufs, et en si grand nombre que chacun d'eux en renferme plusieurs centaines : d'où il suit qu'un seul ver peut en produire près d'un million.

« D'où vient donc que l'on ne trouve qu'un nombre restreint de ténias sur la même personne, et quelle est la cause de l'infécondité de ces milliers d'œufs dont l'éclosion serait si redoutable ?

« La réponse à cette question est facile, et vient prouver, une fois de plus, l'admirable prévoyance de la nature, qui, fidèle aux grandes lois qu'elle s'est imposées, veille sans cesse à la conservation des espèces. Si les œufs de ces parasites se fussent développés dans le corps de celui qui les héberge, incontestablement tous les êtres qui en eussent été porteurs auraient succombé, et la prodigieuse fécondité du ténia eût été précisément la cause de sa destruction. Aussi, pour éviter cet écueil, les articles ovigères se détachent à leur maturité et sont expulsés au dehors.

« Mais alors se présente une nouvelle difficulté, non moins grande que la précédente. Si le ver solitaire ne peut se reproduire dans le corps de sa victime, comment se fait-il que celle-ci puisse en être atteinte ?

« Il y a quelques années, la réponse était des plus embarrassantes, et les partisans de la génération spontanée semblaient maîtres de la situation. Selon eux, le ténia naissait *spontanément* dans nos tissus, c'est-à-dire que sa formation s'y accomplissait d'elle-même, sans existence préalable de parents.

« Mais cette solution était peu satisfaisante, car, sans discuter à fond cette hypothèse, on trouve tout d'abord singulier que la nature ait donné à ces animaux un nombre d'œufs aussi considérable, puisque cela devait leur être de la plus complète inutilité. C'était un véritable hors-d'œuvre, et la nature ne paraît pas coutumière de ces sortes de pléonasmes.

« Aujourd'hui le voile est déchiré, les admirables recherches des savants contemporains sont venues résoudre ce problème, et la solution qu'ils ont admise est pleine de merveilleuses surprises.

« On avait constaté depuis longtemps que le porc atteint de la maladie connue vulgairement sous le nom de *ladrerie* était, pour ainsi dire, littéralement farci d'une immense quantité de petits vers parasites. C'était même à leur présence dans le lard qu'il fallait attribuer l'état d'endurcissement de ce dernier. Ces vers, connus sous le nom de *cysticerques,* qui signifie *queue en forme de vessie,* ont la plus grande ressemblance avec le ténia; car, comme ce dernier, ils ont une tête à crochets et à quatre suçoirs portée sur un cou aminci ; mais, au lieu d'être rubané, leur corps se termine par une vessie transparente, dans laquelle ils peuvent à volonté faire rentrer leur tête et l'y mettre à l'abri. En outre, on ne trouve jamais les œufs de ces animaux.

« En présence de ces importantes constatations, on supposa que les cysticerques pourraient bien n'être que de jeunes ténias à l'état de *larve,* et les expériences les plus concluantes vinrent confirmer cette induction. Grâce à ces travaux remarquables, il est facile aujourd'hui de faire l'histoire de ces transformations.

« Les œufs de ténia, expulsés du corps de l'animal qui les nourrit, tombent sur le sol ou les herbes, et y séjournent sans modification jusqu'à ce qu'un animal herbivore les avale en même temps que sa nourriture. Parvenus dans les intestins, ils s'y développent et produisent des cysticerques, et ce n'est que lorsque l'animal qui les porte est à son tour dévoré qu'ils atteignent leur forme définitive de ténia à l'état parfait, dans les tissus du carnivore. C'est donc à l'usage de la chair du porc ladre que l'homme doit le ver solitaire.

« Mais ce n'est pas seulement pour le ténia de l'homme que ces faits merveilleux ont été constatés. Ainsi, le ténia du chat provient des cysticerques du foie des souris et des rats ; celui du chien, du *cœnure* du mouton. Le *schistocéphale,* qui vit dans les épinoches, petits poissons communs dans nos rivières, n'atteint son état parfait que dans les intestins des oiseaux aquatiques qui le dévorent, et principalement des canards. Enfin, on a constaté que le phoque est attaqué par des *filaires* provenant des poissons dont il se nourrit. On dirait que les victimes, en périssant sous la dent meurtrière de leurs oppresseurs, se sont vengées par leur mort même.

« Eh bien ! que dites-vous de tout cela? Allez-vous protester encore et faire vos réserves ?

— Ma foi non, j'aime mieux vous croire sur parole, car je suis incapable de discuter vos appréciations. Tout ce que j'entends depuis une demi-heure est si fantastique, et j'étais si peu préparé à voir la nature sous un jour si merveilleux, que vous m'en voyez tout ahuri ; je ne sais plus si je dors ou si je veille ! Tout ce que je puis vous dire, c'est qu'à partir d'aujourd'hui je veux m'occuper d'histoire naturelle avec acharnement. Ah! si je m'étais douté plus tôt de l'intérêt que présente cette science !

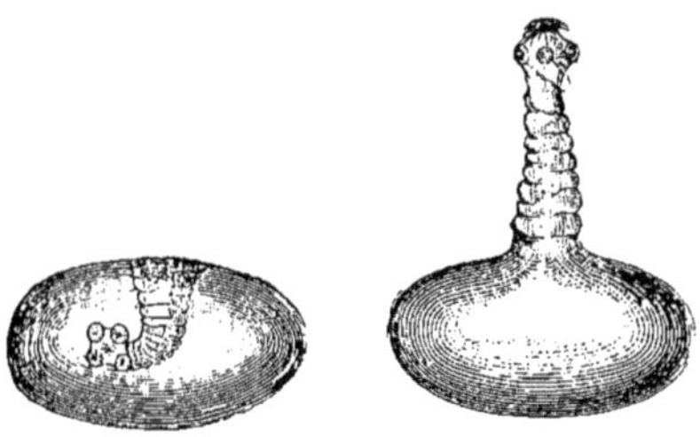

« Ces vers connus sous le nom de cysticerques... »

— A la bonne heure ! voilà qui est bien parlé, et je suis tout heureux du vaillant adepte que j'ai conquis ; aussi, pour battre le fer quand il est chaud, achevons cette dissertation sur les métamorphoses.

« Maintenant que nous avons passé en revue celles des animaux inférieurs, il nous sera facile d'en tirer des conclusions générales, savoir : que toutes les transformations, quelle que soit leur complication, sont des faits de même nature, et que la cause qui leur donne naissance est la force embryogénique, qui s'exerce sur eux bien au delà de l'œuf, limite qu'elle ne franchit que très rarement chez les animaux supérieurs.

— Qu'entendez-vous par animaux supérieurs ?

— Ce sont les *vertébrés,* que caractérise un squelette osseux dont les vertèbres sont les pièces principales ; on les subdivise en *mammifères, oiseaux, reptiles* et *poissons.* Quand un de ces animaux naît, ses organes ont atteint leur forme définitive, et l'accroissement ultérieur n'a pour but que d'en augmenter le développement. Il y a cependant de remarquables exceptions à cette loi, suivant le procédé habituel de la nature, qui n'aime pas les sauts brusques et ménage toujours les transitions entre les types et les classes. Je veux parler des *amphibiens* ou *batraciens,* et d'une espèce des poissons.

« Les batraciens, dans lesquels on range les crapauds, les grenouilles, les salamandres, etc., etc., subissent des métamorphoses bien connues de tous dans leur marche générale, mais qui méritent néanmoins de nous occuper quelques instants. Choisissons pour exemple celles de la grenouille.

La femelle pond dans l'eau un grand nombre d'œufs, réunis les uns aux autres comme les grains d'un chapelet, à l'aide d'une matière gluante. De ces œufs naît le *têtard,* véritable larve qui tire son nom de l'aspect qu'elle offre à l'observateur superficiel, qui prend le corps entier de l'animal pour une tête énorme, hors de proportion avec sa taille. Ce corps est semblable à une petite sphère légèrement aplatie à l'équateur. La tête, enclavée dans la poitrine, ne présente pas de cou distinct. Les pattes manquent. Une queue mince, disposée comme la palette d'un aviron et deux fois plus longue que le reste du corps, en termine la partie postérieure. La respiration se fait, comme chez les poissons, à l'aide de branchies; aussi le têtard est-il entièrement destiné à une vie aquatique, tandis que la grenouille qu'il doit produire respire par des poumons et vit sur la terre.

Œufs et divers états du têtard de la grenouille.

— Quelle différence y a-t-il entre ces deux sortes d'organes respiratoires?

— Pour la bien saisir, il faut savoir parfaitement ce que c'est que la respiration. Êtes-vous fixé là-dessus?

— A peine. Je n'ai que les vagues notions que j'ai recueillies dans mes classes au collège. Aussi je me déclare incompétent, pour peu que vous ne vouliez pas me tirer d'embarras.

— Eh bien, la respiration a essentiellement pour but d'entretenir la chaleur animale par la combustion chimique des substances susceptibles d'être brûlées par l'oxygène de l'air. Le sang renferme beaucoup de corps gras ou autres, dont l'élément principal est le *carbone* ou charbon. Quand nous respirons, le fluide sanguin absorbe l'air ambiant, qui se dissout en partie dans sa masse et se combine avec le charbon, qu'il brûle en répandant de la chaleur. Telle est la théorie essentielle de cet acte fondamental de toute existence. La nature a seulement varié les accessoires, si je puis m'exprimer ainsi, et, par divers artifices admirables, a permis à tous les animaux de respirer, quel que soit le milieu qu'ils habitent.

« Chez l'homme, les mammifères et les oiseaux, destinés à vivre à l'air libre, elle a créé les poumons, sorte de sacs creusés de milliers de petites cavités dans lesquelles l'air s'introduit sans cesse, tandis que le sang circule dans leurs parois. Les membranes qui séparent ces deux fluides sont si minces, si ténues, que le mélange peut se faire au travers de leurs fibres. Alors l'oxygène se dissout dans le sang, qui de noir devient vermeil, pendant que les produits de la combustion opérée dans les divers points du corps s'échappent par la même voie. C'est simple, vous le voyez ; mais cette simplicité même est une beauté de plus.

« Chez les animaux aquatiques, le phénomène reste le même, mais les organes sont modifiés. L'eau, en effet, renferme très peu d'air en dissolution, et un habitant de la terre ferme ne pourrait en trouver assez pour assurer le jeu de ses poumons. La nature a résolu le problème d'après le raisonnement suivant : puisque l'eau contient peu d'oxygène, il faut que les êtres destinés à y vivre puissent avoir de grandes surfaces respiratoires en rapport avec ce liquide, afin de suppléer par l'étendue de l'absorption à l'insuffisance du gaz existant autour d'eux. Et les branchies furent créées. Ces organes sont tout simplement de vastes poumons retournés, sur lesquels l'eau passe et se renouvelle toujours, et abandonne l'oxygène qu'elle tient en dissolution. La surface absorbante est rendue très considérable à l'aide de replis nombreux qui, semblables aux feuillets d'un livre, se tiennent écartés et séparés les uns des autres par une mince tranche du liquide qui les baigne. Parfois ces organes affectent la forme de branches d'arbres ramifiées à l'infini, d'où découle le nom générique actuellement usité. C'est le cas pour le têtard, dont les branchies, situées des deux côtés du cou, semblent un élégant panache soumis à tous les mouvements du fluide qui les enveloppe.

— Mais puisque les poissons vivent aussi à l'aide de l'air, comment se fait-il que ces animaux meurent aussitôt qu'on les a sortis de l'eau ? Ne devraient-ils pas, au contraire, respirer plus facilement !

— Je m'attendais à cette objection, mais il est facile d'y répondre. Je commence d'abord par déclarer que les poissons meurent dans l'air par asphyxie ; ils étouffent ! Ce n'est pas un paradoxe, et une comparaison des plus simples va vous le prouver. Si vous plongez un livre dans l'eau, en ayant soin d'en séparer les feuillets, il vous sera aisé de remarquer que ce liquide, en pénétrant dans leur intervalle, les maintient écartés, et par suite se trouve en contact intime avec eux sur une étendue considérable.

Si maintenant vous fermez ce livre dans le bain, les pages, en se rapprochant, chasseront le liquide qui baigne leur surface, et l'eau ne mouillera plus que la couverture seule. Par suite, les points de rapport entre l'eau et le livre diminueront dans une proportion énorme, puisque pour un volume de cinq cents pages la surface mouillée deviendra quatre cent quatre-vingt-dix-huit fois plus petite. Cela posé, voyons un peu ce qui se passe chez un poisson. Tant que l'animal est dans son élément, les feuillets branchiaux entre lesquels l'eau est interposée sont maintenus dans un état d'écartement constant, et la respiration s'effectue facilement. Mais si vous sortez le poisson de son domaine, le liquide contenu dans la cavité respiratoire s'écoule; les feuillets, n'étant plus soutenus par lui, s'affaissent, se juxtaposent, et l'air extérieur ne peut baigner que leur tranche seule, surface réduite dans d'énormes proportions, et par conséquent incapable de suffire à la fonction respiratoire; alors le poisson étouffe.

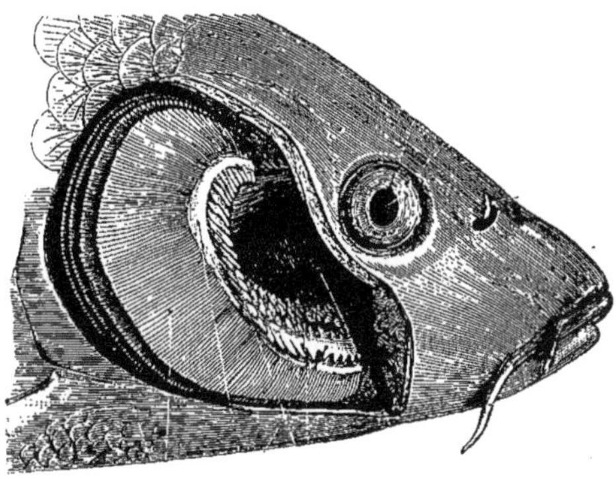

Branchies d'un poisson.

« Il suit de là que si le poisson pouvait maintenir ses branchies dans un état d'humidité suffisante, il lui serait aisé de vivre hors de l'eau. Le problème a reçu un commencement d'exécution chez les anguilles, par exemple, où nous voyons que l'eau introduite dans l'appareil branchial, au lieu de sortir par un large opercule, comme chez la plupart des autres, ne peut s'échapper que lentement par de petites ouvertures. Aussi l'anguille, comme chacun sait, vit fort longtemps hors de l'eau. Enfin, un autre poisson, l'*anabas,* est encore mieux doué, et peut à volonté errer sur le rivage et s'écarter de la mer sans craindre le danger de la suffocation. Ce résultat est atteint à l'aide d'une glande qui sécrète un liquide destiné à lubrifier sans cesse les branchies, et qui, en s'opposant à leur agglutination, permet à la respiration de s'effectuer librement pendant un certain temps.

« Ainsi, en ne considérant que l'essence même de la fonction, et en laissant de côté la question secondaire de l'appropriation des organes au milieu dans lequel ils doivent fonctionner, l'homme étouffe dans l'eau et le poisson dans l'air, uniquement parce que leurs organes respiratoires n'ont pas assez d'étendue pour absorber, en un temps donné, la quantité d'oxygène indispensable pour vivifier la masse entière du sang. Ce liquide, poussé sans cesse par le cœur, doit subir tout entier le contact de l'air, et le moindre retard apporté à l'introduction de ce gaz produit de graves désordres, en occasionnant le mélange d'un sang artériel avec une partie qui ne l'est pas. L'asphyxie est le résultat nécessaire de ce défaut d'oxygénation.

« Enfin, chez les insectes, où le cœur n'existe pas, pour ainsi dire, et chez lesquels le sang veineux ne peut venir de lui-même se présenter au contact de l'air, l'appareil respiratoire est combiné de façon à renverser le phénomène. L'oxygène pénètre dans toutes les parties du corps, dans un système de canaux appelés *trachées*, et vient se dissoudre dans le sang maintenu en place. Les ramifications de ces tubes aérifères forment un inextricable lacis, qui enveloppe tous les organes d'un réseau d'une ténuité

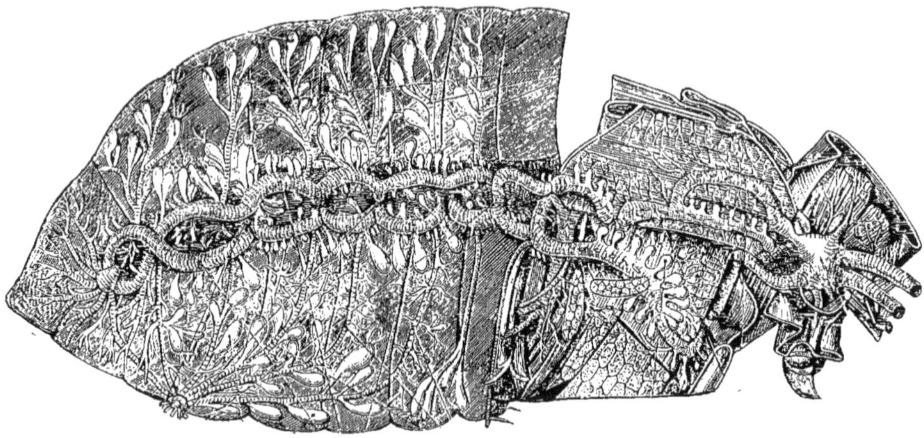

Organisation d'un insecte : le hanneton.

extrême, et dont les troncs principaux viennent aboutir à des ouvertures placées des deux côtés du corps, véritables bouches respiratoires qui ont reçu le nom de *stigmates*.

« En résumé, vous le voyez, la fonction est toujours la même chez tous les animaux, et les variations ne portent que sur les divers organes destinés à l'accomplir. Aussi la question, vue de la sorte, ne présente-t-elle aucune difficulté à être bien comprise, et je pense que vous êtes complètement édifié sur ce point.

— Oh! à merveille, et je reste confondu de la variété que la nature a su introduire dans ses œuvres, sans pourtant s'écarter de l'unité du plan qu'elle a pris pour base dans ses créations.

— Je puis donc achever l'histoire de la grenouille et de ses métamorphoses. Le têtard se nourrit de matières végétales en décomposition et grandit rapidement. Puis, au bout d'un certain temps, on remarque deux petites saillies à la partie postérieure du corps; ce sont les premiers rudiments des pattes de derrière. Ces tubercules s'allongent, s'organisent et croissent à la façon d'un bourgeon végétal. Enfin, les pieds postérieurs sont formés. En même temps, on voit apparaître les moignons des pattes de devant. Pendant ce temps, la queue se résorbe lentement, diminue peu à peu de longueur, d'aplatie devient cylindrique, et au moment où les quatre membres sont complètement achevés, elle n'est plus représentée que par un simple bouton, qui lui-même finit par disparaître.

« Pendant ces changements externes, des transformations beaucoup plus importantes s'effectuent à l'intérieur du corps. Les poumons s'organisent et se développent, et il arrive un moment où notre têtard possède à la fois des branchies et des poumons : c'est alors un véritable amphibie. Mais, de même que pour les membres, le balancement organique intervient bientôt. A mesure que les organes pulmonaires prennent de l'accroissement, l'appareil branchial s'atrophie, et ce jeu de bascule est si bien combiné, que lorsque la respiration aérienne s'établit les branchies ont disparu tout à fait. La grenouille, alors complétée, perd sa qualité transitoire d'amphibie et devient un animal terrestre. Son régime est aussi modifié, à tel point qu'en cet état elle ne vit que d'insectes, tandis que le têtard est phytophage. C'est, vous le voyez, une transformation radicale.

— Je croyais que la grenouille était un animal amphibie pouvant vivre aussi bien dans l'air que dans l'eau!

— C'était une erreur manifeste. Ce batracien passe bien la plus grande partie de sa vie dans l'eau; mais il n'y peut respirer et doit venir puiser à la surface de la mare qu'il habite l'air qui lui est indispensable. Cet air pénètre dans les poumons par un mécanisme singulier. La cage thoracique manque ici, et l'absence des côtes rend l'inspiration impossible. Aussi la grenouille est-elle obligée d'avaler l'air de la même manière que nous avalons les liquides, ce qui la force de tenir toujours la bouche fermée. Et comme ce procédé respiratoire ne laisse pas que d'être exposé à de nombreuses interruptions, puisqu'il est soumis à la volonté de l'animal, la nature, pour sauvegarder l'intégrité de la fonction, a rendu la peau perméable à l'air sur toute sa surface. C'est pour cela que les téguments externes de la grenouille sont toujours d'une humidité visqueuse propre à activer la fonction respiratoire cutanée.

« Les grenouilles et les crapauds, grâce à ce supplément de respiration par le derme, peuvent exécuter de véritables tours de force sans en être incommodés. Ainsi, l'on a vu des crapauds rester plus d'un an complètement enveloppés de plâtre, exactement moulé sur leur corps, et survivre à cette expérience. L'inspiration de l'air par la gueule étant impossible dans cet état, toute la fonction respiratoire s'exécutait par les pores du plâtre et de la peau. Cette prodigieuse puissance de résistance à l'asphyxie a donné naissance à un préjugé ridicule qui veut que les batraciens que l'on trouve enclavés dans les pierres de taille y soient restés vivants depuis le tassement et la stratification de la roche. C'est plusieurs milliers d'années de vie que l'on donne ainsi gratuitement à ces animaux, vie d'autant plus fantastique que pendant toute sa durée ils n'ont pu prendre de nourriture. Il est donc oiseux de discuter la possibilité de pareils faits.

— Ne m'avez-vous pas dit que certains poissons subissaient aussi des métamorphoses?

— Oui, sans doute. On ne connaît, il est vrai, qu'un seul exemple de transformation dans cette classe, et encore n'a-t-il été que tout récemment connu; mais il faut espérer que, maintenant que l'éveil est donné, de nouvelles découvertes grossiront le nombre des faits. Cet unique poisson jusqu'ici étudié est la lamproie (*Petromyzon marinus*, V.), sorte d'anguille de mer fort appréciée des gourmets. L'on s'est assuré que l'ammocète (*Ammocetus branchialis*, V.), autre petite anguille semblable à un ver de terre, qui vit dans la vase des rivières, est sa larve. L'état rudimentaire du squelette de ce dernier poisson se trouve dès lors parfaitement expliqué par ce fait qu'il n'est pas adulte.

Cet unique poisson est la lamproie.

« Vous le voyez, chez les animaux d'une organisation plus complexe, les métamorphoses se réduisent à peu de chose et constituent la véritable exception. Chez les oiseaux et les mammifères, on n'en trouve même plus de trace, et ce sont eux qui occupent les degrés supérieurs de l'échelle animale. Les transformations seraient donc en réalité une véritable condition d'infériorité.

« Voilà tout ce que j'avais à vous dire sur les généralités de cette question, qui, en outre de son importance au point de vue scientifique pur, offre de plus un certain cachet d'originalité bien propre à attacher les gens du monde. Aussi, j'espère que vous me pardonnerez les développements, un peu longs peut-être, dans lesquels je suis entré.

— Oh! quant à cela, vous n'obtiendrez pas votre pardon à si bon compte;

et si vous voulez rentrer en grâce auprès de moi, il n'est qu'un seul moyen : c'est de parler plus longuement encore une autre fois. N'oubliez pas que je suis un néophyte tout frais émoulu, et que par conséquent je possède tout le fanatisme de cette nouvelle position. »

Et nos deux amis s'éloignèrent en riant de bon cœur de cette boutade, me laissant plongé dans un état de malaise des plus pénibles. Les efforts que j'avais faits pour suivre et comprendre cette conversation, parfois trop scientifique, m'avaient donné un mal de tête affreux, et ma patte, fatiguée par mes exercices multipliés de sténographie, me faisait beaucoup souffrir.

C'est égal, je ne regrette pas les peines que je me suis données : j'ai appris bien des choses intéressantes, et je puis maintenant connaître définitivement quelle est ma position sociale. Je suis une larve, et par suite un jour je quitterai cette vilaine forme pour revêtir le brillant costume d'un coléoptère pourvu d'ailes. J'appartiens donc à la classe la plus noble parmi les insectes ; le sang bleu coule dans mes veines !

Ah ! qu'il me tarde d'arriver à cette dernière transformation, quoique je sache bien que le jour où elle s'accomplira il ne me restera que peu d'heures à vivre !

CHAPITRE VIII

UNE ARTILLERIE D'UN NOUVEAU GENRE. — LE VER LUISANT. PRÉCAUTIONS D'HIVER.

1er octobre.

Je suis maintenant tout à fait guéri de ma patte, et j'ai repris mon embonpoint d'autrefois, gravement compromis par ces deux mois de maladie; enfin, signe décisif, cet excellent appétit, par lequel la famille des hannetons se caractérise aux yeux des horticulteurs, m'est revenu tout entier, embelli même, si je puis croire. Gare aux laitues et aux fraisiers du jardin! Je sens qu'ils n'ont qu'à se bien tenir.

J'ai recommencé mes promenades instructives, en boitant, il est vrai; mais avec un peu d'habitude je finirai par marcher commodément. La leçon sévère que j'ai reçue ne m'a pas profité, et je m'expose, comme auparavant, aux accidents les plus variés. Que voulez-vous! il me semble que la mort serait pour moi cent fois préférable à l'inaction et à l'oisiveté; jamais je ne suis aussi heureux que quand j'ai pu remplir ma journée de découvertes intéressantes. Là est la vie! Aussi ai-je du nouveau à vous raconter.

Ce matin, en revenant de mon excursion au plant de laitues, je suivais tranquillement le petit sentier qui longe le mur de clôture, sentier peu fréquenté. Dans un des angles où se trouvent des débris de briques et un vrai fouillis de plantes sauvages, j'aperçus un insecte trottinant sur le sable et se dirigeant de mon côté : je me rangeai prudemment. Il était petit et fort joli. Sa forme générale le rapprochait de ce gros insecte d'un beau vert doré que le jardinier appelle un *vinaigrier,* et qui est très commun chez nous au printemps (trop commun même, car il fait une chasse continuelle aux petites larves); mais il atteignait à peine un centimètre de longueur. Tout le corps, à part les yeux et les étuis des ailes, offrait une teinte d'un rouge orangé vif, nuancé de sombre sous le ventre. Les yeux, petits et brillants, étaient d'un beau noir, ainsi que la base des antennes, longues et délicates, dont sa tête était ornée. Les élytres, d'un bleu d'acier mordoré, beaucoup plus larges que le buste, se trouvaient coupés carrément à la partie postérieure et portaient sur leur disque de petits points enfoncés, rangés en trois séries longitudinales. Cette courte description en dit assez pour montrer combien ce petit animal était charmant, si l'on songe surtout que les brillantes couleurs de sa robe étaient relevées encore par sa gracieuse démarche et la vivacité de ses mouvements.

Quand il passa devant moi, je compris à son air effaré qu'il n'exécutait pas une promenade d'agrément; car il faisait tous ses efforts pour atteindre une tuile renversée placée contre le mur. Incontestablement, il redoutait quelque péril, et un coup d'œil jeté derrière lui me rendit compte de son émoi.

En effet, à cinq ou six centimètres en arrière, un autre insecte le suivait à la piste, réglant ses pas sur les siens et le gagnant peu à peu de vitesse. Celui-ci, quoique peint de couleurs voyantes, causait par son aspect une indéfinissable impression de malaise; il faisait peur instinctivement. Il avait la forme d'une assez grosse mouche, fort allongée, dont les ailes auraient avorté. Le dos et le dessous du corps étaient d'un noir foncé; la tête, amincie, se prolongeait en un rostre recourbé, composé de plusieurs pièces, dont la pointe très acérée reposait dans une rainure profonde, creusée à cet effet dans la poitrine, entre les quatre pattes antérieures. Son corselet, d'un noir mat et couvert de longs poils hérissés, était divisé en deux par un sillon transversal bien marqué, qui le faisait paraître doublement gibbeux. Les étuis cornés des ailes, d'un rouge vif relevé de trois taches d'un noir de velours disposées en lignes longitudinales, et séparées, en outre, par une bordure d'un jaune pâle, se terminaient par une membrane d'un brun roussâtre, marquée de même d'une tache ovalaire veloutée. Le ventre était noir, bordé de rouge de sang latéralement, et présentait à la partie postérieure une plaque rougeâtre.

Une détonation assez violente retentit.

Grâce aux leçons du vieux savant, il m'était facile de voir que cet insecte n'était pas un *coléoptère,* comme celui qu'il poursuivait. Puisqu'il n'avait que des demi-élytres et un suçoir pour bouche, j'en ai conclu qu'il appartenait au groupe des *Hémiptères,* sauf erreur.

Comme je l'ai dit, cet insecte, malgré ses brillantes couleurs, avait un air sinistre et repoussant; du reste, le petit animal qui le précédait semblait partager cette opinion, car il redoublait de vitesse pour le distancer. Efforts inutiles, car notre chasseur, perché sur de longues jambes robustes, gagnait visiblement du terrain; à chaque instant, il se rapprochait du pauvre diable... Je le vois perdu!

Tout à coup, une sorte de détonation assez violente retentit, et en même temps je vis sortir avec force des élytres du coléoptère aux abois un long jet de vapeur blanchâtre. Ce jet vint envelopper complètement son persécuteur, qui disparut au milieu de cette fumée singulière comme dans un nuage de poudre. La commotion fut même assez forte pour le renverser sur le sol, où il resta quelques instants tout étourdi. Je constatai, en outre, que ce gaz devait être fort délétère et irrespirable, car le blessé se débattait comme une personne plongée dans une atmosphère pernicieuse. Peu à peu, cependant, son malaise parut se dissiper, il finit par se remettre sur ses pieds, et d'un air irrité il chercha des yeux le petit tirailleur.

Celui-ci était déjà loin, car, profitant de la suspension des hostilités produite par son habile stratagème, il avait conquis une avance considérable. La course recommença donc sur de nouveaux frais, et la mouche y mit tant d'ardeur qu'en quelques secondes l'avantage obtenu par ce singulier artifice était de nouveau perdu. Alors une seconde explosion tout aussi forte que la première se fit entendre et produisit le même résultat. Cette fois, comme j'étais sur mes gardes, il me fut plus facile d'étudier les effets de cette arme d'un nouveau genre. Le jet de vapeur, en tout semblable au nuage de fumée sortant du canon d'un pistolet, avait une force telle qu'il atteignait une longueur de plus de trois centimètres, c'est-à-dire près de cinq fois la grandeur de l'insecte qui le produisait, et, à cette distance, il avait assez d'impulsion pour renverser tout ce qui se trouvait sur son passage. Par suite, la mouche noire et rouge fut désarmée et mordit la poussière, et, comme la première fois, en parut très incommodée. Je remarquai, en outre, que la couleur noire de ses téguments avait jauni légèrement, comme s'ils avaient subi une brûlure superficielle. Il fallait que ce fluide eût des propriétés bien délétères pour causer une telle désorganisation par le simple contact.

Quoi qu'il en soit, le vainqueur sut profiter habilement de ce second succès; car, sans perdre du temps, il gagna la brique dont j'ai parlé, se glissa dessous et disparut complètement à mes yeux, émerveillés de l'adresse et de l'originalité de ses moyens de défense.

Notre mouche carnassière paraissait furieuse de sa déconfiture; et, sans écouter les conseils de la raison, qui auraient dû la mettre en garde contre le danger de s'exposer à de nouveaux désagréments, elle se mit en marche avec une sorte de rage. Ayant atteint la brique où s'était réfugié le vainqueur, elle en fit le tour, essayant de s'introduire par les fissures les plus larges; mais leur étroitesse rendit longtemps ses efforts infructueux. Cependant, à force de tentatives, elle réussit à découvrir un passage, et, tête baissée, elle se précipita dans la forteresse.

Mal lui en prit; car elle n'eut pas plus tôt introduit la moitié de son corps sous la brique, qu'un véritable feu de peloton éclata autour d'elle. Les décharges, violentes, répétées, régulières comme une salve de mousqueterie, se succédaient avec tant de rapidité, que je supposai que la tuile devait servir d'abri à plusieurs centaines d'insectes bombardiers... L'effet en fut terrible sur l'agresseur. Mutilé, asphyxié, à demi mort, il recula vivement et vint tomber en arrière sur le sable, où il demeura sans connaissance. L'artillerie de la place continua encore quelque temps son feu; puis les détonations devinrent plus rares, et, l'ennemi paraissant complètement repoussé, il s'éteignit tout à fait. Le combat avait duré cinq minutes, et le champ de bataille restait couvert de la fumée de cette poudre originale. J'étais stupéfait, et, avouez-le comme moi, on le serait à moins.

J'aurais dû évidemment en rester là; mais vous me connaissez, et vous devez comprendre s'il m'était possible de ne pas aller jeter un coup d'œil téméraire dans cette ville si bien fortifiée, afin d'en examiner avec soin l'aspect et le nombre des défenseurs. Je me dirigeai donc, à mon tour, de ce côté, mais avec des précautions extrêmes, et, creusant le sol sur le point opposé à celui où le combat avait eu lieu, je parvins à glisser ma tête dans la place. Je ne m'étais pas trompé; ils étaient là plus de deux cents, serrés les uns contre les autres, garnissant toutes les anfractuosités, et l'ensemble de ces petits corps brillants et satinés remplissait la cavité de lueurs fauves et de reflets irisés. Çà et là, l'un d'eux, encore excité par la lutte, essayait une timide décharge, dont la fumée blanchâtre, rampant le long des parois, donnait à cette sorte de casemate un aspect fantastique. Une odeur âcre, violente, vous saisissait à la gorge, comme si l'on eût respiré les vapeurs dégagées par un acide puissant en ébullition; j'en étais comme étourdi, et, malgré moi, je fis un peu de bruit en me retirant, ce qui me valut un feu de peloton des mieux nourris, dont ma peau porte encore les traces. Ce sont des taches d'un jaune roussâtre, tenant toute l'épaisseur de l'épiderme, et qui, malgré tous mes efforts, n'ont pas voulu encore disparaître. Au moment où je fus atteint, je remarquai qu'au contact de mon corps le gaz se condensait, au point que je fus mouillé à tous les endroits brûlés. Si je m'étais trouvé au milieu de la troupe, sans contredit je n'en serais pas sorti vivant.

En me sauvant le plus vite possible, je cherchai des yeux la mouche noire, cause première de toutes ces curieuses observations. Il me fut impossible de l'apercevoir à l'endroit où elle était tombée sans connaissance, et déjà je ne pensais plus à elle, quand je la découvris, par hasard, se débattant dans une vaste toile d'araignée dans laquelle elle s'était maladroitement engagée. Ce qui me surprit, c'est que le propriétaire de ce piège soyeux ne se hâtait pas, selon les habitudes de son espèce, de s'emparer du captif. Tout au contraire, il paraissait fort inquiet d'une telle visite, tournait autour de la mouche à bec, l'examinait avec prudence, comme s'il avait supposé que sa proie était de taille à se défendre avantageusement. Mais, en y réfléchissant, je pensai que son abstention devait tenir à tout autre cause, car l'araignée, fort grosse, serait facilement venue à bout du captif par la force seule, si, sans doute, son instinct ne l'eût avertie que le bec acéré dont il était armé était empoisonné. Pendant ce temps, la mouche se démenait furieusement, empêtrant de plus en plus ses pattes dans les mailles du tissu dangereux, et regardant avec terreur le monstre qui tournait autour d'elle. Enfin, l'araignée parut prendre un parti, et, se suspendant à un fil de soie, elle enveloppa sa victime d'inextricables liens, si bien serrés, si bien embrouillés, qu'en moins de cinq minutes celle-ci fut incapable d'exécuter un seul mouvement et resta immobile comme un enfant emprisonné dans un maillot. Cela fait, la fileuse coupa avec ses mandibules la toile tout autour de son prisonnier, qui, dégagé, tomba comme une masse inerte sur le sol, où désormais, garrotté pour toujours, il n'avait plus qu'à attendre les lentes tortures de la mort par inanition. Mourir de faim ! ce doit être horrible ; mais je ne le plains pas, car je suis impitoyable pour tous ces insectes carnassiers.

J'ai beaucoup réfléchi sur cet acte de l'araignée abandonnant cette grosse proie réduite à l'impuissance sans oser y porter la dent, et je me suis arrêté de nouveau à cette supposition que la mouche noire et rouge devait posséder un venin extrêmement violent dont l'araignée redoutait instinctivement les effets. Cette supposition seule peut rendre compte d'une abstention aussi rare chez ces animaux, qui, sans cesse à l'affût d'une victime, toujours lente à se laisser prendre, doivent être moins difficiles que d'autres dans le choix de leur nourriture[1].

Nous avons eu tout hier un véritable temps d'été ; une petite pluie fine

1. Le hanneton a parfaitement raison dans les déductions qu'il tire de ce qu'il vient d'observer. Cette mouche noire et rouge, qui appartient, en effet, à la classe des *Hémiptères*, et porte le nom de *Reduvius cruentatus*, Fab., produit avec son bec acéré une piqûre mortelle pour tous les insectes et fort douloureuse même pour l'homme. J'ai été moi-même piqué deux fois à la main par cet animal, et mon bras resta engourdi plus d'une heure. Je conseille donc aux entomologistes débutants de manier avec les plus grandes précautions les insectes de ce genre, communs dans toute la France.

L'autre insecte, qui produit ces détonations singulières, est un petit *carabique*, qui porte le nom de *Brachinus explosor*, Fab. Il est extrêmement commun sous les pierres et au pied des peupliers entourés d'herbe, et chacun peut se convaincre aisément de la vérité des faits observés si minutieusement par le hanneton. Cette vapeur est produite par un liquide acide qui, expulsé avec force, se volatilise au contact de l'air, en produisant un bruit très perceptible même pour l'homme. Ce liquide est un caustique des plus violents, qu'une glande, placée dans l'abdomen du brachine, sécrète en abondance, et qui s'emmagasine, au fur et à mesure de sa production, dans une poche, ou réservoir, communiquant avec l'extérieur par l'ouverture anale. Après cinq ou six décharges successives, la provision se trouve épuisée, et l'insecte doit attendre, pour se servir de son arme, qu'une nouvelle quantité de liquide ait été sécrétée ; une ou deux heures suffisent pour cela.

15 octobre.

et serrée en a été la suite. Aussi, vers le soir, je me suis vu dans la dure obligation de rester au logis à l'heure habituelle de mon dîner. Triste position pour un estomac aussi impérieux que le mien dans ses désirs! A la première éclaircie, je me hâtai de sortir pour réparer le temps perdu.

Comme je rentrais chez moi, la nuit déjà close, je distinguai, à quelque distance, dans la bordure d'un carré de fleurs, une clarté brillante, comme une étoile tombée du ciel dans l'herbe. Ce n'était pas une lumière jaune et rougeâtre comme celle que je voyais entre les mains du jardinier quand il faisait sa tournée nocturne, mais plutôt une sorte de lueur d'un bleu verdâtre légèrement scintillante. Je m'arrêtai tout étonné, et je remarquai bientôt que ce petit phare changeait lentement de place : c'était donc un être animé qui en était porteur, et, curieux d'en savoir davantage, je me dirigeai de ce côté.

La lumière était produite par un petit insecte étendu sur le sol, et jamais je n'oublierai le charmant tableau que j'avais sous les yeux. Les ondes lumineuses, se brisant en reflets chatoyants sur les brins d'herbe, remplissaient les dédales de cette forêt en miniature de lueurs phosphorescentes, et çà et là faisaient miroiter les gouttelettes d'eau suspendues par l'orage aux frêles tiges du gazon. De temps en temps la clarté devenait plus vive, comme si le foyer se fût ranimé tout à coup, et cet éclat passager montrait à l'œil ébloui de lointaines perspectives, dont la demi-obscurité faisait ressortir encore les mystérieuses profondeurs. Parfois aussi la flamme diminuait d'intensité, et les objets n'apparaissaient plus que vaguement, comme au travers d'un voile de légères vapeurs.

Mais, en y regardant de plus près, la réalité n'était rien moins que poétique. La tête à demi engagée dans le dernier tour de spire d'une coquille de limaçon, l'insecte lumineux dévorait avec avidité le mollusque à demi mort, sans être le moins du monde intimidé par les flots de bave que l'instinct de la conservation lui faisait rendre en abondance. Il prenait à cette occupation gastronomique un si vif intérêt, que je pus l'examiner en détail tout à mon aise.

Son corps, fortement aplati sur le dos et composé d'anneaux cornés s'emboîtant les uns dans les autres, était d'une couleur brunâtre. Sa forme générale était celle d'un ver ovalaire allongé. Chaque anneau portait sur les côtés une tache d'un jaune vif et était, en outre, orné d'une bordure de la même couleur. Sa tête, écailleuse, petite, armée de deux mandibules, était presque cachée sous le premier anneau. Six pattes, courtes, robustes, s'attachaient à un corselet peu distinct de l'abdomen et, par leur brièveté, devaient rendre la marche peu rapide.

Mais j'examinai surtout avec la plus grande attention l'appareil chargé de produire cette lumière singulière qui transformait l'animal en un phare ambulant. La partie postérieure du corps, et principalement les derniers anneaux de l'abdomen, jouissaient seulement de cette remarquable propriété. La lueur phosphorescente émanait d'un amas de petits corps, ou filaments courts, d'un jaune brillant, attachés aux parois du ventre, auquel ils donnaient l'aspect d'un velours lumineux. Ce n'était point cependant un vrai foyer en ignition, car l'insecte ne paraissait nullement incommodé, et pourtant une légère vapeur blanchâtre s'échappait de la surface comme la fumée d'un corps en combustion. A chaque mouvement de l'animal, pour si petit qu'il fût, l'intensité du phénomène augmentait, pour diminuer aussitôt qu'il restait en repos; dans cet état, l'abdomen devenait terne et pâle.

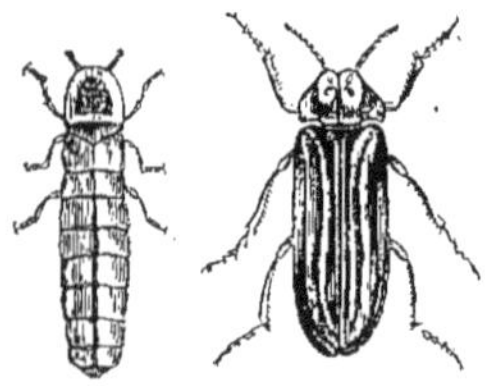

Lampyre ou ver luisant.

D'où provenait cette lumière mystérieuse, et comment cette combustion lente pouvait-elle s'accomplir sans intéresser les tissus sur lesquels elle s'opérait? Je me perdais en conjectures, car jamais rien de pareil n'avait frappé mes yeux, et je manquais tout à fait d'éléments pour me guider dans l'appréciation d'un tel phénomène. Aussi j'aurais donné tout au monde pour que mon ami le savant se fût trouvé là pour me tirer d'embarras.

Insectes carnassiers : carabes, larves et calosome.

Tout à coup, un bruit assez fort se fit entendre tout près de nous, et la tête, armée de puissantes mandibules, d'un *carabe doré* apparut entre les brins d'herbe violemment écartés. Aussitôt, comme par enchantement, le phare s'éteignit, et nous restâmes plongés dans la plus profonde obscurité. Sans perdre de temps, je me blottis dans le sable, n'osant bouger, de crainte d'attirer l'attention de ce féroce nouveau venu. Je l'entendis traverser la clairière naguère si brillamment illuminée, et le bruit de ses mâchoires, fonctionnant avec rapidité, me fit croire que le ver luisant, surpris à l'improviste, servait à un *médianoche* du glouton carnassier. Ma foi, il n'avait que ce qu'il méritait; car quelle nécessité de signaler sa présence par un feu maladroit, quand tant d'ennemis rôdent sans cesse autour de nous? C'est vouloir courir à la mort de gaieté de cœur.

J'ai réfléchi toute la nuit à la singulière propriété dont est doué le ver luisant, et j'aurais voulu connaître la vraie nature de ce phare, qui s'allume, s'augmente ou se supprime à la volonté de l'animal. Mais toutes mes réflexions n'ont servi qu'à me convaincre une fois de plus de l'impossibilité où je suis de me rendre compte de ce phénomène[1].

21 octobre.

Le temps commence à se refroidir considérablement. Les feuilles des arbres jaunissent et tombent, et la campagne prend un aspect triste et désolé. A peine si j'ose mettre le nez dehors, tant la bise qui souffle est âpre et glaciale. Aussi mon appétit diminue sensiblement, et je me sens légèrement engourdi. Si ce temps continue, il faudra songer à se construire une bonne habitation d'hiver.

Je ne suis pas, au reste, le seul animal qui, en prévision de la saison froide, ait songé à se prémunir contre ses funestes effets; il en est même qui, plus prudents, ont déjà pris leurs précautions. L'instinct est le même chez nous tous, mais chacun, soit pour sa progéniture, soit pour lui-même, se dirige selon son caractère. Faisons ensemble une tournée dans le jardin, et nous examinerons les divers procédés usités en pareil cas.

Il n'est pas de feuille sèche, d'écorce soulevée, de débris de toute espèce, qui ne servent d'abri à un ou plusieurs insectes. Là, réunis en familles nombreuses du même genre, ils s'endorment d'un sommeil léthargique, et, sans prendre de nourriture, restent plusieurs mois sans bouger. Dans une seule fente du mur, j'ai compté jusqu'à trois cents punaises rouges, serrées les unes contre les autres, et sous une écorce de poirier à demi soulevée, plus de deux cents perce-oreilles. Dans un autre temps, cet assemblage formidable de pinces robustes m'aurait épouvanté; mais aujourd'hui je n'ai rien à craindre, car ils sont engourdis.

1. Le ver luisant (*Lampyris noctiluca*, L.), de la famille des *Telephorides*, est un insecte très commun en France et dont les mœurs sont fort singulières, comme on vient de le voir. L'appareil lumineux qui excite à un si haut degré la curiosité du hanneton est produit par la combustion d'une sorte de graisse phosphorée, qui brûle lentement au contact de l'air et produit une lumière analogue à celle qu'on obtient en frottant, dans l'obscurité, une allumette phosphorique sur un mur. Cette combustion ne peut en aucune manière incommoder l'animal, car on sait que le phosphore brûlant ainsi lentement par quantités infinitésimales, n'occasionne aucune sensation de calorique sur nos tissus.

Regardez, comme je viens de le faire, sous cette pierre plate, si étroitement appliquée sur le sol qu'elle semble faire corps avec lui. Voyez ces deux ou trois larves installées déjà dans leurs quartiers d'hiver. Elles ont creusé la terre de façon à former une excavation en forme de berceau, dont les parois lisses et pétries avec soin sont imperméables à l'humidité; le toit de l'habitation est constitué par la pierre elle-même; mais comme cette substance est froide comparativement à la glaise, elles ont eu le soin de la recouvrir d'une couche de cet enduit plastique. Le tout, hermétiquement clos, est devenu un logement confortable et chaud où l'insecte, tranquillement endormi, attendra avec patience le retour de la belle saison.

Chez les fourmis, l'approche des frimas occasionne d'importants changements dans les habitudes si curieuses de la communauté. Qu'est devenue cette activité fébrile qui donnait à chacun de ses membres un cachet si particulier? On dirait que la mort est venue frapper cette cité industrieuse, dont le travail de tous était la règle fondamentale. Il n'y a plus ni œufs, ni larves, ni nymphes : non pas qu'on les ait tués, mais parce que depuis que le temps est au froid, les reines n'ont plus pondu d'œufs. J'aperçois celles-ci dans un coin de la fourmilière; elles n'ont plus de cour empressée autour d'elles et semblent abandonnées. On ne voit plus sortir par les nombreuses portes de la ville ces colonnes serrées qui allaient au loin chercher l'abondance, car ces ouvertures sont hermétiquement closes à l'aide de brins d'herbe et de terre pétrie. Les ouvrières, entassées les unes sur les autres dans les étages les plus profonds de l'habitation, sont complètement immobiles et donnent à peine par leurs antennes quelques signes de vie. Plus de sentinelles vigilantes, plus de nourrices empressées; un silence de mort règne dans la république, plongée dans les torpeurs d'un sommeil léthargique.

Ce ne sont pas seulement les petits animalcules qui cherchent à passer le plus confortablement possible les mauvais jours; les gros ne s'en font pas faute non plus. Ainsi le crapaud, dont j'ai raconté naguère le terrible duel avec la belette, a jugé prudent de s'enfoncer dans la terre sablonneuse et humide, à plus de deux pieds de profondeur. Les petits lézards gris, dont j'ai souvent admiré les gracieuses évolutions sur les murs exposés au soleil, ont tous disparu comme par enchantement; depuis huit jours, il est impossible d'en apercevoir aucun. Je me suis mis à leur recherche, et ce matin, après de nombreuses fouilles dans tous les recoins du jardin, j'ai fini par les découvrir. Sous une grosse brique posée de champ le long de l'orangerie, il y en a plus de cinquante, pelotonnés, entrelacés les uns dans les autres, ne formant qu'une masse informe où il est impossible de reconnaître les membres appartenant à chacun. Leur corps est froid comme du marbre, et ils paraissent comme morts. On peut les prendre, les secouer, les blesser même, sans qu'ils manifestent leur état de vie autrement que par quelques mouvements alanguis aussitôt interrompus. Et, chose curieuse! à côté d'eux, sous la même brique, il y a une douzaine de grosses mouches engourdies, leur mets de prédilection, et pourtant aucun d'eux ne songe à s'en emparer : ils n'ont pas faim! Cela m'a fait plaisir, car j'y ai vu la preuve que si les animaux dévorent ceux qui sont plus faibles qu'eux, ce n'est pas par cruauté, mais seulement par nécessité; il faut bien vivre, après tout! Que l'homme, si fier de sa prétendue supériorité sur nous, médite sur ce fait, il ne pourra qu'y gagner, et... nous aussi.

Pour préserver leur progéniture de l'influence délétère du froid, certains insectes prennent les plus grandes précautions et déploient toutes les ressources de leur savoir-faire. Voici sous cette planche pourrie un logement de ce genre qui me paraît construit avec art. C'est d'abord un trou circulaire, sorte de puits tortueux aboutissant à une cavité ovalaire dont les murailles sont tapissées d'un léger réseau de soie. Au centre se trouve une sorte de sac ou cocon composé de plusieurs couches de la même substance, d'une blancheur de neige. Dans l'intérieur, une centaine de petits grains, qui ne sont autre chose que des œufs, mollement étendus sur un épais coussin de bourre soyeuse, peuvent braver impunément les froids les plus rigoureux. L'auteur de ce joli travail est une vilaine araignée noire dont voici le cadavre desséché tout auprès : la pauvre bête est morte de fatigue après avoir accompli ce chef-d'œuvre d'amour maternel, chef-d'œuvre d'autant plus méritoire, qu'elle ne verra jamais les enfants pour lesquels elle s'est ainsi sacrifiée.

Sur le tronc de cet ormeau, j'aperçois une sorte de gâteau compact formé d'un feutre roussâtre. C'est un gros papillon ventru, à ailes blanches, qui l'a placé là ces jours-ci. La ouate épaisse et gommée dont il est composé provient des poils dont son abdomen était recouvert. Il collait d'abord une rangée d'œufs, disposés en lignes symétriques, sur l'écorce, puis, arrachant lui-même sa fourrure brillante, il la disposait en couche mince sur ce premier lit de germes précieux; une seconde rangée fut ensuite placée sur la première, puis une troisième, et ainsi de suite, et le tout constitue cet amas bombé formé de couches alternatives d'œufs et de poils. Maintenant la pluie et la glace peuvent venir : elles seront impuissantes à détruire cette habitation, qui, au printemps prochain, criblée de mille petites ouvertures, donnera issue à autant de chenilles microscopiques, qui se répandront sur l'arbre pour en dévorer les feuilles. Quant au papillon, aussi malheureux que l'araignée, il ne pourra assister à ce spectacle si doux pour une mère, car il est mort, comme elle, de froid et d'épuisement.

Que de milliers d'exemples je pourrais encore citer des soins minutieux mis en œuvre par les animaux pour se protéger de toute intempérie ! Mais ce serait entrer dans de longs détails, dont la monotonie serait fatigante, car il faudrait souvent répéter les mêmes descriptions. Cependant je ne puis laisser ce sujet de côté sans parler de celui de tous les habitants du jardin dont les talents sont le plus remarquables au point de vue de l'hivernage, car il laisse tous les autres bien loin derrière lui. C'est un rat : non pas le rat ordinaire, mais une autre espèce, beaucoup plus jolie. Son corps est moins allongé, et sa queue très courte. Le dos est d'un brun roux en dessus, et le ventre d'un blanc jaunâtre; en outre, les côtés sont marqués de trois taches d'un blanc jaune très apparentes. Ses oreilles sont grandes et ovales. Les ongles de ses pattes de devant sont très longs et robustes, et comme crochus.

Je le découvris, il y a un mois, pour la première fois, dans un carré de lentilles parfaitement mûres. Je crus d'abord avoir sous les yeux une contrefaçon de la taupe, de terrible mémoire, dont j'ai raconté les méfaits; mais je fus heureusement détrompé, car je vis clairement qu'il mangeait les lentilles avec avidité. Mais une chose me surprit fort : il introduisait dans sa gueule, sans interruption, de nombreuses semences, et, au lieu de les mâcher et de les avaler, il se bornait à les y entasser, de sorte que peu à peu ses joues enflèrent, devinrent énormes et lui donnèrent un singulier aspect. Quand il s'arrêta il avait de chaque côté de la mâchoire inférieure une tumeur volumineuse, dont la peau semblait sur le point de crever, tant elle était distendue. Il partit alors, et je le vis s'enfoncer dans un trou circulaire aboutissant à un conduit souterrain, dans lequel il disparut.

Cet animal m'offrait un spectacle si nouveau que je résolus d'en savoir davantage sur son compte. Je creusai donc à mon tour la terre, et, en moins de dix minutes, je parvins à pénétrer dans son habitation. Elle se composait de quatre ou cinq chambres spacieuses, disposées circulairement autour d'une vaste salle centrale, avec laquelle des galeries établissaient une communication facile. Le sol de cette pièce principale, aux parois d'une solidité remarquable, était recouvert d'un épais matelas de feuilles sèches, de brins de paille, de flocons de laine et de plusieurs autres substances chaudes et moelleuses ; deux conduits, l'un oblique et au trajet sinueux, l'autre droit et très court, la mettaient en rapport avec l'extérieur. C'était la chambre à coucher de notre rat. Les autres cavités étaient tout simplement des silos à provisions et renfermaient des quantités considérables de graines de diverses natures. Quatre d'entre elles étaient pleines jusqu'au plafond de blé, d'orge, de fèves, de pois, etc., etc. ; la cinquième ne contenait encore qu'une couche peu épaisse de ces mêmes aliments, en parfait état de conservation ; c'est dans cette dernière que j'aperçus le quadrupède se livrant à une singulière opération.

A l'aide de ses pattes de devant, il comprimait les grosseurs de ses mâchoires et en faisait sortir, par la bouche entr'ouverte, les lentilles dont il les avait bourrées ; puis, au fur et à mesure que ces graines tombaient à terre, il les étendait en couche mince sur ceux qui s'y trouvaient déjà. Je n'en pouvais plus douter : ces joues étaient de vraies sacoches destinées au transport des provisions. Et que l'on ne croie pas que ce procédé fût peu expéditif, l'on se tromperait grandement ; car chaque abajoue renfermait au moins une centaine de graines, ce qui constitue déjà une charge assez forte. Une fois débarrassé de ce fardeau, le rat reprit le chemin par lequel il était venu et retourna à la maraude. Je profitai de son absence pour examiner à loisir ses greniers d'abondance. Chacun d'eux, pouvait contenir près de dix livres de graines nourricières parfaitement sèches, et dont l'imper-

Ce rat est le hamster ordinaire.

méabilité des murs devait assurer la longue conservation. On le voit, notre prudent rongeur avait bien garni son garde-manger.

Dans le courant de la journée et les jours suivants, le rat fit de nombreux voyages, toujours aussi productifs que le premier. La cinquième chambre une fois remplie et les vivres devenant rares, il prit un parti décisif, et, murant avec soin les deux portes de son domicile, il s'y enferma tout à fait. Il était impossible de rêver un logement plus confortable, car tout s'y trouvait réuni : un lit chaud, des vivres en abondance, une sécurité parfaite. Que pouvait-il désirer de plus ?

Je ne pouvais me lasser d'admirer un travail aussi industrieux. Que de force, d'adresse et d'intelligence un animal aussi petit n'avait-il pas dépensé pour creuser, à plus d'un mètre sous le sol, un terrier aussi vaste et aussi bien établi, et pour rassembler cette énorme quantité de vivres si bien aménagés ! L'homme lui-même n'aurait pu mieux faire, lui qui possède tant d'instruments si propres à l'aider dans ses travaux[1] !

Ah ! si mes moyens me le permettaient, comme je me hâterais de construire un logis tout pareil, bien bourré d'excellentes choses ! mais il n'y faut pas songer. Heureux rat ! malheureux hanneton !

10 novembre.

Le froid devient de plus en plus vif. Toute la nuit il a neigé, et ce matin il gèle fortement. C'est pourquoi, sans plus tarder, j'ai mis la patte à l'œuvre pour construire mon habitation d'hiver. Elle consiste en un trou vertical d'au moins un demi-mètre de profondeur, au fond duquel j'ai formé une chambre ovale cinq ou six fois plus grande que celle de mon séjour d'été. J'ai vigoureusement pétri la terre des murailles pour éviter les visites indiscrètes de l'humidité, et je serai là, je l'espère, à l'abri de toutes les intempéries.

C'est dans cette nouvelle demeure que j'écris aujourd'hui, en grelottant un peu. J'y ai transporté mes pénates et mon manuscrit, que, pendant les longues veillées d'hiver, je relirai tout à mon aise, pour mieux graver dans mon esprit les excellentes leçons qu'il renferme.

Je remarque que mon appétit diminue de plus en plus ; depuis trois jours je n'ai fait qu'un repas insignifiant ; de plus, je me sens tout engourdi, et la marche m'est fort pénible. Cet état ne m'effraye pas cependant, car je l'attribue au froid.

12 novembre.

J'ai fait, ce matin, une tournée générale dans le jardin, une sorte de visite d'adieu, car je crois que c'est la dernière fois que je m'aventurerai dehors par un froid pareil. Deux ou trois fois, en route, j'ai failli rester à demi mort. Il gèle à pierre fendre, et le vent du nord vous donne l'onglée.

Je n'ai rien aperçu de bien remarquable dans mon excursion imprudente. L'aspect du jardin, si riant l'été par un beau soleil, m'a serré le cœur. Les plantes sont crispées, noircies ; les arbres ont perdu leurs feuilles ; les brins de gazon semblent se tordre sous les âpres caresses de la bise. Plus de vie apparente ; la mort semble régner en maîtresse sur la terre glacée ! Quelle triste saison, et quand donc le soleil aura-t-il repris sa chaleur d'autrefois !

1. Ce rat est le hamster ordinaire (*Cricetus vulgaris*, Fr. Cuvier), de l'ordre des *Mammifères rongeurs*. Sa taille est plus considérable que celle du rat commun, car elle atteint vingt-cinq centimètres, la queue non comprise. Ce curieux animal, dont le hanneton décrit les mœurs sans amplifications d'aucune sorte, ne se trouve en France que dans l'ancienne province de l'Alsace. Il est fort redouté des agriculteurs, car, pour remplir ses greniers, il fait main basse sur toutes les céréales.

Le rat aux provisions a reçu ma visite. Voici dans quel état je l'ai trouvé. Étendu mollement sur le matelas de sa chambre à coucher, il restait immobile, la tête ramenée sur la poitrine entre les pattes de devant croisées au-dessus d'elle, les jambes de derrière fortement repliées sous le ventre. Ainsi pelotonné, il semblait froid et raidi comme un cadavre. Cependant, en m'approchant de plus près, je vis distinctement qu'une respiration presque insensible existait chez lui, car un souffle léger faisait osciller les poils soyeux de sa longue moustache. Il avait énormément engraissé, au reste, et je compris aisément, à l'aspect des chambres aux vivres, d'où provenait cet état de santé florissant. Trois étaient entièrement vidées, et il est heureux pour cet animal que le sommeil léthargique soit venu le surprendre, sans quoi son appétit glouton lui eût joué un mauvais tour, en le réduisant à mourir bientôt de faim.

Moi, je ne mange plus du tout, et la vue de trois navets, placés dans l'une des dépenses du rat, n'a éveillé en mon estomac aucune velléité d'y goûter, et pourtant je les adore. Je sens aussi qu'un sommeil de plomb me gagne. Si cela continue, la vie ne sera pas agréable.

25 novembre.

Le froid devient horrible et pénètre jusqu'à moi à travers l'épaisse couche de terre qui me sépare de la surface du sol. Mes membres me refusent leur service, et à chaque instant je m'endors, en dépit de tous les efforts que je tente pour prolonger ma veille. Je ne suis pas sorti depuis quinze longs jours, malgré l'ennui qui me gagne, mais cela m'eût été impossible. Quant à travailler pour tuer le temps, comme je comptais pouvoir le faire, il n'y faut pas songer, car mon envie de dormir est trop grande... Mes yeux se ferment... la plume me tombe des pattes...

27 novembre.

Le sommeil léthargique est le plus fort ; mes idées s'obscurcissent... Je n'y vois plus... il me semble que je vais mourir... le froid est... (*ici des mots illisibles*).

CHAPITRE IX

UN JARDINIER DE LA NOUVELLE ÉCOLE. — JE DÉMÉNAGE.

2 avril.

C'est aujourd'hui pour la première fois, depuis quatre mois, que je me sens la force de causer avec mon manuscrit, si brusquement interrompu par la léthargie du froid. Pendant ce long espace de temps je suis resté tout engourdi, sans que mon cerveau paralysé pût percevoir la moindre sensation. Il y a des instants où je crois avoir fait un mauvais rêve; et si la campagne toute renaissante sous le souffle du printemps ne venait me ramener à la réalité, je persisterais dans cette illusion. Tout ce dont je puis me souvenir avec certitude, c'est que, pendant ce sommeil singulier, un vague sentiment de malaise, où le froid semblait dominer, m'avait envahi tout entier.

Il y a quinze jours environ que je suis revenu à la vie. Ce réveil fut précédé de circonstances remarquables. Une sorte de sensation de bien-être indicible parcourut tout mon corps, et mon sang circula plus chaud dans mes veines, comme si le cœur glacé eût repris lentement ses fonctions suspendues. En même temps, les idées se pressèrent dans ma tête, où j'entendais un bourdonnement confus, accompagné de douleurs assez vives. Puis, peu à peu, je rentrai en possession de toutes mes facultés intellectuelles, et longtemps avant que la marche me fût devenue possible, j'avais recouvré ma lucidité habituelle et me rendais compte de mon état.

J'étais couché dans ma cellule ovalaire, dont les parois avaient peu souffert de l'humidité, et enroulé sur moi-même, de manière à concentrer la chaleur sur un plus petit espace. La température était très douce, et je jugeai qu'au dehors il devait faire un soleil splendide. Un regard jeté sur mon corps, jadis si dodu et si ferme, m'épouvanta. J'étais maigre comme une araignée; ma peau, ridée et flasque, semblait beaucoup trop grande pour les organes qu'elle recouvrait et avait pris une couleur ardoisée des plus ternes. Une réflexion, pourtant, me rendit le courage prêt à me manquer, et je me dis que, puisque je n'avais pas mangé depuis quatre mois, je ne devais pas trouver étonnant d'avoir perdu la provision de graisse amassée dans les beaux jours.

Mon estomac, d'ailleurs, vint corroborer cette opinion de toute la vigueur de ses tiraillements ; il criait la faim. Je m'empressai donc d'obéir à ses tyranniques appels, fort excusables, du reste, et je me mis en quête de racines succulentes, qu'un plant de laitues m'offrit en abondance. J'en pris à cœur joie, et je doute que je puisse faire jamais un repas plus délicieux.

Mais c'est tout ce que je pus faire ce jour-là. Les jours suivants, l'embonpoint et les forces revinrent rapidement, et avec elles le désir de faire une excursion exploratrice dans le jardin, que j'avais laissé de côté pendant si longtemps. Il était plus beau qu'autrefois : les arbres fruitiers en fleur laissaient tomber sous le vent une neige odorante de pétales d'un blanc éclatant ; le gazon, d'un vert intense, commençait à se parer de mille petites corolles aux couleurs variées, que les quelques insectes échappés aux rigueurs de l'hiver venaient fêter joyeusement ; le soleil, plus brillant que jamais, échauffait l'air de ses rayons vivifiants, et faisait briller la parure nouvelle que la nature revêtait sous ses caresses. La vie circulait plus active chez tous les êtres organisés, comme s'ils eussent voulu regagner en peu de jours tout le temps perdu pendant la saison d'hiver.

Nous avons un nouveau jardinier ; celui que je connaissais l'année dernière a été renvoyé, bien malheureusement pour nous, comme je ne tardai pas à le constater. Celui-ci est un tout jeune homme, alerte, ardent au travail, et qui, du premier jour, s'est déclaré l'ennemi irréconciliable de tout être qui ose porter une dent téméraire sur les plantes qu'il cultive. Et je ne sais où il a appris à régler sa conduite sur la connaissance des mœurs des animaux, mais il agit avec tant de sagacité que nous en sommes venus à regretter son prédécesseur, l'homme de la routine.

La première fois que je l'aperçus, je compris, à son occupation, que nous étions tombés de Charybde en Scylla. Il portait à son bras gauche un grand panier hermétiquement clos, qu'il maniait avec précaution. A chaque carré de légumes il s'arrêtait, ouvrait le récipient mystérieux, en sortait délicatement un objet volumineux, dont je ne pouvais reconnaître la nature de loin, et le déposait parmi les plantes potagères. Il en avait ainsi extrait une dizaine, quand il arriva près de mon domicile et renouvela la même manœuvre. A peine eut-il placé sur le sol la chose en question, que celle-ci se mit à sauter lourdement, et je reconnus en elle un énorme crapaud en bonne santé, qui disparut tout joyeux sous les feuilles des laitues.

Voilà donc à nos trousses toute une légion de ces horribles bêtes, dont l'appétit glouton ne m'est que trop connu, et Dieu sait le carnage qu'ils vont exécuter dans le jardin : cloportes, limaces, larves, chenilles, tout y passera. Ce n'est pas l'autre jardinier qui aurait eu une idée comme celle-là !

Mais tout ne s'est pas encore borné là. Il a introduit aussi trois ou quatre taupes dans l'enclos, et j'aperçois de nombreuses taupinières, indice certain de leur présence. Cette introduction a été fatale à bien des insectes :

courtilières, vers blancs, etc. Depuis huit jours qu'elles sont installées ici, un changement notable s'est opéré, notamment dans les carrés des jeunes choux, qu'une innombrable quantité de larves de toute sorte, et principalement de hannetons, mes frères, avaient attaqué avec si peu de ménagement, que bien des pieds avaient péri ou étaient gravement malades. Aujourd'hui, ils ont repris leur vigueur; leurs feuilles jaunies et penchées se redressent plus vigoureuses que jamais, et les ravageurs sont tous morts sous la dent des fouisseurs. Aussi, ce matin encore, le jardinier se frottait-il les mains en constatant ce brillant résultat.

Du reste, il semble avoir étendu sa protection sur tous les êtres quelconques qui vivent à nos dépens. Ainsi, les lézards gris, dont la vie était si tourmentée sous le règne du précédent, errent, respectés et confiants, sur tous les murs de clôture, sans avoir à trembler sans cesse pour leur queue trop fragile; aussi foisonnent-ils. Qu'allons-nous devenir au milieu de toutes ces bouches affamées qui comptent sur nous pour leur servir de pâture!

Malgré toute la frayeur que me donnent les nouveaux procédés de notre nouveau chef, je ne puis m'empêcher d'admirer son intelligence et l'habileté qu'il met en œuvre pour arriver à éclaircir nos rangs. Rien ne lui échappe. Ainsi, il avait remarqué qu'un grand nombre de pucerons et autres insectes se réfugiaient dans les fentes des écorces et sous les mousses et les lichens qui recouvrent le tronc des arbres fruitiers. Aussitôt il a raclé avec soin les surfaces couvertes de ces végétaux parasites, et, à l'aide d'un pinceau, il a imprégné toute l'écorce d'un liquide particulier, que le savant appelle de l'*acide phénique*. Pas un des malheureux animalcules n'a échappé à son action délétère, et les végétaux, débarrassés de tous ces rongeurs affamés, ne s'en portent que mieux.

Sans cesse il nous tend des pièges; ainsi, pour ne parler que de mon espèce, il sait que les racines de fraisier sont pour nous le plat le plus succulent. Profitant de cette notion, il a en planté tout un carré dans le point le plus humide du jardin, et il a attendu les effets de sa ruse. Or, voici ce qui est arrivé. Mes frères, alléchés par cet appât, sont venus en foule s'engager dans l'inextricable lacis que forment les nombreuses fibrilles radiculaires de cette plante, et là ils s'en donnaient à bouche que veux-tu; aussi les feuilles, sans sucs nourriciers, commençaient à jaunir. Notre homme, qui n'attendait que ce moment, a arraché, l'une après l'autre, les souches malades, et sous chacune d'elles a surpris aisément tous les vers blancs coupables, qui, jetés dans un sac, étaient ensuite donnés en pâture à une bête vorace qu'ils nomment un porc, je crois. Tous les huit jours, la même opération se renouvelle sur les fraisiers, remis aussitôt en place.

Le savant, d'ailleurs, surveille l'exécution de tous ces procédés et donne à son homme de confiance les ordres les plus sévères. Voici, l'autre jour, ce qu'il lui disait à propos des arbres fruitiers :

« Si vous voulez que ces végétaux soient vigoureux et donnent de bons fruits, ne laissez jamais sur eux la moindre branche morte ou malade, car elle serait le berceau d'insectes destructeurs. Recueillez avec soin les fruits tombés, les feuilles roulées ou sèches, les bourgeons déformés, et brûlez-les, car ils renferment toujours dans leur sein quelques larves nuisibles; et surtout n'oubliez jamais que si vos arbres sont bien soignés par une culture de tous les instants, ils seront respectés par les insectes, pour lesquels leur santé florissante sera une barrière infranchissable.

Œufs de chenilles autour des branches.

« Quant aux plantes potagères, ce qu'elles ont le plus à redouter, ce sont les attaques souterraines, qui, en brisant et supprimant leurs racines, les font périr; c'est donc aux insectes terricoles qu'il faut vous attaquer énergiquement. Or, vous saurez que la plupart des ravageurs de nos jardins passent leur état de chrysalides dans le sol, où, enfoncés à une profondeur variable, mais peu considérable cependant, ils attendent en sûreté leur dernière métamorphose. Par suite, la terre recèle, à peu de distance de sa surface, un grand nombre d'herbivores dangereux qu'il faut chasser de leur repaire.

« Pour atteindre ce but, un peu de patience vous suffira, le moyen étant des plus simples et des moins coûteux. Il consiste à recueillir minutieusement toutes les chrysalides, toutes les larves, tous les insectes que vous mettez à découvert en travaillant le jardin, principalement au printemps ou à l'automne; vous serez étonné du grand nombre de petits ennemis dont vous purgerez vos cultures.

« N'allez pas croire cependant qu'en suivant mes instructions vous parviendrez à détruire tous les parasites qui vivent ici à vos dépens; vous vous tromperiez étrangement. En effet, vos voisins seront loin d'imiter toujours votre exemple, et parmi eux il se trouvera, soyez-en certain, quelque réfractaire au progrès qui refusera de faire son devoir. Cette peu intelligente abstention donnera libre carrière aux insectes phytophages qui habitent ses cultures; ils pulluleront à souhait, et quand, à force de ravages, les vivres deviendront rares autour d'eux, ils émigreront chez vous, et votre travail sera alors à recommencer. L'incurie d'un seul aura porté un préjudice réel à toute une contrée.

« Mais je dois avouer aussi qu'en supposant que chacun fît son devoir, vous ne pourriez parvenir à détruire les animaux nuisibles, et vous ne réussiriez qu'à les maintenir dans de justes limites. La nature, en effet, ne vous le permettra pas; car elle a des lois générales qu'il n'est donné à personne de transgresser. Une de ces lois veut que les végétaux et les animaux qui vivent à leurs dépens soient dans un équilibre tel qu'ils ne puissent, en augmentant outre mesure, arriver à détruire leurs antagonistes. De plus, chaque espèce de chaque règne a une aire fixe de développement, qu'elle ne peut dépasser sans porter préjudice à ses voisines.

« Or, que faisons-nous dans nos cultures? Ne cherchons-nous pas à multiplier les espèces végétales qui nous sont utiles, au détriment de celles dont nous n'avons aucun avantage à retirer, et qui cependant ont droit à la terre et au soleil? Évidemment. Que fait alors la nature pour maintenir l'intégrité de son code de vitalité? Une chose fort simple : elle multiplie à son tour les ennemis propres à chaque espèce trop envahissante, et ces voraces pondérateurs envahissent par myriades les cultures vouées à la proscription. Bientôt, malgré tous nos efforts, la victoire reste à la légalité.

« C'est donc à l'aide d'une véritable loi de bascule que la nature rétablit sans cesse l'équilibre troublé à chaque instant par les tentatives de l'homme. La vie, sur la terre, est un véritable combat où chaque espèce, pour gagner le droit de cité, doit lutter continuellement contre l'empiétement de ses voisines. Lorsque, par des circonstances fortuites, elle parvient à occuper une place hors de proportion, elle doit être attaquée à la fois par tout ce monde qu'elle heurte, et finit, sous les coups de la majorité, par rentrer dans le rang qui lui est dévolu.

« Que ce que je viens de vous dire ne refroidisse pas votre zèle ; qu'il l'encourage, au contraire, en vous montrant que si vous ne pouvez atteindre un résultat décisif, il vous est du moins permis de réduire les ennemis de vos plantes à des proportions telles que, la part inévitable du feu une fois faite, vos peines et votre intelligence soient amplement récompensées. »

Qu'allons-nous devenir maintenant au milieu de tant d'embûches de toutes sortes et toujours sur le qui-vive? Oh ! qui nous rendra notre ancien jardinier ! Celui-là du moins frappait indistinctement amis et ennemis, et, s'il faisait beaucoup de bruit, il faisait, en résumé, peu de besogne. A présent, tout est changé ; il n'y a plus de justice, car on protège ouvertement nos ennemis les plus cruels. Mais, me dira-t-on, rassurez-vous, votre espèce ne périra pas : la nature veille. Belle consolation, ma foi ! car, dans ce système de compensation, l'individu n'est compté pour rien, et, je l'avoue sans honte, je tiens plus à ma peau toute seule qu'à celle de ma race tout entière. Chacun pour soi, le savant l'a dit aussi, et je me range pleinement à cette manière de voir !

15 avril.

Les persécutions continuent sur la plus grande échelle. Voilà près de quinze jours que je n'ai pu trouver un moment pour écrire mes impressions, tant le soin de ma conservation me tient sans cesse en éveil. Les taupes surtout sont mon cauchemar. Ces redoutables insectivores ont un flair merveilleux pour dénicher leur proie, et dirigent leurs galeries avec tant d'habileté que la plupart des vers blancs ont péri sous leurs robustes mâchoires. J'ai failli moi-même devenir deux ou trois fois leur victime ; et si je ne changeais de domicile à chaque nouvelle alerte, j'aurais déjà succombé. Mais, heureusement, j'ai un fil sûr pour me guider dans ce labyrinthe d'embûches : c'est l'étude de leurs habitudes qui me l'a donné. Ce n'est que le matin, de neuf à onze heures, et le soir, de trois à cinq, que ces animaux vont à la chasse et parcourent leurs galeries ; le reste du jour, ils reposent en digérant. Il me suffit donc de rester coi pendant ces heures dangereuses pour échapper à leurs dents ; le reste du temps je suis tranquille.

Quand je dis que je suis tranquille, c'est, bien entendu, par comparaison : car les crapauds, les lézards et les carabes dorés dont le jardinier a rempli l'enclos, ne chôment pas, eux, et leur féroce appétit n'a pas d'entr'actes. Mais, du moins, ces carnassiers travaillent à ciel ouvert, et il est plus facile de surveiller leurs actes. Qui pourrait compter, néanmoins, les innombrables victimes de ces auxiliaires précieux de l'homme ! C'est par des milliers de meurtres journaliers qu'ils signalent leur présence. Aussi les taupes-grillons, les larves et les chenilles de toute sorte font triste mine et voient leurs rangs s'éclaircir d'une manière effrayante.

Il faut voir, d'un autre côté, avec quelle ardeur le règne végétal triomphe sur toute la ligne. Les laitues dressent superbement vers le ciel leurs panaches verdoyants ; les choux, d'une teinte plus sombre, s'étalent complaisamment et sans entrave, et leurs feuilles succulentes sont vierges de toute dégradation. Les fraisiers eux-mêmes épanouissent orgueilleusement leurs corymbes de fleurs blanches, où les fruits commencent à rougir, et étendent dans tous les sens leurs racines si tendres, auxquelles il nous est défendu de toucher : c'est une nouvelle édition du supplice de Tantale, de gastronomique mémoire. Il n'est pas jusqu'aux humbles semis de légumineuses qui, autrefois rongés sans miséricorde dès leur germination, ne semblent aujourd'hui narguer leurs ennemis de toute la vigueur de leur végétation. Nous enrageons, mais notre fureur impuissante est sans résultat ; et si quelque téméraire ose s'aventurer dans ce paradis, fermé désormais pour nous, les mandibules exterminatrices d'un carabe lui font payer cher sa fougue irréfléchie, en lui démontrant, sans réplique, que la raison du plus fort est et sera toujours la meilleure.

On le comprend, la vie n'est plus tenable dans ce coupe-gorge légalement organisé ; et si quelque génie bienfaisant ne vient changer la face des choses, il faudra prendre un grand parti. Je fuirai ces lieux où mon enfance s'est écoulée si heureuse et si tranquille, et j'irai sous des cieux plus hospitaliers chercher le calme qui m'est nécessaire. Ce n'est pas sans un grand crève-cœur que j'accomplirai ce projet qui depuis quelques jours m'obsède sans cesse, et qui demande d'ailleurs de bien sérieuses réflexions ; car qui sait ce que la nature me réserve dans d'autres pays ! Enfin, attendons encore, et puis, s'il le faut, *alea jacta est*... je partirai !

L'auteur de tous ces déboires, le jardinier, semble heureux des bons résultats qu'il a obtenus par son intelligente conduite. Sans cesse à l'ouvrage, il sarcle, taille, surveille les moindres recoins de son enclos. Toujours à l'affût de nouvelles inventions, il augmente chaque jour le nombre de nos ennemis et de nos pièges. Les fumigations de tabac, les arrosements de liquides acides ou huileux, l'emploi de poudres insecticides, viennent suppléer à l'insuffisance des carnassiers et vont porter la mort jusque dans les retraites les plus sûres des malheureux herbivores. Les pucerons, malgré leur prodigieuse fécondité, ont disparu, et les fourmis ont bien de la peine à en découvrir quelques-uns. Ces animaux, à leur tour, sont très rares ; à peine en aperçoit-on quelques-uns courant d'un air effaré sur le sentier commun, à chaque instant intercepté. Les escargots et les limaces échappés à la gueule des crapauds, trouvant autour des semis des lits de cendres corrosives, périssent par centaines, brûlés par cette poussière, en apparence inoffensive. C'est un vrai désastre.

Le savant vient souvent constater la parfaite exécution de ses ordres, et fait son possible pour dégager l'esprit de son homme de confiance des nombreux préjugés qui l'obscurcissent encore. J'écoute religieusement ses paroles, qui m'instruisent en m'amusant. Voici ce que j'entendis l'autre jour :

« Pierre, je vous avais dit d'enlever avec soin toutes les branches sèches et les bourgeons déformés de vos arbres fruitiers. Pourquoi avez-vous négligé de le faire sur ce poirier, dont la plupart des boutons sont flétris avant de s'épanouir et présentent une couleur rousse ?

— Oh ! Monsieur, j'ai cru que c'était inutile, car c'est le vent *roux* qui a fait tout cela.

— Comment ?

— Je dis que c'est le vent que nous autres jardiniers nous appelons le *roux*, qui a roussi ces fleurs, en y portant des vers qui les empêchent de se développer complètement.

— Que dites-vous là? Comment! le vent a une couleur, maintenant, et les vers volent sans ailes?

— Mais, Monsieur...

— Comment, vous qui êtes intelligent, avez-vous pu croire à de pareilles sornettes? En vérité, c'est à désespérer de l'espèce humaine en voyant combien elle est peu susceptible de progrès vers le vrai et le bien. Ayez donc une Académie des sciences d'une renommée universelle, des travailleurs infatigables, des observateurs consciencieux qui épuisent leurs forces à répandre autour d'eux les lumières et l'instruction, pour entendre dire, en plein dix-neuvième siècle, qu'il y a un vent qui a une couleur rousse et des vers qui volent tout comme des oiseaux avec l'aide de ce vent-là! Pauvres savants! pauvre humanité!

« C'est le charançon des pommiers. »

— Je vous assure, Monsieur, qu'il y a des vers dans ces boutons.

— Parbleu! je le sais bien. Mais ce n'est pas le vent qui les y a transportés. Donnez-moi une de ces fleurs. En écartant ces pétales malades, nous apercevons dans le centre, autour de l'ovaire, un petit ver blanc sans pattes, roulé en demi-cercle, dont le corps gras et bouffi est susceptible de bien peu de mouvement. Voici sa tête, qui est noire et porte deux mâchoires assez robustes, avec lesquelles il a rongé les étamines et la moitié du fruit naissant. D'où viennent ces petits êtres, dont la présence nous vaudra la perte de plusieurs centaines de poires?

« Votre vent étant une explication beaucoup trop simple, laissons-la de côté, si vous le voulez bien, et cherchons sous les écorces de l'arbre l'auteur de cette nombreuse progéniture. Tenez, le voilà. C'est l'*Anthonomus pomorum*, vulgairement nommé *charançon* des pommiers. Il est aisé à reconnaître à son bec effilé, arme peu terrible en apparence, mais qui cependant, comme vous le verrez, nous est plus nuisible que les défenses d'un sanglier. Cet insecte est tout petit, car il a peine cinq à six millimètres de longueur, y compris le bec. Le corselet et la tête sont d'un brun noirâtre; les élytres couleur de fer, avec une tache oblique postérieure d'un blanc pur, cerclée de noir; en outre, un duvet gris serré revêt les téguments. Les pattes sont noires, robustes, et se terminent par des pieds munis d'ongles crochus.

« Au commencement du printemps, dès que les bourgeons des poiriers commencent à se développer et que les boutons apparaissent à travers leur vert berceau de feuilles naissantes, la femelle du charançon se met en marche. Sous un chaud abri de mousse, elle avait passé l'hiver engourdie.

Elle choisit une fleur en bon état et, à l'aide de son bec effilé, y perce un trou qui, traversant les diverses enveloppes florales, atteint le cœur du bouton. Puis elle pond un œuf dans cette ouverture et l'y enfonce avec le rostre ; l'ouverture de la cachette est ensuite bouchée avec soin, au moyen d'une matière cireuse qu'elle sécrète *ad hoc*. La mère prévoyante attaque alors une deuxième fleur, puis une troisième, et ainsi de suite jusqu'à ce que tous ses œufs, une centaine environ, soient placés en lieu sûr, en ayant bien soin de ne jamais pondre deux œufs dans le même bouton. Puis elle meurt, contente de son œuvre.

« Huit jours après si le temps est chaud, un peu plus tard si la saison est mauvaise, le petit ver ici présent brise sa coque et entre immédiatement en fonction. En moins de quinze jours, il a pris tout son accroissement et se change en chrysalide dans son berceau, pour sortir à l'état parfait peu de jours après. Les nouveaux charançons vivent jusqu'au printemps suivant, et recommencent alors la série fâcheuse des faits que je viens de vous signaler.

« J'avais donc bien raison de vous dire que le rostre si menu de cet insecte est pour l'agriculture une arme funeste, car il suffit de deux ou trois couples de ces ravageurs pour détruire complètement toute la récolte d'un grand poirier ; et en moins de deux ans, grâce à leur fécondité, un verger tout entier serait frappé de stérilité, si la nature n'avait mis un frein à leur envahissement. Elle leur a créé deux ennemis spéciaux qui vivent à leurs dépens, deux ichneumons, le *Pimpla graminella* et le *Bracon variator,* et grâce aux efforts de ces parasites tout rentre bientôt dans l'ordre voulu.

— Comment faire pour détruire ces charançons ?

— Pour cette année, il ne faut pas songer à sauver votre récolte de poires sur cet arbre ; elle est perdue sans remise ; mais il faut user d'une mesure préventive pour le printemps prochain. Cueillez toutes les fleurs malades et jetez-les au feu ; de la sorte, toute la génération actuelle sera détruite. A l'œuvre donc !

« J'aperçois aussi là-bas un autre poirier aux prises avec un ennemi tout aussi dangereux, quoique son procédé de destruction soit différent. C'est celui dont la plupart des bourgeons paraissent desséchés et pendent, à demi brisés, le long des branches. Pourquoi n'en avez-vous pas débarrassé cet arbre, comme je vous l'avais recommandé ?

— J'ai cru, Monsieur, que ces pousses jeunes avaient été flétries par la gelée qu'il a fait ces jours-ci ; d'ailleurs, la lune, qui...

— C'est encore une erreur ; la gelée, pas plus que la lune et le vent *roux,* ne sont pour rien dans cet accident. Quelle singulière manie vous avez d'aller toujours chercher la cause des maladies de vos plantes dans des phénomènes météorologiques insaisissables, au lieu de voir tout d'abord si le coupable n'est pas susceptible de passer par vos mains ! Que vous ont donc fait les astres, la lune surtout, pour leur attribuer sans cesse tant de mauvais procédés à votre égard ? Une fois pour toutes, prenez pour règle de conduite de regarder sur la terre avant d'incriminer les corps célestes ; ce sera plus vrai et surtout plus utile, car cela vous fournira presque toujours le moyen de remédier à vos malheurs.

« Dans le cas présent, si vous aviez agi de la sorte, vous auriez découvert, au centre de chacune de ces pousses desséchées, un autre ver presque semblable à celui que nous venons d'examiner ensemble. Il appartient, en effet, à la même famille et porte le nom de *Rhynchites conicus ;* c'est le *charançon coupe-bourgeon* des jardiniers, qui le connaissent. L'insecte parfait a de trois à quatre millimètres de longueur, y compris le bec. Sa couleur est d'un bleu foncé ; il est revêtu de poils épars, fins, courts, dressés, qu'on ne distingue qu'en le regardant de près. Sa tête se prolonge en un rostre long, menu, filiforme, de couleur noire. Les étuis des ailes sont larges, carrés, arrondis aux angles, fortement cannelés et parsemés de points enfoncés. Si vous voulez le saisir, il faut avoir soin de placer votre main ouverte au-dessous de la feuille sur laquelle il se tient, car au moindre danger il se laisse tomber et fait le mort, ce qui vous le rendrait fort difficile à découvrir dans l'herbe.

Charançon coupe-bourgeon.

« Les bourgeons malades sont flétris, noircis et pendent le long de la branche, où ils ne sont maintenus que par un simple filet d'écorce. La coupure qui les a détachés est nette, comme si elle avait été produite à l'aide d'un instrument bien tranchant : ce qui, soit dit en passant, aurait dû vous faire comprendre que le froid ou la lune ne sont pour rien dans la flétrissure. Ce ouvrage est l'œuvre du *coupe-bourgeon,* qui agit de la manière suivante : Lorsque la femelle veut pondre, elle se transporte sur un jeune bourgeon tendre, de consistance herbacée ; elle s'y promène et choisit le point le plus favorable pour y placer son œuf. Elle perce alors un trou oblique avec son bec et enfonce ce germe précieux sous l'écorce. Cela fait, l'ingénieux insecte descend au-dessous du point attaqué, lui tourne le dos et coupe circulairement avec ses mâchoires le jeune rameau dans les trois quarts de la circonférence. La sève se trouve alors interrompue, le bout se flétrit, se casse et pend à la branche.

« Mais dans quel but agit-elle de la sorte ? C'est parce que le petit ver qui naîtra de l'œuf a besoin de sève altérée pour sa nourriture ; dans un bourgeon sain il périrait, car il lui faut, pour croître, du jeune bois flétri, dont les fibres, ramollies par la décomposition, soient plus facilement triturées par ses faibles mandibules. Et puis, d'ailleurs, sans cette précaution, le rameau croîtrait rapidement, les feuilles naissantes qui servent d'abri à la larve s'écarteraient naturellement et la laisseraient exposée sans défense aux intempéries de l'atmosphère et aux attaques des insectivores. Tout a été prévu, vous voyez, par l'admirable instinct maternel de la femelle, qui peut alors mourir en paix, assurée qu'elle est d'avoir placé ses enfants dans les meilleures conditions.

« Malheureusement cette intelligente opération est extrêmement nuisible à nos arbres fruitiers, dont elle rend l'éducation fort difficile, en détruisant les bourgeons conservés pour donner aux branches la direction voulue. En outre, les bourgeons à fleurs n'étant pas plus ménagés que les autres, les fruits ne peuvent se développer. Il faut donc essayer de porter remède à cet accident. Pour cela, comme dans le cas précédent, cueillez tous les rameaux desséchés avec les vers qu'ils renferment. »

Le jardinier se mit aussitôt à l'œuvre, détacha les parties malades avec précaution et les jeta tout bonnement à terre, sans s'en préoccuper davantage. En le voyant agir de la sorte, le maître se mit à rire :

« Ah ! vous faites là, dit-il, un beau travail, et les larves des *coupe-bourgeons* devraient vous en savoir gré. Vous leur rendez un grand service en les plaçant sur le sol, car, loin de les détruire, vous ne faites qu'aider à leur conservation. En effet, ces animaux, aussitôt que leur accroissement est complet, quittent le bourgeon qui leur a servi d'habitation et vont se changer en chrysalides dans la terre, où ils se construisent une coque, formée de fines parcelles de cette matière. Grâce à vous, l'action la plus difficile de leur vie deviendra fort commode à exécuter. Il arrive parfois, en effet, que le rameau qui leur sert de garde-manger, mal coupé à la base, ne se détache pas sous les secousses du vent et ne peut tomber sur le sol, au pied de l'arbre. Alors les vers, pour gagner leur logis souterrain, sont obligés de sauter du haut du poirier et se blessent souvent dans leur chute. Ils n'ont plus cela à redouter maintenant ; et s'ils pouvaient parler, il y a gros à parier qu'ils vous remercieraient de cette aimable attention de votre part.

« Mais parlons sérieusement. Concluons de tout cela qu'il ne faut jamais se borner à enlever les organes malades de vos plantes, et qu'ils doivent toujours être livrés au feu, qui seul fera prompte justice de vos ravageurs. En outre, souvenez-vous sans cesse qu'en fait de culture il n'y a pas de petits ennemis, car ils savent suppléer par le nombre à la faiblesse de leurs armes offensives. »

Le jardinier, tout penaud, ramassa les bourgeons qui lui avaient valu cette bonne leçon, et bientôt les pétillements du foyer m'avertirent qu'il mettait en pratique les excellentes instructions du savant.

Bon ! voici une taupe qui vient de ce côté ; il est quatre heures du soir, l'heure de son dîner ; hâtons-nous de lui fausser compagnie.

22 avril.

Rien de changé dans le jardin ; la terreur y est plus que jamais à l'ordre du jour. Je mène une vie impossible ; à chaque instant troublé dans mes repas, je ne mange qu'en courant, au grand émoi de mon estomac, que mon irrégularité dans la préhension des aliments inquiète au dernier point. Je maigris et je meurs de faim !

Aussi mon parti est pris ; demain, je déménage et vais m'établir de l'autre côté du mur de clôture, dans une grande prairie verdoyante, que j'ai visitée ce matin. Le site me convient beaucoup ; il y a de grands arbres en bordure, dont l'ombrage et la fraîcheur m'attirent ; et pas le moindre jardinier n'y vient porter la destruction. J'y serai à merveille.

Notre tyran a encore reçu hier une nouvelle leçon de son maître, au sujet des insectes ennemis de son verger, et, cette fois encore, il l'a bien cherchée. Vexé de ce que celui-ci lui avait dit, il y a une semaine, à propos du *vent roux* et de la lune, il a voulu avoir sa revanche. Voici comment la chose s'est passée :

Le savant lisait dans le jardin ; le jardinier s'est placé devant lui, portant triomphalement une branche de poirier dont la plupart des bourgeons étaient flétris, recourbés en crosse et d'une couleur noirâtre.

« Monsieur, lui a-t-il dit, vous m'avez appris, l'autre jour, que la lune et la gelée ne faisaient aucun mal aux plantes ; cependant voici une branche malade qui semble prouver le contraire. J'ai visité tous les rameaux atteints, et je n'y ai pas trouvé de vers ; il faut donc que le froid ait séché ce poirier.

— Ah ! ah ! il paraît que nous sommes piqué au vif, mon garçon, et nous voulons avoir raison quand même ! Voyons donc si vous serez plus heureux cette fois.

« Mais avant, laissez-moi vous dire que vous avez fort mal compris mes paroles. Je n'ai pas prétendu que la gelée ne nuisait en rien à vos arbres, loin de là, car elle leur porte souvent un grave préjudice ; j'ai soutenu seulement que, le plus généralement, les gens de votre profession ont la mauvaise habitude de grossir la liste de ses méfaits, ce qui a le sérieux inconvénient de laisser le champ libre aux véritables coupables.

« Cela une fois bien établi, arrivons au cas présent, sur lequel vous me paraissez fonder de grandes espérances en faveur de votre théorie. Eh bien ! j'en suis fâché, mais il se tourne contre vous.

— Cependant, Monsieur, je n'ai vu aucun ver dans ces bourgeons noircis !

— Je le crois ; ils y sont bien pourtant, mais seulement à l'état d'œuf, et ce n'est qu'au mois de juillet que leur grosseur vous permettrait de les distinguer. Néanmoins, il est une circonstance qui aurait dû vous mettre sur la voie. Si vous aviez examiné l'un de ces rameaux avec attention, vous auriez remarqué une série de points noirs, également espacés, qui tournent en spirale autour de la tige, dont ils font une ou deux fois la circonvolution. Ces prétendues taches sont, en réalité, de petits trous circulaires qui traversent l'écorce et pénètrent jusqu'au bois tendre. Croyez-vous que le froid ait pu produire un effet aussi bizarre?

— Non, Monsieur; mais qui donc a fait ces piqûres?

— C'est le *pique-bourgeon,* insecte bien différent du *coupe-bourgeon* dont je vous ai parlé l'autre jour, car c'est une sorte de mouche à quatre ailes transparentes, et non un coléoptère. On le nomme, scientifiquement, *Cephus compressus;* c'est un proche parent du *Cephus pygmæus,* dont les ravages ne sont que trop connus en agriculture, au sujet du blé. La femelle, qui seule nous intéresse, a un centimètre de longueur; sa tête est noire, ainsi que le corselet, la base et l'extrémité de l'abdomen. Trois taches d'un beau jaune ornent le corsage, et le milieu du ventre est rouge de sang. La bouche est jaune et blanche; les pattes, très grêles, sont noires, avec les tibias bariolés de blanc, d'une manière différente à chaque paire.

« A l'extrémité de l'abdomen existe une petite queue noire, longue d'un millimètre, formée de deux valves qui recouvrent deux stylets aigus et dentés en scie; on nomme cet organe une tarière. Voici comment notre mouche s'en sert. Quant le moment de la ponte est venu, elle redresse sa tarière, l'appuie fortement sur l'écorce et communique aux stylets un mouvement de va-et-vient très rapide qui les y fait pénétrer profondément; puis elle fait un pas en avant et de côté et perce de nouveau la tige. Elle continue ainsi jusqu'à ce qu'elle ait laissé un œuf dans la blessure, ce qui n'arrive qu'après qu'elle a accompli une ou deux fois le tour du bourgeon.

« Ces piqûres ont pour but de faire écouler beaucoup de sève, car elles ne se cicatrisent que fort lentement. Il résulte de là que le rameau, privé de sucs nourriciers, se flétrit, se recourbe sur lui-même, et, au lieu de s'allonger, grossit en largeur, comme si une tumeur était formée à sa base; dans cet état, il devient apte à donner asile à la larve des *Cephus.*

« Cette larve est un ver blanchâtre, de six millimètres de longueur; sa tête est ronde, blanche, luisante, armée de deux mâchoires robustes, et porte des yeux. Le corps est courbé en forme d'S; la partie antérieure, plus grosse que la postérieure, le fait paraître bossu. Six pattes servent à la locomotion, aidées dans cette fonction par un appendice caudal corné, dont vous comprendrez l'usage dans un instant.

« Comme je vous l'ai dit, l'œuf a été déposé dans la blessure la plus élevée de l'écorce. La larve, dès sa naissance, se creuse un petit canal qui la conduit au centre de la tige, plein d'une moelle succulente. Elle s'en nourrit, et, au fur et à mesure qu'elle mange, elle pousse sa galerie plus avant en la dirigeant vers la base du bourgeon, en laissant derrière elle ses déjections, qui obstruent le tunnel sous la forme d'une poussière brune. Vous devez comprendre maintenant combien la progression est facilitée par cette petite corne située sur le dernier segment, qui s'arc-boute contre les parois du tube et lui sert de point d'appui. La nature a employé le même artifice pour la plupart des larves mineuses vivant dans les mêmes conditions.

« Quand son accroissement est complet, en septembre, elle se file un cocon de soie dans l'intérieur de son domicile et se change en chrysalide, pour sortir à l'état parfait au printemps. Grâce à cette circonstance, vous avez tout votre temps pour en débarrasser vos poiriers; et en février ou mars, quand vous taillerez vos arbres, n'oubliez pas d'enlever avec soin toutes les branches minées et de les brûler soigneusement.

Le pimple.

« Un grand ichneumon, le *Pimpla stercorator,* fait tout son possible pour faciliter votre besogne. Avec un instinct remarquable, il sait reconnaître le point exact du rameau où se trouve le *pique-bourgeon,* et, enfonçant sa longue tarière à travers l'écorce, il arrive jusqu'à lui, et insinue sous sa peau un œuf où naîtra un ver qui le dévorera tout vivant.

— Oh! Monsieur, toutes ces choses sont si merveilleuses, que je me demande parfois si vous ne voulez pas vous moquer de moi. Comment est-il possible que les insectes aient tant d'intelligence?

— Votre hésitation ne me surprend pas, car celui qui n'a pas vu la nature à l'œuvre et constaté à chaque instant l'admirable perfection de ses procédés se trouve, malgré lui, entraîné à douter de ce qu'il voit. Mais regardez autour de vous : est-ce que le plus insignifiant des actes accomplis par nos insectes n'exige pas un instinct si développé et si peu en rapport avec sa petitesse qu'on reste confondu? Tenez, prenons un exemple. Voici une feuille de bouleau, roulée en un cylindre parfait; l'animal qui l'a construit est tout petit, si petit même que la feuille est au moins vingt fois plus grande que lui. Comment, à l'aide de ses faibles pattes, a-t-il pu exécuter un travail si disproportionné? Il faut avoir suivi avec attention toutes les manœuvres qu'il a employées pour être bien convaincu que l'on n'est pas dupe d'une illusion.

« Voici comment il s'y prend. Le plus grand obstacle étant la côte médiane, dont la raideur s'oppose à toute flexion, il doit commencer par l'assouplir. Pour cela, se plaçant sur la face inférieure, il monte lentement le long de la nervure en la mordant à chaque pas; puis, arrivé au sommet, il revient sur ses pas en pratiquant des entailles entre les précédentes, puis il remonte encore, redescend, remonte de nouveau jusqu'à quatre fois, si bien qu'il n'est pas un point de la nervure qui n'ait été entaillé. Elle se trouve alors assouplie, et la feuille peut se plier facilement dans le sens longitudinal. Mais tout n'est pas fini, car chaque moitié présente encore une rigidité trop grande, et il faut avoir recours au même procédé pour s'en rendre maître. L'insecte en parcourt alors de bas en haut toute l'étendue, en pinçant l'épiderme entre ses dents avec régularité, si bien qu'en peu d'instants toute la surface est criblée de déchirures qui, brisant les fibres, rendent le tissu flexible.

« La feuille est donc maintenant convenablement préparée. Alors le charançon pond un œuf à la base, l'y colle avec une gomme qu'il sécrète, et, saisissant le bord de la feuille, la plie longitudinalement dans le sens de la nervure médiane, ce qui le met à couvert. Ensuite il se place perpendiculairement à cette nervure, la tête tournée vers les dentelures du limbe, replie l'extrémité avec ses pattes et commence à rouler. Pour cela, il étend ses pattes postérieures de gauche et les accroche à l'épiderme à l'aide des crochets doubles qui terminent les pieds, et, tirant à lui le commencement du rouleau, qui est saisi par les crochets des pattes de droite, il le force à marcher; la feuille s'enroule alors avec beaucoup de vitesse. Le rouleau, maintenu entre les pattes, ne peut se desserrer, parce que la feuille, meurtrie, a perdu son élasticité, et que les petites épines qui garnissent les jambes de notre ouvrier s'opposent à sa déformation. Pendant ce curieux travail, les mâchoires et les pattes antérieures ne restent pas inactives; l'insecte s'en sert pour faire rentrer les plus petites dentelures dans l'intérieur du rouleau et pour tordre les plus saillantes, de manière à arrêter solidement son ouvrage.

« Quoi de plus merveilleux que l'exécution d'une aussi délicate manœuvre, opérée par un être si petit, sans autres instruments que ses dents et ses ongles! Me croirez-vous, dorénavant, quand je soulèverai devant vous quelque petit coin du voile qui recouvre aux yeux des profanes les admirables enseignements que la nature nous prodigue sans cesse? Regardez autour de vous, et, si vous n'êtes pas ébranlé par les difficultés de la première observation, soyez assuré que vous marcherez chaque jour de surprise en surprise.

« Tenez! encore un mot qui, tout en vous amusant, vous sera utile pour la culture de vos pêchers. Que voyons-nous sur celui-ci, dont les feuilles sont jaunies et sans vigueur sur quelques-unes de ses branches? Sur l'écorce de ces dernières, il y a un grand nombre de petites tubérosités brunes ayant la nuance du café ou de la feuille morte. Ces galles sont ovales et ressemblent à un petit bateau renversé dont la longueur serait de six à sept millimètres, sur trois ou quatre de large. Nous remarquons une petite échancrure à leur partie postérieure. Ces corps singuliers sont fixés solidement à la branche qui les supporte. Qu'est-ce que cela?

— Je ne sais pas, Monsieur; j'avais cru que c'était tout simplement une boursouflure de l'écorce.

— Eh bien, ce sont des insectes, de vrais insectes, dont les femelles donnent le plus touchant spectacle d'un amour maternel poussé jusqu'aux dernières limites. Prenons ces animaux aussitôt leur sortie de l'œuf. A cette époque, à l'état de larve, leur corps est rougeâtre, en forme d'ovale allongé, et possède six pattes courtes; la tête, peu visible, porte deux antennes poilues. Ils prennent leur nourriture à l'aide d'un petit bec qui naît entre les deux pattes de devant, et qu'ils enfoncent dans l'écorce pour puiser la sève, leur unique aliment. Ces petites larves, qu'on ne peut bien voir qu'au moyen d'un fort grossissement, courent avec agilité dans leur premier âge et changent volontiers de place; mais elles deviennent de plus en plus sédentaires en grandissant.

« A l'automne, lorsque les feuilles tombent, toutes celles qui les habitaient les abandonnent et se réfugient sur les branches, où elles se fixent définitivement. L'hiver se passe dans l'engourdissement. Au commencement d'avril, on remarque que toutes les larves nées de la même couvée n'ont pas la même grosseur; il y en a de beaucoup plus petites; elles sont aussi les plus nombreuses. Ce sont les mâles. Si on les surveille, vers la fin du mois, on en voit sortir, l'abdomen le premier, un très petit insecte de couleur rougeâtre, ayant deux fines antennes, deux ailes d'un blanc sale, bordées antérieurement de rouge, et quatre soies au bout de l'abdomen. C'est l'insecte à l'état parfait.

Les femelles, qui ont conservé la première forme et n'ont pas d'ailes, laissent sécréter tout autour de leur corps une sorte de coton blanc, qui forme bientôt un lit mollet, et pondent ensuite des œufs rougeâtres excessivement petits et en nombre prodigieux, qu'elles font passer sous leur ventre. L'œuf qui sort pousse celui qui l'a précédé immédiatement, lequel pousse également celui qui est devant lui, en sorte que tous les germes passent du corps de la mère sous son ventre, et se trouvent placés en tas réguliers sur le lit de coton. Alors la femelle se cramponne fortement à l'écorce et meurt sur ses œufs, de telle façon que la peau de son abdomen, collée contre celle de son dos, forme un couvercle qui protège sa progéniture. Quand les petits éclosent, ils sortent de cette sûre habitation par l'échancrure postérieure dont je vous ai parlé. Le cadavre de la mère a garanti les nouveau-nés de tout accident.

« Malgré tout le côté touchant que vous offre ce tableau, il faut détruire avec soin ces petits parasites, qui portent le nom de *Lecanium persicæ,* et vulgairement celui de *cochenille* du pêcher, parce que les innombrables piqûres qu'ils font à l'écorce de cet arbre épuisent la sève et le rendent malade. Un lavage et un grattage à l'acide phénique vous en auront bientôt débarrassé. Veillez-y. »

Pauvre cochenille, à quoi t'auront servi tes admirables précautions maternelles!

23 avril.

Me voici maintenant installé dans mon nouveau domicile. J'ai employé tout le jour à charrier mon manuscrit et à creuser ma tanière. Je suis épuisé de fatigue, mais je me sens revivre, loin du jardinier et de ses auxiliaires. Quel bon repas je vais faire ce soir!

CHAPITRE X

LE PIQUE-BŒUF

10 mai.

Depuis mon installation dans mon nouveau domaine, je me sens revivre peu à peu, et j'ai déjà presque oublié les angoisses et les périls qui m'ont forcé de déménager il y a quinze jours. La prairie que j'habite est un Éden, comparée au jardin. Mes forces reviennent rapidement depuis ma dernière mue, dont j'avais négligé de vous entretenir. Oui, j'ai changé de peau avant-hier ; l'ancienne, étant devenue trop étroite par suite du développement que j'ai pris, j'ai dû en faire le sacrifice. Cette fois, j'étais au fait de ce que je ressentais ; aussi n'ai-je pas été effrayé des quelques jours de malaise qui précèdent toujours cet acte important.

Cette omission réparée, je passe à la description de mon nouveau séjour. C'est une vaste prairie, à l'épais gazon tout émaillé de fleurs, où quelques grands bœufs viennent paître de temps en temps. Elle a d'un côté, pour bordure, le mur de clôture du jardin, de l'autre un bois de chênes de haute futaie et un étang aux eaux limpides. Elle se termine, sur ses deux autres faces, par des champs cultivés, au niveau plus élevé, dont un fossé profond et un talus sablonneux la séparent. Les taupes sont peu nombreuses autour de moi et se tiennent principalement au bord de l'eau ; je m'en inquiète donc peu. Le savant vient se promener souvent dans la forêt avec son ami. Je puis donc me considérer comme si j'étais encore dans le potager, avec cette immense différence que le jardinier, mon ennemi, n'a rien à voir de ce côté.

Aussi, entièrement dégagé de toute préoccupation, puis-je me livrer à mon goût prononcé pour l'étude de la nature. Je cours du matin au soir à l'affût de nouveautés ; et, grâce à ce zèle sans cesse renouvelé, ai-je d'intéressantes choses à noter maintenant.

20 mai 1886.

Décidément, j'ai eu une excellente inspiration le jour où je suis venu m'établir dans la verte prairie que j'habite. Presque sans sortir de mon terrier, je trouve autour de moi une nourriture abondante et choisie ; aussi j'engraisse à vue d'œil, et bientôt ma peau sera trop étroite pour me contenir. Puis, pour varier la monotonie d'une existence trop semblable à elle-même, j'ai à chaque instant de nouvelles observations à enregistrer et des faits intéressants à suivre dans leurs conséquences. Je suis donc occupé toute la journée, et l'ennui m'est inconnu.

La chaleur du soleil commence à devenir étouffante, et, pour éviter ses rayons, je ne sors que le matin et le soir. Si, par hasard, je me suis attardé dans mes courses, je passe l'après-dîner sous l'ombrage de quelque plante touffue, dont la fraîcheur me procure une douce sieste.

Hier, précisément, j'étais mollement étendu sous une belle feuille triangulaire, dont le vert brillant et satiné m'avait attiré de loin : une grosse pierre moussue protégeait mes derrières. Je regardais paître dans la prairie de grands bœufs au pas tranquille, à l'air placide. J'admirais leur masse gigantesque, leurs formes robustes et massives et les reflets chatoyants de leur pelage, d'un fauve lustré, varié de blanc, dont les longs poils miroitaient au soleil. Je remarquais avec quelle adresse ils saisissaient, avec leur langue repliée, l'herbe courte et grasse qu'ils attiraient entre les lèvres pour la couper ensuite avec les dents par un mouvement brusque. Leur larges mufles reluisaient au milieu du gazon, dont ils semblaient aspirer les aromes avec délices. De temps en temps, l'un d'eux levait sa belle tête et de ses grands yeux profonds fixait l'horizon, comme pour y chercher dans le vague du ciel une pensée absente; puis il reprenait son repas en ébranlant les échos de la forêt voisine de son mugissement sonore. C'était bien là l'image de la force, qui, sûre d'elle-même et insoucieuse du danger, sait donner à l'âme le calme et la tranquillité sans lesquelles il n'est pas de bonheur.

Un d'eux, surtout, m'attirait par son air doux et familier. Sa robe blanche, aux larges taches noires, semblait plus soyeuse que celle de ses compagnons, et ses jambes fines et nerveuses se terminaient par un double sabot poli comme l'acier. Des cornes longues et recourbées ornaient sa tête, au front puissant et plein de majesté. Il s'avançait vers moi en broutant avec lenteur.

A mesure qu'il s'approchait, je distinguais sur son épaule, près de la colonne vertébrale, sept ou huit petites élévations rondes, d'un pouce environ de hauteur ; la peau distendue qui les recouvrait n'avait pas changé de couleur. Elles étaient voisines les unes des autres et semblaient incommoder l'animal; car de temps en temps il tournait la tête et, sans pouvoir y parvenir, essayait de les atteindre avec sa langue charnue. Ces tumeurs singulières excitaient ma curiosité, et j'étais occupé à les examiner avec la plus grande attention, quand tout à coup je vis l'une d'elles s'affaisser; un petit filet d'un sang épais raya de rouge noirâtre la blancheur de son poil, et du centre de la bosse entr'ouverte un ver blanc jaunâtre sortit rapidement à reculons. Une fois entièrement dégagé de sa prison, il se roula en boule sur lui-même, dégringola en bondissant le long des larges flancs du quadrupède impassible, et vint tomber lourdement dans l'herbe auprès de moi, où il resta quelques instants comme étourdi de sa chute.

Son corps était aplati, atténué aux deux bouts et composé d'anneaux élastiques s'emboîtant les uns dans les autres. Il n'avait ni tête, ni pattes, ni yeux, ni mâchoires. Sa bouche rétractile consistait en une sorte de pore, ou ouverture circulaire, munie à l'intérieur d'un petit crochet recourbé. Sa peau parcheminée n'offrait ni écailles ni poils ; on remarquait seulement que le bord de ses anneaux était garni d'épines plates et triangulaires, dirigées les unes vers la bouche, les autres vers la queue. Ces aiguillons devaient causer au bœuf une cruelle démangeaison à chaque mouvement de l'animal dans la plaie.

Dès qu'il fut remis de sa brusque descente, il se dirigea vers la pierre contre laquelle j'étais appuyé, en se servant de ses dards latéraux comme d'autant de pattes. En marchant, son corps s'allongeait tellement qu'il doublait presque de longueur. Il s'introduisit avec effort entre le roc et la terre, et en contractant ses anneaux et les étendant brusquement de droite et de gauche, comme un ressort violemment tendu qui revient sur lui-même, il parvint à former autour de lui un petit bourrelet composé des fragments de terre que ces mouvements alternatifs avaient désagrégés. Puis il resta immobile dans cette cachette grossièrement préparée.

Pendant ce temps, le bœuf, tout entier à son repas, ne semblait nullement se douter des curieux phénomènes dont son dos était le théâtre. Quelques instants encore le sang continua de couler, et quand il se fut arrêté je n'aperçus, à la place de la tumeur bombée, qu'un petit creux formé par la peau affaissée sur elle-même.

J'étais tout stupéfait d'une telle aventure. Quel pouvait être cet animal vivant sans façon sous une peau aussi épaisse que celle de notre ruminant, et rongeant une aussi grosse proie toute vive, à la façon dont les *Aphidius* en agissent envers les pucerons ? On doit comprendre combien j'étais alléché par cette première observation et avec quel soin je surveillais les autres tumeurs pour savoir ce qu'il allait en advenir.

Une heure se passa sans faits nouveaux. Tout à coup un oiseau, gros comme une alouette huppée, vint se poser, en poussant un petit cri, sur le dos de notre bœuf. Son plumage était d'un brun mêlé de roussâtre, avec la queue formée de plumes étagées, plus claires, surtout en dessous. Le ventre était d'un fauve clair. Le bec était fort remarquable par un renflement considérable de sa pointe ; il était d'ailleurs court et très épais, avec la base jaune et la pointe rouge de sang. Les pattes, très fortes et douées d'une force musculaire très grande, se terminaient par des ongles crochus très aigus.

Après avoir sautillé quelques secondes sur la large croupe du quadrupède, cet oiseau se plaça à côté de l'une des tumeurs que j'ai signalées et parut l'examiner avec soin. Puis, se cramponnant avec énergie en enfonçant ses ongles dans les poils, il se mit à frapper le sommet de la bosse à grands coups de son bec, dont il se servait comme d'un marteau sur une enclume. De temps en temps il interrompait sa besogne pour pincer la peau entre ses mandibules, en la tortillant de droite et de gauche de toutes ses forces. Il y allait de si bon cœur que souvent dans une brusque secousse il perdait l'équilibre et tombait de côté; mais il se redressait aussitôt et reprenait son singulier manège. La peau ainsi rudement tiraillée ne tarda pas à s'entamer, et le sang coula abondamment. Le petit volatile frappait toujours :

Le pique-bœuf.

enfin, il fit tant et si bien, que la bosse creva. Alors, entourant la base de la tumeur avec ses pattes, il la comprima vigoureusement comme on le ferait avec les doigts, et cette manœuvre eut pour résultat d'en faire sortir, bien malgré lui, un ver blanchâtre en tout semblable au premier. En un tour de bec il fut saisi et avalé. Ce premier travail accompli, notre gourmand passa à une seconde bosse, puis à une troisième, et ainsi de suite jusqu'à la dernière; la récolte produisit huit grosses larves dodues, qu'il engloutit avec voracité. Alors, voyant la place nette, il essuya avec soin son bec ensanglanté sur le poil du bœuf, poussa un cri de satisfaction et prit sa volée pour aller s'abattre plus loin sur un autre quadrupède [1].

1. C'est le *Buphaga Africana*, Levaill., petit oiseau de la famille des *Passereaux*, fort commun dans l'Afrique orientale et les grandes prairies de l'Amérique. Cette curieuse habitude d'extraire les parasites des ruminants lui a valu le nom vulgaire de *pique-bœuf*. Il n'existe pas en Europe; mais nous avons cru pouvoir, sans trop d'invraisemblance, le faire intervenir dans ce récit.

Tout le temps que durèrent ces opérations, qui ne devaient pas laisser que d'être fort douloureuses, le bœuf ne donna aucun signe d'impatience et souffrit avec complaisance les morsures de son petit libérateur. De crainte de l'effaroucher, il cessa de manger et resta immobile à la même place. Je compris que cet animal savait apprécier le service qui lui était rendu, et qu'il préférait supporter les douleurs aiguës de cette ponction vigoureuse, plutôt que d'endurer sans cesse les vives démangeaisons causées par les larves ennemies de son repos. C'est égal, cet oiseau possède là un instinct des plus remarquables, et il faut que son bec ait une force énorme pour pouvoir percer un cuir aussi épais que celui de son patient ; aussi je m'explique maintenant ce renflement qui le termine et dont je n'avais pu d'abord apprécier l'utilité.

Comme ces pauvres bœufs doivent désirer la venue de ce gracieux petit chirurgien qui, tout en profitant du produit de sa chasse, sait en même temps soulager leurs cuisantes douleurs ! D'un autre côté, je m'imagine la triste figure que doivent faire les larves quand le terrible poinçon, manié comme un marteau, vient retentir au-dessus de leur tête ; avec quelle anxiété elles doivent suivre les diverses péripéties de cette attaque directe, qu'il leur est impossible de fuir, et quels vœux elles forment pour que la peau de leur victime résiste à ces furieuses secousses ! Ma foi, tant pis pour elles, je ne les plains pas ; elles ont mérité leur sort, car qui vit de sang doit s'attendre un jour à voir couler le sien.

Ce matin j'ai été examiner le ver de la même espèce qui, plus heureux que ses frères, a quitté la place avant la prise d'assaut. Un grand changement s'est opéré en lui : sa peau, d'abord molle et flexible, s'est endurcie peu à peu ; les lignes de séparation des anneaux se sont effacées. Puis le corps, en se contractant sur lui-même, s'est détaché de son enveloppe, et cette dernière a pris une couleur brune et une dureté si considérable qu'il paraît impossible de l'entamer. Le tout représente une sorte de petit baril pointu aux deux bouts, et je pense que l'insecte s'est changé en nymphe dans l'intérieur ; je reviendrai le surveiller de temps en temps, afin d'assister à l'éclosion de l'insecte parfait. Qui sait ce qu'il en sortira ?

Vous le voyez, j'ai profité des leçons que le savant a faites, il y a quelques jours, sur les métamorphoses, et je parle *chrysalide, nymphe, insecte parfait*, absolument comme un vieil habitué. Que voulez-vous ! quand on est instruit de fraîche date, on aime à faire parade de son savoir, et, soit dit sans me flatter, pour une simple larve, je commence à savoir pas mal de choses !

30 mai.

Je connais aujourd'hui complètement l'insecte qui produit des tumeurs sous le cuir des bœufs. On n'a pas oublié, sans doute, qu'en ma présence j'avais vu une de ces larves se blottir sous une pierre et s'y changer en chrysalide. Ce matin l'éclosion a eu lieu devant moi.

Depuis plusieurs jours, j'avais remarqué que sa couleur devenait plus claire, comme si l'enveloppe extérieure n'adhérait plus aussi intimement à son contenu. Le moment approchait, et je redoublai de surveillance. Il y a une heure à peine, il me sembla que le corps était agité de mouvements rapides et alternatifs de gonflement et de rétraction. A chaque augmentation de volume, la coque, violemment distendue, menaçait de se rompre. Tout à coup une sorte de calotte sphérique se détacha de l'un des bouts, et par l'ouverture j'aperçus la tête du prisonnier, dont les gros yeux semblaient me regarder. Puis, peu à peu, l'animal tout entier se fit jour au dehors. Il n'avait que deux ailes brillantes et ressemblait à une grosse mouche.

Son corps était noir, mais de longs poils jaunâtres, placés en touffes serrées sur la tête, le corselet et la base de l'abdomen, masquaient la teinte réelle et faisaient paraître l'insecte roussâtre. Une grande bande noire transversale, avec des raies enfoncées, ornait le corselet. Les pattes étaient noires, avec l'extrémité blanchâtre. Deux petites aigrettes plumeuses placées sur la tête formaient les antennes. C'était, en somme, un assez joli petit animal, qui, après avoir laissé sécher ses ailes humides au soleil et raffermir ses membres encore bien faibles, prit son vol en bourdonnant. Je le perdis bientôt de vue[1].

C'était bien déjà quelque chose de connaître le produit de nos larves ; mais, pour avoir leur histoire complète, il eût fallu savoir comment elles s'y prennent pour s'introduire sous la peau. Prenant donc mon courage à deux mains, je me rendis, malgré la chaleur, dans la prairie, et je m'établis en surveillance auprès des bœufs. Une heure se passa sans que je pusse rien voir, et j'allais me retirer désappointé, quand une mouche vint se poser sur le dos d'un des plus gros ruminants. Elle se mit aussitôt à parcourir rapidement les divers points de la peau qui lui paraissaient les plus convenables. Pendant ce temps, le quadrupède donnait tous les signes d'une inquiétude extrême ; il s'agitait en place, reniflait bruyamment, frappait ses flancs de sa queue robuste et essayait de chasser avec ses cornes et sa langue l'indiscret visiteur. Celui-ci, sans s'émouvoir, continuait ses recherches et se bornait à changer de place quand l'attaque était par trop directe. Enfin son choix fut fait, et il commença son opération.

Pour cela, il fit sortir de son abdomen un petit stylet d'un brun luisant,

1. Cet insecte, de l'ordre des *Diptères*, est l'*Hypoderma bovis*, Fabr. Ce sont des parasites fort désagréables pour les ruminants, dont ils compromettent la santé lorsqu'ils sont réunis en grand nombre sur le même individu. Il n'est pas rare en France dans les localités où les bestiaux abondent.

formé de quatre petits tubes ajoutés bout à bout et rentrant l'un dans l'autre, comme les diverses parties d'une lorgnette. L'extrémité était bifide. Il l'appliqua sur le cuir et en fit sortir cinq petites lances ou aiguillons très aigus, munis d'un mouvement de va-et-vient rapide, si bien qu'en pressant fortement et un peu obliquement ces dards acérés pénétrèrent de toute leur longueur sous la peau frissonnante du patient, et formèrent une plaie étroite et profonde. Il fit alors rentrer son instrument, merveilleusement propre à perforer, et, à l'aide du tube conducteur de l'appareil, il déposa un œuf au fond de la piqûre. En moins d'une minute tout fut terminé. Cinq œufs furent ensuite placés de la sorte à différentes places, malgré les mouvements désordonnés du bœuf, qui semblait affolé, comme s'il eût compris la gravité de ces blessures, insignifiantes en apparence, et notre mouche s'en fut alors plus loin à la recherche d'une autre victime.

Il est donc évident que la larve qui sortira de cet œuf vivra en suçant le sang du malheureux herbivore, et c'est l'irritation continuelle produite par le frottement des épines bordant ses anneaux sur la chair vive, qui finit par déterminer un afflux de liquides et cause la formation de la tumeur singulière dont la découverte avait si vivement surexcité ma curiosité.

CHAPITRE XI

UNE PROCESSION. — LES CHENILLES ET LES ICHNEUMONS.
LE PARASITISME.

10 juin.

Il y a trois jours, je découvris au pied d'un gros chêne un objet qui m'intrigua. C'était un gros sac de toile soyeuse, d'au moins vingt centimètres de longueur sur dix de largeur, étroitement collé contre le tronc et faisant une saillie considérable. Je l'examinai avec soin sans pouvoir en connaître la nature. La partie inférieure, en cul-de-sac, ne présentait aucune ouverture; la supérieure, moins distendue, offrait un petit pertuis de la grosseur du doigt, dont l'entrée était parsemée de poils roussâtres enchevêtrés. Ce singulier nid paraissait inhabité au premier coup d'œil; mais avec un peu d'attention on devinait aisément que de nombreux animaux vivaient dans son intérieur; car, à travers les parois, on distinguait des mouvements confus, analogues à ceux que produirait un amas de corps vermiformes rampant les uns sur les autres. Mais là se bornaient mes découvertes, et, malgré toute ma patience et mes factions prolongées, je n'avais vu sortir aucun être vivant de cette habitation originale.

Jusqu'à hier, tout resta dans le même état. Vers le soir, fatigué de mon inaction, j'allais exécuter une petite promenade hygiénique, quand tout à coup la scène changea. A travers l'unique orifice du nid, je vis surgir une tête noire qui s'avança lentement, et bientôt une chenille d'un pouce de longueur se mit à grimper le long de l'arbre. Sa couleur générale était brun roussâtre avec un peu de gris par places; le dos présentait une bande d'un noir foncé, sur laquelle des tubercules saillants d'un rouge vif tranchaient fort agréablement. Ces petits corps verruciformes étaient surmontés d'aigrettes de longs poils inégaux, peu touffus et grisâtres. Six petites pattes antérieures noires et écailleuses et dix mamelons charnus aidaient l'animal dans sa marche.

A peine la partie postérieure de cette chenille eut-elle franchi l'orifice, qu'une deuxième chenille, en tout semblable, apparut à son tour, suivant la première à la toucher. Une troisième, une quatrième, ainsi de suite, jusqu'à huit, sortirent à la file les unes des autres, exécutant sans la moindre variation les mouvements de la première. Alors celle-ci fit une pause de quelques instants, et quand elle se remit en marche, au lieu de la neuvième chenille que je m'attendais à voir paraître, j'en aperçus deux marchant de front à la suite de la colonne. Elle furent suivies, à leur tour, par un couple tout pareil, et, sans interruption, cinq nouvelles paires leur succédèrent. Puis la file se tripla, se quadrupla et alla ainsi de suite, en augmentant progressivement, jusqu'à ce que vingt chenilles, placées sur un seul rang, formassent l'arrière-garde. Rien de plus singulier que cette procession. Nos chenilles, alignées pour ainsi dire au cordeau et gardant exactement leur rang de bataille, marchaient avec un ensemble admirable, se guidant sur celles qui les précédaient et imitant servilement tous les mouvements de leur conductrice. Au moment où les dernières larves sortaient du nid, celle-ci, déjà fort éloignée, atteignait les basses branches du chêne. Elle n'avait pas exécuté son ascension en ligne droite, et l'on pouvait, aux ondulations et aux courbures de la colonne animée, reconnaître exactement les détours et les zigzags qu'elle avait décrits. Je n'en pouvais croire mes yeux, tant cette manœuvre était extraordinaire. Tous ces corps velus, ondulant ensemble aux reflets du soleil couchant, formaient un tableau fantastique ; on eût dit une armée régulière marchant en bataille pour s'emparer d'une forteresse bien défendue.

Telle n'était point cependant l'intention de nos chenilles, car il ne s'agissait pour elles que de conquérir de bonnes feuilles fraîches pour le repas du soir. La conductrice, ayant atteint un rameau touffu, s'y engagea, suivie scrupuleusement par toute la troupe, et, saisissant une foliole naissante, se mit à la dévorer incontinent. Ce fut le signal de la débandade. Les rangs furent rompus, et chacun se précipita à la recherche de son dîner. Elles étaient là plus de mille, et le bruit de leurs mandibules dévorant le parenchyme des feuilles était assez fort pour simuler le bruissement d'une forte pluie tombant à travers le feuillage. Le nid, n'étant plus distendu par la masse de ses habitants, s'était affaissé sur lui-même, au point que ses parois flasques et molles semblaient faire corps avec l'écorce qui le supportait.

La manière dont les chenilles dévoraient les feuilles était digne de remarque. Après avoir saisi entre les pattes membraneuses postérieures le rebord de cet organe végétal, qu'elles comprimaient pour avoir un solide point d'appui, elles plaçaient leur corps à cheval sur les dents du pourtour et en détachaient, avec leurs mandibules, une mince lanière, aussitôt avalée. Pour cela, étendant leur tête jusqu'au plus haut point où elles pouvaient atteindre, elles l'abaissaient lentement en mordant sans cesse, et s'arrêtaient seulement lorsqu'elles étaient parvenues à la nervure centrale. Une fois là, le corps se redressait, et les mandibules commençaient une nouvelle entaille un peu au-dessus, pour aboutir encore à la côte médiane. La ligne qu'elles découpaient de la sorte était légèrement courbe et parfaitement nette, de sorte que, peu à peu, la nervure principale, trop dure sans doute pour leurs dents, finissait par demeurer seule intacte, témoignage irrécusable de leur bon appétit. Une fois la feuille entièrement dégarnie de son limbe, elles passaient à une deuxième, qu'elles ne quittaient qu'après l'entière satisfaction de leur faim. Chaque chenille dévorait ainsi une feuille et demie ou deux par repas, et, en regardant dans les branches supérieures de l'arbre, je vis clairement, en constatant les énormes vides du feuillage, que, du train dont elles y allaient, le chêne serait bientôt dépouillé de son vert ornement.

Nid de chenille processionnaire.

J'aurais voulu voir dans quel ordre ces animaux rentreraient dans leur habitation une fois repus; mais la nuit devint si noire, qu'il me fallut renoncer à toute observation pour ce soir-là. Ce matin, de bonne heure, je me suis rendu à mon poste; mais j'ai attendu vainement une autre sortie, d'où j'ai conclu que les chenilles ne prenaient leur repas que le soir. Voyant donc que je n'avais plus rien à espérer, je regagnais ma demeure, quand un bruit de pas attira mon attention, et je reconnus le savant et mon ami qui se dirigeaient vers le bois. J'attendis alors, et bien m'en prit, car jamais plus instructive conversation ne frappa mes oreilles.

« Tenez, dit le premier, voici quelque chose qui vous intéressera. Regardez ce nid de chenilles *processionnaires,* ainsi appelées par Réaumur parce qu'elles ne marchent qu'à la file les unes des autres, par rangs de plus en plus étendus; c'est le *Cnethocampa processionnea,* Lat., des entomologistes. Cette habitation se compose de plusieurs sacs soyeux emboîtés les uns dans les autres et formés de bourre de soie grossière et de poils détachés. Ouvrez-le avec précaution, car ces poils raides et dentés en scie pénètrent aisément dans la peau et causent des démangeaisons insupportables. On a vu même des accidents graves survenir chez des individus qui, en frappant ces nids avec un bâton, avaient fait voler dans l'air ces petites aiguilles dangereuses et les avaient respirées. Méfiez-vous... Là! très bien.

— Grand Dieu! quelle énorme quantité de chenilles. Cette masse grouillante est hideuse à voir! Que deviennent ces vilaines bêtes?

— Une fois leur accroissement terminé, elles se construisent un cocon de soie dans lequel elles font entrer leurs poils, et s'y transforment en chrysalides. C'est encore en commun que le travail est exécuté; chaque chenille file le sien en le juxtaposant contre celui de ses compagnes, et l'ensemble de tous ces cocons constitue une sorte de gâteau solide, de la longueur du nid. Quand ce dernier est trop petit pour renfermer toutes les chrysalides, nos industrieux animaux se construisent une annexe tout auprès, parfois même deux ou trois. Quinze jours après, la transformation en papillon a lieu, et en vingt-quatre heures, si l'année a été favorable et les *ichneumons* peu abondants, un millier de *processionnaires* s'envolent à la fois. Ces papillons, peu remarquables d'ailleurs, sont d'un gris cendré taché de lignes noires plus ou moins interrompues sur les ailes supérieures, avec une bande brune transversale sur les inférieures. Ils ne volent qu'après le coucher du soleil. Les œufs sont déposés, en petits tas, contre le tronc des chênes.

« Cet insecte, souvent très commun, est fort nuisible à ces arbres, dont il détruit parfois tout le feuillage; mais il est facile de s'opposer à ses dévastations, puisque d'un seul coup de filet on prend le peuple tout entier, qui reste enfermé pendant le jour dans le nid commun. On le détache avec précaution et on le brûle. Il est d'autant plus aisé de débarrasser les bois de ces hôtes incommodes, que c'est toujours sur les lisières qu'ils s'établissent, ce qui permet de les apercevoir même à distance.

— Quel est cet animal tout différent placé au milieu de nos chenilles? Que fait-il en si mauvaise compagnie?

— C'est tout simplement une nouvelle application de la fable de La Fontaine : *le Rat retiré dans un fromage*. Cette larve, car c'en est une, de la famille des *carabiques*, a raisonné fort convenablement pour sa petite cervelle. « J'adore les chenilles, s'est-elle dit, et la nature m'a créée pour « ne vivre que de cette chair succulente. Or, il est fort pénible de chasser « ces animaux, qui, toujours perchés sur des feuilles tremblantes au moindre « effort du vent, sont fort difficiles à approcher. D'un autre côté, j'ai remar-« qué que toute la tribu rentre pour se reposer sous un toit commun. Je « serais donc une sotte si je ne profitais de cette bonne aubaine. » Et elle a fait comme elle l'avait dit. S'introduisant tranquillement dans le nid mal gardé, elle a élu domicile au milieu de ses victimes futures, qui, fort apathiques, s'inquiètent peu de sa présence, et il lui suffit d'allonger la tête pour croquer jusqu'aux poils la chenille qui lui convient. Et je vous prie de croire que l'appétit de notre larve n'a nul besoin d'excitant; elle est même si gloutonne, qu'à la fin de son repas l'énorme distension de son ventre l'empêche de faire aucun mouvement. Cette intempérance lui attire souvent quelques légers désagréments; car si quelque autre larve de la même espèce, parasite du nid comme elle, la rencontre dans cet état, elle la dévore sans remords, la prenant sans doute pour une chenille plus dodue que les autres.

« Cette larve produit, en se transformant, un des plus beaux insectes de nos pays, le *Calosoma sycophanta,* L., superbe *carabique* de grande taille, au corselet bleu et aux élytres verts rayés d'or et de pourpre mélangés. En cet état, notre animal est aussi amateur de chenilles que dans son enfance et pendant les quelques jours de sa vie, Dieu sait le carnage qu'il fait de nos *processionnaires !*

— Puisque nous avons aujourd'hui bien du temps devant nous, seriez-vous assez bon pour me donner quelques détails sur les chenilles? J'en rencontre tous les jours un grand nombre, et je ne serais pas fâché de connaître leur histoire.

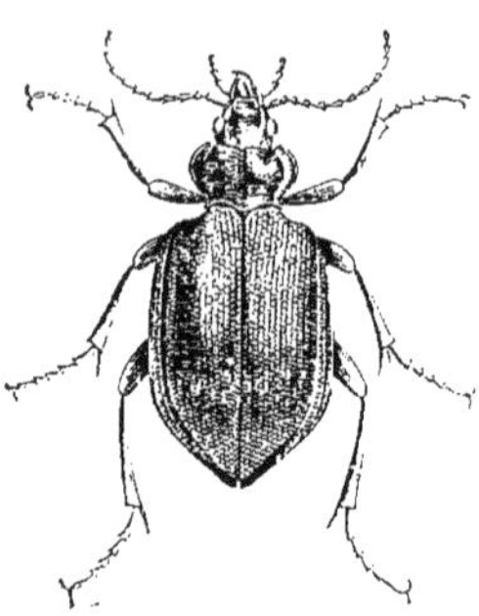

« Un des plus beaux insectes de nos pays. »

— Je le veux bien. Il n'est pas, au reste, de sujet plus intéressant et surtout plus utile; car de l'étude des mœurs de ces larves on parviendra un jour à déduire les moyens propres à limiter les ravages des espèces nuisibles qu'elles renferment dans leurs rangs. Sans plus de préambule, j'entre donc en matière.

« Tous les végétaux, depuis l'humble lichen, dont les expansions foliacées s'attachent aux rochers pour en préparer la surface pour des plantes plus développées, jusqu'au sapin majestueux dont la tête se perd dans les nues, nourrissent une ou plusieurs espèces de chenilles. Mais une loi générale régit cette distribution de parasites : chacun d'eux vit exclusivement sur une seule espèce végétale, et quand cet aliment déterminé vient à lui manquer, il ne lui reste plus qu'à mourir de faim. Il y a bien pourtant quelques exceptions, mais elles sont rares; je citerai comme exemple la chenille du *bombyx de la ronce,* appelée vulgairement *anneau du diable,* parce qu'elle se met en cercle quand on la touche, et que son corps, couvert de poils noirs soyeux, est rayé de bandes feu. Elle vit non seulement sur la ronce, mais encore sur la chicorée, le plantain, le chêne, etc.; mais, je le répète, on peut compter les exceptions à cette règle. Toutes les parties des végétaux sont attaquées, les feuilles, les fleurs, les fruits, les écorces, le bois et les racines, non par le même animal, mais par des espèces différentes. Ainsi le *Liparis salicis,* Dup., attaque les feuilles du saule; le *Cucullia lychnitis,* Dup., les fleurs du bouillon-blanc; le *Cossus ligniperda,* L., vit sous l'écorce de l'orme; le *Zeuzera æsculi,* L., dans les racines des marronniers d'Inde; le *Pyrales,* dans les pommes, etc., etc. Il est même une chenille qui choisit pour aliment les exsudations résineuses des pins, matière grasse à odeur de térébenthine, dont la saveur doit être détestable. C'est l'*Aglossa pinguinella,* Dup.

« Les matières animales sont loin de trouver grâce devant les mâchoires voraces de nos chenilles. La laine des vêtements, la soie, les collections d'histoire naturelle, la cire des abeilles, etc., ont parmi elles des ennemis acharnés, qui font le désespoir de nos ménagères. On les connaît vulgairement sous le nom général de *mites* ou de *teignes.* Leurs mœurs sont extrêmement curieuses, et nous arrêteront un instant quand leur tour sera venu.

« D'après cette diversité d'habitation et de nourriture, on peut supposer à priori que les chenilles doivent présenter une extrême variété dans leurs formes et dans leurs habitudes; c'est ce qui arrive en effet. Le seul caractère commun à toutes existe dans la forme générale du corps. Il est vermiforme; mais il offre souvent de nombreux appendices qui en modifient la physionomie. Ainsi la tête porte des élévations cornues, simples ou rameuses; des protubérances d'aspect variable font saillie sur le dos ou les côtés, et le dernier anneau du corps est parfois surmonté de filaments fourchus et de tubérosités cornées de structure particulière. Des poils, des épines, des soies, plus ou moins serrés, plus ou moins longs, couvrent les téguments, ou manquent entièrement, et il est aisé de voir que le mélange de ces divers ornements doit rendre les animaux qui les portent fort dissemblables. Je veux vous en citer deux exemples fort remarquables.

« Le premier nous sera fourni par la chenille de l'*Urapterix sambucata,* Dup., qui vit sur le sureau; elle est fort longue et très effilée. Le troisième anneau est renflé en bosse antérieurement; le cinquième est muni, de chaque côté, d'un appendice tuberculeux très gros, en forme de bourgeon; le septième porte une protubérance très saillante et recourbée en avant. L'intervalle qui sépare les pattes écailleuses de devant des pattes membraneuses postérieures est très grand. La couleur générale est d'un brun rougeâtre tirant sur la couleur bois.

« Cette chenille se tient droite et raide, fixée seulement par les pattes postérieures, et souvent elle incline ses premiers anneaux latéralement, comme si elle était brisée. On dirait exactement une petite branche morte. Elle reste dans cette attitude des journées entières, et il est alors fort difficile de la distinguer des rameaux auxquels elle est cramponnée; cette position forcée doit exiger une force musculaire énorme, car elle est extrêmement fatigante. Quand l'animal se met en mouvement, il fixe ses pattes antérieures, rapproche les postérieures à toucher les premières, ce qui force le corps à se replier en demi-cercle; alors il prend un point d'appui sur les membres de derrière et allonge la tête en avant pour répéter le même manège. On croirait voir un arpenteur mesurant le terrain; aussi donne-t-on à ces chenilles le nom d'*arpenteuses*.

« Le deuxième exemple est le *Dicranura vinula,* L., belle chenille aux couleurs vives et agréablement variées qui habite le peuplier. Elle porte sur le dernier anneau deux longues queues fistuleuses d'un vert bleuâtre, hérissées d'épines noires. Ces appendices renferment un filet charnu, couleur de chair, qui peut rentrer ou sortir à volonté. Voici l'usage de ce singulier ornement : quand les *ichneumons,* dont nous parlerons bientôt en détail, viennent pour l'attaquer, elle redresse brusquement ses appendices, fait saillir les tentacules qu'ils contiennent et en frappe fortement, comme d'un fouet, l'ennemi qui s'avance. Celui-ci, étourdi, renonce alors à ses projets; mais s'il n'est pas suffisamment puni et revient à la charge, une nouvelle bordée le décide à la retraite. Ne trouvez-vous pas ce procédé fort curieux ?

« Cette chenille se tient droite et raide. »

— Ce doit être intéressant, en effet, d'assister à ce combat. Est-ce que l'on peut se procurer aisément cette chenille?

— Très facilement. Elle est très commune sur le peuplier en juin; c'est en écartant les herbes qui entourent la base de ces arbres que vous la trouverez, principalement de midi à quatre heures, moment où elle fait sa sieste. Elle vit fort bien en captivité, et vous pouvez l'observer à votre aise.

« Il est bien d'autres chenilles qui offrent de grandes singularités d'aspect; mais je n'en finirais pas aujourd'hui si je voulais signaler la dixième partie de celles qui mériteraient de fixer votre attention.

« Malgré cette diversité de conformation, les chenilles ont néanmoins un certain air de famille qui permet de reconnaître leur nature au premier coup d'œil; il y a pourtant une difficulté assez grande dans certains cas : car il est une tribu de l'ordre des *Hyménoptères* dont les larves ont une grande analogie de formes avec elles. On les nomme pour cela *fausses chenilles*. Cependant un examen attentif permettra toujours de trancher la question, et voici comment : les vraies chenilles ont, en principe, six pattes antérieures écailleuses et dix pattes postérieures membraneuses, ce qui fait en tout seize. Elles peuvent en avoir moins, mais jamais plus. Or, les fausses chenilles possèdent toujours un nombre de pattes supérieur, dix-huit, vingt, vingt-quatre, etc.; il sera donc aisé de les distinguer. Si je vous donne ces détails, en apparence inutiles, c'est que grâce à eux les personnes qui collectionnent les chenilles pour les élever et en obtenir le papillon ne seront pas exposées à donner leurs soins à des intrus dont l'éducation ne donnerait pour résultat que des mouches à quatre ailes. Déception fort désagréable, qui souvent refroidit le zèle des jeunes entomologistes.

« La coloration des téguments des chenilles varie extrêmement; le rouge, le bleu, le jaune et toutes les couleurs qui en dérivent s'y donnent rendez-vous et, par leur association, parent ces animaux d'une robe parfois splendide. Cette diversité de pelage va si loin et est tellement peu propre à telle ou telle tribu, qu'il est de toute impossibilité de donner quelques appréciations générales sur cette matière. Tout ce que l'on peut dire, c'est que le blanc et le noir sont relativement assez rares, du moins isolés, et n'entrent que dans la composition des dessins, et qu'il est très difficile de trouver une chenille dont la peau soit d'une couleur uniforme; presque toujours plusieurs teintes viennent en relever l'ensemble.

« Les couleurs du papillon et de sa chenille n'ont le plus souvent aucune relation entre elles, comme on pourrait le supposer, et il est assez fréquent de remarquer, au contraire, des dissemblances fort tranchées. Ainsi, la chenille des *argynes* est noire, et son papillon est bleu, glacé d'argent. Le *grand-paon* est de couleur terne, et sa chenille est d'un jaune vif avec des tubercules d'un bleu de saphir. Cependant on observe que les chenilles ont une certaine tendance à emprunter les teintes des végétaux qu'elles habitent. Il y en a un grand nombre de vertes, comme les feuilles de la plupart des arbres; il en est de brunes et de noires, comme les *lithosies* qui vivent sur les écorces, avec lesquelles elles se confondent. La *cucullie* du bouillon-blanc est agréablement variée de jaune et de blanc mat, de même que la plante qu'elle habite, dont les feuilles sont blanchâtres et les fleurs jaunes, etc., etc.

« Parfois aussi cela n'arrive pas, comme on peut le voir chez le sphinx de Nice (*Deilephila Niceæ*), qui se nourrit des feuilles de l'*Euphorbia cyparissias*, L., plante d'un vert sombre. Elle est d'un rose tendre assez vif, sur lequel tranchent fortement de nombreux yeux jaunes bordés de bleu. Aussi, grâce à ces brillantes couleurs, est-elle très facile à découvrir.

« La livrée des chenilles n'est pas toujours la même dans leur jeunesse et dans leur âge mûr. De grandes variations se présentent à ce point de vue, notamment pour l'espèce dont je viens de vous entretenir, qui en naissant est noire et poilue, et n'acquiert sa peau lisse et ses belles couleurs qu'à la seconde mue.

« Ainsi, en fait de formes extérieures et de couleurs, la nature semble s'être donné libre carrière chez ces animaux, et pour donner une idée approximative des diverses tribus de nos lépidoptères il faudrait peut-être les décrire tous, tant il y a peu de rapport, à ce point de vue, entre les espèces même les plus voisines. Je ferai pourtant une exception en faveur de celles qui vivent à l'abri de la lumière dans des réduits cachés, car chez elles nous voyons les couleurs ternes et uniformes régner sans partage. A quoi bon orner ces animaux, puisqu'ils sont destinés à vivre à l'abri de tous les regards indiscrets?

« La taille des chenilles varie beaucoup. On en trouve qui ont à peine cinq millimètres de longueur, et d'autres qui atteignent jusqu'à quinze centimètres. Entre ces deux termes les plus éloignés, tous les intermédiaires existent. La plus grande chenille de nos pays est l'*Acherontia atropos,* dont le papillon est connu sous le nom de *tête-de-mort*. Elle est jaune, avec des bandes obliques bleues régulièrement disposées. Sa grosseur est égale à celle du doigt indicateur. On la trouve sur les feuilles de la pomme de terre. Elle passe pour très venimeuse; mais c'est à tort qu'on lui attribue cette funeste propriété, car elle est complètement inoffensive.

« Au point de vue des mœurs, nous avons aussi à constater de grandes différences et à faire de fort intéressantes observations: certaines espèces même méritent largement les honneurs d'une mention particulière et détaillée. Mais, avant d'aborder leur histoire, je vais parler en bloc des habitudes communes à la plupart d'entre elles. Ce sera une sorte de point de départ propre à servir de comparaison.

« J'ai déjà dit que nos animaux vivaient, pour la grande majorité, sur les feuilles des plantes qu'elles rongent pour se nourrir, et cela en plein air, sans dissimuler le moins du monde leur présence. Cette insouciance les exposerait à tant de dangers que leurs rangs, sans cesse ravagés par de nombreux ennemis, seraient bientôt décimés, si, par un habile stratagème, la nature n'y avait mis bon ordre, au moins pour les espèces à générations peu nombreuses. C'est, en effet, la nuit que nos chenilles prennent leur repas, soit au crépuscule, soit à l'aurore, et le reste du jour, blotties dans quelque fente protectrice, elles digèrent en paix. Il serait donc fort difficile de les apercevoir, si les traces de leurs déprédations ne venaient déceler leur présence. Les feuilles sont rongées jusqu'à la tige, ou bizarrement festonnées, ou transformées en dentelle partout où elles ont passé, et l'on peut ainsi les suivre à la piste, ou bien attendre le soir et les prendre sur le fait, à l'aide d'une lanterne allumée. Mais souvent aussi, et principalement dans les invasions intermittentes des espèces nuisibles, on n'a pas tant de peine, car des légions innombrables couvrent nos arbres et en détruisent le feuillage en peu de jours. On les voit suspendues par paquets aux rameaux, et ceux-ci, dépouillés de leur verdure, semblent tristes et mornes comme aux jours les plus sombres de l'hiver.

« La durée de la vie des chenilles est assez variable ; pourtant elle n'est jamais considérable. Huit jours suffisent à certaines espèces pour atteindre leur complet développement ; il en est d'autres, cependant, qui ont besoin de près de trois années. Mais ces dernières ne doivent leur vie plus longue qu'à certaines circonstances toutes fortuites qui, en retardant leur croissance, agrandissent le cercle de leur existence. La principale est l'hiver. La plupart des papillons, en effet, ont deux générations par an : l'une au mois de mai, qui arrive à terme en août ; l'autre en septembre, dont les chenilles passent toute la mauvaise saison dans l'engourdissement, pour ne se changer en chrysalides qu'en mars de l'année suivante. On peut donc, abstraction faite de ces derniers cas, les plus rares, prendre deux mois pour durée moyenne de la vie de ces insectes. C'est, vous le voyez, une vie fort courte, si on la compare surtout à l'existence de certaines larves des autres ordres, celle des *lucanes cerfs-volants,* par exemple, qui dure six années révolues.

« On a fait quelques recherches intéressantes pour savoir quelle quantité de nourriture une chenille peut absorber pour arriver à son entière croissance. Le *Bombyx anastomose,* L., en particulier, a été étudié avec beaucoup de soin sous ce point de vue, qui touche aux intérêts de l'agriculture. On a constaté que cet insecte dévorait par jour quatre feuilles de peuplier, ce qui, pour vingt-huit jours environ de vie totale, donne cent douze feuilles entières. Or, comme chaque papillon fait de trois à quatre cents œufs, une seule génération détruira, pour vivre, quarante-quatre mille huit cents feuilles ! Il suffirait donc que trois ou quatre papillons de cette espèce déposassent tous leurs œufs sur un seul arbre pour que toutes les feuilles en fussent dévorées, au grand préjudice du végétal, à qui ces organes sont d'une absolue nécessité.

« En général, on se fait une étrange idée du rôle que les feuilles ont à remplir dans la vie des végétaux. Il est presque reçu par tous les agriculteurs que, pourvu que les parasites n'attaquent pas les racines ou le tronc d'un arbre, celui-ci n'a pas à redouter de fâcheuses conséquences des autres lésions qui l'atteignent. C'est une grave erreur, qu'il est aisé de réfuter en jetant un coup d'œil rapide sur la façon dont s'accomplit la nutritition des plantes. Chacun sait que le *carbone* ou charbon, qui constitue la majeure partie du tissu ligneux, est emprunté non au sol, mais à l'air, à l'aide de l'acide carbonique que ce dernier renferme. C'est donc la respiration qui fait croître les plantes. Or, par où respirent-elles? Uniquement par les feuilles, qui, à cet effet, sont criblées d'une multitude de petites ouvertures nommées *stomates,* par lesquelles se font l'inspiration et l'expiration; c'est la respiration animale renversée : car chez les animaux l'oxygène est absorbé et l'acide carbonique est rejeté, tandis qu'ici le contraire a lieu. De cette opposition de fonctions naît un admirable équilibre dans les proportions du mélange des gaz de l'atmosphère, qui, sans cesse troublées par la respiration des animaux, sont ramenées à leur état normal par les végétaux. Il faut donc reconnaître combien il est essentiel pour les plantes de conserver l'intégrité de leurs feuilles, dont la diminution détermine d'abord le ralentissement de la croissance, et dont l'absence prolongée entraîne la mort, plus ou moins rapide. Les faits sont là, d'ailleurs, pour corroborer la théorie, car sur cent cinquante peupliers entièrement dépouillés d'organes foliaires par le *Bombyx anastomose,* aux environs de Poitiers, cent vingt périrent la première année, et les trente autres l'année suivante; pas un ne survécut à cette invasion de chenilles. Avis aux agriculteurs!

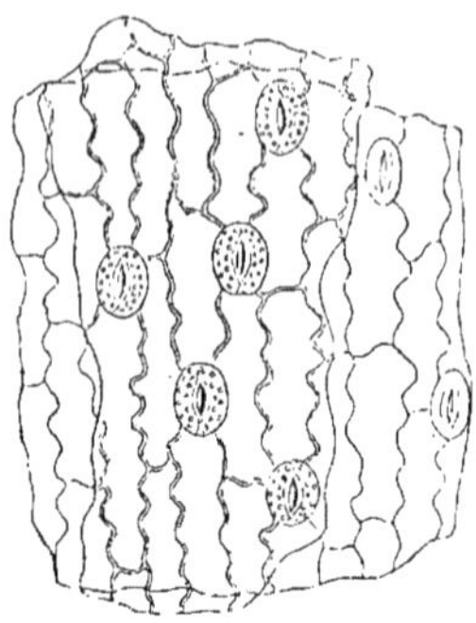
Stomates du lis.

« Les chenilles changent plusieurs fois de peau avant de se transformer en chrysalides; ces changements portent le nom de *mues.* La mue est presque toujours précédée de phénomènes importants. L'animal est inquiet, il paraît souffrant et cesse de manger. (J'en sais quelque chose.) Puis la peau se fend sur le dos, derrière la tête; celle-ci se dégage la première, puis le corps quitte lentement son fourreau à l'aide d'efforts violents et répétés, nécessités pour faire sortir les pattes écailleuses de l'étui corné qui les emboîte étroitement. Il arrive même parfois que, sous l'influence de diverses causes, et principalement de la sécheresse de l'air, cette mue ne peut s'accomplir d'une manière suffisante, et la chenille meurt embarrassée dans son vêtement de rebut, avant d'avoir pu s'en débarrasser tout à fait. Du reste, pour faciliter cet acte, l'animal a soin de s'accrocher avec les dernières pattes membraneuses à un corps solide, afin d'avoir un point d'appui commode qui lui permette de mieux combiner ses efforts. Je suppose que le jeûne forcé qu'il s'impose a pour but d'amener l'amaigrissement, et, par conséquent, de faciliter l'extraction du corps des téguments, rendus plus larges par ce procédé un peu rude. La peau, ainsi rejetée, n'offre pas les couleurs et les dessins propres à l'espèce qu'il abandonne; elle est incolore et transparente, ce qui fait voir que, dans la mue, ce n'est que l'épiderme et non la peau tout entière qui se détache.

« Dans un grand nombre d'espèces, les jeunes chenilles vivent en commun pendant les premiers jours; l'association semble ici augmenter leur sécurité. Le plus souvent même, un travail d'ensemble est exécuté pour mettre la petite colonie à l'abri des accidents si fréquents à cette époque. C'est généralement dans un léger tissu de soie que nos insectes se renferment, sorte de sac suspendu aux branches de l'arbre qui les nourrit, et duquel ils ne sortent que pour aller chercher leur nourriture. Souvent même cet abri provisoire, qui habituellement cesse après la première mue, devient définitif, comme chez les *processionnaires* qui sont là sous nos yeux. Mais il est d'autres chenilles, plus industrieuses, qui savent trouver les vivres à portée sans quitter leur domicile. Pour cela, elles ont soin d'enfermer un certain nombre de feuilles vivantes avec elles, et quand cette provision est épuisée, elles se hâtent de la renouveler en étendant le périmètre du nid protecteur, dont elles ne sortent jamais; l'*ypneumeute* du poirier est dans ce cas. Heureuse habitude, précaution utile pour nous : car elle permet au jardinier de détruire, d'un seul coup et en bloc, toute la famille vorace dont ses plantes ont tant à souffrir.

« Enfin, le moment solennel où la chenille doit quitter sa forme incomplète pour briller d'un plus vif éclat est arrivé. La chrysalide va se constituer, et de ce berceau, en apparence inerte, le papillon sortira bientôt pour propager son espèce. Aussi, pour assurer un aussi grand résultat, la nature s'est-elle ingéniée à l'entourer de merveilleuses précautions, et, toujours fidèle à sa loi, elle a su, pour atteindre le même but, employer des procédés toujours différents. Il faut voir les chenilles quelques jours avant ce moment décisif! Avec quelle inquiétude fiévreuse elles se mettent en quête d'un lieu propice, où le danger ne pourra les surprendre! Elles vont et viennent, furettent dans tous les coins : les fentes des écorces, les cavités des murailles, les interstices des rochers, le dessous des pierres, tout est mis en réquisition. Vingt fois le lieu sera choisi et vingt fois il sera abandonné pour un autre plus propice. L'animal ne mange plus; obsédé d'une seule idée, il cherche, il cherche toujours... Enfin, l'emplacement est trouvé; la transformation va s'accomplir!

« Ici, il faut forcément faire deux catégories parmi nos lépidoptères : la première comprendra ceux dont la chrysalide n'est pas enveloppée d'un cocon, la seconde ceux qui savent tisser une retraite soyeuse propre à les abriter. Les papillons de jour rentrent presque tous dans la première. Voici leur mode d'opérer le plus habituel. La chenille, choisissant soit le rebord d'un mur, soit le dessous d'une feuille, etc., se suspend par les dernières pattes membraneuses, se passe un fil en ceinture sous la poitrine, afin de se maintenir solidement en place; puis la peau est rejetée, et la chrysalide, parée de couleurs brillantes et de pointes épineuses de formes diverses, est pendue la tête en bas. Ainsi placée, elle reste immobile, se balançant seulement par des mouvements brusques de la queue quand on la touche. Le long des corniches des murs qui entourent les potagers, il est aisé d'apercevoir des centaines de nymphes dans cette position, ainsi que vous avez pu le constater quand, il y a quelques mois, nous leur fîmes ensemble la chasse. Et pourtant aucun maraîcher n'a l'idée d'écraser ces innombrables chrysalides, qui, audacieusement exposées à tous les regards, n'attendent que le moment favorable pour recommencer les dévastations, à l'aide d'une nouvelle descendance.

« Un grand nombre d'autres larves se transforment dans la terre. Elles choisissent un sol sablonneux et meuble, où elles n'ont pas à craindre un tassement qui, en s'opposant à la sortie du papillon, causerait leur perte, et s'enfoncent à un décimètre environ. Là, sans autre précaution, elles quittent leur peau, et l'opération est faite. C'est on ne peut plus simple.

Mais les chenilles de la seconde catégorie ne se hasardent pas dans une passe aussi périlleuse sans avoir multiplié les précautions autour d'elles. Leur chrysalide est toujours renfermée dans un cocon de terre, de soie ou de bois, sorte de cellule parfaitement close et admirablement constituée pour le but qu'elle doit remplir. Vous connaissez assez l'histoire du ver à soie pour que je n'insiste pas sur le procédé employé en pareil cas pour la confection de ces diverses habitations. Je dirai seulement que la soie découle à l'état visqueux de petites ouvertures situées des deux côtés de la bouche; le contact de l'air la dessèche aussitôt. Les cocons affectent toutes sortes de formes : il en est de cylindriques, d'ovoïdes, d'aplatis, de fusiformes, etc.; leur couleur ne varie pas moins; mais le jaune, le blanc, le gris et le marron sont les teintes les plus usitées. Enfin, la composition de leurs parois est plus ou moins simple, plus ou moins compliquée, suivant les diverses matières premières que l'insecte a su y mettre en œuvre. Ces parois sont souvent à claire-voie, et l'on aperçoit la chrysalide au travers. Le plus bel exemple de ce genre nous est fourni par l'*Urapterix sambucata,* L., dont j'ai déjà décrit la chenille singulière. Elle se trouve suspendue en plein air dans un filet à larges mailles entremêlé de quelques débris de feuilles et soutenu par quatre ou cinq fils aussi fins que ceux de l'araignée. Cependant ils sont assez solides pour que l'animal, qui est d'une vivacité extraordinaire, ne puisse les casser en s'agitant dans ce léger hamac. C'est à la face inférieure d'une feuille qu'il se trouve habituellement placé. Je vous engage à vous mettre à la recherche de cette chenille, assez commune dans nos environs, et de tâcher de la surprendre dans le tissage de cet admirable nid, et vous serez émerveillé, comme je l'ai été, de l'adresse avec laquelle elle parvient à exécuter ce tour de force de légèreté sans tomber une seule fois.

« Le plus souvent, au contraire, la chrysalide est entièrement cachée dans son cocon, dont les parois, épaisses et parfois dures comme du fer, la dérobent à tous les regards. Cette dureté même, habile précaution pour l'hivernage, devient ensuite un obstacle assez difficile à franchir quand l'insecte parfait veut quitter sa prison, et il n'est pas rare de trouver bien des malheureux papillons morts sans avoir pu percer leur coque. Ce doit être une mort horrible, car elle se rapproche beaucoup de celle qui attend les personnes enterrées vivantes. Pour prévenir un pareil accident, nos insectes emploient certains artifices curieux, notamment le *grand-paon* (*Saturnia pavonia major,* Hub.). Sa coque a la forme d'une poire; elle se compose d'une espèce de feutre très gommé, de couleur brune, et recouvert de fils entrelacés aussi forts que des cheveux. C'est par le petit bout que le papillon doit sortir. En ce point les fils ne sont pas collés les uns aux autres; ils ne sont que juxtaposés, et leur extrémité se trouve libre. Leur ensemble constitue un véritable entonnoir fermé pour tout insecte ennemi, qui ne peut y découvrir de passage; mais le papillon peut en sortir aisément, car par la progression de dedans en dehors, les brins s'écartent. C'est une disposition analogue à celle des osiers qui composent les entonnoirs des nasses, avec cette différence que ceux-ci ferment au poisson le passage par où il est entré, tandis que les fils de la coque laissent librement sortir le papillon.

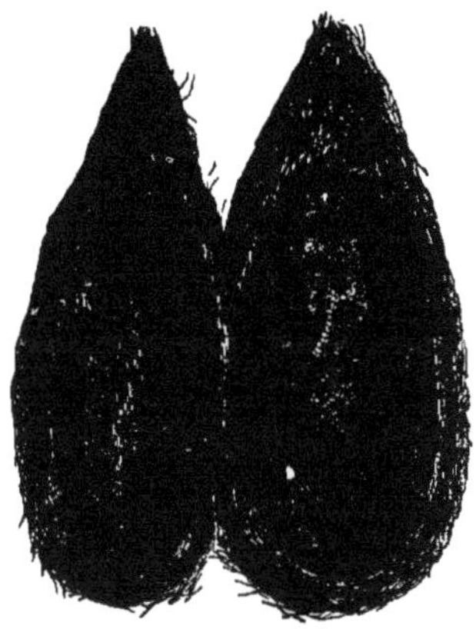

« Sa coque a la forme d'une poire. »

« Chez les insectes à cocons ligneux, c'est à l'aide d'un liquide particulier, qui ramollit les parois de la cellule, que le papillon parvient à la quitter; mais c'est toujours aussi au prix des plus grands efforts; chez de tels animaux les victimes sont le plus fréquentes. Les mouvements de latéralité de l'abdomen aident beaucoup à cette laborieuse opération, grâce à la pointe caudale qui le termine et fournit un point d'appui.

« A leur éclosion, les papillons sont faibles de toutes leurs parties et n'ont que des ailes rudimentaires, en ce sens que, repliés sur eux-mêmes, ces organes paraissent atrophiés. Mais bientôt, sous l'influence solaire, tout change d'aspect. Le limbe des ailes s'étale et prend sa forme définitive; les membres s'affermissent, et l'insecte, dégagé de ses entraves, prend son essor pour aller butiner de fleur en fleur.

« Enfin, les œufs sont déposés par les femelles avec un instinct remarquable, qui les avertit du lieu le plus propice à la génération future. C'est sur la plante que doit manger la chenille, ou dans son voisinage, que ces grains vivants sont ordinairement placés, et c'est souvent avec un art singulier.

Tantôt ils sont collés à la surface inférieure des feuilles, où, rangés par plaques symétriques et régulières, ils présentent à l'œil étonné de gracieux dessins ; tantôt ils entourent le pétiole ou les jeunes branches de plusieurs tours concentriques. De vives couleurs ornent parfois leur coque et augmentent singulièrement la beauté de l'ensemble : il en est de dorés, d'argentés, de nacrés, de rouges, de bleus, de verts, etc., etc. Leur forme varie peu, et elle se rapproche plus ou moins de l'ovale.

« Certains papillons ne se contentent pas de placer leurs œufs à nu sur l'écorce et, ils savent fort bien construire pour eux un lit chaud et mollet, excellent préservatif des intempéries et des gourmands. Les poils qui recouvrent tout l'abdomen servent, en ce cas, de matière première; la femelle les arrache, les dispose par couches alternatives, les agglutine à l'aide d'un vernis gommeux qu'elle sécrète, et les fixe solidement à l'écorce. Les jeunes chenilles, en naissant, percent cette couche qui les enveloppe étroitement, et sortent par autant de petits trous. Le gâteau ovigère ressemble alors à une petite écumoire.

« La vie des papillons, comme je vous l'ai dit pour les insectes parfaits en général, est extrêmement courte. Quelques heures à peine sont l'apanage du plus grand nombre, et les plus favorisés ont huit jours d'existence. Parmi ces derniers, les nocturnes se font remarquer par leurs habitudes lucifuges. C'est, en effet, seulement de dix heures du soir à une heure du matin qu'ils prennent leurs ébats.

« Telles sont les généralités les plus importantes que j'avais à vous communiquer sur nos chenilles et nos papillons. Si vous le voulez bien, maintenant, je vais entrer dans quelques détails sur certaines tribus dont les mœurs offrent un côté intéressant ou utilitaire. Pour faciliter mes descriptions, je leur donnerai un nom tiré de leurs habitudes ou de leurs divers modes d'habitation.

« 1° Mineuses. — Si l'on examine avec soin certaines feuilles malades, on remarque que des lignes blanchâtres ou jaunâtres, disposées suivant des directions variables, forment à leur surface des dessins plus ou moins bizarres. A contre-jour, on constate que ces rayures sont transparentes et intéressent toute l'épaisseur du limbe foliaire. A quoi faut-il attribuer ces accidents? N'avons-nous sous les yeux qu'une de ces anomalies de structure qui sont si fréquentes dans la nature? Mon Dieu non! Les coupables peuvent être pris sur le fait, ils sont encore sur le théâtre du crime; il suffit pour cela de séparer les deux épidermes de la feuille. Vous découvrirez alors que toutes ces lignes sont de véritables galeries microscopiques, creusées dans l'épaisseur du parenchyme, et dans l'une de leurs anfractuosités vous verrez, à coup sûr, une petite chenille, vive et alerte, fuir votre main et s'élancer sur le sol; c'est elle qui a exécuté ce travail remarquable.

— Comment, dans l'épaisseur d'une feuille, épaisseur presque nulle, une chenille peut-elle vivre ?

— Non pas une chenille, mais des centaines ; car nos *mineuses,* qui méritent bien leur nom, comme vous le voyez, vivent en famille dans ce monde en miniature. La galerie, qui commence au point où l'œuf a été déposé par une mère prévoyante, est d'abord imperceptible ; elle va ensuite s'élargissant peu à peu, augmentant de diamètre en même temps que la chenille grossit, et enfin, quand l'accroissement de cette dernière est complet, elle se termine par un cul-de-sac élargi, dans lequel la chrysalide s'est installée. Vous le voyez, il faut à ces pauvres bêtes bien peu d'espace et de nourriture pour vivre ; et pourtant il faut les tuer sans pitié, car les panachures jaunâtres qu'elles produisent sur les feuilles des plantes potagères déshonorent, pour ainsi dire, ces végétaux, qui demandent à être employés dans un état d'intégrité et de santé parfaites. Au feu donc les feuilles minées !

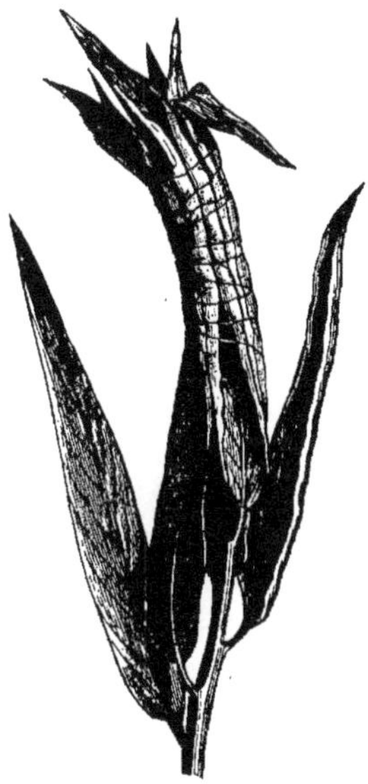
« Les tordeuses enroulent les feuilles. »

« 2° Plieuses, tordeuses. — On nomme ainsi les chenilles qui ont pour spécialité de plier et de tordre de diverses manières les feuilles dont elles se nourrissent. C'est toujours une nouvelle édition de la fable du rat retiré dans un fromage, fromage qui lui sert à la fois de nourriture et d'abri. Les plieuses saisissent le limbe entre leurs pattes écailleuses, et, s'aidant de leurs mandibules, le plient dans le sens de sa longueur et se placent dans l'intérieur de ce logis verdoyant, dont elles maintiennent les bords avec quelques fils de soie. Une ou plusieurs feuilles sont souvent réunies ainsi ensemble par de nombreux liens soyeux, et au centre se tient la chenille. La larve se borne à ronger le parenchyme intérieur de son domicile, en ménageant l'épiderme extérieur, qui la cache à tous les yeux. Les feuilles ainsi rongées sont, pour ainsi dire, réduites aux nervures et ressemblent parfaitement à une dentelle d'une merveilleuse finesse. Quand la transformation arrive, notre insecte bouche toutes les ouvertures et se change en chrysalide sans quitter sa maison. C'est simple, mais plein de bon sens.

« Les tordeuses, comme leur nom le fait pressentir, enroulent les feuilles sur leur axe, de façon à produire un cylindre dans lequel elles se renferment. Cet étui est toujours ouvert aux deux bouts, et dès que la chenille se sent en péril, elle sort et se laisse tomber à terre. Cette fuite se fait avec tant de vivacité qu'il faut agir avec une lenteur extrême et bien calculer ses manœuvres, si l'on veut s'emparer de la coupable. Au moindre faux mouvement, plus prompte que l'éclair, elle s'élance, et c'est peine perdue ; il faut recommencer avec une autre, car, dans l'herbe où elle s'est blottie, il est impossible de la retrouver. Ces deux tribus sont extrêmement nombreuses en individus, et chaque espèce de végétaux en nourrit quelques-uns. Les ravages qu'ils occasionnent ne sont à redouter que lorsqu'ils pullulent sans modération.

« 3° Corticicoles. — Cette section mérite de nous arrêter un instant, à cause des dégâts que les chenilles qui la composent font subir aux végétaux sous les écorces desquels elles vivent. Une d'elles, dont je vais faire l'histoire, le *Cossus ligniperda,* L., est le fléau des ormes de nos promenades, dont elle fait périr chaque année les plus grands et les plus âgés. Elle est si commune que, pour peu qu'un de ces arbres soit planté dans un sol peu nutritif, où il languit et végète misérablement, on peut être sûr qu'avant peu il sera envahi par le *cossus.*

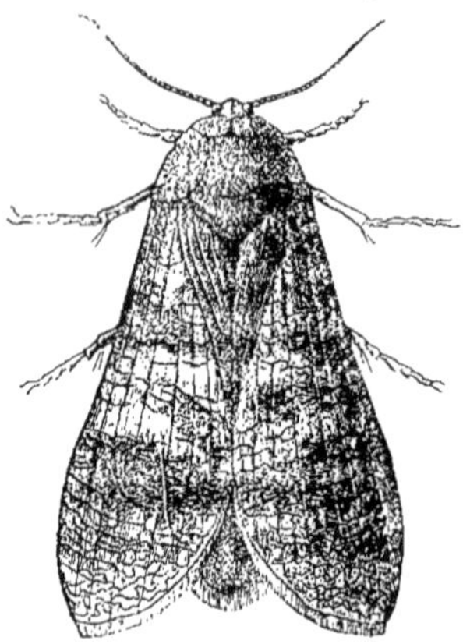
Le cossus ronge-bois.

« C'est une chenille d'au moins huit centimètres de longueur et grosse à proportion. Le dessus du corps est d'un rose sanguin assez vif, le dessous est blanchâtre. Sa peau est presque nue et ne présente que quelques poils raides clairsemés. Elle exhale une odeur forte, ayant quelque analogie avec celle de la souris. Lyonnet a donné dans ses ouvrages l'anatomie de cette chenille, et son travail a été regardé comme un chef-d'œuvre de patience et d'habileté ; en effet, il a compté quatre mille quarante et un muscles dans un corps aussi petit, et en a donné des dessins d'une exactitude parfaite. Voici les traits les plus saillants de ses habitudes :

« La femelle, parvenue à l'état parfait vers le milieu de juin, dépose ses œufs dans les fentes des arbres, au point où le tronc commence à émettre des racines. Les petites chenilles pénètrent entre le bois et l'écorce et rongent les fibres tendres nouvellement formées. A mesure qu'elles prennent de l'accroissement, la cavité qu'elles ont creusée augmente de diamètre, sans pourtant être établie sur un plan préconçu ; aussi n'a-t-elle aucune forme bien arrêtée et présente-t-elle de nombreuses anfractuosités irrégulières, l'insecte ayant attaqué les points les moins résistants. Cependant, comme le bois, malgré sa formation récente, est encore fort dur et que les mâchoires de la chenille sont peu développées, le broyage des fibres serait un véritable travail d'Hercule, si la nature, toujours prévoyante, n'avait tourné la difficulté en douant l'animal d'un liquide particulier, propre à ramollir le tissu ligneux. Si, en août, vous enlevez l'écorce de l'orme aux points attaqués, vous découvrirez aisément nos rongeurs au milieu de la sciure de bois, résidu de leurs digestions, et si vous les forcez à quitter leur retraite, ils se fileront aussitôt une coque de soie destinée à les couvrir en entier et à les préserver du contact de l'air, qui paraît leur être particulièrement désagréable. Grâce à la fécondité de l'espèce, il n'est pas rare de trouver sur un seul arbre jusqu'à vingt ou trente *cossus* de toutes les tailles, et parfois même davantage.

« On conçoit dès lors combien le végétal doit souffrir de la présence d'un si grand nombre de parasites. La sève se trouve arrêtée dans sa marche, et, pour peu que la circonférence entière du tronc soit attaquée à la fois, il périt bientôt, faute de circulation. Moins de deux ans suffisent pour amener ce résultat fâcheux.

— N'y a-t-il aucun moyen de s'opposer au développement d'un aussi dangereux ravageur ?

— Il y en a heureusement plusieurs ; un surtout est infaillible : il consiste tout simplement à opérer la décortication de l'orme sur tous les points où l'on pourra constater la présence de la chenille. Cette constatation est très facile. Partout où notre ravageur habite, l'écorce est légèrement soulevée, ses bords sont fendillés, et ses fentes sont toujours remplies de ces détritus ligneux, analogues à la sciure de bois, dont j'ai parlé. Avec un écorçoir, il suffit d'enlever cette partie malade, et au-dessous vous trouverez infailliblement le ou les coupables, qu'une mort prompte doit punir de leur audacieuse attaque à la propriété humaine.

« Mais pour que ce sauvetage réussisse, il est important qu'il soit fait à une époque où les œufs du *cossus* sont tous éclos, car sans cela ces germes auraient bientôt rétabli le régime antérieur. C'est donc en septembre qu'il faut agir, et sur nos promenades et nos routes les cantonniers devraient être chargés de cette utile besogne, dont deux ou trois leçons leur donneraient aisément le manuel opératoire. On sauverait de la sorte des milliers d'ormes tous les ans.

— Permettez-moi une légère interruption. J'ai remarqué que, sur une promenade, les ormes, quoique plantés à la même époque, n'étaient pas tous atteints par le fléau, et que certains, placés au milieu d'un véritable foyer d'infection, jouissaient d'une immunité inexplicable. Pourriez-vous me donner la clef de cette bizarrerie ?

— Sans vous en douter, vous venez de toucher là à une question des plus importantes, sur laquelle les savants ne sont pas d'accord. Deux camps se sont formés, dont chacun, ardent à la défense de sa cause, ne veut en aucune manière se décider à abandonner son opinion. Pour les uns, les insectes *corticicoles* attaqueraient indifféremment les arbres sains et vigoureux tout comme les malades, tandis que pour les autres le végétal en pleine vitalité serait complètement à l'abri. J'avoue, sans hésiter, que cette dernière opinion me paraît la seule vraie, et il suffit de regarder autour de soi pour se convaincre de ce que j'avance. Ne voyons-nous pas tous les jours que les arbres plantés dans un terrain maigre, peu arrosé et d'une profondeur insuffisante pour que leurs racines puissent s'étendre, ne tardent pas à être envahis par les lignivores, tandis que ceux qui, plus favorisés, croissent dans un lieu favorable, en sont totalement exempts? La plupart des insectes *corticicoles* vivent, en effet, entre le liber et l'écorce, au point exact où le courant ascendant de la sève se fait presque en entier; d'où il résulte que, si le végétal est sain, le liquide circule en abondance et doit nuire singulièrement au développement des larves, qui y périssent le plus souvent, noyées. Or, quand l'arbre est malade, le courant est affaibli, le sang végétal ne circule plus que par places ou d'une manière intermittente, et les ennemis parviennent aisément à se loger dans la place et en hâtent la destruction. Je sais bien que les adversaires de cette opinion prétendent que les *gâte-bois* atteignent le même résultat en sacrifiant une ou deux générations, qui périssent, mais dont les attaques, en affaiblissant la vigueur de la plante, la rendent propre à recevoir une troisième ponte, qui trouve le terrain préparé au point convenable. Ce n'est là qu'une hypothèse que rien ne vient confirmer, et il n'a été donné à personne, jusqu'ici, de surprendre ces *martyrs* de leur race sur le fait; tandis que, si l'on remonte au début de l'invasion, on pourra presque toujours prouver que l'arbre était malade avant d'avoir été attaqué. Du reste, nous reviendrons plus tard sur cette question importante.

« Il faut donc conclure que le meilleur préservatif de nos plantations est une culture bien entendue, des soins continus et un sol convenable, fréquemment amendé. De la sorte, nous serons toujours assurés de voir nos peines récompensées par la luxuriante végétation des arbres, que les insectes respecteront sous peine de mort.

« Le *cossus* vit trois ans à l'état de chenille. Quand le moment de la métamorphose est arrivé, il se construit un cocon de sciure de bois et se change en chrysalide, en ayant soin de placer sa tête du côté où l'écorce perforée lui permet une sortie facile. Puis, à l'aide des épines qui recouvrent l'abdomen, il chemine lentement, et vient éclore à l'état de papillon à l'air libre, de façon que la dépouille vide qu'il abandonne reste à moitié engagée dans la galerie où il a vécu. Le papillon est gros, épais, et vole lourdement après le coucher du soleil. Le jour, il se tient étroitement appliqué contre le tronc de l'orme, où sa couleur, d'un gris sale pointillé de noir, le fait ressembler à une plaque de poussière; aussi est-il peu aisé de l'apercevoir.

— Je vous promets que mes ormeaux recevront demain une visite domiciliaire des plus complètes, et gare aux *gâte-bois* qui me tomberont sous la main !

— 4° Radicicoles. — A la bonne heure ! Je passe donc aux chenilles qui vivent aux dépens des racines des végétaux. Elles sont bien peu nombreuses en espèces, car à peine en compte-t-on deux ou trois ; mais elles savent fort bien suppléer par le nombre des individus à cette infériorité apparente. Je prendrai pour exemple la *noctuelle des moissons* (*Agrostis segetum,* Dup.), dont les récents ravages dans les cultures de betteraves ont acquis une funeste célébrité. Elles sont fort laides et ressemblent à un ver grisâtre. Leur corps, long de quatre centimètres, est d'un vert sombre, avec deux rangées de tubercules d'un noir brillant sur le dos. Elles vivent presque continuellement cachées en terre, autour du collet de la racine qu'elles rongent; et quand elles ont besoin de changer de place, elles voyagent sous la surface du sol, du moins pendant le jour. La nuit, elles vont prendre l'air sur les feuilles et n'y touchent qu'à peine. Il résulte de la connaissance de ces habitudes que le mal qu'elles occasionnent est fort peu appréciable au premier coup d'œil; car si la plante est vigoureuse, malgré l'altération profonde des racines, le feuillage reste néanmoins d'une fort belle apparence. La nature lutte sans cesse contre le mal en faisant naître au-dessus du point attaqué un épais chevelu de racines adventives, qui permettent au végétal de puiser dans le sol les sucs propres à la nutrition. Mais si l'on essaye d'éprouver le degré de résistance d'une betterave placée dans ces conditions, au moindre effort les feuilles s'arrachent de terre, laissant à découvert la succulente racine à demi rongée.

La noctuelle des moissons.

« Ces animaux pullulent d'une manière effrayante. Ainsi, dans le cas cité plus haut, au collet de chaque betterave, sans aucune exception, on était assuré de trouver une quantité considérable de chenilles ; en grattant un peu la terre entre les lignes de plants, on en mettait à découvert sur tous les points. En certains endroits, il a été possible d'en recueillir plus d'une centaine dans l'étendue d'un décimètre carré. Dans les champs où cette proportion existait, toute végétation avait absolument disparu, au point qu'il était nécessaire d'observer avec attention pour reconnaître, à la présence de quelques détritus, que la plantation des betteraves avait été effectuée partout de la manière la plus régulière et la plus complète. Quand ce mets préféré a été rongé en entier, malheur aux plantes voisines, jusqu'alors respectées ! Ventre affamé n'a pas de prédilection, et les céréales, les plantes potagères et même les fourrages succombent à leur tour.

« Le désastre a été immense dans le nord de la France, et tous les moyens mis en œuvre et tant préconisés pour obtenir la diminution du fléau ont été sans résultat. On a recouvert les champs de suie, de plâtras imprégnés d'acide sulfurique, de chaux ; on les a arrosés avec du purin, des eaux chargées de principes délétères, rien n'y a fait; nos chenilles n'en dînaient que mieux et semblaient même sensibles à l'attention qu'on avait eue de leur fournir un abri avec les plâtras, car elles s'y réunissaient en grand nombre au-dessous. Que faire alors? On a essayé de faire récolter ces larves par des enfants et d'en nourrir la volaille et les porcs; mais ceux-ci s'en dégoûtaient bientôt, et ce procédé, fort dispendieux, a été abandonné; par suite, on a renoncé à l'emploi des *poulaillers ambulants*, dont les divers membres n'hésitaient pas à préférer de beaucoup la betterave aux chenilles les plus dodues.

« Quelques propriétaires, se fondant sur les habitudes de la noctuelle, qui aime beaucoup à voyager, ont essayé d'un moyen assez ingénieux. L'un d'eux avait fait pratiquer des rigoles larges de trente centimètres et profondes d'un mètre, à parois bien perpendiculaires, entourant les champs les plus malades; dans ces rigoles, des milliards de chenilles étaient venues tomber et s'entasser les unes sur les autres. Incapables de remonter le long des murs à pic, elles s'entre-dévoraient, s'écrasaient par leur propre poids et ne tardaient pas à périr, comme le témoignaient les exhalaisons répandues par leurs corps en putréfaction. Un autre, ayant établi un ruisseau pour empêcher les larves de passer d'un champ à l'autre, en récoltait de trente à cinquante litres par jour! Cette masse énorme d'êtres animés peut vous donner une idée assez complète de l'étendue du fléau !

— C'est effrayant! Mais cela ne se présente que bien rarement, n'est-ce pas?

— Sans aucun doute. Mais voyons maintenant ce qu'il est humainement possible de faire pour sauver nos récoltes des dents de ces ravageurs. Nous venons de voir que contre la chenille tout échoue. En est-il de même pour la chrysalide, le papillon et les œufs? Ici, nous avons plus de chances de succès. La chrysalide est placée dans le sol, à quelques centimètres de profondeur. Pour en sortir, le papillon doit forcément traverser la couche de terre qui le sépare de la surface, et pour y réussir il faut qu'il trouve le terrain meuble; sans cela, il meurt enterré vivant. Eh bien, voici une indication toute trouvée : opérons un tassement superficiel des champs envahis, tassement sans grand inconvénient pour la culture, et voilà tous nos papillons condamnés à mort et exécutés séance tenante. C'est en avril qu'il faut agir de la sorte.

« Le papillon échappe presque complètement à notre vengeance; les feux allumés le soir n'en brûlent que quelques-uns, les mâles principalement, et par suite c'est une affaire manquée. Mais il n'en est pas de même des œufs, qui, déposés en paquets sur les feuilles, peuvent être facilement récoltés et détruits. A la fin de mai ou au commencement de juin, mettons-nous à l'œuvre, et bientôt le fléau diminuera, pour disparaître tout à fait l'année suivante.

« Voici le signalement de l'*Agrostis segetum*, Dup., signalement d'une haute importance pour l'agriculteur. Papillon d'un brun rougeâtre, dont les ailes présentent une envergure d'environ quatre centimètres. Les ailes supérieures, dont la teinte générale est brune ou fauve, suivant les individus, ont à leur base une double ligne ondulée, suivie d'une tache noire; au centre, deux autres taches : l'une ronde bordée de noir, l'autre réniforme; enfin, au bord, il existe une série de taches noires en forme de lunules. Les ailes inférieures sont d'un blanc opalin. C'est, vous le voyez, une livrée assez terne.

« 5° CARPICOLES. — Cette nouvelle classe est fort intéressante pour tout le monde, en ce sens que l'on est appelé sans cesse à en constater les méfaits. C'est, en effet, dans les fruits que vivent nos chenilles *carpicoles,* et celles qui habitent les pommes et les poires sont connues de tous sous le nom de *pyrales*. Je m'occuperai principalement de ces dernières; car si je voulais faire l'histoire des ennemis des céréales, de l'*alucite,* par exemple, je serais obligé d'entrer dans des détails tellement étendus, que vous finiriez par me demander grâce.

« La pyrale des fruits est un petit papillon. »

« La pyrale des fruits, ou *ver des fruits* (*Carpocapsa pomonana,* Dup.), est un petit papillon de six à dix millimètres de longueur, les ailes fermées. Antennes sétacées, c'est-à-dire comme une soie, d'un gris foncé, longues comme la moitié du corps; tête et palpes de la même couleur, yeux noirs, thorax et abdomen gris. Ailes supérieures d'un gris plus ou moins foncé, rayées transversalement de lignes cendrées, et marquées à l'extrémité d'une grande tache noire, dans laquelle on voit de petites taches d'un rouge doré; une ligne de la même teinte brillante en fait tout le tour. Ailes inférieures noirâtres, pattes grises, annelées de cendré : voilà ce qu'on lit sur son passeport.

« La chenille connue de tous, à l'inverse du papillon, que personne ne remarque, est vermiforme, et d'une longueur de douze millimètres quand elle a pris tout son accroissement. Le corps est cylindrique, rougeâtre tirant sur la couleur de chair, et porte un grand nombre de points verruqueux noirs, de chacun desquels sort un poil. La tête est brune, ainsi que le dessus du premier segment. Seize pattes, dont les six premières sont écailleuses et noires, servent à la locomotion.

« Dès que le papillon a pris son essor, la femelle va pondre sur les pommes jeunes qu'elle rencontre. L'œuf, car elle a bien soin de n'en placer qu'un seul sur chaque fruit, est collé dans l'œil, parmi les débris du calice, qui servent à dissimuler sa présence. Huit jours après, la petite chenille éclôt et s'introduit dans la pomme. Elle se nourrit d'abord de la substance centrale qui enveloppe les pépins, laquelle est plus tendre et plus savoureuse que le reste, puis elle se creuse une large cavité ; c'est la chambre principale. Souvent elle chemine autour de ce centre, dans une galerie creusée de la grosseur de son corps, mais revient ensuite dans la grande habitation. Elle a toujours soin de pousser une mine jusqu'à la surface du fruit et de percer la peau d'un petit trou rond, qui sert à introduire de l'air dans la demeure. C'est aussi par cette ouverture que notre chenille, fort proprette, rejette au dehors le trop-plein de ses excréments, dont l'abondance obstruerait sans cela toute sa demeure. Tant que l'animal est dans le fruit, cette petite porte est à demi bouchée par un petit tas de grains bruns qui suffisent pour révéler sa présence. Notez ce point, car il est d'une grande importance.

« La pomme habitée par un de ces animaux cesse de croître régulièrement, acquiert plus vite une apparence de maturité et ne tarde pas à se détacher de l'arbre au moindre vent. Quand ce moment est arrivé, la chenille quitte le fruit par le trou dont j'ai parlé, qui dès lors reste ouvert, et elle se cache dans la terre ou cherche une écorce soulevée pour se mettre à l'abri. Là, elle s'enferme dans un cocon solide, tissu avec de la soie et des parcelles de terre ou de menus débris de végétaux qu'elle trouve à sa portée. La sortie des pommes a lieu en différentes époques : les plus hâtives se mettent en liberté le 15 juillet ; les plus tardives ne les quittent que le 15 septembre. Elles passent l'automne et l'hiver en chrysalides et ne se changent en insectes parfaits que vers le 1er juin de l'année suivante.

« Puisque, tant que la prise d'air de notre chenille est à demi obstruée par des grains noirâtres, il est certain qu'elle est encore dans le fruit, il est aisé de la détruire en cueillant toutes les pommes ainsi marquées et en les donnant à manger aux animaux domestiques. De la sorte, l'année suivante, ces insectes seront bien rares. Ce serait peine inutile de ramasser les pommes tombées, car elles sont vides de leurs parasites, et c'est toujours à celles qui sont sur l'arbre qu'il faut s'adresser.

— N'y aurait-il aucun moyen de préserver les pommes et les poires des attaques de la pyrale?

— Il n'en existe malheureusement aucun de réellement applicable sur une grande échelle. Tout fruit attaqué est un fruit fatalement perdu pour nos tables; aussi les efforts des jardiniers ne doivent-ils porter que sur les récoltes futures, en essayant de les mettre à l'abri d'une nouvelle génération de rongeurs. On comprend que la cueillette des fruits véreux est inexécutable dans un vaste verger, car les frais de main-d'œuvre absorberaient tous les bénéfices d'une semblable opération, qui, d'ailleurs, pour être complètement efficace, exigerait chez tous les agriculteurs une simultanéité d'action impossible à obtenir par le temps de préjugé qui court. Il suffirait, en effet, que quelques couples de papillons aient échappé à la mort pour que le déficit de l'espèce soit rapidement comblé par leur prodigieuse fécondité.

« Cependant, quand on n'a que quelques arbres fruitiers et que l'on désire en conserver les produits, on peut y parvenir en enveloppant les fleurs, avant leur épanouissement, dans des sacs de toile claire, barrière infranchissable pour la femelle des pyrales. Mais, j'insiste sur ce point, il faut agir à temps; car si le fruit était noué, il serait souvent trop tard : l'ennemi, déjà dans la place, se rirait de nos précautions.

« Les pommes et les poires ne sont pas les seuls fruits que les pyrales affectionnent. Les châtaignes, les prunes, les fraises et même les glands servent de berceau à d'autres espèces du même genre dont les mœurs sont semblables, et qui ne diffèrent, scientifiquement, que par des caractères peu tranchés.

— Vous ne parlez pas des cerises? Cependant ces fruits renferment souvent des vers.

— Cette omission a été toute volontaire de ma part. Les parasites des cerises ne sont pas, en effet, des chenilles, mais bien de véritables vers, en tout semblables à celui de la viande, et qui, par suite, donnent naissance, en se transformant, non à un papillon, mais bien à une mouche, connue sous le nom d'*Ortalis cerasi,* Meig. Les mœurs de ce petit insecte présentent, au point de vue respiratoire, une particularité fort originale. Ses stigmates, au nombre de quatre, sont placés sur un mamelon charnu au-dessus de l'ouverture anale.

« Créée pour vivre au milieu d'une pulpe semi-fluide, dont l'introduction dans l'organe respiratoire entraînerait l'asphyxie, la larve est obligée de veiller avec soin pour maintenir ses canaux essentiels hors de toute atteinte. Pour cela, elle applique constamment l'extrémité postérieure de son corps à l'orifice du petit conduit par lequel elle s'est introduite dans la cerise, et, allongeant sa tête autour d'elle, se nourrit du suc de ce fruit en décomposition. Cette manœuvre n'offre aucune difficulté tant que la cavité qu'elle occupe n'a pas acquis un grand diamètre par les emprunts journaliers qu'elle fait à son garde-manger; mais quand la cerise est à demi rongée, la situation se complique. Il lui faut alors allonger démesurément la tête pour saisir la pulpe hors de portée, et les mouvements désordonnés auxquels elle se livre sont fort curieux. C'est une véritable lutte entre deux fonctions également importantes : la nutrition et la respiration ; et si le combat se prolongeait, l'issue en serait nécessairement fâcheuse pour notre larve. Heureusement la transformation en pupe, qui ne tarde pas à survenir, vient y mettre fin.

« La mouche qui en provient est petite, noire, rayée de jaune, et d'une forme toute semblable à celle de la mouche domestique. On ne peut s'opposer à ses ravages sur les cerises douces pour les mêmes raisons que je viens d'exposer au sujet de la pyrale. C'est un tribut annuel auquel il faut se résigner.

« Nous avons ainsi passé en revue les chenilles les plus remarquables qui attaquent le règne végétal, ou du moins je vous en ai donné un aperçu succinct ; mais notre tableau ne serait pas complet si nous passions sous silence celles qui vivent aux dépens du règne animal. Elles sont très nombreuses et très nuisibles, malgré leur petite taille. On les connaît sous le nom général de *teignes*. Elles rongent les étoffes, les pelleteries, les conserves alimentaires, la cire des abeilles et jusqu'à la résine des pins, dont l'odeur de térébenthine ne parvient pas à les faire fuir. Leurs mœurs sont très remarquables, et je vous demande la permission de développer un peu ce sujet, d'une haute importance dans l'économie domestique, car les ravages qu'elles accomplissent annuellement peuvent être évalués à plusieurs millions. Faisons donc l'histoire de la *gallérie* et des *teignes*.

« Cette redoutable espèce vit dans les ruches. »

« I. *Gallérie* de la cire (*Galleria cerella,* Latr.). — Cette redoutable espèce vit dans les ruches des abeilles, qu'elle force souvent à quitter le domicile. Le papillon, qui a de trois à quatre centimètres d'envergure, est d'un blanc jaunâtre avec les ailes supérieures lavées de gris bleuâtre et ornées de lignes et de points d'un brun pourpré. La femelle pond ses œufs sur les rayons de cire vieille de la ruche. Quelques jours après éclôt une petite chenille, en forme de fuseau, d'un blanc terne, avec la tête, le premier anneau et l'extrémité postérieure bruns ; en outre, chaque segment porte des mamelons verruqueux noirs surmontés d'un long poil. Dès sa naissance, notre rongeur, comprenant combien sa situation est précaire au sein de ces milliers d'aiguillons implacables, se hâte de se construire un abri en forme de tube, dont il emprunte les matériaux à la cire qui l'entoure. Ce tube, d'abord de la grosseur d'un fil, augmente en diamètre et en longueur au fur et à mesure de l'accroissement de la chenille. Tantôt il est appliqué sur les côtés du gâteau, tantôt il est placé à cheval sur les cellules qu'il intercepte. Sa longueur varie entre quinze et trente centimètres. Ainsi fortifiée chez elle, la *gallérie* brave les abeilles et se nourrit, non de miel, mais uniquement de cire; aussi a-t-elle soin de n'attaquer que les rayons dont les cases sont vides et dépourvues de larves et de miel. Quand son développement est terminé, elle se bâtit un cocon papyracé, brunâtre, très résistant, placé dans sa galerie, et s'y transforme en chrysalide et puis en insecte parfait, qui sort alors de la ruche pour renouveler ses pontes.

« Grâce à la prodigieuse fécondité des femelles, le nombre des chenilles introduites dans la ruche atteint souvent le chiffre formidable de cinq cents. Alors nos ravageurs, gênés par leurs propres travaux, dont les galeries se touchent, sont forcés de quitter le gâteau qu'ils occupent et de se transporter sur un autre. Opération délicate, et qui ne peut s'effectuer qu'avec des précautions multipliées. C'est à la faveur des ombres de la nuit que ce méfait s'accomplit. La chenille, quand tout repose autour d'elle, tisse rapidement un conduit soyeux très résistant qui, commençant à sa galerie, vient aboutir au rayon inférieur qu'elle a choisi pour nouveau domicile. Le matin, ce travail est terminé. Il suit de là que si plusieurs *galléries* ont exécuté ce déménagement à la fois, les communications entre les gâteaux sont interceptées, et les malheureuses abeilles, effrayées de cette invasion, quittent la ruche et vont périr misérablement au dehors. Si, par hasard, la reine est restée à son poste, l'essaim obéissant revient se grouper autour d'elle; mais le travail a cessé, le désespoir est à l'ordre du jour, et les pauvres bêtes meurent bientôt, si l'on ne se hâte de venir à leur secours.

— Il est une chose qui m'étonne fort dans ce récit. Comment se fait-il que les abeilles, si jalouses de leurs pénates, si intraitables pour toute violation de domicile, laissent impunément entrer chez elles les papillons qui doivent y porter le désordre et la mort?

— Il y a deux raisons pour cela : la première, c'est que les *galléries* sont des papillons nocturnes, qui ne pénètrent dans les ruches qu'après le coucher du soleil, ou même pendant la nuit noire, alors que ses habitants sont plongés dans le sommeil; c'est ce que j'appellerai la cause sensible; la deuxième, c'est qu'il semble que la nature, pour arriver à ses fins et régler la distribution équitable des espèces sur notre globe, ait donné aux animaux les mieux armés une sorte de crainte, ou, si vous voulez, d'aveuglement, qui permet à leurs ennemis, en apparence plus faibles, d'avoir raison d'eux facilement. Comment agit cet instinct? On l'ignore absolument; mais il n'en existe pas moins. Les abeilles respectent les *galléries* parce que celles-ci sont destinées à mettre un frein à leur accroissement indéfini. Elles agissent de même envers les clairons, *Clerus apiarius*, Latr., coléoptères fort jolis qui, eux, entrent en plein jour dans les ruches et vont, à leur barbe, déposer leurs œufs dans les cellules pour y porter la destruction. Et pourtant, une seule abeille aurait bientôt raison de cet insecte à l'aide de son aiguillon empoisonné. Les guêpes, si irritables, les bourdons, les fourmis, agissent de même envers les nombreux parasites qui les mettent impunément en coupe réglée.

« Chez les animaux supérieurs, le même fait se reproduit. Les hyènes, ces redoutables carnassiers, si rusés et si féroces, sont aisément mises à mort par le couagga, sorte de cheval zébré de l'Afrique méridionale, qui, dès qu'il découvre un de ces animaux, se précipite sur lui et l'assomme à l'aide des durs sabots de ses pattes de devant, sans que le carnassier essaye de faire usage de ses dents et de ses griffes redoutables. Je pourrais vous citer un grand nombre d'exemples de faits en tout semblables. Il faut donc s'incliner sans comprendre et admettre cette loi générale, et, grâce à elle, vous vous rendrez compte de bien des choses extraordinaires dont, sans cela, vous eussiez méconnu la portée.

— Mais l'homme peut-il quelque chose en faveur de ces pauvres abeilles?

— Peu de chose, en vérité. Ce n'est pas que l'on n'ait proposé un grand nombre de remèdes; mais ou ils sont impuissants ou ils sont pires que le

Teignes diverses.

mal. Ainsi l'on conseille d'arroser la ruche avec des liquides insecticides, tels que l'infusion de tabac, l'eau d'ail, la térébenthine, etc. ; par ce moyen, il est vrai, on tue les parasites, mais on tue aussi les abeilles; il faut donc y renoncer. Faisons la part du feu, disent quelques agriculteurs, abandonnons sans conteste deux ou trois ruches aux *galléries* : elles s'en contenteront et respecteront les autres. Piteux raisonnement, mon cher ami, car nos papillons pulluleront dans le lieu qui leur est alloué, et cet Éden deviendra une pépinière féconde d'où sortiront de nombreuses émigrations, qui iront fonder dans les rayons défendus de vastes colonies sans cesse alimentées par la mère patrie, toujours encombrée. Il est aussi des gens, gais de caractère, qui conseillent d'attraper au filet tous les papillons qui rôdent autour des ruches. Voyez-vous d'ici ce chasseur diligent, guettant sans cesse, son arme à la main, et saisissant à la fois abeilles et *galléries?* Il jouerait là un jeu désagréable, car les mouches à miel, se méprenant sur ses honorables intentions, l'auraient bientôt mis en fuite sous une charge générale.

« Que les auteurs de ce conseil essayent de le mettre en pratique, et ils seront à même d'en apprécier les *piquants* résultats.

« Voici, enfin, ce que l'on peut raisonnablement tenter. Le papillon éclôt deux fois par an, en avril et en juillet. Comme toutes les espèces nocturnes, il se tient appliqué, le jour, dans les endroits sombres, ordinairement sur les murs qui abritent les ruches. C'est à ces deux époques qu'il faut l'y chercher et le détruire en l'écrasant. La nuit, on place des lumignons allumés devant les ruches, et l'insecte, attiré par la lumière, vient s'y brûler les ailes ou se noyer dans l'huile. On en détruit ainsi un grand nombre, sans la moindre peine et sans danger pour les abeilles, qui, ne sortant pas la nuit, ne peuvent tomber dans ce piège meurtrier.

« Quand on s'aperçoit qu'une ruche est attaquée par le parasite, il faut se hâter de transporter l'essaim dans une nouvelle habitation et de faire fondre la cire rongée. En un mot, une surveillance continue est de rigueur; et si l'on ne peut parvenir à détruire le mal en entier, du moins on en pallie les dangereuses conséquences. On a remarqué, du reste, que les essaims nombreux et bien portants sont moins sujets à l'invasion des *galléries,* d'où il résulte qu'un rucher bien soigné saura de lui-même braver l'ennemi.

« Pour terminer l'histoire de ces parasites, je consignerai ici un fait singulier : c'est que la température des rayons envahis s'élève sensiblement et d'une manière assez notable pour qu'on puisse l'apprécier au simple contact de la main.

« II. Les vraies *teignes* (*Tinea*). — Ce genre, qui ne renferme que des papillons extrêmement petits, est cependant un de ceux que l'homme a le plus à redouter, car les êtres qui le composent suppléent par le nombre à leur faiblesse personnelle. Je vais passer en revue les espèces les plus à craindre dans l'économie domestique.

« *a.* Teigne des pelleteries (*Tinea pellionella,* Dup.). — L'envergure des ailes atteint à peine un centimètre et demi; les supérieures sont d'un gris luisant plombé ou roussâtre, avec trois points noirs placés triangulairement à leur surface; les inférieures sont entièrement d'un gris pâle. Le corps est gris ou roux.

« La femelle dépose ses œufs principalement sur les peaux préparées. La chenille qui en provient est d'un jaune blanchâtre, ridée, luisante; la tête et le premier anneau sont bruns. Le dos est parcouru par une ligne médiane blanche sur laquelle le vaisseau dorsal, d'un rouge vif, tranche agréablement. Dès sa naissance, elle se tisse un fourreau portatif ouvert aux deux bouts. Ce fourreau se compose d'un mélange de soie et de poils qui ressemble extérieurement à du feutre et intérieurement à du parchemin. Il a la forme d'un cylindre aplati, avec un petit rebord avec deux pôles. Un petit couvercle, ou opercule mobile, ferme ces deux extrémités à la volonté de l'habitant. L'une des ouvertures sert pour le passage de la tête et de la partie antérieure du corps, l'autre donne issue aux excréments, qui sont grisâtres.

« Cette teigne est la plus redoutable de toutes; car elle ne se contente pas d'arracher les poils qui lui sont nécessaires pour vivre et se vêtir, mais elle détruit tous ceux qui la gênent dans sa course. Elle trace ainsi sur les pelleteries des sentiers irréguliers, entièrement dénudés, et pour peu que les chenilles soient nombreuses, la peau se trouve bientôt entièrement dégarnie. Elles attaquent aussi les plumes des oiseaux empaillés et au besoin les collections d'insectes, dont elles rongent le corps et les ailes desséchés. Il y a deux générations par an : l'une en avril, l'autre en juillet. Les papillons nouvellement éclos volent dans les appartements et vont se brûler aux lumières, de sorte qu'à ces deux époques on pourrait en détruire une immense quantité, en laissant un flambeau allumé toute la nuit dans les endroits où sont placées les fourrures.

« On doit, pendant la saison chaude, battre les fourrures avec soin, au moins tous les huit jours, pour en faire tomber les chenilles, et on les enferme ensuite dans des draps de toile, après les avoir saupoudrées de poudres insecticides ou imbibées de substances délétères volatiles, telles que la benzine, l'essence de térébenthine, etc. Qu'on n'oublie pas surtout que ces animaux aiment la tranquillité, et qu'en secouant souvent les objets qu'ils attaquent, on parviendra à les en chasser.

« *b*. Teigne des tapisseries (*Tinea tapezella,* Dup.). — Le papillon est plus grand que dans l'espèce précédente. Les ailes antérieures sont d'un brun noirâtre dans la moitié interne, et d'un blanc sale ponctué de gris dans la moitié externe ; les inférieures sont d'un gris cendré. La tête est blanche, le corselet noir et les pattes et l'abdomen gris. La chenille ressemble à un ver dodu, d'un blanc luisant, avec quelques poils clairsemés ; la tête et le premier anneau sont bruns. La ligne dorsale est grise. La peau est si transparente qu'on peut voir au travers la couleur des aliments dont elle se nourrit.

« Cette chenille vit dans un fourreau comme la précédente, mais ce fourreau est fixe, et non portatif. Aussitôt après son éclosion, elle se file un berceau de soie sur lequel elle colle les flocons de laine qu'elle coupe autour d'elle. A mesure qu'elle mange, elle creuse la place qu'elle occupe dans l'épaisseur du drap, et cette place, parfois assez grande, est difficile à voir, parce qu'elle est recouverte du fourreau, qui a la même couleur, de sorte qu'on la prend pour un endroit défectueux de l'étoffe. Suivant la teinte de la laine qu'elle ronge, ses excréments sont diversement colorés, et le fourreau lui-même ressemble à un habit d'arlequin quand l'étoffe qu'elle dévore est rayée de teintes variées. Si l'on place notre chenille et son fourreau dans un verre sans lui donner de nourriture, elle dévore pour vivre la laine qui recouvre son domicile, et masque cette perte de substance avec ses excréments, qui ayant la même nuance que la partie mangée, ne laissent pas découvrir la ruse au premier coup d'œil. Comme la précédente, cette teigne attaque non seulement les étoffes de laine, mais aussi les fourrures, les plumes, les collections d'histoire naturelle, etc.

« On s'oppose à ses ravages par les mêmes moyens; seulement, il ne suffit pas de battre les étoffes, mais il faut encore les brosser rudement, pour détruire les demeures des chenilles et les en extirper.

« *c.* Une autre espèce, la *Tinea crinella,* Dup., vit principalement dans le crin dont on rembourre les meubles, et quelquefois dans celui des matelas. Quand elle a atteint toute sa taille, elle perce l'étoffe qui recouvre le crin et se construit, avec cette étoffe et de la soie, un fourreau ouvert seulement du côté de la tête. Au commencement d'avril, elle ferme cette ouverture et se transforme en chrysalide. Le papillon se tient habituellement au dossier des meubles. Pour le détruire, il faut rechercher les chrysalides, que l'on rencontre abondamment dans les coins et les enfoncements des meubles, du côté opposé au jour.

« En résumé, une propreté exquise maintenue partout, le battage des fourrures et des étoffes et leur maniement fréquent, et surtout éviter de les laisser séjourner tout l'été dans les cartons : voilà les moyens généraux qui maintiendront nos parasites dans une proportion minime.

« *d.* Enfin, il est une *teigne* plus nuisible encore que les autres : c'est l'*Aglossa pinguinella,* Lin. Elle vit de matières grasses. On la trouve dans le lard, la graisse conservée, les salaisons, en un mot dans toutes nos provisions de bouche de nature animale, où, en compagnie des *dermestes* et des *anthrènes,* elle prélève la dîme sur nos tables. Le papillon, de petite taille, a les ailes supérieures d'un gris brunâtre luisant, parsemées d'atomes noirs, et traversées dans leur milieu par deux lignes ondulées d'un gris cendré très pâle, bordé de noir. Entre ces deux lignes existe un gros point noir. Les ailes inférieures sont d'un gris enfumé uniforme. La femelle possède un oviducte allongé, propre à introduire ses œufs dans les fissures des murs ou dans la graisse. Cet insecte vole fréquemment à la lumière dans nos cuisines, surtout en juillet, qui est l'époque de l'éclosion des chrysalides. A l'état parfait, il ne prend aucune nourriture ; aussi est-il dépourvu de trompe, d'où lui vient sa dénomination générique d'*Aglossa.*

La chenille, seule à redouter, est luisante et d'une couleur brun de terre d'ombre uni, avec la tête et les plaques cornées qui ornent son corps par places, plus foncées. Les matières grasses dans lesquelles elle se développe sont un terrible poison pour la plupart des insectes, car elles déterminent promptement la mort en s'introduisant dans leurs stigmates. L'*Aglossa* ne parvient à éviter ce danger qu'à l'aide d'un artifice fort remarquable. Chacune de ses bouches respiratoires est munie d'une valve cornée, formée d'un repli de la peau et s'ouvrant à la volonté de l'animal, qui les tient étroitement fermées quand il est plongé dans la graisse, et ne les ouvre qu'à bon escient. C'est ainsi qu'il peut braver l'asphyxie et s'établir impunément dans un milieu délétère pour tout autre. On a même trouvé parfois des *Aglossa* dans les petits amas résineux qui découlent de l'écorce des pins et dont la saveur est âcre et brûlante. Et pourtant l'essence de térébenthine passe pour un insecticide infaillible!

« La présence de ces chenilles et d'autres parasites de la classe des insectes dans nos provisions de bouche, et la possibilité qui en résulte d'en avaler en mangeant, ont donné lieu à des récits d'un dramatique achevé. On a prétendu que ces animaux, une fois parvenus dans l'estomac, s'y installaient en toute sécurité et dévoraient, pour vivre, les parois de cet organe, dont la perforation déterminait promptement la mort du malheureux soumis à cette invasion intestine. Mais ce n'est pas tout encore : nos larves, non contentes de vivre dans ce milieu singulier, trouveraient encore moyen de s'y multiplier. Il faut avouer que cette perspective est loin d'être gaie, et il est peu de personnes qui se résigneraient facilement à porter toute une nichée de papillons dans leur abdomen transformé tout à coup en magnanerie portative. Aussi, en lisant ces horribles faits-divers, serait-on disposé à sentir ses cheveux se dresser sur la tête !

« Le mieux est cependant d'en rire de bon cœur. En effet, si une chenille ou tout autre insecte vivant se trouvait introduit dans l'estomac, le suc gastrique aurait bientôt mis fin à ses jours, ou le vomissement l'en aurait bien vite expulsé, à son grand plaisir, du reste. La vie est impossible pour ces animaux dans de telles conditions. Et, pour nous en convaincre, ne voyons-nous pas tous les jours les poules absorber, sans en être incommodées, des centaines de larves de toute espèce, qui arrivent intactes dans leur jabot? S'il en était autrement, l'homme aurait depuis longtemps disparu de la surface du globe: car qui peut affirmer, en conscience, n'avoir jamais avalé des insectes vivants, alors que tous les jours nous sommes exposés à cet accident sans importance ?

« On peut s'opposer aux invasions des *Aglossa* dans nos cuisines et nos garde-manger par les procédés généraux dont j'ai parlé au sujet des teignes. Une exquise propreté, combinée avec l'emploi de lumières qu'on laisse brûler toute la nuit, nous en débarrasseront bien vite. Il faut aussi visiter fréquemment les matières grasses conservées et les changer de place, car les chenilles aiment le calme et la tranquillité et abandonnent un domicile sujet à trop de dérangements.

« Nous en avons fini avec les chenilles nuisibles : la liste est longue, comme vous voyez, et cependant je n'ai fait qu'effleurer ce sujet intéressant. Mais si je m'arrêtais là, je n'aurais accompli que la moitié de ma tâche ; car il nous reste encore à étudier ces animaux au point de vue de leur mode d'action générale. C'est un sujet fort curieux à connaître et qui mérite de réveiller votre attention, que les nombreux détails dans lesquels je viens d'entrer ont dû fatiguer sans doute.

— Pour cela, rassurez-vous, me voici tout oreilles.

— Si l'on observe avec attention les chenilles qui ravagent nos campagnes, on ne tarde pas à être frappé d'un fait étrange. Prenons pour exemple le *Liparis monacha,* si commun dans nos bois de chênes. La première et la seconde année, on remarquera que les individus de cette espèce sont assez rares, car c'est à peine si, malgré de longues recherches, l'on pourra en découvrir quelques-uns. La troisième année, les chenilles seront devenues plus nombreuses, et presque tous les arbres en nourriront une ou deux. Enfin, la quatrième année, une véritable armée de ces parasites envahira nos taillis. Chaque pied de chêne en sera surchargé, et ces animaux, suspendus en grappes épaisses à tous les rameaux, ne laisseront pas une feuille intacte. Aussi, dès le mois de mai, l'hiver semble être revenu, et rien n'est triste comme ces bois dépourvus de feuillage, dont les branches dénudées se dressent vers le ciel mornes et désolées, portant suspendues à leurs rameaux des milliers de chrysalides.

« Jusqu'ici, tout se passe normalement, et il est facile de prévoir que la multiplication rapide des chenilles doit produire ce résultat. Mais à la cinquième année la scène change tout à coup. Plus de chenilles, plus de papillons; tous les parasites ont disparu comme par enchantement. Là où on les eût recueillis par boisseaux, on ne peut en apercevoir un seul. C'est à n'y pas croire, et cependant c'est d'une vérité absolue.

« Que sont devenus nos papillons? Pourquoi ont-ils déserté le champ de bataille que la nature semblait leur avoir abandonné sans conteste? C'est bizarre, n'est-ce pas?

— En effet, et je cherche en vain à m'expliquer un si mystérieux changement à vue.

— On a été bien longtemps à découvrir la vraie cause d'une aussi singulière conduite. Des centaines d'hypothèses plus ou moins ingénieuses ont été mises en avant, sans que la question avançât d'un seul pas. En désespoir de cause, on avait imaginé des explications toutes surnaturelles, dont le moindre défaut était d'obscurcir la matière, sans aucun résultat satisfaisant pour la raison. Aujourd'hui, le voile est soulevé, le mystère n'existe plus, et cette découverte de la loi d'intermittence des insectes nuisibles est un des plus admirables progrès dont se soit enrichie la science.

« Mais procédons par ordre. Je disais que l'année qui suit l'invasion des chenilles est celle où ces animaux disparaissent. L'année suivante, ils reparaissent en petit nombre; la troisième année, ils deviennent assez nombreux pour pulluler encore la quatrième, comme ci-dessus. Enfin, la cinquième, ils disparaissent de nouveau. Les mêmes phénomènes se reproduisent ainsi tous les quatre ans, parfois tous les cinq ou les six, suivant que d'autres causes viennent modifier la marche habituelle. Ceci bien établi, voyons ce qui se passe.

« Si un observateur attentif eût surveillé avec patience les chenilles du *liparis* pendant leur période d'invasion, il n'eût pas tardé à remarquer qu'une immense quantité de petites mouches à quatre ailes, au corps mince et allongé terminé par de longues soies, volaient en foule autour de nos parasites. Ces mouches sont des *ichneumons,* et c'est à eux que nous sommes redevables de la suppression des ravageurs de nos bois. Ces petits hyménoptères introduisent leurs œufs sous la peau des chenilles, et la larve qui en provient dévore celle-ci toute vivante. Chaque espèce de papillon a ainsi un ou plusieurs parasites spécialement créés pour vivre à ses dépens et qui se nourrissent *exclusivement* de sa chair. Cette spécialisation dans les aliments va si loin, qu'ils périssent sans pouvoir assurer la reproduction de leur espèce, si les larves qui leur sont uniquement dévolues viennent à leur manquer. En outre, leur fécondité est au moins égale à celle de leurs victimes.

« Supposons maintenant qu'un seul *liparis* existe dans un bois, ainsi qu'un seul *ichneumon.* Le premier donne naissance à 100 chenilles, le deuxième peut pondre aussi 100 œufs. Mais comme il lui est impossible de découvrir toutes les chenilles nées de cette ponte, un grand nombre de ses œufs ne pourront être déposés sous leur peau et périront; mettons la moitié, soit 50. Les 50 autres viendront à terme et produiront 50 *ichneumons,* dont la croissance aura causé la mort d'autant de chenilles. Au commencement de la seconde année, il y aura donc 50 *liparis* et 50 *ichneumons,* au lieu d'un seul individu de chacune de ces deux espèces.

« La seconde année, nos 50 papillons produiront 5,000 chenilles; d'un autre côté, il y aura 5,000 œufs de leurs ennemis à nourrir. Comme les chenilles seront plus nombreuses que l'année précédente, il sera facile aux hyménoptères d'en surprendre davantage, soit les deux tiers, ou 3,300 en nombre rond. Ce sera donc tout autant de chenilles supprimées, de sorte qu'au début de la troisième année nous aurons 3,300 *ichneumons* et 1,700 papillons seulement.

« La troisième année, ceux-ci donneront naissance à 170,000 chenilles. Mais, d'un autre côté, les *ichneumons* ne resteront pas inactifs, puisqu'ils ont 330,000 œufs disponibles. Aussi peut-on admettre sans peine que les trois quarts des chenilles nourriront un parasite dont l'éducation causera leur mort; si bien qu'à la saison suivante le quart seulement se changera en insectes parfaits.

« La quatrième année, il y aura donc en présence 42,500 papillons et 127,500 *ichneumons*. Les premiers produiront 4,250,000 chenilles, nombre effrayant, qui cependant n'a rien d'exagéré et nous explique suffisamment ces invasions subites qui désolent nos chênes. Ces chenilles auront bien de la peine à échapper aux recherches de leurs ennemis, car ceux-ci ont 12,750,000 œufs à placer, c'est-à-dire environ trois œufs par tête. Aussi, c'est tout au plus si une seule d'entre elles trouvera le moyen d'éviter ces milliers de tarières impitoyables, et la race entière disparaîtra comme par un coup de baguette enchantée.

« Mais la cinquième année, la scène va changer. En effet, les 4,249,999 *ichneumons* que nous avons vus arriver à l'état parfait pourront pondre plus de 400,000,000 d'œufs, c'est-à-dire une quantité tellement considérable que l'imagination se refuse à la comprendre. Que deviendront-ils, puisque le seul papillon échappé aux griffes de leurs parents ne pourra donner que 100 chenilles, quand il leur en faudrait des millions? Le devinez-vous?

— Ma foi, non.

— Eh bien, ils périront misérablement sans même être pondus, et nos innombrables hyménoptères passeront leur vie à la recherche d'un berceau propre à leur donner asile, sans pouvoir en découvrir. Et sur les 100 chenilles de l'année, une cinquantaine seulement en recevront sous leur peau. D'où il suit que la sixième année, les papillons et les *ichneumons,* ramenés à leur point de départ de la seconde année, seront en nombre égal, et la même série de faits se déroulera fatalement.

« Le tableau suivant, dans lequel les chiffres ci-dessus ont été mis en regard, vous fera mieux saisir cette loi singulière du parasitisme :

TABLEAU DES PÉRIODES TYPIQUES DE LA LOI DU PARASITISME.

	ANNÉES	PAPILLONS	ŒUFS PONDUS	PAPILLONS arrivés à l'état parfait.	ICHNEUMONS	ŒUFS A PONDRE	ICHNEUMONS arrivés à l'état parfait.
1re PÉRIODE	1re année....	1	100	50	1	100	50
	2e année....	50	5,000	1,700	50	5,000	3,300
	3e année....	1,700	170,000	42,500	3,300	330,000	127.500
	4e année....	42,500	4,250,000	1	127,500	12,750,000	4,249,999
2e PÉRIODE	5e année....	1	100	50	4,249,999	424,999,900	50
	6e année....	50	5,000	1,700	50	5,000	3,300
	7e année....	1,700	170,000	42,500	3,300	330,000	127,500
	8e année....	42,500	4,250,000	1	127,500	12,750,000	4,249,999
3e PÉRIODE	9e année....	1	100	50	4,249,999	424,909,900	50
	10e année....	50	5,000	1,700	50	5,500	3,300
	11e année....	1,700	170,000	42,500	3,300	330,000	127,500
	12e année....	42,500	4,250,000	1	127,500	12,750,000	4,249,996

« Il ne faut pas croire, bien entendu, que dans la nature les faits se passent avec cette précision mathématique, car de nombreuses influences viennent entraver ou modifier le principe dans son application. Ainsi, un hiver rigoureux, un printemps précoce suivi de froids tardifs, la trop grande humidité, prolongent les diverses phases des évolutions habituelles. En outre, de nombreux insectes carnassiers viennent déranger par leur voracité la stabilité de cette admirable combinaison. Et l'invasion des chenilles, au lieu de se répéter invariablement tous les quatre ou cinq ans, n'arrive souvent que tous les six, les huit et même les dix ans, au grand avantage des végétaux, qui ont alors plus de temps pour se remettre des avaries qu'ils ont subies.

« Donc, en résumé, l'intermittence des invasions des insectes est produite par le développement parallèle de deux espèces ennemies, également fécondes, dont l'une ne peut se multiplier qu'en supprimant un nombre d'individus de l'autre égal à ceux dont elle s'accroît, et qui, par suite, doit arriver forcément à la détruire dans un temps voulu, pour succomber à son tour dans son triomphe même. C'est jouer à qui perd gagne.

« Vous voyez aussi, maintenant, pourquoi les *ichneumons* ne peuvent attaquer qu'une seule proie spéciale, toujours la même. S'il en eût été autrement, les insectes périraient bientôt en entier. En effet, lorsque ces parasites se trouveraient dans l'impossibilité de découvrir les larves qui doivent nourrir leurs enfants, ils n'auraient, pour se tirer d'affaire, qu'à se jeter en foule sur les espèces voisines, et, leur multiplication n'ayant plus de frein, la surface entière du globe serait, en peu d'années, entièrement occupée par eux, au détriment de tous les autres insectes, et ils seraient réduits à se dévorer entre eux. Tandis que, maintenant, le mal trouve son correctif en lui-même, et par suite l'équilibre des espèces, qui est le but que poursuit la nature, se trouve constamment atteint. Ne trouvez-vous pas cette combinaison admirable?

— Vous m'en voyez tout émerveillé. Ah! vous avez bien raison de me répéter souvent que la nature ménage toujours d'ineffables surprises à ses adeptes! Elle les traite en enfants gâtés!

— Ce qui se passe pour le *liparis* se fait aussi pour les autres insectes quelconques. Cette loi est générale. Elle ne varie que dans son mode d'application, en ce sens que les procédés de mise en œuvre diffèrent dans les détails, mais atteignent toujours le même but. Ainsi, par exemple, certains *ichneumons,* au lieu de pondre leurs œufs sous la peau de la chenille, se bornent à les déposer à la surface, où ils adhèrent. La larve, dès sa naissance, perce cette membrane et pénètre dans les viscères. On en trouve souvent dont la tête est déjà engagée tout entière dans le corps de leur victime, alors que tout le reste est encore dans l'œuf; c'est ne pas perdre de temps, comme vous voyez.

« Cet effroyable parasitisme a de quoi épouvanter quand on songe sur quelle immense échelle il s'exerce. Il n'est pas d'insecte, pour si microscopique qu'il soit, pour si bien caché qu'il puisse être, qui n'ait un ou plusieurs parasites à ses trousses. La larve du *lucane,* qui vit sous l'écorce et dans le bois du chêne, est atteinte, sous cette épaisse armure, par la tarière du *Pimpla investigator,* N. de E. La *pyrale* des pommes subit le même sort, quoiqu'elle soit séparée de son ennemi par toute l'épaisseur du fruit; les œufs eux-mêmes servent de berceau à des rongeurs, car on a compté jusqu'à dix larves de *Pteromalus ovulorum,* Grav., dans un seul œuf de papillon!

« Enfin, et ceci dépasse tout ce que l'on peut imaginer, les *ichneumons* eux-mêmes ne sont pas épargnés et subissent la loi du talion. C'est un enchaînement de parasites des plus singuliers, comme vous pouvez en juger par ce fait, que M. Curtis a constaté, savoir: que dans une chenille d'*Hemilis depressella,* Dup., un *ichneumon,* le *Microgaster lacteipennis,* avait déposé ses œufs, et, pendant que les larves qui en provenaient rongeaient le malheureux lépidoptère, un autre *ichneumon,* l'*Encyrtus truncatellus,* N. de E., les dévorait à leur tour; si bien que, sur cinquante *Microgaster,* un seul put arriver à terme, les quarante-neuf autres ayant été dévorés par environ trente *Encyrtus.* Quant à la chenille, elle avait naturellement succombé. Que vous en semble? N'est-ce pas effrayant?

— J'en suis encore tout étourdi. Et quand on approfondit cette idée, l'on se sent malgré soi mal à l'aise; cette rage de destruction vous donne à réfléchir. Qui sait si l'homme lui-même n'a aucun danger à courir de ce côté? Rien que d'y penser, j'en ai la chair de poule!

— Heureusement, nous n'avons rien à redouter de semblable; la loi du parasitisme, telle que je viens de l'exposer, n'est obligatoire que pour les insectes et certains autres animaux du bas de l'échelle. Chez les vertébrés, dont nous faisons partie, ce parasitisme est réduit à de si faibles proportions, que, dans l'ensemble, on peut en négliger les effets, sans importance.

« De tout ce qui précède nous devons conclure que nous ne saurions trop aider à la propagation des *ichneumons* et des autres insectes qui vivent en parasites sur les ennemis du règne végétal. C'est là une tâche difficile, je le reconnais, mais non pas impossible, du moins pour certaines espèces. Ainsi, par exemple, pour la *piéride* du chou, rien n'est plus simple. Cette chenille, des plus nuisibles, suspend sa chrysalide sous les rebords des murs voisins des potagers. Quand cette dernière est piquée par le *Pteromalus larvarum,* N. de E., elle change de couleur et, de gris clair qu'elle était, devient brune. En outre, quand on la touche, elle remue vivement la queue si elle est saine, et reste immobile si le contraire a lieu. L'indication est donc des plus nettes. En avril, il faut visiter avec soin les corniches et les fentes des murs voisins des potagers, écraser toutes les chrysalides bien portantes et respecter celles qui présentent les caractères ci-dessus indiqués. De la sorte, les chenilles deviendront fort rares, et celles qui auront échappé à nos yeux exercés, en butte aux attaques d'une nuée épaisse de *Pteromalus,* qui, sortis par cent et deux cents de chaque chrysalide laissée intacte, viendront fondre sur elles, verront leurs rangs tellement éclaircis qu'à peine en restera-t-il quelques-unes pour perpétuer l'espèce. Je suis convaincu qu'en faisant de patientes recherches dans ce sens on finirait par pouvoir agir de même pour toutes les autres espèces nuisibles.

« En attendant, je pense qu'il est temps de terminer cette longue séance. Voilà bien longtemps que je parle, et l'heure du dîner doit s'avancer, si j'en crois les tiraillements de mon estomac. Rentrons, si vous le voulez bien. »

Et les deux amis s'éloignèrent en causant encore de ces chenilles et de ces *ichneumons* féroces qui leur font une guerre si acharnée; et leur voix ne parvenait plus à mes oreilles, que, tout absorbé par mes réflexions, je restais encore à la même place.

C'est qu'aussi, il faut en convenir, ce que je viens d'apprendre est loin d'être gai, et je ne sais vraiment plus maintenant si je pourrai dormir tranquille. Qui sait si un de ces parasites ne profitera pas de mon sommeil pour me percer de son horrible tarière chargée d'œufs! Brrr... Allons vite dîner pour chasser ces idées noires.

CHAPITRE XII

UNE LARVE PATIENTE. — UN VOYAGE DE DÉCOUVERTES.

11 juin.

J'ai rêvé *ichneumons* toute la nuit, et jamais plus pénible cauchemar ne pesa sur la poitrine d'un malheureux hanneton. A chaque instant, j'étais réveillé en sursaut par les morsures de larves imaginaires, dont je suivais avec horreur tous les mouvements vermiculaires à travers ma peau distendue, tandis que des milliers de tarières, toujours braquées sur moi, hérissaient les parois de ma cellule. On comprendra sans peine combien ce débordement insensé de parasites m'avait fatigué; j'étais rompu. Aussi ce matin, afin de dissiper ces images lugubres, suis-je allé respirer l'air frais et voir lever l'aurore. La rosée m'a fait du bien, et j'ai pu déjeuner d'un excellent appétit.

En revenant, j'ai été visiter le talus sablonneux fréquenté par de certains insectes qui fouillent la terre en tout sens. Le sol est criblé de leurs excavations, et pour la centième fois j'ai pu me convaincre de leur intelligence et de leur ardeur au travail. Tout à coup, au moment où je traversais une petite place parfaitement unie, située entre deux collines de sable, mes pattes de gauche manquèrent brusquement sous moi, et je me renversai lourdement sur le côté. Je me relevai le plus vite possible, et, tout effrayé de cette aventure insolite, j'en cherchai la cause autour de moi. Mais j'eus beau examiner le terrain avec attention, refaire pas à pas le même chemin et sonder le sable avec précaution, je ne pus rien découvrir. Cependant j'étais bien sûr d'avoir senti mes pattes s'enfoncer dans une fente profonde, dans laquelle le volume seul de mon corps m'avait empêché de tomber tout entier. On comprendra aisément la surprise et même la terreur, en quelque sorte susperstitieuse, qui s'empara de moi en présence de ce mystérieux accident; je flairais quelque piège habilement dissimulé. Aussi, pour en avoir le cœur net, je me plaçai à l'abri du soleil sous une touffe de joncs desséchés, et j'attendis, l'œil aux aguets.

Dix minutes se passèrent sans amener de changement appréciable dans la situation. A ce moment, une petite araignée s'engagea dans le petit vallon sablonneux, et, sans méfiance aucune, se dirigea du côté que je surveillais. Elle atteignit bientôt le point où j'étais tombé : je ne la quittais pas des yeux. Soudain, la terre s'entr'ouvrit sous ses pieds, elle perdit l'équilibre, et je la vis disparaître dans une sorte d'ouverture béante qui se referma sur elle en un clin d'œil.

Je gagnai aussitôt l'endroit où elle avait perdu pied, et en examinant minutieusement le sol, je découvris une ligne circulaire imperceptible, découpant le terrain comme aurait pu le faire un emporte-pièce. Elle figurait une sorte de trappe en forme de couvercle de la teinte des grains de sable environnants, et s'adaptait avec tant d'exactitude à l'orifice qu'elle obturait, que, sans la persuasion où j'étais que quelque chose devait exister là, jamais je n'aurais pu l'apercevoir. Cette porte offrait la particularité de n'avoir pas de gonds ; on ne lui voyait point d'attache avec ses montants, et elle ne tenait en place que par la perfection avec laquelle elle était ajustée. Son diamètre mesurait environ un tiers de centimètre ; la surface supérieure, légèrement bombée, était rugueuse et paraissait constituée par une matière cornée fort dure.

Que recouvrait-elle si exactement ?

Pour le savoir, je creusai lentement le sable tout auprès, et je parvins bientôt à jeter un coup d'œil dans le logis qu'elle protégeait. Ce que je vis, je ne l'oublierai jamais, tant le tableau que j'avais sous les yeux était peu fait pour donner des idées gaies à un pauvre herbivore comme moi.

Qu'on se figure une sorte de puits circulaire, profond d'un pied, large d'un centimètre, dont le fond serait un peu plus étroit que l'entrée. Ce fond était un véritable charnier ; on n'y voyait que pattes, élytres, têtes cornées entassées les unes sur les autres et desséchées par la chaleur du sol. Je comptai en frémissant les dépouilles, rongées jusqu'aux os, de plus de cinquante insectes divers, et au sommet du tas j'aperçus le crâne de la malheureuse araignée dont j'avais observé la chute. Un reste de vie l'animait encore, car ses mâchoires s'ouvraient et se fermaient par un mouvement brusque et automatique qui faisait mal à voir. Le reste du corps avait disparu. Je détournai les yeux avec horreur de ce spectacle, et, à la partie supérieure du puits, j'aperçus alors le propriétaire de cet antre de Cacus.

C'était une sorte de larve ou ver grisâtre au corps mou. La tête, d'un vert bleuâtre sale, était cornée et avait la forme d'un disque aplati en dessus ; deux puissantes mandibules dentelées, aux courbures dilatées, la prolongeaient en avant. Le corselet, plus large que la tête, donnait attache aux six pattes réglementaires de tout insecte. L'abdomen, formé d'anneaux régulièrement décroissants en étendue de la base au sommet, présentait une curieuse particularité. En effet, sur le huitième segment, on remarquait du côté dorsal une sorte de saillie, formée de deux tubercules charnus dirigés en arrière, dont le sommet, couvert de poils raides et brunâtres, portait un petit ongle crochu tourné légèrement en dehors. On eût dit deux petits grappins juxtaposés ou deux pattes supplémentaires placées à l'opposé des membres normaux, et dont il m'était difficile, pour le moment, de comprendre l'usage. Cette larve avait environ deux centimètres et demi de longueur[1].

Mais de quoi donc la trappe de son domicile était-elle formée? Je vous le donne en mille, ou plutôt non, j'aime bien mieux vous le dire tout simplement, car assurément vous ne devineriez jamais. Moi-même, quand j'eus découvert la nature de cet opercule, je fus si stupéfait que je refusais d'en croire mes yeux. Sachez donc qu'elle était formée par la tête de l'animal lui-même! Voici comment il opérait pour cela. Il inclinait son chef sur la poitrine, presque à angle droit, et l'adaptait exactement au pourtour de l'orifice du puits, qui, par ce moyen, se trouvait complètement fermé, car il était de même grandeur. Cette position forcée eût été insoutenable au bout de peu de temps si, pour s'y maintenir, l'animal n'avait eu que ses pattes. Aussi repliait-il son corps en zigzag, ou plutôt en Z, à la façon des ramoneurs qui grimpent dans une cheminée en s'appuyant des genoux et des reins; et comme dans cette posture les deux petits grappins de son huitième anneau, correspondant exactement à l'un des angles du Z, venaient s'appuyer d'eux-mêmes contre les parois du tube en jouant le rôle d'un crochet, le corps, sans fatigue musculaire, se trouvait facilement maintenu et s'arc-boutait vigoureusement sur les deux soies robustes situées à l'extrémité de l'abdomen. J'eus dès lors l'explication de la singulière place

Cicindèle champêtre : larve, nymphe et insecte parfait.

1. La larve dont il est ici question est celle de la *Cicindela campestris*, L., fort joli petit *carabique* à odeur de rose, qui se trouve en abondance dans les terrains sablonneux, où il court et vole à toute l'ardeur du soleil, à la poursuite des insectes, dont il fait une grande consommation. Il est paré de brillantes couleurs.

qu'occupaient ces appendices, qui, à l'inverse des autres pattes, s'implantaient sur le dos. L'animal ainsi placé restait aussi immobile que s'il eût été métamorphosé en pierre, et attendait stoïquement que quelque proie vînt à traverser imprudemment son crâne transformé en grand chemin.

Je l'observais depuis quelques minutes, quand soudain je vis sa tête s'incliner brusquement entre les pattes antérieures, et ce jeu de bascule produisit au bord du trou une ouverture par laquelle un petit insecte glissa jusqu'au fond sans pouvoir s'arrêter dans sa chute. Aussitôt, par un rapide mouvement vermiculaire, notre larve descendit jusqu'à lui, et, en moins de temps qu'il n'en faut pour l'écrire, il fut saisi et dévoré gloutonnement. Puis, tout guilleret, le patient animal reprit son affût incommode.

Dès lors mon accident fut expliqué; j'avais marché sur cette trappe vivante : celle-ci avait cédé sous mon poids, et mes pattes s'étaient trouvées engagées dans le piège. Heureusement la larve, effrayée par la grosseur de mon corps, était restée inactive, et j'avais pu m'échapper sain et sauf de cette fosse, fatale à tant d'autres animaux.

18 juin.

Il y a sur l'un des côtés de la prairie une haie d'aubépines d'une hauteur et d'une épaisseur remarquables. Quand, au printemps, elle était en fleur et que les feuilles se cachaient sous des milliers de blanches corolles, l'air était embaumé de leur parfum délicat. De nombreux oiseaux y font leur nid et égayent les alentours par leur gracieux babil. De grands liserons roses et blancs s'enroulent autour des branches noueuses que le ciseau du jardinier émonde chaque année, et çà et là les longs panaches jaunes de l'aigremoine se dressent orgueilleusement dans l'herbe, où leurs feuilles dentelées s'étalent complaisamment. C'est un petit coin de terre prédestiné, où j'aime à m'arrêter des heures entières en suivant le vol capricieux des nombreux insectes qui bourdonnent en récoltant le pollen sucré des boutons entr'ouverts.

Aujourd'hui que l'été règne en maître, les fleurs du buisson épineux ont fait place à de petits fruits rouges fort appétissants, ma foi, et dont je meurs d'envie de connaître le goût. Mais comment faire? Je ne puis grimper sur les branches pour aller les cueillir, et personne n'est là pour venir à mon aide. Les pinsons et les chardonnerets, plus heureux que moi, paraissent les aimer beaucoup et viennent en grand nombre pour s'en repaître. J'assiste au repas de ces gentils gourmets, et je m'amuse à les voir sautiller joyeusement au travers des rameaux entrelacés, dont les aiguillons acérés ne leur inspirent aucune crainte.

Je me livrais tantôt à cette innocente distraction, quand j'aperçus un mouvement inusité sur l'une des plus grosses tiges de la haie. Un objet noirâtre s'y livrait à d'inexplicables contorsions, sans pour cela changer de place. Je me rapprochai curieusement, et je reconnus en lui un malheureux scarabée embroché sur une épine par le milieu du corps. Le pauvre animal avait été piqué par le dos, de sorte que ses pattes s'agitaient dans le vide. Il faisait de violents efforts pour sortir de cette affreuse position; mais il avait beau renverser ses jambes en arrière pour tâcher de saisir les rameaux voisins afin de s'en faire un point d'appui, tous étaient hors de portée. Ses souffrances devaient être atroces; car, à chaque nouvel essai, le long dard qui le traversait de part en part se retournait dans la blessure et irritait davantage les chairs. Alors il cessait ses douloureuses tentatives, et sa tête s'agitait convulsivement.

Ce spectacle me fit du mal, et je détournai la tête avec horreur. Quel était le cruel auteur de cet acte de barbarie inutile? A coup sûr ce ne pouvait être que l'homme, car lui seul est capable de torturer les êtres vivants pour le seul plaisir de les martyriser. Les animaux donnent aussi la mort, il est vrai; mais ils ont du moins pour excuse la faim, qui les pousse à se nourrir d'une proie plus faible qu'eux; s'ils tuent, c'est par nécessité, et jamais ils n'apportent dans leurs sanglantes exécutions un tel raffinement de cruauté. Et pourtant, le roi de la création, comme il se nomme lui-même dans son orgueil, est un être raisonnable, qui n'est pas soumis, comme nous, aux lois inflexibles de l'instinct, et c'est sciemment, froidement, qu'il commet de pareilles atrocités. Sa conduite n'en est que plus coupable, et il mériterait, à son tour, qu'un autre être, mieux doué, fît peser sur lui le joug de fer qu'il impose à tout ce qui l'entoure! Un jour viendra, j'en suis certain, où ce souhait sera réalisé, et alors la création entière sera vengée!

Eh bien, je me trompais; pour cette fois, l'homme était hors de cause, et ma sortie vigoureuse s'était trompée d'adresse, je l'avoue humblement. En effet, au moment où je donnais un libre cours à mon indignation, un oiseau, que je voyais pour la première fois, accourut à tire-d'aile et vint se poser au-dessus de moi dans les branches. Il portait dans son bec un gros scarabée tout semblable au premier, et, choisissant une longue épine bien acérée, il y planta la pauvre bête en la pressant vigoureusement contre la pointe. Deux ou trois fois l'aiguillon ne put pénétrer, car la surface dure et glissante du dos de l'insecte rendait l'opération assez difficile; mais enfin il trouva le défaut de la cuirasse, et il ne cessa sa cruelle manœuvre que lorsque l'extrémité du terrible dard fut ressortie entre les pattes intermédiaires du patient, qui pendant la durée de ce supplice se débattait en désespéré.

Voici le signalement du coupable: taille se rapprochant beaucoup de celle de l'alouette huppée; bec crochu et robuste de couleur noire; dessus du crâne et du col d'un gris bleuâtre; épaules et ailes d'un roux vif, avec la queue, le croupion et les jambes cendré clair; poitrine et gorge blanches; ventre d'un brun rosé. Une large bande noire qui commençait au-dessus des narines traversait les yeux et venait se terminer derrière la tête, donnant à cet oiseau quelque chose de sinistre dans la physionomie, et, malgré son plumage aux teintes franches et tranchées, il produisait à première vue un sentiment de répulsion[1].

Plusieurs fois dans la journée, ce barbare animal exécuta la même manœuvre, et, le soir venu, je comptai jusqu'à dix insectes embrochés l'un auprès de l'autre. Je remarquai aussi avec étonnement que celui qui avait été transpercé le premier n'était pas encore mort; il s'agitait ce soir aussi énergiquement qu'hier. Faut-il qu'il ait l'âme chevillée dans le corps! La vue de tous ces malheureux suppliciés m'a navré, et il me semble que l'horreur de leur position doit s'accroître de toute la beauté du site qui les environne. Quoi de plus triste, en effet, que de se sentir souffrir et mourir au milieu de toutes les splendeurs de la nature, alors que les rayons éclatants du soleil répandent à flots la lumière et la vie, et que chacun, dans un joyeux sourire, semble répéter sans cesse : « Qu'il est bon de vivre ! »

Mais qui me dira pourquoi cet oiseau est si cruel envers les malheureux scarabées! Serait-ce une vengeance?

J'ai été inspecter aussi la larve dont la tête sert de porte à son domicile. Elle est encore dans le même état et guette toujours une proie lente à se présenter; car il ne faut pas croire que l'abondance règne sans cesse chez elle : les moments de disette y sont fréquents et prolongés. Je n'en veux pour preuve que ce qui s'est passé depuis huit jours. Pendant ce long espace de temps, aucune proie n'est venue s'offrir à ses mandibules affamées. Le jeûne doit commencer à lui paraître un peu trop complet.

Quelle vie misérable! et quelle immense provision de patience il faut que la nature ait octroyée à cette larve pour qu'elle puisse supporter une pareille existence! Que de longues heures passées dans toutes les émotions d'un chasseur aux aguets attendant vainement le gibier qui le fuit! Que de fois elle doit sentir la rage du désappointement lui serrer le cœur en voyant passer, à quelques millimètres de son trou, d'insouciants insectes qui ne semblent pas même se douter de sa présence et qu'elle ne peut atteindre! Et cela doit arriver à chaque instant, car il y a cent chances pour une que la victime évite le piège qui lui est tendu : rien ne l'attire, et ce n'est qu'un pur hasard qui peut l'y amener. La voyez-vous apercevant au loin une fourmi qui semble se diriger de son côté; elle la suit des yeux; la

1. Le hanneton se laisse égarer ici par son indignation, fort excusable du reste, et il prête à cet oiseau un aspect repoussant, bien loin de la réalité. L'écorcheur (*Lanius cellurio*, L.) est, au contraire, un charmant petit habitant de l'air, qui serait un ornement de nos volières s'il pouvait vivre en captivité. Il est commun en France.

dévore pour ainsi dire d'avance... Mais non, ce n'est pas encore pour cette fois; la voilà qui se détourne un peu à droite, elle va s'éloigner... Tout espoir n'est pas perdu; elle reprend sa direction première, la bonne; elle n'est plus qu'à un pas; elle va la saisir, et prépare déjà ses mandibules... O déception amère! elle change de route au moment opportun, et elle disparaît allègrement dans un pli de terrain! Il faut jeûner toujours! N'est-ce pas là un vrai supplice de tous les instants, supplice bien plus terrible que celui de Tantale, car il est aggravé par toutes les fatigues d'une position forcée, qu'il faut garder sans cesse, sous peine de perdre, par un seul moment de négligence, la seule occasion favorable de la journée?

L'écorcheur.

Combien je préfère cent fois la vie incertaine du lion des fourmis, dont j'ai décrit plus haut les mœurs. Au moins ce dernier a un piège largement ouvert et, par suite, mieux disposé pour causer la chute d'une proie; et puis, le chasseur, couché tranquillement au fond de son entonnoir, peut attendre, en dormant, que le destin favorable lui envoie une victime. Ici, au contraire, le puits est très étroit, et, quoique placé sur un passage fréquenté, il peut être évité sans peine; un mauvais destin seul peut pousser l'animalcule à poser précisément le pied sur la bascule perfide. En outre, quelle attitude incommode! quelle attention tendue sans cesse vers le même but! Je l'avoue, le courage m'eût manqué s'il eût fallu vivre à ce prix-là, et mourir de faim me semble préférable à ces tortures continuelles. C'est, on peut le dire, la patience poussée jusqu'à ses dernières limites.

Du reste, ce que je viens de voir n'aura pas été perdu pour moi; c'est une excellente leçon dont je profiterai, car, lorsqu'il m'arrivera de m'apitoyer sur mon sort, je n'aurai qu'à penser à la larve en question pour me sentir aussitôt consolé.

25 juin.

J'ai aujourd'hui une fort longue histoire à raconter, histoire des plus intéressantes; ce sera le résumé de mes observations de ces derniers jours, car je n'ai pas voulu coucher mes impressions sur le papier avant d'avoir le dernier mot de toutes les énigmes que j'ai eu à résoudre.

Je commence, en premier lieu, par liquider le passé, c'est-à-dire par élucider un point obscur que j'avais laissé en suspens, il y a une semaine, à propos de l'oiseau qui embroche les scarabées aux épines des buissons. Comme vous le savez, j'avais supposé qu'il s'agissait d'une vengeance; cette idée, qui m'avait été suggérée par la cruauté des actes de cet animal, était évidemment inacceptable, comme j'en ai eu la preuve. C'est, en effet, dans le seul but de se préparer des provisions toujours abondantes qu'il agit de la sorte; c'est un garde-manger qu'il établit sur un grand nombre de points; et lorsque la disette arrive, quand les vivres deviennent rares, il sait parfaitement venir y puiser à l'aise. Les scarabées vivent souvent huit jours dans cette situation; l'oiseau a donc du temps devant lui, et n'use de cette ressource suprême qu'à la dernière extrémité. Depuis que je connais cela, ma colère contre lui a bien diminué, car cet acte barbare perd son cachet de cruauté inqualifiable du moment qu'il est accompli dans un but utile et sous l'empire de la nécessité. Peut-être les scarabées me trouveront-ils bien accommodant sur cet article; mais que faire contre une loi de la nature? Nous sommes condamnés à nous entre-détruire pour vivre : il faut se soumettre avec résignation.

Tout en guettant patiemment l'oiseau en question, je surveillais aussi les alentours de ma cachette. Derrière la grande haie, il y a un large fossé où l'eau de pluie séjourne longtemps, et où de nombreuses plantes aquatiques ont élu domicile. De l'autre côté de cette barrière, infranchissable pour moi, une rangée de jeunes peupliers, nouvellement plantés, enfoncent à l'envi leurs racines dans la terre fraîche de la rive, dont l'humidité continuelle leur est des plus favorables. Un matin, je découvris en ce lieu une fort belle araignée qui, pendant la nuit, s'était tissé une toile très compliquée, en travers du fossé. Cette toile allait chercher ses deux points d'appui principaux sur le tronc lisse d'un peuplier et sur les rameaux les plus élancés de la haie, de sorte que cet ouvrage formait un véritable pont au-dessus de l'eau dormante.

Placée au centre de ce piège, l'araignée attirait mes regards par sa grande taille et les magnifiques couleurs de ses téguments. La tête, armée de fortes mandibules à crochets recourbés, était d'un beau blanc mat, ainsi que le corselet, auquel huit longues pattes blanches annelées de noir venaient s'attacher. L'abdomen, très gros, gonflé comme une bulle de savon, était d'un beau jaune serin, varié de bandes circulaires entremêlées, noires et blanches, dont quelques-unes se coupaient à angle aigu ou offraient de légères ondulations; l'ensemble de ces dessins formait un bariolage fort agréable à l'œil. Les ongles terminaux des pattes étaient doubles et fortement dentés en peigne en dessous. Huit yeux placés sur le front s'élevaient en petites saillies d'un noir brillant et étaient disposés en figures régulières :

quatre au centre formaient un carré parfait, et les quatre autres, placés deux à deux et côte à côte, sur les parties latérales, où une petite élévation leur servait de base, se correspondaient symétriquement. A la base de la poitrine, sous les dernières pattes, on apercevait deux petites ouvertures circulaires fermées par un opercule mobile; c'est par là que l'air s'introduisait dans les poumons. Enfin, à l'extrémité termina le de l'abdomen, quatre petits mamelons charnus, percés de trous microscopiques, constituaient les filières d'où l'animal avait tiré la soie brillante qui composait sa toile[1].

Cette toile, par l'admirable soin avec lequel elle était disposée, mérite de nous arrêter un instant. Tendue en travers du fossé profond, elle avait au moins un mètre de largeur sur cinquante centimètres de hauteur. Sa forme générale se rapprochait d'un parallélogramme rectangle dont les petits côtés seraient assez réguliers; l'araignée en occupait le centre. Voici comment on peut comprendre sa construction : la charpente principale se composait d'une quarantaine de fils très forts qui, disposés autour du point central comme les rayons d'une roue, allaient en divergeant se fixer solidement aux plantes qui garnissaient les deux pentes de la tranchée. Sur ce premier plan vertical, d'autres fils plus ténus étaient placés en cercles concentriques et unissaient les divers câbles de soutien, de façon à former un plancher résistant. La distance qui les séparait allait en croissant de l'intérieur à l'extérieur, et par leur intersection ils produisaient un réseau de mailles trapézoïdales régulières de plus en plus larges; les dernières avaient au moins un pouce d'écartement. Je comptai plus de cinquante circonférences ainsi emboîtées, et si admirablement tracées qu'on eût dit qu'un compas avait été employé par le constructeur. Les jantes étaient fixées avec une telle précision, que la surface de la toile était exac-

Cette toile, par l'admirable soin avec lequel elle était disposée...

1. Il est facile de reconnaître dans cette araignée l'épeire à bandes (*Epeira fasciata*, Walk.), qui appartient à la section des *Arachnides pulmonaires* et à la famille des *Aranéides tendeuses*. Elle est très commune dans les fossés, où sa grande taille la fait découvrir de loin.

tement de niveau et se trouvait mathématiquement perpendiculaire à la nappe d'eau au-dessus de laquelle le vent la balançait mollement.

L'araignée, comme je l'ai dit, se tenait au milieu de son piège, les pattes étendues en cercle autour d'elle et la tête dirigée en bas. Il me suffira de dire, pour vous donner une idée approximative de sa grandeur, que l'espace qu'elle recouvrait ainsi avait au moins vingt-cinq centimètres carrés. Ses grandes mandibules noires et polies brillaient sinistrement au-dessous de ses huit yeux, qui, fixes et proéminents, n'en paraissaient que plus féroces. Chacun des ongles doubles de ses pieds se cramponnait sur un des fils verticaux avec tant de force, que les secousses produites par les mouvements des tiges qui supportaient la toile ne nuisaient en rien à l'immobilité de sa pose. De temps en temps, pour tromper sans doute les longueurs de l'attente, elle passait ses pattes postérieures sur son vaste abdomen, tandis que ses palpes-pinces s'introduisaient entre ses mâchoires, qu'elles parcouraient à la façon d'un cure-dent. Mais à distance on l'eût cru endormie, et nul ne se serait méfié de ce joli animal, qui, mollement bercé dans ce hamac soyeux, semblait se livrer aux douceurs d'une sieste bienfaisante. Quel terrible réveil cependant pour l'imprudent qui se fût fié à cette trompeuse apparence.

Griffe de l'araignée.

Au même instant, comme pour confirmer la vérité de cette appréciation, une malheureuse mouche, volant à l'étourdie, selon les habitudes de sa race, vint se fourrer la tête la première dans un des angles supérieurs de la toile et s'empêtra si bien les pattes dans les fils visqueux qui lui barraient le chemin, qu'elle ne put s'en dégager. Les violents efforts qu'elle fit pour recouvrer la liberté donnèrent de brusques secousses à l'appareil, et l'araignée fut aussitôt sur pied. Rapide comme une flèche, elle fondit sur cette proie longtemps attendue et essaya de la saisir dans ses puissantes mandibules. Mais la mouche était fort grosse, et, en voyant près d'elle ce formidable ennemi, elle se démena si vigoureusement et imprima à ses ailes un mouvement si rapide, que ce dernier, intimidé par le bourdonnement sonore qu'elles produisirent, recula subitement et parut examiner à distance respectueuse la véritable portée de ces démonstrations hostiles. Après mûres réflexions, et en vertu, il faut le croire, du célèbre axiome : « La prudence est la mère de la sûreté, » elle changea de tactique et remplaça l'attaque de vive force par un système plus long, mais aussi plus sûr et moins périlleux. Laissant donc sortir un fil de soie de ses filières, elle se mit à tourner en cercle autour de l'infortuné diptère et l'enveloppa dans un réseau si épais, qu'en moins de deux minutes il fut complètement invisible ; on eût dit un enfant au maillot. A peine si sa présence à l'intérieur du fourreau était décelée au dehors par le bruit aigu occasionné par la vibration précipitée de ses balanciers. Ayant ainsi réduit sa captive à l'impuissance, le vainqueur osa se rapprocher et coupa les liens qui la retenaient fixée à la toile. Puis il reprit tranquillement le chemin de son poste favori, en la traînant derrière lui comme un paquet inerte. Plongeant alors ses crochets venimeux dans le corps pantelant de la mouche, il but avec délices jusqu'aux dernières gouttes de son sang. Le sac de soie s'agita d'abord désespérément ; peu à peu les soubresauts perdirent de leur force, le bourdonnement s'éteignit comme un râle, et enfin le patient resta tout à fait immobile. La victime était morte ; mais aussi quel bon déjeuner que celui de l'araignée !

Je ne sais si je deviens moins impressionnable, mais il est certain que cette barbare exécution m'a laissé assez calme. Un effet de l'habitude, sans doute, d'où je conclus qu'on se familiarise avec la vue du sang comme avec toute autre chose. Au train dont je marche, il n'y aurait rien d'étonnant à ce que mon régime d'herbivore me paraisse un jour un peu fade, et qu'à mon tour je me décide à goûter de la chair de mes voisins. Il paraît cependant que je n'en suis pas encore là, car, rien que d'y penser, je sens mon estomac se soulever d'avance.

Une fois bien repue, notre filandière reprit son immobilité accoutumée, et, tout en restant l'œil aux aguets, parut digérer avec béatitude. Il me sembla aussi que le festin avait été succulent, car elle passait à chaque instant ses palpes dans la bouche pour recueillir les moindres parcelles de ce mets trop tôt achevé. Quant au cadavre de la mouche, le premier souffle du vent le souleva comme un ballon léger et le laissa retomber dans les herbes aquatiques. Toute trace du drame accompli en ma présence avait ainsi disparu.

27 juin.

Ce matin, un vent violent s'est levé avec le soleil, et, de ses puissantes rafales, secoue les arbres de la forêt comme s'il voulait les déraciner. Au moment où j'écris, j'entends ses sifflements aigus au travers des hautes herbes qu'il couche sur le sol. Quand le tourbillon diminue, elles redressent leurs têtes humiliées, mais non vaincues, pour les courber encore sous une nouvelle attaque plus vigoureuse. Ces alternatives produisent dans la prairie de larges ondulations parallèles, qui lui donnent un faux air de mer en courroux. Cet aquilon, comme disent les poètes, est fort désagréable, car il est très chaud et dessèche tout sur son passage.

Aussi serais-je resté tranquillement chez moi à fainéanter, si je n'avais réfléchi qu'avec un pareil temps l'araignée doit être mal à son aise, et j'ai voulu voir comment sa toile se comporte à la tempête. Elle tenait bon, ma foi : pas un fil n'a subi d'avaries ; mais elle était tellement ballottée que l'araignée n'a pu rester au centre, sa place accoutumée, et s'est momentanément installée dans un des angles les moins exposés, où elle reste immobile, pelotonnée sur elle-même. La journée me parut s'annoncer mal pour elle, car les mouches n'osent pas s'aventurer dehors.

J'en étais là de mes réflexions, quand un gros bourdon, au corps d'un beau noir, couvert de longs poils, et aux ailes violacées lavées de roussâtre, s'engagea dans le fossé, butinant de fleur en fleur. Le vent le gênait considérablement et le poussait peu à peu vers la toile perfide. Son bourdonnement, très sonore, mit l'araignée sur ses gardes ; elle se dressa sur ses pattes et rampa doucement vers le milieu de son piège. Notre insecte, préoccupé de sa récolte de pollen, ne remarqua pas l'obstacle qui lui barrait le passage, et y donna tête baissée. En un clin d'œil l'arachnide fut sur lui, et je le voyais déjà dévoré, quand, à mon grand étonnement, je la vis reculer aussi vite qu'elle s'était précipitée en avant, en donnant tous les signes d'une vive frayeur mêlée de désappointement.

Un coup d'œil jeté sur le bourdon me donna sur-le-champ l'explication de cette conduite singulière. L'hyménoptère s'était renversé sur le dos, et je vis sortir de son abdomen un aiguillon fort acéré, dont l'aspect formidable n'était rien moins qu'encourageant. Comme tous les assassins, qui ne frappent leurs victimes que lorsqu'elles ne peuvent pas se défendre, l'araignée était lâche en face du danger, et elle refusait le combat. Cependant la mouche, furieuse de se sentir enchaînée, se démenait avec violence, et sa force musculaire était si grande, qu'à chacun de ses efforts le tissu, brusquement tiraillé, menaçait de se rompre. La situation se compliquait ; il fallait y mettre un terme à tout prix. Aussi notre filandière, des deux périls choisissant le moindre, fit la part du feu, et coupa avec ses dents, et à quelque distance du prisonnier, tous les fils qui le retenaient captif. Alors le bourdon, entièrement dégagé, reprit son vol, et je le vis disparaître, traînant derrière lui, comme un trophée, les débris soyeux de ses chaînes. Le généreux animal s'était éloigné sans chercher à tirer vengeance des mauvais procédés employés à son égard.

Mais le vent se chargea de la punition du coupable ; car, comme s'il n'eût attendu que ce moment, il redoubla d'intensité et fit rage contre la toile. Celle-ci, dont la résistance était diminuée par la rupture de quelques-unes de ses attaches, ne put résister longtemps à de telles attaques. Elle se tordit sur elle-même et se rompit brusquement en deux parties inégales, qui flottèrent quelques instants et finirent par s'enrouler autour des branches et des herbes, où elles achevèrent de se briser en mille pièces. Ce magnifique travail était anéanti sans ressources, au grand désespoir de son auteur, qui, accroché à l'extrémité d'une branche, où il s'était réfugié au moment de l'accident, contemplait, avec l'abattement des grandes douleurs, toute l'étendue du désastre qui le frappait. J'avoue, à ma honte, que son malheur me laissait insensible; j'applaudissais même méchamment à la punition exemplaire que le hasard lui avait infligée, car elle allait me donner l'occasion de lui voir exécuter un nouveau piège.

En effet, après quelques minutes d'affaissement, l'araignée reprit courage et se mit en devoir de rétablir un autre filet. Il n'y avait pas à hésiter; car, sans cet instrument de chasse, pas de provisions de bouche, et par suite elle n'avait plus en perspective qu'une disette sans merci. Elle grimpa donc au sommet de la branche qui s'avançait le plus au-dessus de l'eau, et parut calculer mathématiquement les difficultés qu'elle avait à vaincre. La plus grave de toutes était, sans contredit, le petit ruisseau à traverser, et, je ne crains pas de le dire, elle me paraissait tout à fait insurmontable. Mais l'intelligente bête en jugeait tout autrement, et, l'inspection des lieux une fois terminée, l'opération commença.

A l'aide de ses pattes postérieures, agissant comme un dévidoir, elle fit sortir de ses filières un brin de soie dont l'extrémité, restée libre, flottait au gré du vent. La matière dont il était composé suintait à l'état liquide des quatre mamelons dont j'ai parlé plus haut, et séchait aussitôt au contact de l'air, de sorte que chaque fil, en apparence simple, se composait, en réalité, de quatre filaments accolés intimement. Au fur et à mesure que le petit câble augmentait de longueur, il avançait vers la rive opposée, au-dessus de laquelle il ne tarda pas à onduler gracieusement. Le but de l'araignée me fut alors facile à deviner : elle espérait que le bout s'attacherait par sa viscosité naturelle aux herbes de l'autre bord et formerait un pont aérien qui lui permettrait un frêle passage. Mais elle avait compté sans son hôte, comme on dit, car le vent tourbillonnait si fort, que le fil voltigeait dans tous les sens, s'élevait presque perpendiculairement et refusait obstinément de s'accrocher au point désiré, au-dessus duquel il planait maintenant à une grande hauteur. Enfin, dans un saut brusque de l'impétueux courant d'air, il changea de direction et vint s'embrouiller d'une inextricable manière sur la propre branche où l'arachnide continuait patiemment à agmenter sa longueur. C'était une tentative avortée. Sans perdre courage, celle-ci en émit un second, un troisième, mais sans plus de succès. Il n'y avait pas à lutter avec l'ouragan, dont les sifflements moqueurs semblaient rire de sa déconvenue.

Je pensais donc qu'elle allait renoncer ce jour-là à reconstruire sa toile. Mais je me trompais, car notre filandière avait plusieurs cordes à son arc. En sage ménagère qui sait que rien ne doit se perdre inutilement, surtout quand il s'agit d'une matière dont l'emploi est si nécessaire à son existence, elle commença par avaler les fils de soie mal dirigés. Puis, se laissant glisser au bout d'un nouveau câble, attaché au dernier rameau de la branche sur laquelle elle s'était placée, elle finit par se trouver suspendue au-dessus de l'eau, dont ses longues pattes de devant rasaient la surface. Bientôt, par de brusques mouvements du corps et des membres, elle communiqua à tout ce système suspensif un balancement régulier analogue à celui que produit le jeu de l'escarpolette. On eût dit un balancier de pendule exécutant son éternel va-et-vient. Peu à peu l'amplitude des oscillations augmenta, et bientôt l'araignée se trouva portée au-dessus des joncs du côté opposé. Profitant habilement du moment où elle se trouvait au plus haut point de sa course, elle lâcha brusquement cinq ou six décimètres de corde de plus et vint tomber sur la rive, objet de ses désirs. Elle n'eut plus alors qu'à grimper le long des herbes en portant le bout du fil et à le coller sur un tronc de peuplier. Le problème était résolu.

Le reste de l'opération n'offrait pas de difficulté. Du centre de ce premier jalon, elle fit rayonner les cordages d'attache, qu'elle fixa solidement aux deux bords du fossé. Les rayons supérieurs et inférieurs seuls ne pouvaient être assujettis de même, puisqu'ils se dirigeaient vers l'eau ou vers le ciel ; aussi furent-ils attachés sur deux câbles parallèles établis en travers du ruisseau. Sur cette première ébauche, elle disposa ensuite les circonférences soyeuses et concentriques dont j'ai parlé plus haut, et en moins d'une heure tout fut terminé.

Ce qui m'étonna le plus dans tout ceci, ce n'est ni l'adresse de l'araignée, ni son ardeur au travail, ni son incontestable habileté, mais bien l'énorme quantité de soie qu'elle a filée en si peu de temps. Je suis sûr que si l'on avait enroulé tous ces fils en un seul peloton, ce dernier aurait eu plus de volume que l'insecte qui l'avait fait sortir de son corps. Il faut que son abdomen soit bien fortement constitué pour qu'il puisse comprimer cette matière au point de lui faire occuper un si petit espace[1].

30 juin.

On ne saurait s'imaginer le nombre considérable d'insectes de toute espèce qui peuvent vivre en commun, ou plutôt en bon voisinage, dans un espace restreint. C'est à donner le vertige que de calculer, sur cette base, la

1. Ce qui étonnne ici le hanneton est pourtant la chose du monde la plus simple. Chacun sait, en effet, que la soie est un liquide épais qui, en se desséchant au contact de l'air, produit des filaments extrêmement ténus. Or, tout corps liquide et visqueux qui se solidifie à l'état de division poussée à l'extrême, augmente prodigieusement de volume, par l'interposition de l'air entre les couches qui le composent. Ainsi, un blanc d'œuf, à peine gros comme une petite noix, acquiert par un battage prolongé le volume d'une grosse orange, comme on le voit dans la préparation des œufs dits à la neige. Il en est de même pour la soie, et à un degré encore plus prononcé, parce que la division est portée presque à l'infini. Qu'on n'oublie pas, en effet, que chaque mamelon de la filière (et il y en a quatre) est percé de plusieurs centaines de trous, si bien qu'un seul fil d'araignée est formé de la réunion de trois à quatre mille filets microscopiques. Grâce à cette disposition, des plus avantageuses au point de vue économique, l'animal peut refaire sa toile trois à quatre fois de suite, sans que ses réservoirs sétifères soient épuisés.

quantité d'animaux qui habitent la surface du globe, et, sans être taxé d'exagération, on peut, en se servant d'une expression familière, dire que la terre est pavée d'êtres animés.

C'est surtout pour les races de taille au-desous de la moyenne que la nature a donné libre carrière à sa fécondité; elles sont innombrables, non seulement en individus, mais en espèces différentes. Un seul quadrupède, par exemple, dans l'espace qui lui est nécessaire pour vivre, espace souvent mesuré avec économie, voit son titre de possesseur contre-balancé sans cesse par des milliers de sous-locataires qui s'étalent et pullulent à leur aise dans le cercle restreint qui lui suffit à peine. Il n'est pas de coin du sol, de goutte d'eau qui ne serve d'habitation à de nombreuses colonies, qui, sans sortir des bornes de leur domaine, peuvent y accomplir largement tous les actes si variés de leur vie. Tout est utile, tout est employé ici-bas, et l'on ne saurait y trouver de ces hors-d'œuvre, de ces superfluités, si communs dans les œuvres humaines.

Ces réflexions d'une haute portée me sont inspirées par une charmante excursion que je viens de faire, ces jours-ci, dans un espace infinitésimal de la prairie, où un heureux hasard m'a conduit. J'étais allé flâner (car je flâne quelquefois, je dois l'avouer, mais jamais à l'heure du repas, par exemple, car cette heure est sacrée pour moi) le long du mur de clôture du jardin sous lequel je passai autrefois, si l'on s'en souvient, pour m'échapper des griffes et des pièges du trop fameux jardinier dont j'ai écrit l'histoire. Une herbe drue, vivace, aux tiges robustes, dont le vert foncé indique la bonne santé, croît le long de la muraille, contre le pied de laquelle elle forme une barrière compacte, que je n'osai franchir et qui doit être fort habitée : car, au soleil, j'ai aperçu un grand nombre d'animaux qui s'y faufilaient sans bruit. Il y a surtout une immense quantité de lézards, qui, toujours en mouvement, animent le paysage de leurs gracieuses courses au clocher. La bâtisse est fort mal entretenue, des fentes ouvrent leurs gueules béantes dans plusieurs endroits, le plâtre est tombé par plaques énormes et blanchit le gazon du fossé; enfin, en deux points, le couronnement s'est écroulé, jonchant le sol de débris de mortier et de briques. L'une d'elles, tout entière, couchée à plat au milieu d'une touffe vigoureuse de chiendent, aux rhizomes rampants et écailleux, attira mes regards, et, sans que je pusse me rendre compte de cette attraction, je me dirigeai vers elle pour l'examiner.

Elle était si bien appliquée sur la terre, que cette dernière semblait faire corps avec elle. Les feuilles et les fleurs du chiendent l'enserraient de toute part et se trouvaient forcées, pour s'épanouir et pour croître, de se recourber en dôme au-dessus de sa face supérieure, que l'on ne distinguait qu'à peine, et qu'une mousse verte, courte, aux reflets argentés, tapissait entièrement. L'idée me vint de me glisser sous sa masse et d'explorer la cavité souterraine qu'elle abritait. Aussitôt pensé, aussitôt fait; je m'insinuai doucement entre les brins d'herbe et commençai mon exploration par l'inspection de l'extérieur.

La première chose qui me frappa fut une toile blanche et soyeuse qui s'étendait de l'un des angles aux tiges les plus voisines, qu'elle liait entre elles par ses mailles inextricables. Au sommet de ce triangle presque régulier, ses deux bords se recourbaient en haut, finissaient bientôt par se rejoindre et dessinaient l'entrée circulaire d'une sorte de grotte, ou de tube soyeux, qui s'enfonçait sous la brique en s'aplatissant quelque peu. A l'ouverture de cette habitation, j'aperçus la silhouette peu attrayante d'une grosse araignée noire à l'affût, les pattes étendues tout autour d'elle, la tête haute, les mandibules en avant; ses crochets venimeux, d'un beau noir vernissé, luisaient dans l'ombre. Je me promis bien de ne pas examiner de trop près cette partie du paysage : elle n'offrait que trop de dangers à courir; car mesdames les araignées ont bon pied, bon œil, et surtout bonne dent, et je venais de les voir à l'œuvre trop récemment pour avoir la moindre envie de renouer connaissance avec de pareils personnages. Celle-là, surtout, avec les teintes sombres de ses téguments, me paraissait encore plus difficile à affronter que ses congénères à la vie aérienne.

A deux ou trois pouces de là, vers le milieu de la brique, la terre, soulevée en un petit tas, s'égrenait par miles brins de gazon et formait un monticule d'environ un pouce de hauteur, dont le sommet atteignait le bord supérieur de la tuile. Ce sommet était évasé, creusé en une dépression circulaire, un peu irrégulière, au centre de laquelle je distinguai une ouverture assez étroite, à demi obstruée par quelques fragments du sol. C'était évidemment l'œuvre de quelque animal; mais lequel? Je l'ignorais, car il était caché sans doute sous la brique, dont cet orifice lui facilitait l'accès.

Sur les trois autres côtés de la tuile, aucune manifestation des habitants qu'elle recouvrait n'était perceptible à l'extérieur. Mais entre les tiges des herbes, au point où elles s'appliquaient exactement contre elle, se trouvaient de nombreux animaux au repos, cachés complètemeut dans cette sorte de réduit; j'y voyais quatre ou cinq limaçons de tailles diverses, une douzaine de cloportes, quelques limaces au corps mou et grisâtre et une troupe nombreuse de petits insectes noirs, tachés de rouge, à bouche en forme de bec, dont l'aspect, par suite de la bizarrerie des dessins couleur feu qui ornaient leurs téguments, était fort original; on eût dit de petits saltimbanques revêtus de leurs habits de parade. Serrés les uns contre les autres de façon à ne former qu'une couche continue, ils restaient immobiles pendant les heures fraîches de la journée; mais quand le soleil, dans toute son ardeur, échauffait leur retraite, ils sortaient en foule, grimpaient sur les végétaux, dont ils suçaient la sève, ou se réunissaient en groupes compacts à la partie supérieure de la brique. J'en ai compté sur ce point près de quatre-vingts individus[1].

Quand j'aurai ajouté que la mousse qui tapissait si agréablement le dessus de notre tuile était habitée par de nombreuses petites araignées de toute couleur, j'aurai donné un aperçu général des êtres vivants réunis à l'extérieur de cet espace si restreint. Mais tout ne devait pas se borner là, car le dessous, encore inexploré, devait nous réserver bien des surprises, comme vous allez voir, si vous ne craignez pas de vous aventurer à ma suite dans la profonde obscurité qui y régnait.

Je commençai d'abord par éclaircir tous les *desiderata* que m'avait laissés mon inspection extérieure. Ainsi, je constatai que le tube soyeux de l'araignée s'étendait jusqu'au centre de la cavité souterraine et s'y terminait par une dilatation en forme d'ampoule aplatie, la chambre à coucher sans doute de l'animal. Je vis aussi que le monticule de terre, percé d'une ouverture médiane, se continuait en un couloir étroit, dans lequel un énorme ver de terre se prélassait, couché tout de son long, au frais et à l'ombre. A trois pouces de l'entrée, le conduit se courbait à angle droit, perdait sa position horizontale et s'enfonçait perpendiculairement dans le sol, à une grande profondeur. Le ver de terre marchait indifféremment par la tête ou par la queue, et cette précieuse faculté lui permettait de circuler facilement dans cette prison étroite, où il lui était interdit de se retourner de bout en bout.

Entre le domicile de l'araignée et celui du lombric se trouvait un assez large espace, en apparence désert. Cependant, en y regardant de plus près, on ne tardait pas à remarquer çà et là de petites excavations ovalaires, exactement clôturées par la surface inférieure de la tuile, et atteignant à peine un centimètre de profondeur. Dans chacune d'elles se trouvait un nombre variable, tantôt un, tantôt trois, parfois même quatre insectes coléoptères, qui devaient, j'en suis sûr, appartenir à la famille des *Carabes*. Leur corps, noir et très dur, formait un ovale dans l'ensemble ; les pattes étaient rougeâtres, fortes, dilatées, surtout les antérieures ; les élytres se cachaient sous un duvet serré et court, d'un gris jaunâtre. Les mandibules, grandes, robustes, acérées, indiquaient suffisamment le naturel carnassier de leurs propriétaires. Ils restaient immobiles et paraissaient endormis. J'en comptai onze en tout[2]. Ce qui m'étonna beaucoup, c'est qu'en m'approchant d'eux, je sentais une odeur acide, âcre, presque sulfureuse, qui s'exhalait de

1. C'est le *Pyrrochoris apterus*, L., insecte de l'ordre des Hémiptères, connu sous le nom de *punaise rouge*. Ils sont quelquefois si nombreux, que les murs exposés au midi en sont littéralement couverts.

2. Ces coléoptères sont bien, en effet, des *carabiques*, et sont appelés *Harpalus rubripes*, Latr. par les entomologistes. Ils abondent sous les pierres et la mousse. Ils lancent, quand on les prend, une liqueur acide très corrosive qui cause de vives démangeaisons à la peau.

leur corps, et je ne pouvais comprendre comment ils pouvaient se complaire dans une atmosphère aussi désagréable.

Tout près d'eux, majestueusement étalé dans toute sa grande taille, je découvris le géant de cette famille de carnassiers. Sa longueur était de quatre centimètres environ, ce qui, pour un *carabe*, est taille fort remarquable. Le corps était totalement noir, ainsi que les pattes, avec le dessus des élytres chagriné et une ligne de gros points enfoncés au milieu. Il n'avait pas d'ailes. Ce devait être un terrible chasseur, à en juger par la longueur de ses jambes et la grandeur de ses mâchoires. Pour le moment il faisait sa sieste dans un creux qu'il s'était préparé lui-même, ou plutôt dont il avait chassé les véritables possesseurs. Je résolus de ne pas rester trop longtemps dans son voisinage, et tout le monde approuvera, je l'espère, les raisons de haute prudence qui me faisaient agir de la sorte[1].

De l'autre côté du chemin creux de notre ver de terre, une cavité assez vaste avait été creusée, et dans l'intérieur toute une famille d'animaux tout nouveaux pour moi, vivait tranquillement. Elle se composait de la mère et d'une soixantaine de jeunes enfants, confiés à ses soins par dame Nature, et sur lesquels elle veillait fort attentivement. Soulevée sur ses six pattes robustes, la femelle rassemblait sa progéniture indocile sous sa poitrine, où la chaleur plus considérable devait hâter leur croissance. Les petits malins couraient autour d'elle, grimpaient sur ses jambes, se hissaient sur son dos, et, sans respect pour son titre de mère, osaient même escalader sa tête et prendre jusque dans sa bouche les aliments qu'elle leur abandonnait généreusement. Parfois, poussés par cet esprit d'aventure propre à l'enfance, quelques-uns d'entre eux s'écartaient du logis et se glissaient aux alentours sans se douter des périls dont ils étaient environnés. Il fallait voir alors l'inquiétude de la femelle ; elle frappait le sol de ses antennes pour rappeler les récalcitrants, et quand ceux-ci, entraînés par les mystérieuses attractions de l'école buissonnière, restaient insensibles à ses appels muets, elle courait après eux, saisissait les coupables entre ses mâchoires et réintégrait, sans colère, les délinquants parmi leurs frères plus obéissants. Ce spectacle touchant me rappelait les poules et leurs poussins, que j'avais si souvent observés de loin, dans ma jeunesse, quand j'habitais le jardin.

Mais je m'aperçois que j'ai négligé de vous faire le portrait de cet intéressant animal. C'était un insecte au corps très allongé, couleur de fer, lavé de blanchâtre par places. La tête, petite, portait des mâchoires peu saillantes et deux longues antennes ; le corselet, presque carré, donnait attache à deux étuis pour les ailes, très courts, qui laissaient presque tout l'abdomen à découvert. Sous ces étuis ou élytres il y avait deux longues ailes blanchâtres, plissées en éventail dans le repos. Le ventre allait en

1. Ce *carabique* est le *Procrustes coriaceus*, L. C'est, en effet, le géant des *carabes* français.

augmentant progressivement de la base au sommet, et se terminait, en ce point, par un organe fort singulier. C'était une énorme pince ovalaire, aussi longue que le tiers de l'insecte, aux branches gracieusement recourbées, munies de dents à l'intérieur, et dont les extrémités, fort effilées, venaient se rejoindre exactement. Cet appareil formidable devait constituer une arme terrible[1].

Tels étaient, à part quelques autres petits êtres vivants dont je ne m'occuperai pas, les habitants de la cavité souterraine recouverte par la tuile en question. On voit que je ne me suis pas beaucoup éloigné de la vérité en disant que la terre en était pavée, et qu'en un si petit espace il serait difficile d'en loger un plus grand nombre.

Forficules perce-oreille.

Tout ce peuple vivait en fort bonne intelligence, et, malgré la condition inférieure de beaucoup d'entre eux, aux armes offensives sans importance, aucun drame ne troublait, de ses meurtrières péripéties, le calme de cet Éden souterrain. La cause en est fort simple. En effet, tous ces insectes sont des animaux nocturnes, qui restent comme engourdis pendant le jour, et pour lesquels la tuile n'est pas un séjour bien déterminé, mais tout uniment un abri. Pendant tout le temps que le soleil reste sur l'horizon, le calme le plus complet règne parmi eux, et ce n'est que lorsque la nuit est venue que tout le monde se réveille de son sommeil léthargique et s'empresse de sortir de sa cachette pour aller à l'extérieur chercher des vivres frais. Carabes, perce-oreilles, cloportes, partent ensemble pour la chasse, et ne rentrent au logis que bien repus; aussi, comme ventre plein ne demande que repos, chacun s'empresse de choisir une bonne place pour y digérer commodé-

1. Tout le monde a reconnu dans cet insecte le perce-oreille (*Forficula auricularis*, L.), si commun en France, où il est accusé de s'introduire dans l'oreille pour de là gagner le cerveau et causer la mort. Ce préjugé n'a aucun fondement sérieux, et tire son origine du nom de *pince-à-oreilles* que cet animal portait autrefois, nom qui lui vient de la ressemblance de sa pince abdominale avec l'instrument dont les horlogers se servaient jadis pour percer les oreilles des jeunes enfants. On a changé, par corruption, le mot *pince-à-oreilles* en celui de *perce-oreilles*, appellation familière de l'instrument susnommé.

ment, et s'inquiète peu de chercher des querelles inutiles à ses voisins. L'araignée seule fait exception, et, en sa qualité d'animal diurne, se repose la nuit de ses efforts de la journée.

Dans ces excursions au clair de la lune, la tribu des perce-oreilles est fort remarquable à observer. C'est à ce moment que la femelle déploie toute la tendresse maternelle dont elle est si largement douée. Sans cesse en éveil, l'œil aux aguets, elle dirige sa turbulente famille à la curée et s'ingénie à lui éviter le moindre danger. Il faut la voir, en face d'un carabe glouton, que la chair tendre de ses nourrissons attire sur ses pas : dressée fièrement sur ses pattes, le ventre recourbé en arc au-dessus de sa tête, les pinces largement ouvertes, elle maintient l'agresseur en respect, et s'il insiste, le met honteusement en fuite. Je l'ai vue une fois saisir par le corselet un de ces animaux et le tirailler si vigoureusement, qu'elle finit par le couper en deux ; ses enfants s'en partagèrent les dépouilles avec avidité. Un autre jour, s'étant maladroitement engagée sur une fourmilière, elle courut les plus grands dangers, car les habitants de la cité fondirent sur les envahisseurs et les attaquèrent avec furie. Elle combattit vaillamment à coups de pince ; et quand le nombre des assaillants devint trop considérable, elle se servit de sa tête comme d'un bélier, et, se précipitant au plus épais de la troupe des fourmis, elle les refoula par cinq ou six charges brillantes, qui donnèrent le temps à ses petits de se retirer sains et saufs de la bagarre. Quand elle les vit en sûreté, elle battit à son tour en retraite, et, malgré les nombreuses blessures dont elle était couverte, elle put les ramener au logis sans encombre. Je dois dire que si ce fait d'armes eût été exécuté en plein jour, il n'eût peut-être pas eu un dénouement aussi favorable : car les fourmis, trop supérieures en nombre, auraient fini par dévorer toute la famille ; mais il faisait nuit, la température était froide, et les habitants de la cité laissèrent le soin aux seules sentinelles de repousser cette invasion, peu dangereuse, du reste, dans ses conséquences.

Pendant plusieurs jours, j'ai attentivement observé les faits et gestes de cette colonie d'êtres si disparates, réunie ainsi sous le même toit par le hasard. C'était une occupation fort monotone, car chaque jour était l'exacte répétition du jour précédent, et je n'avais en réalité découvert qu'une sorte de dortoir, dont les habitants, livrés au sommeil, offraient peu de particularités intéressantes. De temps en temps quelque carabe rentrait avec une jambe de moins, un des jeunes perce-oreilles manquait à l'appel ; mais c'étaient là des incidents trop vulgaires pour qu'ils pussent en rien m'intéresser. Enfin, hier matin j'ai été plus heureux, et j'ai assisté à une scène des plus singulières. Voici dans quelles circonstances :

Il faisait un temps splendide et une chaleur étouffante. Tout le monde reposait sous la brique ; l'araignée seule, à l'affût sous sa voûte de soie, attendait avec patience un déjeuner bien lent à se présenter. Au moindre bruit, au plus léger balancement des tiges qui soutenaient sa toile, elle sortait au plus vite et jetait un regard avide sur toute l'étendue de son piège.

J'aperçus en ce moment une mouche à quatre ailes, aux antennes vibrantes, et dont il me semblait vaguement avoir fait autrefois la connaissance, courant sur le sol entre les brins d'herbe. Sa démarche était rapide et ses mouvements vifs et saccadés; elle bondissait plutôt qu'elle ne courait, et touchait la terre de ses antennes comme pour en recueillir les émanations. Cet animal était évidemment en chasse et cherchait de tous côtés les traces du gibier. Il parvint ainsi jusqu'auprès de la toile et, par mégarde, en frôla les fils les plus éloignés; l'araignée accourut aussitôt, les mandibules toutes grandes ouvertes. Mais tout à coup, ô prodige! prompte comme l'éclair, la mouche s'élança sur elle, la saisit par le corselet et enfonça un long dard dans son ventre rebondi. L'effet de cette piqûre, en apparence légère, fut terrible; l'arachnide raidit ses pattes, trembla convulsivement pendant une ou deux secondes, puis elle chancela et finit par retomber inanimée sur sa toile. La mouche, sûre du résultat de son coup d'aiguillon, avait lâché prise et attendait, à quelque distance, la mort de sa victime.

Alors elle s'en rapprocha, l'examina d'un bout à l'autre, en véritable connaisseur qui veut apprécier la valeur de sa conquête, et, ouvrant ses mâchoires, la saisit par l'extrémité du ventre et se mit à la traîner péniblement vers une des tiges de chiendent les plus voisines. La tâche était rude; car l'araignée, grande et dodue, était au moins trois fois plus volumineuse que la mouche, qui, essoufflée, à bout de forces, s'arrêtait tous les cinq ou six pas pour reprendre haleine. Elle marchait à reculons, et tout en marchant faisait vibrer ses ailes, comme pour s'aider de leur action. Tant que la toile ne fut pas franchie, le transport était entravé à chaque instant par les ongles de la pauvre filandière, qui, traînant sur les fils, s'accrochaient d'eux-mêmes aux mailles de soie, et ce n'était qu'au prix des plus grands efforts que la mouche parvenait à les en détacher. Enfin, elle toucha terre et atteignit la base du brin d'herbe, objet de ses désirs. Elle le gravit la tête en bas, tenant le cadavre suspendu au bout des mandibules, et vous devez comprendre combien cette opération présentait de difficultés avec un poids aussi considérable. Néanmoins, tous les obstacles furent franchis avec bonheur, et l'infatigable animal parvint au sommet du petit végétal. Alors il s'arrêta, ouvrit ses ailes, et, gonflant d'air son abdomen pour augmenter sa force d'ascension, il essaya de s'envoler avec son fardeau. Mais il eut beau renouveler ses tentatives à plusieurs reprises, il ne put y réussir, car la pesanteur de sa proie le clouait à sa place.

Cet insuccès parut le contrarier vivement; il laissa retomber l'araignée au pied de la plante, et se mit à fureter dans les coins, pour trouver une cachette et l'enfouir. Eh bien ! savez-vous pour laquelle se décida le malin petit insecte ? Vous ne le devineriez jamais, tant ce choix indiquait chez lui d'intelligence et de sagesse. Ce fut pour le logis désert de l'araignée elle-même. Il s'était dit qu'un tel abri offrirait à la fois toute la sécurité convenable, et écarterait, par sa nature même, les autres carnassiers avides de partager son butin. Il introduisit donc, toujours à reculons, l'arachnide jusqu'au fond de son tube de soie, et l'étendit avec soin dans l'angle le plus reculé ; puis il pondit un œuf entre les pattes robustes de sa victime réduite à l'impuissance, et le fit adhérer aux parois de la poitrine à l'aide d'un liquide visqueux dont il était enduit.

Cela fait, au moyen de brins de mousse, de feuilles, de morceaux de terre et de brindilles de bois, il construisit une cloison hermétiquement close, qui ferma toute communication entre le cadavre et l'extérieur, et, sûr désormais que le germe précieux qu'il y avait déposé arriverait à bon port, il quitta tout joyeux le théâtre de ses exploits maternels.

Combien un tel épisode doit donner à réfléchir à tous ceux qui considèrent les animaux de petite taille comme des parias que la nature a dénués de toute intelligence et de tout cœur ! Y en aurait-il beaucoup, parmi ceux-là, qui seraient capables d'exécuter avec leurs seules forces un tel chef-d'œuvre de réflexion et de vigueur ?

Je me souviens maintenant des circonstances dans lesquelles j'ai connu cette mouche singulière. C'est il y a deux ans, pendant ma première enfance, qu'un insecte de cette espèce enleva, sous mes yeux, la femelle de l'araignée dont j'ai parlé dans le premier chapitre de ces mémoires. A cette époque, je ne pus savoir ce qu'il en avait fait ; aujourd'hui, tout m'est expliqué.

CHAPITRE XIII

UN NID DE BOURDONS. — L'ÉCUME VIVANTE. — LA CHAÎNE DE DESTRUCTION.

8 juillet.

On a fauché la prairie, il y a quatre jours, et vous ne sauriez croire combien cette opération a troublé d'espèces d'animaux dans leur repaire. Des reptiles, des rats, des insectes innombrables fuyaient devant les faux tranchantes qui mettaient leurs cachettes à découvert, et allaient chercher un abri provisoire dans la forêt. Quand le foin, à demi sec, a été élevé en meules, et que, par un commencement de fermentation, il s'est produit une chaleur notable dans la masse, bon nombre de serpents sont venus y réchauffer leur corps engourdi et y pondre leurs œufs. Cet amour de la haute température a été fatal à la plupart d'entre eux, car les faucheurs les ont massacrés sans pitié, sacrifiant ainsi leurs meilleurs auxiliaires dans la destruction des animaux nuisibles. Que voulez-vous! le préjugé le veut ainsi, et il faut s'y soumettre aveuglément à ses risques et périls. Pour ma part, je me réjouis sincèrement de cette maladresse.

Vous pensez bien qu'aussitôt après la fenaison je me suis empressé d'aller visiter ce vaste terrain offert à mes investigations. Je ne tardai pas à remarquer çà et là de petites élévations singulières, placées au milieu des tiges de luzerne mutilées. Elles avaient, en général, la forme d'un petit dôme légèrement surbaissé, que, de loin, on eût pris pour une simple motte de terre arrondie. De près, cependant, il était aisé de constater qu'un animal avait passé par là, car la surface était formée par une touffe de mousse très épaisse, aux brins entrelacés, d'une couleur vert jaunâtre.

Un coup d'œil attentif jeté aux alentours de cet édifice artistement construit m'en fit voir l'entrée. Elle consistait en une ouverture demi-circulaire, non munie de porte, avec montants faits aussi de mousse. Elle se trouvait placée à un pied du dôme, et une voûte faite de la même matière recouvrait le chemin qui y conduisait. Au-devant de ce corridor obscur, la terre était grattée et tassée sur une étendue assez notable par le passage des habitants du nid en question. Pour le moment, la place était déserte. Je crus d'abord avoir sous les yeux une cité à fourmis, car je me souvenais de l'habitation que j'avais vue autrefois dans le jardin; je m'étonnais seulement de n'avoir vu aucun de ces industrieux travailleurs à l'œuvre; le

On a fauché la prairie.

soleil était haut à l'horizon, et en ce moment la fourmilière est ordinairement dans toute l'effervescence des travaux habituels.

A ce moment, un bourdonnement sonore se fit entendre, et un gros bourdon vint voler en cercle autour du dôme, qu'il parut examiner avec attention ; puis il se posa dans l'herbe à quelque distance de l'entrée, et par une marche rapide s'y engagea résolument. Bientôt après, un deuxième fit la même opération, puis un troisième. Ce devait donc être leur nid. Aussi je fus enchanté d'avoir l'occasion de connaître les habitudes de ces êtres singuliers, qui depuis longtemps avaient attiré mon attention. Avant la fin du jour, j'avais assisté à l'entrée et à la sortie d'une trentaine de ces mouches bruyantes, et je connaissais entièrement les caractères qui les distinguent.

J'en vis de trois sortes, qui différaient entre elles par la taille et les couleurs. Elles avaient pour caractère commun un corps massif, trapu, dépourvu d'élégance et couvert de longs poils très pressés les uns contre les autres, ce qui les faisait paraître plus gros qu'ils ne l'étaient réellement. Ces poils, ramifiés comme de petites plantes, avaient des teintes différentes suivant les diverses sortes. Les premières, dont la taille était la plus considérable et le ventre très dilaté, étaient les femelles; leurs poils étaient entièrement d'un noir mat, avec ceux de la partie terminale de l'abdomen d'un rouge vif. Les secondes, de taille moyenne, les mâles, étaient plus allongées, et leurs poils offraient aussi la teinte rouge de la région anale, mais elles avaient, en outre, le devant de la tête jaune, ainsi que les deux extrémités du prothorax. Enfin les troisièmes, plus petites encore, ressemblaient entièrement aux grosses femelles pour les teintes; j'ai su plus tard qu'elles jouaient dans le nid le rôle des fourmis ouvrières dans les fourmilières. C'étaient donc des neutres.

Je dois dire, pour ne rien laisser à désirer, que la grandeur des diverses sortes de bourdons du même nid est sujette à beaucoup de variations. J'ai vu des femelles plus petites que des mâles, et réciproquement, et des ouvrières dont la taille était bien supérieure à la règle normale. Mais je négligerai ces exceptions sans importance, et je restituerai à chacune des trois sortes de mouches leur grandeur réglementaire; aussi « les grandes, les moyennes et les petites » voudront dire toujours « les femelles, les mâles et les ouvrières[1] ».

Les dimensions de ce nid étaient assez considérables; il avait au moins vingt centimètres de diamètre sur quinze de hauteur. Quelques brins de gramen poussaient au travers de la mousse et donnaient de la solidité à l'ensemble. J'aurais bien voulu voir ce qui se passait à l'intérieur; mais je

1. Ces insectes sont les Bourdons des pierres (*Bombus lapidum*, Latr.), insectes de l'ordre des Hyménoptères, famille des *Apiens*. Chacun sait qu'en France ils sont extrêmement communs.

n'osais m'aventurer dans une entreprise aussi délicate, car les aiguillons de nos travailleurs auraient pu me faire repentir de ma témérité. Aussi tout ce que je pus voir ce jour-là fut-il de peu d'importance. Je me bornai à assister à la sortie et à l'entrée des bourdons, qui me parurent assez nombreux, et à m'assurer qu'ils ne portaient dans leurs mandibules aucuns matériaux propres à agrandir l'habitation commune... Je vis aussi que chacun d'eux avait sur les palettes de ses pattes et entre les anneaux de son abdomen une poussière jaunâtre, qu'il avait recueillie sur les fleurs voisines, autour desquelles il volait en butinant. Ce pollen devait être leur unique nourriture. Le soir venu, la cité devenait silencieuse et déserte, et pas une mouche ne se montrait à l'extérieur; mais dès le matin le petit peuple se réveillait et prenait part aux labeurs avec d'autant plus de vivacité que le soleil était plus ardent.

Pendant trois jours je restai ainsi en observation, sans que rien vînt varier la monotonie de la surveillance incessante à laquelle je m'étais résolu. Aussi désespérais-je déjà de jeter un coup d'œil curieux à l'intérieur du nid, quand un incident inattendu vint à mon aide. Il était cinq heures du matin; l'herbe, tout imprégnée de rosée, était humide et fraîche; il faisait presque froid, aussi aucun bourdon ne se montrait à la porte du nid. J'aperçus alors un petit rat à la queue terminée par des poils raides, au museau pointu, à l'œil noir, vif et brillant, qui courait en zigzag dans le pré, en se dirigeant vers moi avec toute la vitesse de ses petites jambes. Il paraissait assez inquiet et examinait avec grande attention le petit dôme de mousse qui s'élevait parmi les plantes. Arrivé tout auprès, il en fit le tour, et, choisissant le côté opposé à la porte d'entrée, il se dressa sur ses jambes de derrière et, se servant de celles de devant comme d'un râteau, il se mit à arracher la mousse formant le toit de l'habitation. A mon grand étonnement, les brins végétaux cédèrent aisément à ses efforts, et une brèche importante fut bientôt établie dans son épaisseur. Redoublant alors de vigueur, il entraîna en un instant toute la petite sphère moussue, et mit presque à découvert l'intérieur de la cité, encore plongée dans le sommeil.

Mais cette brusque violation de domicile ne fut pas du goût de nos bourdons; sortant en foule de leur torpeur, ils fondirent, en bourdonnant avec colère, sur le petit imprudent, s'accrochèrent sur son dos et le percèrent de leurs aiguillons. Le malheureux, criblé de piqûres, voulut fuir en toute hâte; mais les mouches furieuses s'acharnèrent après lui et redoublèrent leurs attaques. Le quadrupède se roula alors par terre en essayant de se débarrasser de ces ennemis, en accompagnant cet exercice de cris aigus et plaintifs. Puis, tout à coup, il s'arrêta, raidit ses membres délicats et se tordit dans une convulsion qui le parcourut des pieds à la tête. Une écume sanglante jaillit de sa gueule violemment crispée, puis il retomba inerte et expirant sur le sol. En moins de cinq minutes, ce petit corps frêle et élancé se gonfla d'une façon hideuse et devint méconnaissable. Il y avait au moins un quart d'heure qu'il était mort, que les bourdons, irrités et aveuglés par la fureur, piquaient encore le cadavre, sans se douter qu'il était désormais insensible à leurs attaques.

Dans ses dernières convulsions, le rat avait porté involontairement le désastre à son comble. Le toit de mousse, entièrement effondré et désuni, gisait sur le sol, éparpillé dans toutes les directions. Profitons du moment où les mouches désespérées visitent les environs du nid pour en examiner l'intérieur.

Au centre, ou plutôt occupant presque toute l'étendue de la cavité, on voit une sorte de gâteau irrégulier, d'un noir grisâtre, avec de grandes taches jaunâtres. On peut y distinguer trois sortes de corps distincts, réunis ensemble sans ordre apparent. D'abord de petites coques en forme d'œufs, un peu allongées, de grandeur variable, dont les plus grosses ont environ un centimètre et demi de longueur; leur couleur est d'un blanc jaunâtre. Elles sont placées généralement côte à côte, dans le sens de l'épaisseur du gâteau, mais sans régularité bien sensible, puisque certaines paraissent presque couchées horizontalement. Quelques-unes sont ouvertes par en bas, et l'intérieur en est vide. Elles paraissent formées d'une soie grossière, peu brillante.

Entre ces coques, et remplissant tous les vides, il y a de grosses masses noirâtres, rugueuses, mamelonnées, semblables à de petites truffes. Elles sont formées d'une matière pâteuse assez semblable à une cire brute, et l'on ne peut y apercevoir aucune ouverture. Enfin, sur les bords du gâteau se trouvent trois ou quatre petits godets affectant exactement la forme de dés à coudre placés debout, à parois minces, faits aussi de cire et remplis jusqu'aux deux tiers d'un liquide sirupeux d'un brun rougeâtre. C'étaient, comme je l'ai su plus tard, de véritables pots à miel, où cette substance précieuse est emmagasinée. On voit, dès lors, que l'assemblage de ces trois corps, bien distincts les uns des autres, doit former une masse des plus irrégulières, que l'on pourrait comparer à une galette mal pétrie, couverte d'amandes placées de champ. Cette galette repose sur une couche mollette de mousse séchée, semblable à celle qui forme les parois du nid. Quelques bourdons circulent lentement sur elle et paraissent tout inquiets de se voir ainsi exposés au grand jour.

Mais la plus grande partie des travailleurs, une trentaine environ, s'était rendue aux alentours pour réparer le dommage occasionné par le petit quadrupède. La mousse était là toute prête; il ne s'agissait que de la remettre en place. Je crus d'abord que chacun d'eux allait apporter des brins entre ses mandibules pour en construire un nouveau dôme, mais je me trompais; car ils avaient un procédé plus simple et plus expéditif, comme on va le voir.

Pour bien me faire comprendre, je vais considérer un seul bourdon au travail. Il s'est installé auprès du paquet de mousse le plus éloigné et tourne le dos au nid, c'est-à-dire au but qu'il veut atteindre. Il saisit alors entre ses mandibules un petit faisceau de tiges de mousse, les sépare et les éparpille à l'aide de ses pattes de devant, les rend flexibles en les pliant dans tous les sens; puis, quand il a suffisamment diminué leur consistance, il les pousse sous son corps, entre ses pattes intermédiaires. Celles-ci, à leur tour, les soulèvent et les amènent entre les postérieures, qui, par le même procédé, les projettent en arrière de toute leur longueur. Ce manège se fait sans interruption, c'est-à-dire qu'aussitôt que le petit fardeau est engagé entre les dernières pattes, les mâchoires, devenues libres, ontre commencé à malaxer de nouveaux brins. Il résulte de cette manœuvre que le petit tas de mousse que le bourdon a attaqué se trouve, au bout d'un certain temps, transporté derrière lui, et, par suite, a avancé vers le nid de toute la longueur de son corps. Il a, pour sa part, accompli sa tâche.

Mais pendant qu'il se livrait à cette intéressante opération, un deuxième bourdon s'était placé derrière lui, il s'emparait des brins de mousse poussés par ses pattes et leur faisait subir le même traitement, ce qui les portait plus près encore du but; derrière le second, il y en avait un troisième, puis un quatrième, suivant la distance à parcourir; enfin, un dernier qui, placé sur le nid même, recevait les matériaux ainsi transportés. De cette façon, la mousse n'arrivait à lui qu'après avoir passé par les pattes d'un grand nombre de travailleurs, ce qui rendait le cardage plus parfait. C'est, on le voit, l'analogue de ce qui se passe dans un incendie, où les seaux pleins d'eau passent de main en main et arrivent ainsi rapidement sur le point en danger, sans fatiguer outre mesure les divers membres qui composent la chaîne de sauvetage.

Cinq ou six chaînes de bourdons s'étaient ainsi établies en rayonnant autour du nid et y charriaient sans discontinuer tous les brins éparpillés aux alentours. Peu à peu le dôme s'éleva dans l'herbe, et, en moins de deux heures, le gâteau précieux dont j'ai parlé se trouva de nouveau caché à mes regards. Alors ils se réunirent tous sur la surface extérieure du toit de l'habitation, en arrondirent les courbes gracieuses, enfonçant leur tête parmi les brins pour les mieux entrelacer, portant sur les points les plus faibles les excédents, d'abord installés au hasard, et veillant avec un soin extrême à ne laisser aucune fissure par laquelle la lumière et la pluie auraient pu s'introduire. Puis la plupart des bourdons rentrèrent dans le nid réparé, et les autres prirent leur vol en bourdonnant.

Ce que je venais de voir m'avait tellement alléché, et je désirais si fort en connaître davantage, que, malgré le terrible danger auquel allait m'exposer mon introduction dans le nid si j'étais découvert, je résolus de tenter l'aventure. Me glissant donc avec précaution entre la mousse et le sol, je pénétrai lentement jusqu'auprès du gâteau, sous les rebords duquel je me dissimulai facilement. De là je pouvais tout voir sans être aperçu.

Tous les bourdons travaillaient, sans distinction de sexe ni de grosseur; les uns nettoyaient leur domicile, les autres disposaient artistement les brins de mousse dérangés par l'accident. Enfin les plus gros s'occupaient du gâteau et augmentaient à chaque instant l'épaisseur des amas de cire placés entre les coques. Pour cela, aussitôt qu'une mouche rentrait de la chasse au pollen, ils la débarrassaient des poussières qu'elle rapportait sur ses pattes et ses poils; cette poudre jaunâtre était aussitôt pétrie à l'aide d'un liquide fourni par la bouche de l'ouvrier, qui en formait une petite boule malléable. Ensuite, au moyen de la tête et des pattes antérieures, cette masse nutritive était étalée en couche mince sur les points qui réclamaient sa présence.

Mais que pouvaient donc renfermer ces coques et ces masses irrégulières, objets de tant de soins et de prévenances? J'étais fort intrigué, on le comprend; car, malgré bien des tentatives, je ne pouvais rien éclaircir à ce sujet, l'accès m'en étant interdit; il fallait attendre avec patience que le voile se déchirât de lui-même et que, par suite, l'inconnu du problème m'apparût clairement. Plusieurs jours se passèrent sans apporter de changements dans l'ensemble du nid. Un matin, cependant, je remarquai que deux ou trois femelles étaient fort occupées à une manœuvre singulière. A l'aide de leurs mâchoires, elles raclaient la surface d'un des amas de cire brute et en enlevaient progressivement des couches minces, qu'elles se hâtaient d'appliquer sur les côtés. Peu à peu, une petite cavité se forma, grandit lentement et finit par atteindre un demi-centimètre de profondeur. Alors les travailleuses s'arrêtèrent d'un commun accord et se mirent à attaquer de la même manière les bords du petit creux. A mesure qu'ils s'aplanissaient, le fond devenait visible, et je vis avec étonnement qu'il était formé par la partie supérieure d'une coque de soie, en tout semblable à celles que j'avais déjà remarquées. Peu à peu elle fut dégagée entièrement sur les côtés, et je pus l'apercevoir tout entière.

Il résulte de ce premier fait que ces coques sont d'abord enveloppées par la cire brute et n'apparaissent à l'extérieur que par les soins des bourdons. On est donc en droit de supposer que l'animal qui les construit vit à l'intérieur du gâteau, en se nourrissant de la matière qui l'entoure. C'est pour cela que les mouches ajoutent sans cesse de la pâtée autour de lui, afin d'augmenter ses provisions et de le mettre à l'abri de la lumière et de l'air extérieur. En continuant ces déductions, on est conduit à admettre que ces coques ne sont que des cocons renfermant les chrysalides des bourdons. Ceux-ci se les filent eux-mêmes dans la cavité qu'ils creusent dans le gâteau par les emprunts journaliers qu'ils y font. Mais comme ils seraient alors trop éloignés de la surface pour que les insectes parfaits pussent en sortir aisément, leurs parents vigilants enlèvent la croûte cireuse qui les recouvre et facilitent ainsi l'éclosion.

Toutes les suppositions que je viens de mettre en avant avaient besoin d'être confirmées par le fait lui-même de la naissance d'un jeune bourdon, frais sorti de ses enveloppes. Aussi j'attendais avec impatience que cette opération eût lieu. Enfin, avant-hier, j'ai été favorisé de ce côté, car trois grosses femelles ont rompu les barrières qui les séparaient de la vie commune. Voici comment les choses se sont passées.

J'avais remarqué, depuis environ vingt-quatre heures, que deux ou trois bourdons des plus gros s'étaient placés sur ces coques et s'y livraient à une manœuvre dont je ne pouvais démêler le but. Pressés les uns contre les autres, le ventre étroitement appliqué sur la surface soyeuse, ils respiraient avec une vivacité extrême, comme des insectes fort essoufflés auraient pu le faire, ainsi que le témoignaient les rapides inspirations de leur abdomen. Quand ils se trouvaient fatigués de cet exercice violent, ils étaient aussitôt remplacés par d'autres, relayés à leur tour quand il était nécessaire. Cette opération, incompréhensible pour moi, devait avoir une importance capitale, car elle ne fut interrompue qu'au moment précis de l'éclosion des nymphes[1].

Vers le soir de ce jour, les trois coques ainsi traitées livrèrent passage à trois bourdons, si différents des autres habitants du nid que je crus d'abord avoir sous les yeux des insectes d'une autre espèce. Ils étaient grisâtres, mouillés, très faibles, à poils collés contre le corps. Leurs téguments paraissaient d'une mollesse extrême, et ils semblaient craindre beaucoup le froid, car ils s'insinuaient, pour se réchauffer, au milieu des anciens bourdons, entre lesquels ils demeuraient immobiles, grelottants et endoloris. Le lendemain matin, leur corps avait acquis la consistance nécessaire; les ailes

1. Cette observation du hanneton confirme pleinement la découverte faite à ce sujet par le célèbre naturaliste anglais Newport. Ces femelles se livrent, par cette activité respiratoire, à une véritable incubation de leurs nymphes, car elles élèvent de la sorte la température de leur corps, et par suite celle de la partie du nid qu'elles veulent couver. L'augmentation de chaleur obtenue par ce moyen a été évaluée en degrés centigrades par le savant ci-dessus mentionné. Des thermomètres très étroits, à réservoirs gros comme une plume de corbeau, étaient glissés entre les coques à nymphes et les bourdons couveurs placés au-dessus. Dans une expérience, la température de l'air du nid étant de 21°,2, celle des bourdons, au nombre de sept, fut de 33°,6, et la température des coques non couvées seulement de 27°,5. Dans une autre expérience, l'air du nid étant à 24°, le thermomètre placé sous quatre femelles en incubation monta à 34°,5. On voit par ces chiffres que l'augmentation de chaleur ainsi produite est assez considérable et doit influer d'une notable manière sur la réussite de l'éclosion.

étaient développées et les poils s'étaient colorés de noir et de rouge, comme ceux de leurs parents. La colonie se trouvait donc augmentée de trois travailleurs, qui se mirent aussitôt à l'œuvre.

Leur aide était, en effet, assez nécessaire; car nos bourdons, réfléchissant que le dôme de mousse qui leur servait d'abri n'était pas suffisamment solide pour résister à une attaque extérieure, avaient résolu d'augmenter son épaisseur. Mais la mousse manquait complètement aux environs: toute celle qui croissait dans un rayon de deux mètres était déjà employée; il fallut avoir recours à une autre matière, et ce fut la cire que l'on choisit pour cela. Chacun revenait de sa tournée extérieure les pattes et les poils abdominaux chargés d'épaisses couches de poussières jaunâtres, qui, délayées dans une salive visqueuse, formaient une pâte très malléable, que nos intelligents architectes disposaient en couches minces à la partie interne du toit de l'habitation; si bien qu'en moins de deux jours cette dernière fut recouverte d'un double dôme : l'un, extérieur, de mousse; l'autre, intérieur et contigu, de cire imperméable à l'eau, et tout danger d'introduction forcée de la pluie ou des ennemis fut ainsi écarté.

12 juillet.

J'ai découvert tantôt une singulière chose sur les branches d'un saule voisin, dont le tronc, creux et décapité, produisait ras de terre d'innombrables rejetons chargés de feuilles. A presque toutes les aisselles de ces organes, au point exact où le pétiole s'implante sur la tige, et où, à cette jonction, il existe une sorte de concavité, se trouvait un amas d'écume blanche, entièrement semblable à de l'eau de savon mousseuse. Ces amas étaient, le plus souvent, de la grosseur d'un petit haricot, mais parfois ils doublaient ou triplaient de volume; certains arrivaient même à couvrir la moitié de la feuille et à faire le tour du rameau. Quels étaient l'auteur ou les auteurs de ces curieuses productions? C'était une question difficile à résoudre; car, malgré mes recherches les plus minutieuses et une surveillance de tous les instants, je ne parvenais pas à surprendre le coupable sur le fait. Tout ce qu'il me fut possible de constater, c'est que ces bulles écumeuses restaient toujours à la même place, croissaient peu en volume, et se liquéfiaient souvent en partie quand le temps était humide, si bien que les gouttes d'eau transparentes qui en découlaient produisaient l'effet de la pluie sur les herbes du pied du saule ainsi bizarrement accoutré. Je fus donc autorisé à admettre que celui qui avait produit de semblables choses devait en habiter l'intérieur; s'il fût venu du dehors, je l'aurais certainement surpris sur le fait, et d'ailleurs, puisque la mousse se renouvelait sans cesse devant moi quand elle se fondait, il fallait bien que la cause de sa persistance fût en elle-même.

Un heureux hasard m'a permis de lever tous les doutes à ce sujet. Au moment où j'étais en observation, une mouche à quatre ailes, aux antennes vibratiles, vint rôder en volant en cercle autour de l'une des plus grosses écumes. Son corps était noir, ainsi que ses pattes. L'abdomen, qui s'attachait au corselet par un pédicule peu saillant, était marqué d'une tache jaune sur chacun des trois premiers anneaux.

Après avoir décrit un grand nombre de cercles concentriques autour de l'une des feuilles les plus chargées, l'animal fondit tout à coup sur elle, se plaça sur la masse savonneuse, de façon à l'avoir entre ses jambes écartées, et enfonça les intermédiaires au milieu. Elle parut alors fouiller en tous sens, puis tout à coup elle releva vivement son corps, et j'aperçus entre ses pattes un petit animal qu'elle avait habilement extrait du mucus qui le recouvrait. C'était une larve verte, en forme de triangle isocèle dont la tête serait la base et la queue le sommet; son crâne était donc plus large que tout le reste du corps, et se faisait remarquer par deux points noirs brillants, placés latéralement à chaque angle : c'étaient les yeux. Elle avait six pattes vertes et noires, et une sorte de bec, couché sur la poitrine, lui servait de bouche. Cette larve paraissait épouvantée, et, à l'aide de ses six pattes, elle faisait tous ses efforts pour se débarrasser de son ennemi; mais elle avait affaire à trop forte partie, car, après une ou deux secondes de lutte, elle fut percée d'un aiguillon acéré qui la fit périr instantanément, et le ravisseur, chargé de sa proie, s'enfuit vers la forêt[1]. J'étais donc dans le vrai en supposant que ces singulières productions étaient d'origine animale.

En se retirant, la mouche avait violemment heurté de la tête une autre feuille de saule placée sur son passage et couverte d'une large couche d'écume. Le choc détermina un mouvement de balancement si brusque, que la larve qui l'habitait, surprise peut-être dans son sommeil, fut enlevée de sa place, roula sur la surface du limbe foliaire, et vint tomber sur le feuillage inférieur, où, accrochée de ses six pattes raidies, elle parvint à se maintenir, tout étourdie de sa chute. Je pouvais donc espérer surprendre cet intéressant animal dans la fabrication du milieu dans lequel il vit plongé. Une autre larve, sa voisine, entraînée par le même choc, fut moins privilégiée, car elle tomba dans le creux d'une pierre placée sur le sol, dont les rebords lisses et vernis ne lui permirent pas de regrimper sur le saule.

Au bout d'un instant de repos, employé sans doute à se remettre de sa descente un peu précipitée, la première larve se mit en marche, parcourut

1. Cette larve est celle de l'*Apterophrastes spumaria*, L., ou cercope écumeuse, petit insecte appartenant à l'ordre des *Hémiptères* ou *Punaises*. La mouche à quatre ailes qui l'a brusquement arrachée de son enveloppe bulleuse appartient à l'ordre des *Hyménoptères* et à la famille des *Chalcidiens;* c'est le *Gorytes mystaceus*, L. P. Ces deux insectes sont communs en France.

toute la surface de son petit royaume, et, après mûres réflexions, choisit, pour s'y fixer définitivement, l'angle le plus rapproché du pétiole. S'arc-boutant alors sur les ongles crochus de ses pattes, elle se souleva de toute leur longueur et enfonça son bec dans l'épiderme par un mouvement lent et gradué, afin d'éviter à ce frêle organe toute lésion ; puis elle se mit à sucer la sève avec avidité. Le contact de l'air extérieur semblait l'incommoder vivement, car elle contractait son corps avec force et paraissait souffrir beaucoup du desséchement de sa peau. Un quart d'heure se passa sans nouvel incident. Tout à coup, je vis sortir de la partie postérieure de l'abdomen une petite bulle gazeuse, blanche, transparente, qui, après être restée quelques instants suspendue à son point d'apparition, glissa lentement le long de la région ventrale et vint s'arrêter sous la poitrine, entre les six pattes de l'insecte. Bientôt une seconde bulle apparut à son tour, suivit le même chemin, et vint se juxtaposer à la première, à laquelle elle se souda, sans pourtant se confondre avec elle. Une troisième, une quatrième bulle, parurent, et la production continua sans interruption, jusqu'à ce que l'ensemble de ces petits ballons légers formât sous le corps de la larve un véritable matelas gazeux qui l'enveloppait jusqu'aux attaches des pattes ; on eût dit, de loin, une petite poire verte placée au milieu d'un beau plat bien blanc.

Le bec acéré continuait à pomper le suc végétal avec ardeur, et, grâce à la provision de liquide qu'il fournissait sans relâche, la production des bulles d'écume allait toujours bon train. Peu à peu le petit matelas s'étendit, s'éleva, s'attacha aux flancs rebondis de l'insecte, et finit enfin par escalader son dos, où ses deux parties latérales se rejoignirent et cachèrent alors complètement l'animal à mes yeux. Une heure avait suffi pour atteindre ce résultat désiré, et désormais, au frais et à l'abri des regards indiscrets, il pouvait se croire en sûreté.

Quant à la malheureuse larve si maladroitement tombée sur la pierre, son sort ne fut pas aussi heureux. Privée de feuilles pour y renouveler sa cuirasse de mousse liquide, elle sentit peu à peu se dessécher et se rider sa peau. Collée au rocher par l'humeur visqueuse qui recouvre ses téguments, elle se tordit longtemps dans d'horribles souffrances, et lorsque le soleil vint la brûler de ses rayons, elle ne tarda pas à expirer. Son corps, racorni, informe, avait diminué au moins de moitié.

C'est égal, malgré toute l'importance qu'un tel manteau présente pour ces larves, je ne me sens aucune envie d'imiter leur genre de vie. Pouah ! se sentir toujours entouré d'une salive épaisse, et quelle salive (rappelez-vous d'où elle est sortie) ! cela n'est pas fort attrayant, et il y a de quoi appeler à grands cris la mouche aux taches jaunes pour qu'elle vienne au plus tôt vous enlever du sein de ce cloaque... et de ce monde, dont le séjour, dans de telles conditions, n'est pas supportable. Qu'en pensez-vous?

15 juillet.

Chez les bourdons il s'est passé du nouveau, car un autre gâteau a été édifié sur le premier, devenu insuffisant. J'ai pu, dès lors, suivre pas à pas la construction de cette annexe indispensable.

Une sorte de conseil de guerre a précédé cette importante opération ; tous les insectes y ont pris part, et après mûre délibération on s'est mis à l'œuvre. Le peuple entier est allé à la chasse du pollen, et bientôt une petite masse, de la grandeur d'une noix compacte et uniforme, a été posée sur le gâteau primitif. Alors une des femelles s'est posée au-dessus, et, à l'aide de ses pattes antérieures, y a creusé un trou de la profondeur d'un centimètre et d'une largeur égale. Cette première manœuvre terminée, elle a fait sortir son aiguillon acéré et l'a placé au centre de l'excavation, sur le fond de laquelle il reposait, et, s'en servant comme d'un pivot ou point d'appui pour se soutenir, elle a pondu cinq ou six œufs blanchâtres, allongés, pointus aux deux bouts, qui sont restés côte à côte, sans séparation entre eux. Alors, saisissant entre ses mandibules les débris de pâtée empilés aux abords de la cavité, elle les a replacés, en les tassant et les arrondissant en voûte, au-dessus des œufs, qu'ils ont recouverts en les dérobant entièrement à la vue. Une nouvelle famille se trouvait donc constituée, à la grande joie de toute la colonie, que cet événement paraissait intéresser au dernier point.

Je connais donc maintenant tous les points importants de l'histoire du bourdon de cette espèce, et je peux la résumer en quelques mots. Les œufs sont enfermés dans une masse de pâtée proportionnée à leur nombre ; les vers qu'ils produisent dévorent cette nourriture toute préparée en creusant autour d'eux, et les femelles ont soin d'ajouter sans cesse de nouvelles couches nutritives sur les points où elles pourraient venir à manquer. Puis le moment de la transformation arrive. Alors le ver se file, dans le creux même qu'il a formé, une coque de soie grossière, et s'y change en chrysalide. Les mères prévoyantes enlèvent à ce moment les couches de pâtée non utilisée qui le recouvre, afin de faciliter la sortie de l'insecte parfait, et la coque apparaît à l'extérieur. Cela nous explique ces soudains changements qui se produisent à chaque instant dans l'ensemble du gâteau, et lui donnent cet aspect informe qui le caractérise à un si haut degré. Les petits pots à miel qui existent çà et là sont des provisions liquides uniquement destinées à lubrifier sans cesse la surface de la cire, qui tend toujours à se dessécher. Enfin, le bourdon perce sa dernière enveloppe et vient prendre part au labeur commun. La grande œuvre est terminée et, de générations en générations, se perpétue de la même manière.

Voilà le beau côté du tableau ; mais il possède un revers moins admirable, dû à la présence de ces inévitables parasites qui désolent tous les insectes, quels qu'ils soient, et sont spécialement chargés par la nature de s'opposer à la trop grande extension de la race. Les bourdons n'ont pu échapper à cette loi fatale, et j'ai pu constater dans leurs nids de nombreux parasites. Il y a d'abord des chenilles en tout semblables à celle que le savant a décrite plus haut sous le nom de gallérie de la cire. Comme chez les abeilles, elles vivent dans l'intérieur de fourreaux qu'elles savent se construire avec de la cire et de la soie, et rongent la pâtée des pauvres mouches, sans que celles-ci puissent s'opposer à leur gloutonnerie, car elles ne savent pas découvrir chez eux ces voraces parasites, fort bien cachés. Ces chenilles se changent en d'assez gros papillons de couleur grisâtre, qui profitent des ombres de la nuit pour s'introduire chez les bourdons et y pondre leurs œufs.

Bourdons et volucelles.

Mais ces animaux, du moins, se bornent à partager la nourriture de leurs hôtes, tandis qu'il en est d'autres qui dévorent sans pitié les malheureuses larves de nos bourdons et abusent sans remords de l'hospitalité qu'ils reçoivent, un peu par force, il est vrai. Ce sont de gros vers blancs, sans pattes, dont le corps aminci vers la tête va sans cesse en grossissant jusqu'au bout de la queue, où il est plus gros que partout ailleurs. En ce point se trouve un singulier organe, composé de deux tubes accolés qui sont des stigmates pédonculés, lesquels sont entourés d'un demi-cercle de six rayons charnus étalés comme les rayons d'une roue. La tête, indistincte, est tout simplement une fente renfermant deux crochets écailleux, comme toutes les bouches des mouches à deux ailes ou *diptères*. Le corps est composé d'une immense quantité d'anneaux munis de fines épines sur leurs parties latérales.

Ces vers percent les couches de cire qui enveloppent les larves de bourdons, s'emparent de ces dernières sans défense, les hachent, les mangent, et n'en laissent au plus que la peau. Parvenus à tout leur développement, ils se changent en nymphes dans les cavités des premiers possesseurs ainsi violemment supprimés, et au bout de peu de temps deviennent de grosses mouches.

Mais, me dira-t-on, comment se fait-il que les bourdons supportent de tels ennemis et ne percent pas de leurs aiguillons ces insectes ailés qui viennent porter chez eux la mort et la ruine? L'explication est fort simple. C'est par une méprise bien excusable, car ces diptères, à l'état parfait, ressemblent extrêmement aux possesseurs du nid. Ils sont très gros, ramassés comme eux, et leur corps, qui est noir, est rayé transversalement de jaune. La ressemblance est si frappante que moi-même je m'y laissais prendre quelquefois[1].

Il existe encore d'autres parasites chez les bourdons; mais ils sont moins importants, et je ne m'y arrêterai pas. Pauvres bêtes, si laborieuses, si intelligentes, si aimantes pour leur descendance, quel crève-cœur doivent vous causer ces actes de brigandage sans excuse !

21 juillet.

Je rentre, tout frémissant encore du spectacle terrible dont je viens d'être le témoin épouvanté... Jamais la destruction des êtres vivants l'un par l'autre n'avait atteint un tel degré d'enchaînement ; et, après ce que je viens de voir, je me demande sérieusement comment il se fait que chaque animal ne soit pas détruit vingt-quatre heures après sa naissance ! La raison du plus fort est toujours la meilleure : loi terrible qui ne souffre pas d'exception, et courbe sous son niveau de fer aussi bien la tête de l'animalcule microscopique que celle du roi des animaux. Écoutez et jugez.

Au pied de l'un des peupliers qui bordent le fossé où nous avons observé naguère les faits et gestes d'une grosse araignée, une épaisse couche de mousse, entretenue par l'humidité, croît avec vigueur. Ses tiges rampantes et ses feuilles soyeuses, d'un beau vert, donnent à ce végétal en miniature un fort joli aspect, et j'aime à m'arrêter tout près de lui quand je reviens de mes courses vagabondes. De nombreux insectes de petite taille y vivent fort paisiblement et circulent sans cesse dans cette forêt lilliputienne. Il y en a de très jolis; mais celui qui me plaît davantage est un des plus petits. Son corps en forme d'ovale, coupé aux deux extrémités, semble carré : il est large, aplati en dessus et couvert de poils très courts et fort serrés, d'un rouge écarlate éclatant. Sa consistance est molle, et la peau offre des enfoncements et des rides irrégulières qui en rendent la

1. Ces insectes appartiennent au genre *psytire* (*Psytira*, L. de S. Fg). Il en existe plusieurs espèces, qui, avec celles du genre *volucelle* (*Volucella*, Mq.), désolent les nids des abeilles sociales et des guêpes.

surface rugueuse et inégale. La tête porte deux palpes assez longs, articulés, terminés par un crochet noirâtre. La bouche est armée de deux mandibules peu visibles, et les yeux, placés latéralement, sont pédiculés. Il a huit pattes, les quatre antérieures dirigées en avant, les quatre postérieures tournées vers la queue. Cet animal est gros tout au plus comme un grain de petit mil. Il court très vite le long des tiges de la mousse, où il vit en suçant d'autres insectes encore moins grands que lui. Sa couleur très voyante permet de le suivre dans ses ébats, et je l'ai vu souvent boire avec avidité les gouttelettes liquides que la rosée suspend aux aisselles des feuilles[1].

Ce matin, à la base de l'un des rameaux sur lesquels notre araignée rouge se livrait à ses gambades hygiéniques, j'aperçus un autre animal en embuscade. Son corps était parfaitement ovalaire, bombé en dessus comme la carapace d'une tortue, d'une couleur grise avec les bords plus clairs; de chaque côté de la ligne dorsale, une série longitudinale de taches jaune paille s'étendait en lignes continues. Il se composait de sept segments transversaux, ajoutés bout à bout, dont les côtés arrondis en avant se terminaient en pointe en arrière. A chacun de ses anneaux s'attachait une paire de pattes, progressivement plus longues de la tête à la queue, à peau transparente, d'un gris pâle uniforme. La tête, à demi cachée sous le premier segment, était empanachée de deux antennes, coudées au milieu et divergentes à partir de cette courbure. Je ne pus distinguer clairement la forme de la bouche et des yeux, tant ces organes offraient peu de saillies extérieures. Enfin, une sorte de queue, composée de deux longs appendices, terminait la partie postérieure du corps. Cet insecte et ses quatorze pattes m'intriguaient fort, et j'aurais bien voulu avoir mon ami le savant sous la main pour lui en demander le nom[2].

Le trombidion soyeux.

Tout à coup le petit gymnasiarque à la robe de pourpre perdit l'équilibre dans une évolution trop difficile, dégringola de feuille en feuille et vint tomber tout étourdi sur le dos de notre inconnu. Celui-ci, surpris par cette chute imprévue, se recula brusquement; mais, après quelques secondes d'hésitation, il changea d'avis et fondit sur le petit maladroit. Le malheureux eut beau communiquer une activité fébrile à ses huit pattes

1. Cet arachnide est le trombidion satiné (*Trombidium holosericeum*, Fab.). Il appartient à la famille des *Mites* ou *Acariens* et est connu vulgairement sous le nom de *petite araignée rouge*. A la suite d'une pluie fine et chaude, on aperçoit des milliers de ces petits êtres sur les végétaux.

2. Ce prétendu insecte est, en réalité, un *crustacé* terrestre, de l'ordre des *Isopodes marcheurs* et de la famille des *Cloportides*. C'est l'*Oniscus asellus*, L., vulgairement connu sous le nom de *cloporte* ou *porcelet-Saint-Antoine*. Ce nom dérive de *clou-à-porte*, ancienne désignation de cet animal, tirée de la ressemblance qu'il présente, quand il se met en boule, avec les clous à tête ronde dont on ornait jadis les portes cochères. Il est extrêmement commun partout.

débiles, il ne pouvait lutter longtemps avec les quatorze jambes de son ennemi : aussi fut-il bientôt capturé et mis en pièces. Ce pauvre corps mou et sans armure défensive fut dévoré jusqu'à la dernière miette, et cela si rapidement que, sans la belle nuance d'écarlate dont il teignit les lèvres du glouton, on aurait pu attribuer sa disparition subite à une cause surnaturelle. Cela fait, l'animal rassasié reprit allègrement le chemin de sa cachette, en songeant sans doute à l'heureuse chance dont le destin l'avait favorisé.

Mais, pendant sa courte absence, un autre animal, aux formes remarquables, s'était fort tranquillement emparé de son gîte et paraissait le trouver à son goût. La première chose qui frappait les regards de l'observateur était le nombre considérable de pattes dont il était pourvu : j'en comptai vingt et une paires, soit quarante-deux. Son corps allongé, étroit et corné, se composait d'une tête et d'anneaux, tous semblables, ajoutés bout à bout. Ces segments, très aplatis, presque carrés, portaient chacun une paire de jambes ; leur couleur était roussâtre, avec une bande d'un vert foncé sur leurs points d'intersection. La tête, carrée, forte, était armée de deux crochets cornés, renflés, à pointe très acérée, et donnait attache à deux antennes sétacées, comprimées horizontalement et formées de dix-sept articles. La dernière paire de pattes, d'un tiers plus longue que les autres, se courbait en arc en dedans et imitait assez bien une puce ovalaire ; de petites épines garnissaient la partie interne des cuisses[1].

A l'aspect de cet intrus, d'une physionomie peu engageante, le cloporte éprouva une sorte de saisissement désagréable et voulut aller chercher fortune en d'autres régions plus solitaires. Mais il était trop tard : il avait été aperçu par le mille-pieds, qui aussitôt, flairant un bon repas, courut après lui de toute la vitesse de ses innombrables jambes. Se voyant serré de près et sentant que cette lutte de vitesse lui serait désavantageuse, le cloporte cessa de fuir, et, se renversant sur le dos, se roula en boule. Dans cette position, ses anneaux, exactement emboîtés, se recouvraient les uns les autres et cachaient entièrement la tête et les pattes. Cette manœuvre déroula quelque peu l'assaillant, qui, n'ayant pas de prise sur cette armure impénétrable pour ses mâchoires, s'arrêta pour réfléchir à cet incident fâcheux. Il tourna et retourna à coups de tête cette petite sphère lisse et en apparence inanimée, en inspecta toutes les jointures, et, ne trouvant aucune fissure pour y glisser ses crochets meurtriers, se résolut à attendre avec patience que le cloporte déroulât ses anneaux pour respirer et continuer sa route. Mais le pauvre animal, qui flairait toujours son ennemi à ses côtés,

1. Cet animal appartient à la classe des *Myriapodes*, à l'ordre des *Chilopodes* et à la famille des *Scolopendriens*. Il porte le nom de *Scolopendra complanata* Latr. Il habite les environs de Montpellier et le midi de la France, où il est connu sous le nom de *Mille-pieds*.

tint bon plus d'un gros quart d'heure sans parvenir à lasser sa gourmandise ; enfin, à moitié étouffé, il céda et entr'ouvrit légèrement sa carapace.

Aussitôt le mille-pieds, se retournant avec vivacité, le saisit par sa dernière paire de pattes, qui jouent le rôle d'une pince, et, le portant rapidement à sa bouche en contournant son corps, lui enfonça ses mandibules en plein ventre. La mort fut instantanée, foudroyante, pour ainsi dire, et je compris qu'un venin subtil avait été versé dans la morsure. Cinq minutes après, il ne restait plus de la victime que quelques débris crustacés, dépourvus de chair, que leur dureté avait préservés de toute atteinte, et cloporte et araignée rouge se trouvaient ensemble dans l'estomac du mille-pieds, tout réconforté par ce petit festin succulent.

Pendant les diverses péripéties de ce drame, un coassement très sonore avait éveillé mon attention. Il provenait d'une touffe d'herbes aquatiques du fossé, dont les tiges, munies de larges feuilles vertes, s'élevaient de deux pieds au-dessus de l'eau. Malgré toute mon attention, je ne pus d'abord découvrir l'auteur de ce chant peu harmonieux, dont la continuité m'agaçait terriblement les nerfs. Ce cri rauque, discordant, comme entremêlé de hoquets gutturaux, aurait pu être traduit en langage imitatif par les deux syllabes *carac-carac,* prononcées en enflant le son et du fond de la gorge. Tout à coup, un autre cri tout semblable éclata à un pas de moi, dans la haie, puis un troisième, puis un quatrième, et le chant se propagea bientôt, comme une traînée de poudre enflammée, dans toute la longueur du fossé. Ce concert monotone, mais horriblement criard, était fort désagréable à entendre de près, car chacun des artistes qui lui prêtaient leur concours semblait vouloir surpasser ses collègues en éclats de voix, de sorte que j'en devenais à peu près sourd. J'allais fuir ce torrent d'harmonie, quand mon mille-pieds, ayant fini de dévorer sa proie, se dirigea vers le bord de l'eau en rampant sur la petite plage de sable qu'elle humectait sans cesse. Sa marche était singulière. Il ne se servait pas, comme on aurait pu le croire, des vingt et une pattes d'un côté toutes à la fois, mais chaque anneau semblait marcher à la suite du précédent, comme s'il eût été indépendant de ses voisins. La première jambe avançait d'une enjambée ; quand elle avait atteint le point le plus éloigné de sa course, la seconde en faisait autant, puis la troisième, à son tour, entrait en branle, de sorte que cette succession régulière de mouvements de la tête à la queue produisait, dans l'ensemble, une ondulation marquée qui parcourait l'animal tout entier. Vous auriez dit une vague qui, née à l'extrémité céphalique, viendrait mourir à l'extrémité caudale. Souvent l'ondulation était double, c'est-à-dire que la première n'était pas encore parvenue à la quinzième patte, je suppose, qu'une seconde naissait à la première et semblait la poursuivre. Il marchait ainsi extrêmement vite, et atteignit bientôt une large feuille de plante aquatique, sur laquelle il s'engagea bravement. Cette feuille faisait justement partie de la touffe d'où était parti le premier coassement, signal trop bien compris par la troupe entière des virtuoses. Ce devait être probablement la stalle de ce chef d'orchestre, resté toujours invisible à mes regards curieux.

Immédiatement celui-ci cessa son chant. Le mille-pieds gravit rapidement le limbe foliaire, parcourut le pétiole canaliculé et fit quelques recherches au point d'attache à la tige, où il dévora un autre petit insecte, dont je ne pus constater l'identité à cause de l'éloignement. Puis, grimpant le long d'une autre feuille plus grande, placée de telle manière que je n'en voyais que le dessous, il en explora la surface rugueuse, sur laquelle les grosses nervures s'élevaient en saillies considérables. En ce moment mon attention, concentrée sur ce point, fut attirée par un objet d'un beau vert qui, appliqué étroitement contre le tissu végétal, se confondait avec lui par l'identité des teintes. A peine avais-je eu le temps de l'examiner, que le mille-pieds s'en approcha tranquillement. Aussitôt je le vis reculer brusquement : la masse verte s'agita, une gueule jaunâtre s'ouvrit toute grande, et le malheureux animal, appréhendé au corps, y fut englouti avec tant de rapidité, qu'il me fut impossible de me rendre compte comment cette opération avait pu s'accomplir ; en même temps, son bourreau bondit gracieusement et vint tomber dans l'herbe à un pas de moi. C'était une grenouille verte.

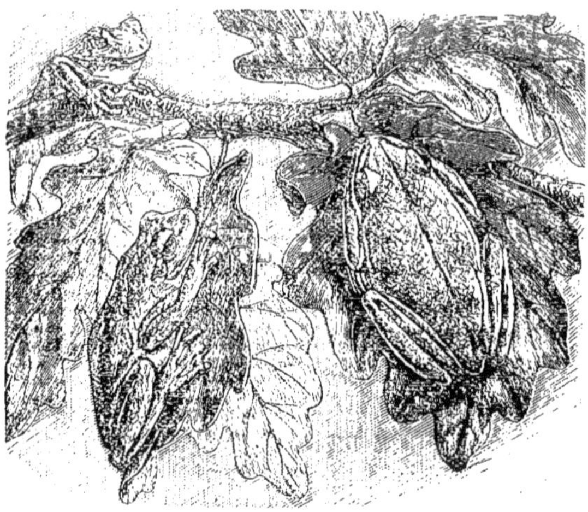

La rainette verte peut se tenir facilement sur la surface lisse des feuilles.

Son corps élancé, svelte et bien proportionné, était entièrement d'un joli vert gai en dessus avec deux traits jaunes : l'un, né derrière l'œil, allait en ondulant se terminer près de la base des reins ; l'autre s'étendait en ligne droite de la commissure des lèvres au pli de la cuisse. Le dessous du corps, couvert de fines granulations, était d'une teinte pâle mêlée de rouge et de jaune. Les doigts, terminés par de petits disques en forme de pelotes, offraient une teinte rougeâtre en dessous[1].

1. Tout le monde a reconnu dans cette grenouille la rainette verte (*Hila viridis*, Laur.). Les

Ce joli animal, à l'œil brillant irisé de jaune vif, après avoir terminé son repas, se remit à sautiller légèrement parmi le gazon, et, pour célébrer sa victoire, reprit son vilain coassement. Pendant qu'il chantait, sa gorge s'enflait démesurément, et il se tenait accroupi sur ses longues pattes de derrière, le haut du corps dressé sur celles de devant. Il prenait à cette vocalisation barbare un si grand plaisir, qu'il ne s'aperçut pas qu'un ennemi dangereux se dirigeait de son côté en rampant doucement sur le sol.

Le nouveau venu était un quadrupède, et ressemblait beaucoup à un rat. Son pelage était d'un brun obscur varié de roussâtre, avec la croupe et le dos mélangés de longs poils noirs. Le dessous du corps était d'un cendré foncé, comme glacé de roux clair sur le ventre. La tête, assez grosse et munie d'une bouche à dents fort respectables, portait deux oreilles orbiculaires presque cachées par le poil. Le museau, d'un grisâtre sale, était orné de deux moustaches longues et raides de poils blanchâtres. La queue, écailleuse et ronde, était un peu plus longue que la moitié du corps. Les pieds, très forts, très épais, écailleux, se cachaient sous des poils courts et cendrés. Les yeux, très petits et enfoncés, avaient une teinte rouge en bas de la prunelle, ce qui leur donnait un air de férocité[1].

Il s'avançait avec des précautions extrêmes, évitant le moindre bruit qui pût déceler sa présence, et frôlant les végétaux avec une légèreté remarquable. A mesure qu'il se rapprochait de sa victime, son petit œil s'animait d'une lueur sanglante, et il passait sa langue sur ses lèvres avec convoitise. Sa longue queue traînait derrière lui sur le sable humide et y laissait un sillon perceptible. Parfois il s'arrêtait, se dressait sur ses pattes de derrière et restait immobile aux aguets. Enfin, arrivé à bonne portée, il prit son élan et tomba comme la foudre sur la grenouille, dont le chant s'éteignit dans un cri strident et rauque, et d'un seul coup de dent il lui broya la tête et but son sang avec avidité. Saisissant alors le cadavre entre ses incisives, il se mit à le traîner péniblement vers un des trous, à demi cachés par les herbes, dont la berge du ruisseau était toute criblée. Ce devait être sa demeure, et le petit Sybarite voulait y déguster tout à son aise cette proie conquise avec tant d'adresse. Mais le Ciel en avait jugé tout autrement, comme on va le voir.

En effet, dans la pénombre de l'ouverture circulaire du terrier, une tête plate et fine de formes se balançait doucement. A la distance où je me trouvais, je ne pouvais apercevoir que deux yeux fixes et brillants et un museau arrondi, d'où sortait de temps en temps une langue très longue,

pelotes dont parle le hanneton lui servent à faire le vide sous ses pieds. Elle peut, par ce moyen, grimper aux arbres et se tenir solidement sur la surface lisse des feuilles les plus mobiles. Elle abonde en France.

1 C'est le Campagnol aquatique (*Arvicola amphibius*, L.), vulgairement connu sous le nom de *rat d'eau*. Chacun a pu constater sans peine combien il est commun.

bifide, d'une couleur ardoisée. Un sifflement doux et prolongé se faisait entendre à chaque nouvelle apparition de cet organe. Le rat, tout entier à sa besogne, continuait son chemin sans se douter de ce voisinage périlleux. Il n'était plus qu'à un pied du trou, quand, prompt comme l'éclair, un énorme serpent en sortit, se précipita sur lui, la gueule démesurément ouverte, le saisit par la tête et l'enveloppa dans les replis de son corps, en le serrant à l'étouffer. Le petit quadrupède poussa un gémissement plaintif, désespéré, un vrai cri d'agonie qui me serra le cœur, et essaya d'échapper à cette étreinte mortelle. Mais les anneaux écailleux du reptile resserrèrent encore davantage leurs replis; j'entendis craquer ses os, et au bout de quelques secondes il expira. La grenouille, qui, malgré sa grave blessure, respirait encore, dégagée par cette intervention vengeresse, se traîna péniblement jusqu'au ruisseau, plongea et disparut pour aller mourir dans quelque coin ignoré, car la dent cruelle du rat l'avait frappée à mort.

Son corps, cylindrique et formé d'écailles emboîtées...

Le serpent, maître dès lors de sa proie, s'étendit de tout son long sur le sable et se disposa à l'engloutir. Il avait au moins cinq pieds de la tête au bout de la queue. Son corps, cylindrique et formé d'écailles emboîtées, était d'un vert noirâtre en dessus, avec une multitude de petites lignes jaunes disséminées sans ordre bien marqué. Le ventre, d'un vert blanchâtre, offrait de chaque côté une série longitudinale de points noirs. La tête, oblongue et allongée, à plaques sourcilières saillantes sur l'orbite, se terminait en arrière par un cou peu marqué, et n'offrait pas la forme triangulaire de celle de la vipère, dont j'ai parlé dans un des chapitres précédents. C'était, en somme, un reptile aux formes gracieuses, dont l'aspect n'inspirait pas autant d'horreur que la plupart de ses congénères munis de crochets venimeux[1].

1. Cet *ophidien* est la couleuvre verte et jaune (*Zamenis, viridi-flavus* Wagler), reptile commun en France. Il habite les bois humides, le bord des eaux et les haies touffues. Il grimpe très bien sur les arbres aux branches entrelacées. C'est le serpent le plus grand que nous ayons en France. Sous le nom d'*anguille de haie*, les paysans le mangent sans trop de dégoût.

Je me demandais comment l'animal parviendrait à engloutir une proie dont le volume considérable était tout à fait hors de proportion avec le diamètre apparent de son propre corps. L'opération me paraissait être inexécutable sans une division préalable de la victime. Je me trompais pourtant. Mais aussi que d'efforts pour y parvenir! Il lui fallut dilater effroyablement sa gueule, abaisser la mâchoire inférieure si fortement qu'elle vint s'appliquer sur le cou, et aspirer vigoureusement ce monstrueux bol alimentaire pour lui faire franchir le détroit du gosier. Ce fut par la tête qu'il débuta. Jusqu'aux épaules, tout alla encore passablement bien; mais en ce point les difficultés s'accrurent tellement, que j'eus un instant la pensée que la peau de sa gorge, trop distendue, allait éclater par le milieu; cette partie acquit une grosseur énorme, que, sans exagérer, on peut évaluer à trois fois l'épaisseur ordinaire. La peau tint bon, cependant; insensiblement le cadavre, horriblement comprimé, s'enfonça dans l'œsophage, et bientôt je n'en pus distinguer que l'extrémité de la queue, qui, placée à la commissure des lèvres, pendait hors de la bouche à demi fermée. Enfin, elle disparut à son tour; mais il me fut encore facile de suivre le trajet du pauvre rat à travers les téguments, car, au point où il se trouvait, un gonflement hideux décelait sa présence à l'extérieur. Deux bonnes heures d'efforts incessants avaient été employées pour mener à bonne fin cette pénible déglutition. Heureusement qu'après un pareil déjeuner l'animal ne devait pas, sans doute, sentir son appétit se réveiller de quelques jours.

C'est la cigogne blanche, oiseau de grande taille.

Étendu au soleil, alors dans toute sa force, le serpent se reposait, en digérant, des fatigues de cette laborieuse matinée. Il paraissait endormi : sa queue seule ondulait légèrement sur le sable, où elle traçait des sillons irréguliers... Soudain je le vis lever vivement la tête et regarder avec inquiétude vers le ciel. Je suivis la direction de son regard effrayé, et j'aperçus au-dessus de ma tête un gros point blanc dont la grandeur croissait rapidement. Moins d'une minute après, je pus reconnaître sa nature. C'était un bel oiseau qui, après avoir tournoyé quelques instants, s'abattit avec la vitesse de la foudre à un pied du reptile, de façon à lui couper toute retraite vers son terrier. Celui-ci, malgré la gêne occasionnée par son trop copieux repas, se roula aussitôt en spirale, à la façon des cordages emménagés sur le pont des vaisseaux, et prit une attitude menaçante, en balançant avec vivacité sa tête de droite et de gauche. L'oiseau, perché sur de longues jambes aux trois quarts dépourvues de plumes, avait près de trois pieds de longueur. Le bec, allongé, gros, droit et très aigu, était rouge, ainsi que la partie nue de la patte et les pieds. Les yeux, vifs et brillants, étaient entourés d'un cercle de peau noirâtre qui les faisait paraître plus grands. Son plumage était d'un blanc éclatant, avec les épaules et la moitié inférieure des ailes d'un brun noirâtre[1].

Le combat s'engagea sans désemparer. La cigogne tournait autour de l'ophidien en lui décochant de violents coups d'aile, et sonnait la charge en faisant claquer les deux mandibules de son bec l'une contre l'autre, ce qui produisait un bruit singulier. La couleuvre suivait tous ses mouvements de façon à lui présenter toujours sa gueule béante, d'où sortait un sifflement sonore. Dans ces conditions, la partie ne pouvait être longtemps égale, car les plumes raides du bout des ailes de son ennemie l'étourdissaient de leur rude choc, et de son côté elle ne pouvait rendre blessure pour blessure, ce qui la réduisait à une défensive périlleuse. Aussi, bien décidée à jouer le tout pour le tout, prit-elle l'offensive, et, choisissant un instant favorable, s'élança-t-elle sur son agresseur. En un clin d'œil ce dernier fut enveloppé des replis de son ennemie, qui, comme autant d'étaux, la serraient à lui ôter la respiration. Cette attaque audacieuse eut d'abord un plein succès, car l'oiseau, à demi asphyxié et ne pouvant faire usage de ses ailes solidement garrottées, chancela et faillit perdre l'équilibre. Cependant dans ce moment suprême, retrouvant toute son énergie, il saisit avec son bec le cou du reptile derrière la tête et le secoua avec vigueur en essayant de dénouer ces nœuds vivants qui l'étouffaient. Le serpent, quoique grièvement blessé, tint bon cependant, et pendant quelques minutes la victoire resta indécise. A la fin pourtant ses forces faiblirent, il déroula à demi son corps, et, la tête presque séparée du tronc par les tenailles puissantes de l'oiseau, il parut vouloir renoncer à la lutte. Ce fut le signal de sa perte ; car la cigogne, profitant habilement de sa lassitude, lui posa l'un de ses pieds sur le dos, et d'un coup vigoureux de son bec lui ouvrit le crâne. Le reptile, mortellement atteint, se débattit convulsivement, se tordit sur lui-même autour de la patte qui le fixait sur le sol, comme un ver coupé en deux, battit le sable de sa queue et finit par rester immobile. Tout était terminé.

Le vainqueur, après avoir célébré sa victoire par un véritable roulement produit par les claquements précipités de son bec, le saisit par la tête et,

1. C'est la cigogne blanche (*Ciconia alba*, Vieil.), oiseau de grande taille qui fait partie de l'ordre des *Échassiers*. Dans le nord de la France, il niche régulièrement.

le soulevant brusquement, l'engloutit dans son large gosier, où il disparut tout entier. Puis il lissa ses plumes défrisées dans le combat, déploya ses larges ailes et s'éleva majestueusement dans les airs. Son long cou dirigé horizontalement et ses deux jambes pendantes lui donnaient en cet état une tournure grotesque.

Presque aussitôt une petite colonne de fumée blanche s'éleva derrière la haie, suivie d'une violente détonation qui me fit sauter sur moi-même, et un homme, un fusil à la main, fit irruption sur le lieu du combat. La cigogne tournoya quelques instants sur elle-même, en frappant inutilement l'air de ses ailes brisées, et vint tomber lourdement dans l'eau du fossé, qu'elle teignit de son sang. Le chasseur, tout fier de son adresse, s'empara joyeusement de ce gibier magnifique, et, sifflant un air de triomphe, prit le chemin de la forêt, où il ne tarda pas à disparaître. . . . .

. . . .

Je restai longtemps immobile à la même place. Cette succession rapide d'émotions violentes et ce cruel enchaînement de destructions progressives m'avaient profondément remué. Une sorte d'hallucination s'empara de mon esprit, et j'eus, tout éveillé, un horrible cauchemar. Il me sembla que le monde m'apparaissait tout entier. Sous un ciel brumeux, à la lueur terrifiante d'un soleil couleur de sang, je vis tous les animaux s'attaquer les uns les autres avec un acharnement sans exemple; grands et petits prenaient part au combat. C'était un fouillis indescriptible de corps enlacés, de mâchoires affamées, de gueules béantes engloutissant, sans relâche, des victimes toujours renaissantes ! Et au-dessus de cet immense champ de bataille, la main de la Nature avait tracé, en lettres de feu, cette loi inique qui régit les rapports des êtres vivants, loi barbare et injuste :

LA RAISON DU PLUS FORT EST TOUJOURS LA MEILLEURE !

CHAPITRE XIV

HISTOIRE MERVEILLEUSE D'UN CHARPENTIER, D'UN MAÇON ET DE DEUX TAPISSIERS

30 juillet.

A la suite des scènes émouvantes dont j'ai fait le récit dans le chapitre précédent, je suis resté souffrant pendant quelques jours. Mon appétit avait complètement disparu, la fièvre me brûlait, et je passais les nuits dans une pénible agitation nerveuse, entrecoupée de cauchemars affreux. Peu à peu cependant cette excitation maladive a diminué, j'ai repris un peu de courage et j'ai osé franchir le seuil de mon terrier. Mais quelle frayeur, pendant cette première sortie, que de transes! Chaque brin d'herbe me paraissait cacher un ennemi, et mon ombre même me causait de folles terreurs!

Heureusement la réflexion est venue à mon secours. « Non, me suis-je dit, la nature n'est pas inutilement barbare, et ce n'est pas pour le seul plaisir de verser le sang qu'elle fait reposer l'équilibre des espèces sur un principe aussi draconien que celui de la raison du plus fort. En même temps qu'elle donne aux animaux carnassiers des armes meurtrières, elle a doué les herbivores de moyens propres à éviter leurs atteintes. Si le carabe possède des muscles puissants, une armure impénétrable et des mandibules d'acier, pour maîtriser la larve inoffensive dont il se nourrit, celle-ci, à son tour, est pourvue d'une ouïe exquise, d'un instinct de ruse et de pattes fouisseuses qui doivent lui permettre d'échapper à son ennemi. Sans doute, la partie n'est pas égale, et le carnassier privilégié doit bien souvent l'emporter; mais avec de la prudence, du tact et de l'habileté on peut, presque à coup sûr, se retirer sain et sauf du combat. Et il reste comme consolation au malheureux herbivore la douce assurance que le carabe, pour qui la prudence est inconnue, finira, tôt ou tard, par tomber sous les coups d'un être plus fort que lui et recevra ainsi, par la loi du talion, le juste châtiment de ses actes barbares. La vie n'est donc plus, comme je le croyais, une simple immolation de victimes résignées sur les autels d'un dieu sans entrailles, mais bien une lutte continuelle, dans laquelle l'adresse doit suppléer à la force, et où chacun, pour conquérir sa place au soleil, doit combattre sans cesse; les maladroits et les paresseux succombent seuls à la tâche, en négligeant de se servir des moyens de conservation personnelle qui leur sont attribués. Je ferai en sorte de ne pas me ranger parmi ces derniers. »

L'homme, il est vrai, placé à la tête de la série, a su, par son intelligence supérieure, s'affranchir de tout contrôle animal de ses actes. Mais, s'il n'est pas d'être assez puissant pour l'arrêter dans sa marche souvent inique, et qui puisse lui faire sentir tout le poids du sceptre dont il nous gouverne, il a du moins ses semblables, ses égaux, avec lesquels il lui faut compter. Et le spectacle de ces combats meurtriers où nos tyrans s'entre-détruisent avec tant d'acharnement est un de ceux qui réjouissent le plus le cœur des victimes qu'ils font souffrir chaque jour. Courage donc, malheureux parias, et levons haut notre tête, car nous, du moins, nos mains sont vierges de tout sang versé !

Mais quittons ces hauteurs philosophiques et reprenons mon modeste rôle de chroniqueur. D'ailleurs ce que j'ai aujourd'hui à coucher sur ces feuillets n'offre plus aucun de ces tableaux lugubres où la destruction est à l'ordre du jour; c'est, au contraire, la description de ces mœurs douces et attachantes dont la nature nous donne parfois quelques exemples.

Je déclare d'abord que, dans le récit qui va suivre, je m'efface complètement, afin de laisser parler mon ami le savant, dont j'ai si souvent écouté religieusement les leçons intéressantes et instructives. Personne n'aura à se plaindre, je l'espère, de cette substitution; car mes lecteurs, si j'en ai, ne pourront qu'y gagner.

C'est ce matin que notre homme et son inévitable ami sont venus faire une petite promenade dans la prairie, et se sont assis à l'ombre des grands arbres de la forêt. J'étais occupé près de la pierre dont j'ai dépeint les alentours il y a quelques jours, quand je me suis aperçu de leur présence. J'ai quitté aussitôt mon observatoire pour aller m'installer dans le voisinage de nos deux causeurs, et, me glissant avec précaution sous une large feuille de bardane, j'ai écouté de mes deux oreilles.

« Vous ne sauriez croire, mon cher ami, combien je respire avec délices cet air vivifiant du matin. Il y avait si longtemps que mes rhumatismes me clouaient sur un fauteuil, que cette première sortie est pour moi une véritable résurrection. Le soleil me paraît plus brillant, les feuilles plus vertes, les fleurs plus odorantes, et ces milliers d'insectes qui volent autour de nous semblent fêter le retour à la santé de leur vieil ami. Ne dirait-on pas, en effet, qu'ils sont tout heureux de me revoir?

— Oh! les petits rusés savent bien s'y prendre, allez; ils viennent faire leur cour à leur juge, afin de le rendre moins sévère. Tenez, voyez cette grosse mouche aux ailes violacées qui bourdonne autour de votre tête, presque à vous toucher. Pas tant de familiarité, s'il vous plaît, ma mie!

— Ne craignez pas; le pauvre animal n'est pas méchant, et, malgré son robuste aiguillon venimeux, il ne nous fera aucun mal. S'il se rend aussi importun, c'est que nous devons le gêner dans ses instincts, et il réclame, à coup sûr, contre quelque usurpation que nous avons involontairement commise à son égard. Voyons un peu... Parbleu, je comprends maintenant son insistance; me voici justement appuyé contre un gros échalas dont il revendique la libre jouissance, car c'est là qu'il a établi le nid de sa progéniture. Hâtons-nous de rendre à César ce qui appartient à César. »

Et les deux causeurs se reculèrent de quelques pas avec précaution. Aussitôt la mouche, en bourdonnant joyeusement, alla se poser à l'entrée d'un conduit percé dans le bois vermoulu du piquet, et ne tarda pas à s'y introduire.

« Que fait donc cette mouche en ce point, mon cher professeur?

— Elle y exécute un travail de longue haleine et qui demande une intelligence et une vigueur peu communes. Figurez-vous que... mais tenez, puisque l'occasion se présente, au lieu de vous décrire tout simplement les mœurs de cette abeille, car elle appartient à cette famille intéressante, je vais vous conter une histoire bien vieille, et qui est un des meilleurs souvenirs de mon enfance. Ce récit aura le double avantage de vous donner un aperçu général des travaux des abeilles solitaires et de me ramener par la pensée à l'heureuse époque de ma jeunesse, où je recevais les leçons d'un vénérable instituteur très versé dans l'étude des sciences naturelles, et à qui je dois le goût prononcé que j'ai toujours eu pour l'observation de la nature.

« C'était pendant les longues soirées d'hiver que, réunis en cercle autour de ce bon vieillard, nous écoutions les récits charmants qu'il nous faisait de sa voix chevrotante. Au lieu de faire passer sous nos yeux les absurdes complications d'un conte de fées, ou de nous effrayer par le récit des hauts faits d'un croquemitaine féroce, il nous initiait, pour ainsi dire malgré nous, aux admirables merveilles dont la nature est si prodigue, en nous faisant assister à des scènes intéressantes dont les mœurs des animaux faisaient les principaux frais. Les yeux grands ouverts, la bouche béante, nous suivions, avec une avidité sans cesse renaissante, les émouvantes péripéties, toujours vraies au fond, dont il émaillait la vie des insectes; nous pleurions à chaudes larmes sur le malheureux sort de l'innocente mouche prise dans les lacs de l'araignée; nous frémissions en assistant par la pensée aux rapides évolutions d'un combat de *staphylins* stupides. Chacun de nous aurait voulu avoir à domicile sa petite fourmilière pour en soigner les industrieux habitants; mais nos mères, trop bonnes ménagères, jetaient les hauts cris à toute introduction chez elles de ces ennemis de leur garde-manger, et il fallait y renoncer. Puis, dix heures sonnaient, l'excellent homme nous renvoyait chez nous, et nous allions dans nos petites couchettes rêver de fourmis-lions, de nécrophores, de guêpes et de pucerons. C'était le bon temps alors; mais, depuis, les têtes blondes et brunes ont blanchi sous le poids de l'âge, les soucis de chaque jour ont ridé les fronts blancs et polis, et la plupart d'entre nous ont sans doute oublié les mœurs des animaux et leur charmant historien.

« Mais chassons ces pénibles souvenirs et revenons à l'histoire des abeilles solitaires que j'ai promis de vous faire connaître. Je cède la parole à notre vieux maître, et la voici telle qu'il nous la raconta :

« Il y avait une fois une mère abeille qui ne pouvait se consoler des nombreux malheurs qui arrivaient sans cesse à sa famille. Il faut vous dire qu'à cette époque, il y a longtemps, bien longtemps, les petits de ces mouches à miel n'étaient pas, comme aujourd'hui, à l'abri des accidents qui menacent leur faiblesse. Leurs parents, encore peu industrieux, ignoraient les admirables découvertes qui permettent maintenant à leurs descendants de les entourer de barrières infranchissables pour leurs ennemis. On se bornait à les déposer sur le sol, dans une petite excavation remplie d'un miel délicieux, mais ouverte à tous venants, et les pauvres enfants périssaient en foule sous les coups des insectes carnassiers, avides de leur chair tendre et savoureuse.

« Donc, notre pauvre abeille se désolait, et ce jour-là plus que tout autre, car elle venait justement de trouver trois petits cadavres, à demi rongés, dans le petit berceau qu'elle leur avait préparé avec amour. La situation était insoutenable, et il fallait à tout prix lui porter remède. Mais lequel? Comment parer à de telles éventualités? La mouche se creusait la tête, réfléchissait de son mieux; mais elle avait beau songer, elle ne trouvait rien de satisfaisant... Tout à coup, une idée lumineuse traversa son petit cerveau surexcité. « C'est cela, s'écria-t-elle, j'ai trouvé. » Et dans sa joie elle battit des ailes et courut comme une folle vers ses compagnes, toutes surprises de son animation.

« — Mes sœurs, leur dit-elle, vous déplorez, comme moi, les malheurs qui nous frappent dans ce que nous avons de plus cher, nos enfants. N'est-il pas grand temps de pourvoir d'une manière plus efficace à leur conservation? Eh bien, je crois avoir trouvé un expédient avantageux à l'aide duquel nous pouvons atteindre ce résultat. Puisque nous sommes incapables isolément de perfectionner nos moyens de défense, réunissons nos intelligences, cherchons ensemble le meilleur mode de conservation pour nos larves. En un mot, mettons cette importante question au concours. Que chacune de nous s'ingénie à placer sa jeune famille dans les meilleures conditions de sûreté possible, et que, dans un temps prochain, le peuple assemblé soit appelé à juger le mérite de nos travaux individuels. Soyez assurées, mes sœurs, que la vive émulation qui ne peut manquer d'animer cette lutte, où l'amour maternel sera notre seul guide, saura faire jaillir de nos cœurs et de nos esprits la solution, si désirée, de ce problème difficile. »

« Cette proposition fut adoptée avec le plus vif enthousiasme. Des courriers ailés furent envoyés dans toutes les directions pour répandre partout la bonne nouvelle de ce concours mémorable, et rendez-vous fut pris à six mois de là pour le jugement solennel des travaux des divers concurrents.

« Enfin, le grand jour arriva. Une belle clairière moussue de la forêt voisine fut choisie pour lieu de réunion générale, et de tous les points de l'horizon les mouches à miel y accoururent en foule. L'assemblée était aussi nombreuse que bien choisie, et vous auriez été émerveillés, mes enfants, s'il vous eût été permis de jeter un regard indiscret dans ce coin reculé du bois séculaire. Au centre, les sages matrones s'étaient rangées gravement en cercle autour d'un espace vide réservé pour la tribune aux harangues, au-dessus de laquelle le fauteuil de la présidence, superbe coquelicot largement épanoui, se dressait fièrement. Autour de ce vénérable cénacle, chacun s'était installé au hasard, selon ses goûts ou l'ordre de son arrivée ; enfin, tout à fait à l'extérieur, les plus jeunes, turbulentes et bavardes, couraient de l'une à l'autre, grimpant au sommet des brins d'herbe pour mieux voir et communiquant à haute voix leurs impressions à leurs compagnes moins bien placées. Il y avait là des milliers d'abeilles de toutes les espèces connues. On en voyait de grosses, au corps massif et trapu ; de grandes, au corselet allongé et aux pattes robustes ; de petites, dont la taille svelte et fine se cachait sous des ailes transparentes et irisées. Il y en avait de noires, de rouges, de jaunes et de blanches ; parfois ces couleurs se mélangeaient agréablement et formaient sur leurs téguments un bariolage presque toujours élégant. On remarquait, cependant, que les teintes vives et franches étaient en minorité, et l'aspect général de l'assemblée formait un ensemble où le noir et le gris dominaient notablement. La plupart des abeilles étaient recouvertes de longs poils diversement colorés ; fort peu se trouvaient dépourvues de ce vêtement chaud et moelleux. Le bourdonnement produit par ces milliers de petites voix, l'animation et la multiplicité des gestes des causeurs, le va-et-vient continuel des nouveaux arrivants et l'échange, à chaque instant renouvelé, des politesses entre voisins, formaient un de ces tableaux animés comme il est rarement permis d'en observer. Les oiseaux de la forêt, attirés par ce bruit insolite, ouvraient de grands yeux étonnés et sautillaient de branche en branche, en se demandant avec inquiétude ce que pouvait signifier un rassemblement aussi considérable.

« Une chose importante à noter en passant, c'est qu'il n'y avait absolument là que des femelles ; aucun mâle n'avait été admis à prendre part à la fête, et, tout honteux, ils se tenaient cachés au fond de leurs demeures. Et je ne puis qu'applaudir à cette exclusion, car ces messieurs ne sont que d'insignes paresseux, d'affreux gourmands, qui passent leur journée à flâner de côté et d'autre, laissant à leur femelle toutes les charges du ménage, et par conséquent je les déclare indignes de participer à cette grande solennité, où les gens de cœur pouvaient seuls avoir le droit d'assister.

« Sur un signe de la présidente, vieille abeille toute cassée par l'âge, le silence s'établit comme par enchantement, et elle prit la parole d'une voix un peu tremblante :

« — Mes enfants, dit-elle, permettez-moi, d'abord, de vous remercier de l'honneur que vous m'avez fait en me choisissant pour diriger cette assemblée solennelle. Je suis d'autant plus fière de cette distinction, que jamais concours ne s'est effectué dans de telles conditions. Laissez-moi aussi vous exprimer toute la satisfaction que j'ai ressentie en voyant le nombre immense de travaux remarquables qui sont parvenus au secrétariat ; chacun a tenu à cœur d'étudier cette importante question du berceau de nos enfants, et il est certain qu'une solution favorable sortira des débats qui vont s'ouvrir. A l'œuvre donc, et n'oubliez pas qu'en ce jour mémorable le peuple des abeilles se sera couvert de gloire ! *(Sensation prolongée.)*

« La parole est au premier orateur inscrit sur la liste. »

« Des applaudissements frénétiques éclatèrent à plusieurs reprises sur tous les points de l'enceinte, et l'on vit s'avancer vers la tribune aux harangues une grosse mouche à miel. Son corps massif et robuste était d'un noir luisant, lisse, avec une rangée de poils sur les côtés et au point d'intersection des anneaux ; ses quatre ailes, assez grandes, étaient d'un violet brunâtre, le corselet et l'abdomen ne tenaient pas l'un à l'autre par cette sorte d'étranglement marqué qui caractérise les guêpes : ses deux parties s'unissaient, au contraire, par une large surface. Les pattes, longues et un peu dilatées sur la jambe, ne portaient point les palettes concaves qui ornent celles des abeilles sociales. C'était une des travailleuses, qui allait soumettre au vote général le procédé de nidification dont elle avait conçu le plan[1].

« Après avoir salué modestement l'assemblée attentive, notre abeille prit la parole en ces termes : « Préoccupée comme vous toutes, mes sœurs, de l'importance de la question dont on nous avait confié la solution, je me mis avec ardeur en quête de résoudre le problème difficile dont nos enfants attendent avec impatience l'heureuse suppression. Longtemps je restai indécise, essayant mille procédés plus ou moins avantageux, mais dont mon

1. Cette abeille est le xylocope violet (*Xylocopa violacea*, Fabr.). Elle fait partie de la famille des *Apiens* et du groupe des *Antophorides*. Elle porte, dans le midi de la France, où elle est assez commune, le nom de *frelon noir*.

amour maternel ne pouvait se déclarer satisfait. J'habite une belle prairie, située au milieu des bois, et aux confins de laquelle les hommes ont élevé une ferme entourée d'un vaste verger. J'errais pensive sous les pommiers en fleur, quand un bruit de marteau vint frapper mon oreille. Je ne sais pourquoi, mais je me sentis attirée du côté d'où provenait ce tapage monotone, et j'aperçus un charpentier occupé à construire une petite maison de bois, destinée à servir d'habitation à un chien de garde. Le brave homme travaillait de son mieux, quittant le marteau pour la scie, la scie pour le rabot, et, sous ses mains habiles, le bois prenait la forme désirée.

« Tout en le regardant, une pensée se faisait jour peu à peu dans mon esprit ; d'abord vague, insaisissable, elle ne tarda pas à prendre de la consistance et finit par l'envahir tout entier. Si je faisais de même ! me disais-je. Une maison de bois abriterait à merveille nos enfants contre les intempéries de l'air et les dents des carnassiers. Je repoussai d'abord cette idée, qui me parut impraticable, car avec mes seules dents et mes pattes débiles je ne pouvais songer à couper le bois en planches et à l'ajuster ensuite d'une façon convenable. Cependant, la même pensée s'obstinait à m'assiéger avec ténacité ; et, malgré moi, mon esprit se mit à battre en brèche les objections qu'instinctivement je lui opposais. Bref, au bout de quelques jours, la construction d'une maison de bois était devenue chez moi une véritable idée fixe, qui ne me laissait aucun repos.

« Sous cette influence, mon intelligence surexcitée finit enfin par trouver un moyen de satisfaire mon envie. Je compris qu'au lieu de chercher à fendre le bois en lames minces pour le rajuster ensuite, je pouvais creuser tout simplement un bloc de cette substance. Par ce procédé, je réaliserais mon projet d'une façon bien préférable, puisque j'aurais une maison d'une seule pièce, et, par suite, mieux close et plus chaude. Aussitôt mon plan fut conçu, et je me hâtai de chercher le meilleur moyen de le mettre à exécution.

« J'essayai d'abord de creuser une cavité dans une grosse branche de chêne bien vivant ; mais je dus bientôt y renoncer, car mes dents ne pouvaient pas couper facilement les fibres de ce bois si dur, et la sève qui coulait en abondance de toutes mes morsures, me gênait considérablement. Je passai donc au bois mort, où ce dernier inconvénient n'était pas à craindre, et j'eus le bonheur de réussir. Mais ce ne fut pas sans de nombreux tâtonnements et bien des pertes de temps que je parvins à trouver le tissu ligneux le plus favorable à mes projets. Il résulte de mes expériences que le meilleur de tous est le bois blanc, bien sec, légèrement vermoulu et exposé à toute l'ardeur du soleil. Ces conditions se rencontrent habituellement dans les échalas, les montants des vieilles portes et les contrevents des fenêtres tournées au midi. C'est là qu'il faut s'adresser.

« Je suppose donc que j'ai choisi un échalas convenable. Je perce alors une ouverture circulaire, d'un diamètre double de celui de mon corps, au centre de la face plus large. C'est à l'aide des mâchoires que j'opère, en détachant grain à grain le bois peu résistant, qui cède assez facilement. Mais il n'en faut pas moins un temps assez long pour que ce trou atteigne un centimètre et demi de profondeur, limite qu'il est inutile de dépasser. Je mets habituellement quatre ou cinq heures pour arriver à ce résultat, pourvu que je ne sois pas dérangée par les curieux ou les méchants, qui ne viennent que trop souvent se mêler de nos affaires.

« Cela fait, je change brusquement la direction de mon excavation, et, au lieu de la diriger perpendiculairement à l'axe du végétal, je la rends verticale, en coudant la galerie à angle droit. Par ce moyen, je puis lui donner la profondeur que je désire, puisque je n'ai d'autre limite que la longueur même de l'échalas. C'est alors que le travail devient difficile et fatigant; à chaque instant, il faut transporter au dehors les débris ligneux que je détache, et ce déblayement devient d'autant plus pénible que j'avance davantage en besogne, car la profondeur de la galerie augmente la distance à parcourir à chaque nouveau curage. Aussi, pour diminuer le nombre de ces derniers, je ne rejette la sciure à l'extérieur que lorsque j'en ai produit une quantité suffisante, et je l'expulse toute à la fois. Pour cela, je glisse ma tête, comme une pelle, au-dessous du petit amas, et je le pousse lentement, de bas en haut, jusqu'à l'orifice d'entrée, par lequel il s'échappe à l'extérieur. Plus tard, je m'avisai de percer une ouverture latérale dans la galerie, et cette nouvelle issue facilita beaucoup mon travail,

« Je travaille sans relâche jusqu'à ce que je juge que l'habitation a atteint la profondeur nécessaire. Cette profondeur est assez facile à déterminer, et elle dépend du nombre de larves que doit contenir l'habitation. Il résulte de mes calculs qu'une loge d'un pouce de longueur suffit pour renfermer toutes les provisions nécessaires à l'une d'elles pour acquérir toute sa croissance. Partant de cette base, j'ai ordinairement donné à mes galeries dix à douze pouces de longueur, et j'ai logé dix à douze œufs fort commodément. Il me faut environ trois semaines ou un mois pour les achever en entier. J'ai aussi reconnu qu'il valait mieux réunir toutes les loges ensemble que de les creuser chacune à part.

« Voici maintenant comment je m'y prends pour disposer ma galerie unique en chambres séparées. Quand la cavité a atteint le point qu'elle ne doit pas dépasser, je remplis le fond sur une hauteur d'un pouce environ de la pâtée ordinaire qui sert à la nourriture de nos larves, pâtée composée, comme vous le savez, de poussière d'étamines et de liqueurs sucrées de fleurs; cette substance, assez épaisse, laisse toujours un petit vide entre elle et les parois, ce qui est fort nécessaire pour permettre au petit nourrisson de circuler aisément dans sa loge. Cela fait, je ponds un œuf au sommet de ce petit amas nutritif et je m'empresse de clore cette première chambre. Pour cela, je ramasse les grains de sciure de bois que j'ai rejetés en abondance, je les imbibe de ma salive visqueuse et je les dispose en un petit plancher horizontal au-dessus de la pâtée. Je construis cette cloison par anneaux successifs, emboîtés les uns dans les autres : de la sorte la main-d'œuvre se trouve beaucoup simplifiée. Voilà donc le rez-de-chaussée terminé. J'attaque sans perdre de temps le premier étage, en agissant de la même façon que je viens de décrire, puis le second, puis le troisième, et ainsi de suite jusqu'à ce que la galerie tout entière se trouve subdivisée en un grand nombre de chambres superposées, qui forment une véritable maison à dix ou douze étages contigus, mais sans aucune communication entre eux, de sorte que mes larves, quoique ayant en apparence une vie en commun, sont cependant complètement indépendantes les unes des autres. Ce grand travail est alors terminé, non sans peine; mais j'oublie bien vite toutes mes fatigues en pensant avec joie que mes enfants, parfaitement en sûreté, n'auront rien à souffrir des intempéries de l'air et des dents de leurs ennemis...

Le xylocope violet et son nid.

« — Pardon, si je vous interromps, dit alors la présidente, mais j'ai une objection importante à vous faire. Si j'ai bien compris ce que vous venez de nous exposer, la loge la plus profonde de votre galerie est celle qui se trouve terminée la première. Il doit donc en résulter qu'en arrivant à l'état parfait, la larve qui l'habite devra, pour sortir de sa prison, passer sur le corps de toutes ses sœurs placées au-dessus d'elle, car celles-ci, étant plus jeunes, n'auront pu s'échapper avant elle par l'ouverture latérale de l'échalas, en lui laissant la route libre. *(Mouvement.)* Ce serait là, s'il en était ainsi, un grave inconvénient, qui rendrait votre système impraticable et barbare, en causant la mort de presque tous vos enfants. » *(Marques nombreuses d'approbation.)*

« — Cet inconvénient a été prévu et n'existe pas dans le fait; car, pour y remédier, je perce une contre-ouverture fermée par une cloison de sciure facile à renverser. Quand ma première larve veut sortir, elle détruit cet obstacle et se trouve dégagée. La seconde n'a plus dès lors qu'à briser le plancher de sa loge et à traverser le rez-de-chaussée pour gagner à son tour la campagne, et ainsi de suite jusqu'à celle du dernier étage, qui passe à travers tous les autres pour prendre son vol. Comme leur accroissement se fait d'une manière successive, il n'est pas à craindre qu'aucune d'elles soit obligée de tuer sa sœur pour s'échapper, cruauté inutile que mon cœur de mère n'aurait pu concevoir sans horreur. *(Très bien! très bien!)*

« Voilà ce que j'avais à vous dire, mes sœurs, et tel est le plan que j'ai conçu et exécuté. Je le crois irréprochable; mais, dût-il être surpassé par ceux de mes compagnes, je n'en serais pas moins fière s'il a pu obtenir votre approbation. »

« Un murmure flatteur accueillit cette péroraison, et ce fut au milieu des chuchotements admiratifs et des félicitations chaleureuses de l'assemblée que notre grosse abeille regagna modestement sa place.

« Lorsque l'émotion et le trouble causés par ce premier discours se furent apaisés, la présidente appela à haute voix le second orateur inscrit sur la liste, et celui-ci s'empressa de monter à la tribune. Il était beaucoup plus petit que le précédent. Son corps, assez trapu, d'un noir foncé, se trouvait couvert de longs poils de la même teinte, excepté sur l'abdomen, où ils passaient au jaunâtre et formaient une couche épaisse, en tout semblable à une brosse rude. Les mâchoires très saillantes, triangulaires, ressemblaient, quand elles étaient fermées, à une palette concave visiblement rebordée tout autour. De même que l'abeille précédente, celle-ci n'avait point aux pattes les corbeilles propres à la récolte du pollen, qui sont l'apanage des abeilles sociales[1]. Elle prit la parole avec volubilité :

« — C'est, comme ma compagne, en m'inspirant des travaux des hommes que j'ai conçu le plan que je vais soumettre à votre appréciation. Ma sœur, par ce moyen, est devenue un habile charpentier; j'espère, de mon côté, vous démontrer que je ne fais pas un trop mauvais maçon.

1. Cette abeille appartient aussi à la famille des *Apiens* et fait partie du groupe des *Osmides*. Elle porte le nom de *Chalicodoma muraria*. Elle abonde dans toute la France depuis le printemps jusqu'en juillet.

« Pour construire une maison confortable, il faut, n'est-ce pas? trois choses essentielles : des matériaux de bonne qualité et abondants, un mortier bien liant et qui durcisse à l'air, et un emplacement convenable. Je me mis d'abord en mesure de trouver le premier de ces éléments indispensables. J'essayai, en premier lieu, d'employer des petites mottes de terre ; mais je dus y renoncer bientôt, car cette matière, trop friable et sujette à attirer l'humidité, ne pouvait en aucune façon me convenir. J'expérimentai alors le sable, et je n'eus qu'à m'en féliciter. Le sable, pour être utilisé, doit être homogène et composé de grains fins, aux arêtes vives et à surface rugueuse, afin que le ciment puisse mieux les souder les uns aux autres. On trouve du sable de cette nature dans les allées des jardins, sur le bord des rivières, ou, au besoin, dans les sablières que l'homme exploite dans les environs des lieux que vous habitez. Quant au mortier, il est facile de s'en procurer, et nous en avons toutes en abondance à notre disposition, puisque c'est notre salive qui doit en jouer le rôle. Ce liquide visqueux agglutine parfaitement les moellons qu'il faut mettre en œuvre, et, lorsqu'il se dessèche, il communique à l'ensemble de la construction une dureté analogue à celle de la pierre.

« Il ne nous reste plus maintenant qu'à choisir l'emplacement le plus favorable pour y installer l'habitation de nos larves. Trois principes doivent nous guider dans ce choix. Nos enfants réclament, en effet, un domicile bien assis, une chaleur considérable et un lieu très sec. Eh bien, les endroits qui réunissent le mieux ces conditions essentielles sont les vieilles murailles tournées au midi, et principalement le dessous des corniches, les angles de rencontre des murs et les cavités que la chute des enduits extérieurs, tels que plâtre, chaux, peintures diverses, ont laissé par places dans les maisons dégradées. Il vaut mieux, en effet, jeter les fondements du nid sur un sol ferme et inébranlable, comme les pierres et les moellons qui entrent dans la construction des habitations humaines, que de les placer sur les couches extérieures du revêtement, qui, sujettes à se détacher facilement, pourraient les entraîner dans leur chute et par suite détruire en un instant le travail de plusieurs semaines. D'ailleurs, la surface des moellons et des briques étant plus inégale, les constructions y adhèrent avec plus de force. Enfin, la saillie des corniches et du toit préservent le nid de tout excès d'humidité préjudiciable.

« Une fois que l'emplacement se trouve nettement déterminé, je me mets aussitôt à l'œuvre. Je recueille un à un les grains de sable, que j'humecte de salive, et je les pétris ensemble, de façon à en faire une petite masse globuleuse, que je malaxe avec patience jusqu'à ce que l'adhérence de toutes ses parties soit suffisante. Les pattes antérieures et les mâchoires me servent pour cela. Quand la boule est bien malléable, je la place au-dessous des mandibules, dont la face inférieure concave l'emboîte à merveille, comme pourrait le faire une petite cuiller, et je la transporte en volant au point choisi à l'avance. Je l'applique immédiatement sur le mur, et en frappant dessus avec la tête je l'aplatis en lame mince. Le mortier s'étend à merveille, et si je ne le trouve pas assez mou je le mouille encore avec un peu de salive. Cette première parcelle une fois mise en place, je cours en chercher une deuxième, que je dispose auprès d'elle de la même manière, puis une troisième, et ainsi de suite, jusqu'à ce que l'ensemble de toutes ces petites pelotes, parfaitement unies entre elles, forme une sorte de gâteau circulaire peu épais, faisant corps avec la muraille. C'est sur cette base que je dois édifier une cellule.

« Pour cela, tout autour de cette couche encore humide j'élève une cloison verticale ; voici comment : Chargée d'une boule de mortier, je me place sur le bord, et, choisissant le point le plus favorable, je l'y dépose doucement. Puis, à l'aide des pieds et de la tête, je la façonne en un petit mur dont la base est implantée sur le plateau, et ne forme qu'un seul et même corps avec lui. Cette manœuvre n'est pas difficile ; car pour l'exécuter il suffit de se mettre à cheval sur la première assise, et alors les pattes, se trouvant placées de chaque côté, servent, pour ainsi dire, de moule à la pâte et la forcent à s'élever en lame mince. Je dépose ensuite un second moellon à côté du premier, puis un troisième, et en continuant de la sorte j'obtiens bientôt une première assise circulaire. Sur cette assise, et suivant le même procédé, j'en place successivement plusieurs autres, et je ne m'arrête que lorsque la construction a atteint la hauteur voulue, soit un pouce environ. J'ai alors sous les yeux une petite case en forme de tour ronde ou de dé à coudre, parfaitement étanche, et à laquelle je donne le dernier fini en en polissant avec soin la surface interne, que je rends aussi nette que possible. Quant au côté extérieur, il est inutile de le traiter de même, car il n'est pas destiné à rester à découvert, comme vous allez le voir. Dix à douze heures d'un travail continu me sont nécessaires pour atteindre ce premier résultat, qui demande un grand nombre de voyages pour le transport des matériaux, et ne laisse pas que de causer de bien grandes fatigues.

« Je garnis alors cette cellule de provisions de bouche. La personne qui m'a précédée à la tribune n'a pas jugé convenable de décrire le procédé qu'elle employait pour récolter le pollen des fleurs, dont la pâtée de nos larves doit être composée. C'est un tort, à mon avis ; aussi vais-je suppléer à l'insuffisance de sa description. Quand je me pose sur une fleur épanouie, je m'empresse de sucer le liquide sucré qui en humecte les organes centraux ; en même temps, en passant légèrement mon abdomen sur les étamines, j'enlève toute la poussière jaunâtre qui les recouvre, poussière qui adhère par son humidité à l'extrémité des poils. En répétant cette opération sur un grand nombre de fleurs diverses, je finis par en obtenir une charge suffisante. Je rentre alors dans la cellule fraîchement construite, et, en brossant fortement la surface de mon corps avec les pattes postérieures, je recueille avec soin cette poudre précieuse, et je la mélange avec les sucs sucrés dont mon estomac est rempli, et que je dégorge tout élaborés. J'obtiens ainsi une pâtée semi-fluide, à goût aromatique, dont mes enfants sont très friands. La loge de terre se garnit peu à peu de ce mets succulent. Quand je juge que le tas est suffisamment élevé, je ponds un œuf au-dessus, et il ne me reste plus, pour avoir terminé ce premier nid, qu'à fermer l'ouverture au moyen d'un couvercle hermétique de mortier. Ma larve, en naissant, se trouve alors chaudement et commodément logée, et peut attendre dans l'abondance l'époque de sa transformation.

« En suivant exactement la même marche, je construis autant de cellules toutes semblables que j'ai d'œufs à pondre : un dizaine environ. Je les place à côté les unes des autres, mais non pas d'une façon régulière, comme celle des rayons des abeilles sociales. Je les dispose, au contraire, aussi irrégulièrement que possible. Il y en a de verticales, d'horizontales, d'inclinées et même de tout à fait couchées sur le côté, si bien que toutes ces petites chambres, loin de se toucher par leurs parois, laissent entre elles des vides assez considérables. J'agis de la sorte afin d'augmenter la surface de la base commune sur laquelle elles sont installées, et cela dans le but de les rendre plus stables, en multipliant les points de contact avec les murailles qui les supportent. En sacrifiant ainsi l'élégance à la sûreté, j'ai moins à craindre que, sous un effort quelconque, l'édifice tout entier ne vienne à se détacher, au grand préjudice des larves qui l'habitent.

« Enfin, j'enveloppe toutes les loges d'une épaisse couche de maçonnerie qui comble les vides qui les séparent, les rend solitaires, et, en s'étendant autour d'elles, les cache complètement à tous les yeux. Mon nid, ainsi terminé, ressemble à une plaque informe de boue grisâtre jetée au hasard sur le mur, et, grâce à cet aspect peu attrayant, n'éveille pas l'attention des observateurs ou des méchants, qui ne se doutent en aucune façon du précieux trésor que cette grossière enveloppe cache dans ses flancs. Cette considération est si importante, qu'en lui obéissant je m'inquiète peu du surcroît de fatigue qu'elle m'impose ; j'abrège d'ailleurs le travail en question en n'employant pour le mortier extérieur que de gros grains de sable, voire même de petits graviers, dont le transport exige beaucoup moins de voyages successifs. Au bout de quelques jours, le massif de maçonnerie se dessèche sous les rayons brûlants du soleil et acquiert une dureté telle qu'aucun animal ne peut le briser avec les armes dont il dispose. L'eau pluviale glisse à la surface sans pénétrer dans l'intérieur, et il peut traverser les saisons les plus mauvaises sans être le moins du monde endommagé.

« — Permettez-moi, dit alors la présidente, de vous faire deux objections importantes, que le système, si bien combiné, d'ailleurs, que vous venez de nous exposer, a fait naître dans mon esprit. La première a rapport à la ventilation du nid de vos larves, qui me paraît fort incomplète, puisqu'elles sont enfermées dans une cellule close de toutes parts. N'ont-elles pas à redouter l'asphyxie? La seconde est plus grave encore. Je ne puis comprendre, en effet, de quelle façon les abeilles nouvellement écloses pourront sortir de leur prison, puisque vous déclarez vous-même que les parois en sont plus dures que la pierre. Comment, à l'aide de leurs mandibules, si faibles à leur naissance, parviendront-elles à briser cet obstacle? » *(Sensation profonde.)*

« — Ma réponse sera facile et ne laissera, je l'espère, aucun doute dans vos esprits. *(Mouvement marqué d'attention.)* L'asphyxie, en premier lieu, n'est nullement à craindre, l'air circulant admirablement dans l'intérieur du nid ; en effet, le mortier, pour si compact qu'il soit, n'en est pas moins percé d'une infinité de pores imperceptibles qui lui livrent passage. Cette vérité éclatera à vos yeux si vous daignez venir visiter la dernière construction que j'ai élevée et de laquelle les larves sont sorties, en fort bonne santé, il y a quelques jours, ce qui témoigne hautement de sa porosité. En second lieu, quant au danger que vous pressentez au moment de l'éclosion, il m'est facile de vous rassurer. Je sais bien que les mâchoires des abeilles naissantes sont trop débiles pour entamer les murs de leur berceau ; mais il leur suffit, pour tourner la difficulté et s'ouvrir un passage, d'humecter de leur salive le mortier durci. Aussitôt celui-ci se ramollit, et les dents, malgré leur faiblesse, suffisent pour le désagréger avec la plus grande facilité. Moins de cinq minutes sont nécessaires à la captive pour percer un trou du diamètre de son corps, par lequel elle s'échappe sans peine. Il n'est donc pas à craindre que les précautions multipliées qui doivent préserver nos enfants de tout péril deviennent, par leur excès même, une cause de destruction, qui les condamnerait à une mort horrible, sans que leurs gémissements puissent être entendus. *(Marques nombreuses d'approbation.)*

« Tel est, mes sœurs, dans tous ses détails, le système de nidification que je viens vous proposer de mettre en pratique pour tous nos enfants. Il est simple, aisé à suivre, et ne demande pas, comme le précédent, un développement de forces qu'il n'est pas donné à tout le monde de posséder. J'espère qu'il sera reçu favorablement par vous. *(Marques d'approbation. — Applaudissements).*

« Un mot encore. Je devrais m'arrêter là, et quitter cette tribune sans porter dans cette auguste réunion de graves accusations que vos grands cœurs ne sauraient entendre sans émotion pénible. *(Mouvement.)* Il le faut cependant, afin que la publicité donnée à de pareils actes en empêche le retour. Croyez-vous qu'il existe dans nos rangs des abeilles assez dénuées de tout sentiment honorable, pour s'abaisser au point de s'emparer de vive force des travaux exécutés par leurs compagnes? *(Bruits divers.)* Elles ne sont, en vérité, que trop nombreuses, et j'ai eu, chaque jour, de longs combats à soutenir pour défendre mon bien contre des usurpations éhontées. Parfois même j'ai dû céder sous le nombre et aller recommencer ailleurs le pénible labeur que je m'étais imposé pour le bien de tous. *(Interruption prolongée.)* Une telle conduite n'est-elle pas odieuse au dernier degré, et faudra-t-il supporter sans se plaindre que les fainéants et les voleurs viennent nous dicter des lois? »

« A peine ces paroles furent-elles prononcées, qu'un véritable orage éclata dans l'assemblée. Les murmures, les cris, les huées, éclatèrent sur tous les points de la clairière, et pendant quelques minutes ce fut un brouhaha, un tohu-bohu indescriptibles, que la sonnette présidentielle fut impuissante à dominer. Comme il arrive toujours en pareilles circonstances, les coupables crièrent plus fort que les autres, et furent les premières à demander qu'un châtiment exemplaire fût infligé aux délinquants. Dès lors, la courageuse abeille, qui avait hardiment soulevé cette question brûlante, ne crut pas devoir les ménager davantage et jeta leurs noms à la foule. Alors le tumulte fut à son comble; les récriminations les plus violentes s'échangèrent de toutes parts, les gros mots se mirent de la partie, et peu s'en fallut que des milliers d'aiguillons ne fussent tirés du fourreau... »

— Ici je me permettrai une légère question, mon cher professeur, et je profiterai pour cela de cette interruption bruyante de la séance. Est-ce que réellement les compagnes de notre maçonne essayeraient de la dépouiller du fruit de son travail? Cela me paraît fort surprenant.

— Rien n'est plus vrai, mon cher ami; et c'est en effet assez difficile de comprendre un tel acte si l'on admet, comme on le croit généralement, que les animaux n'agissent que par instinct; car ce vol nécessite un raisonnement très suivi, qu'une intelligence développée peut seule accomplir. Aujourd'hui la science est plus avancée, et la question de l'intelligence des animaux est résolue dans un sens tout opposé.

« Quoi qu'il en soit, cette conduite blâmable est la cause fréquente de luttes acharnées entre nos abeilles; et comme leur procédé de combat est assez original, je vais m'y arrêter un instant.

« Quand deux maçonnes veulent se livrer bataille, elles volent l'une vers l'autre, tête contre tête, et cherchent à se frapper à la façon de deux béliers en colère. Celle qui est la plus élevée a ordinairement l'avantage, et quand elle parvient à attraper son ennemie, le choc est souvent si violent, qu'elle la précipite à terre tout étourdie; aussi chacune des combattantes cherche-t-elle à dominer l'autre. Quelquefois on voit l'une d'elles s'élever perpendiculairement, et descendre ensuite en ligne droite, sur son antagoniste, pour l'accabler du poids de son corps mû avec vitesse. Celle qui est dessous tâche d'esquiver le coup ou du moins une partie de sa force, soit en plongeant vers la terre, soit en volant à reculons, quelquefois à plus de vingt pas en arrière.

« Ce vol à reculons est fort singulier et n'appartient guère qu'aux insectes; il vous est facile de l'observer chez la mouche domestique, qui souvent, se plaît à ce curieux manège. Mais revenons à nos athlètes.

« Lorsqu'elles vont ainsi à la rencontre l'une de l'autre, elles se heurtent parfois tête contre tête si violemment, qu'étourdies toutes les deux par la force du contre-coup, elles roulent à terre : alors le combat est terminé. Mais cela arrive rarement. Le plus souvent, au moment du choc, elles se saisissent mutuellement avec leurs pattes, et, leurs ailes se trouvant ainsi paralysées, elles tombent sur le sol, où la bataille reprend de plus belle. S'arc-boutant sur leurs jambes, nez contre nez, poitrine contre poitrine, elles cherchent à se renverser, comme pourraient le faire deux lutteurs de profession, et chacune d'elles tâche, en relevant son abdomen, de faire pénétrer son aiguillon chargé de venin dans le corps de son adversaire, ce qui causerait une blessure mortelle. Cependant je dois dire, à leur louange, que ce dénouement ne se présente que très rarement. Le plus ordinairement, après une demi-heure de lutte acharnée, dans laquelle elles ont alternativement l'avantage, la plus faible perd son courage avec ses forces et prend honteusement la fuite, sans que le vainqueur généreux, ou plutôt épuisé, cherche à la poursuivre. Tout couvert de poussière, les ailes froissées, il reprend triomphalement possession de la cellule dont la propriété lui était disputée, et qui devient ainsi le prix de la victoire.

« Maintenant que vous voilà bien renseigné sur le procédé de combat usité chez nos maçonnes, je rends la parole à notre charmant conteur :

« Peu à peu, grâce aux efforts des matrones et de la présidente, le calme se rétablit dans l'assemblée; les coupables, gardées à vue, furent mises dans l'impossibilité de fuir, et, la tête baissée, la rougeur au front, elles attendirent avec anxiété leur arrêt. Alors la présidente prit la parole : « Le regrettable incident qui vient de se passer, mes sœurs, a rempli, j'en suis sûre, votre âme d'indignation, et vous seriez d'avis qu'une punition exemplaire doit être infligée à nos compagnes sans scrupules? *(Interruption. — Mouvements divers. — Laissez parler!)* Cependant ne vous semble-t-il pas qu'un grand jour comme celui-ci ne doit pas être attristé par le spectacle, toujours pénible, d'une exécution capitale? Soyons donc indulgentes, et pardonnons aux auteurs de ces méfaits le crime inouï qu'ils ont commis. J'espère que votre bonté, dans cette occasion, ne fera pas fausse route *(Très bien! bravo!)* et que, touchées par cette magnanimité à laquelle ils ont si peu de droit, les coupables comprendront que le seul moyen qui leur reste de vous témoigner leur reconnaissance et de racheter leurs fautes, est de donner à tous l'exemple du travail et du respect de la propriété. »

« Des applaudissements répétés accueillirent cette motion conciliatrice. Les abeilles graciées reprirent leur place au milieu de leurs compagnes, qu'elles accablaient de remerciements, et, au milieu de l'attendrissement général, la séance reprit son cours.

« Un troisième orateur gravit lentement les marches de la tribune. Il avait environ sept millimètres de longueur. Son corps, d'un noir luisant et parsemé d'un duvet d'un gris fauve, était court et ramassé. L'abdomen, presque triangulaire, portait à la face antérieure une brosse épaisse de longs poils d'un rouge cannelle très serrés; la face postérieure, presque lisse, offrait quelques lignes blanches et de petites taches transversales de la même couleur. La tête était fort remarquable par son épaisseur et portait en avant des mâchoires saillantes en forme de pinces [1].

« Voici en quels termes elle s'exprima : « Après les deux remarquables discours que nous venons d'entendre, mes sœurs, j'hésite quelque peu à vous exposer le système de nidification que j'ai suivi. Il exige beaucoup de patience et d'adresse et n'offre pas, au premier coup d'œil, tout autant de sécurité que les précédents, en ce sens que les matériaux qui entrent dans sa composition paraissent fragiles et peu résistants, à côté du bois et de la pierre que vous venez de voir si habilement mettre en œuvre. Cependant, je crois de mon devoir de garder la parole, quand ce ne serait que pour vous prouver que, moi aussi, j'ai essayé d'être utile à mes semblables.

« Jusqu'à ce jour, c'est dans la terre que nous avions coutume de creuser des galeries pour y installer nos nids. A mon sens, il vaut mieux, pour populariser un progrès, ne pas le mettre complètement en opposition avec les idées et les habitudes prises. Partant de cette idée, je m'efforçai de trouver un procédé qui ne s'écartât pas trop de l'ancien système, et qui, par conséquent, eût plus de chance d'être adopté. *(Très bien, très bien!)* Après bien des essais infructueux, voici à quoi je me suis définitivement arrêtée.

« Je choisis un terrain compact et assez élevé pour que l'eau ne puisse y séjourner : plus le sol est ferme, mieux il convient. La position par rapport à l'horizon est sans importance, car la galerie que je dois y percer

1. Cette abeille appartient aussi à la famille des *Apiens* et au groupe des *Osmides*. Elle porte le nom de *Megachile centuncularis*, Lat. Elle est moins commune que la précédente et habite de préférence les pays boisés et élevés.

peut, sans inconvénient, être horizontale ou bien verticale; et, pour l'établir dans l'une ou l'autre de ces conditions opposées, je me guide simplement sur la facilité plus ou moins grande que présente l'opération du forage dans ces cas particuliers. Je commence alors à creuser une excavation parfaitement circulaire et rectiligne de huit à neuf millimètres de diamètre, et je la conduis jusqu'à la profondeur d'un pied environ. Cette première opération n'offre aucune difficulté sérieuse; avec les mandibules, je détache la terre grain à grain et je la rejette hors de la galerie, en ayant soin de la transporter assez loin, pour éviter que les petits amas de décombres qui, sans cela, entoureraient l'entrée, ne viennent à attirer l'attention des ennemis nombreux qui vivent à nos dépens. Aussi ai-je pour habitude de les disséminer dans toutes les directions. Cette partie de ma tâche est fort pénible et fort longue, et il me faut souvent plusieurs jours d'efforts continus pour la terminer. Enfin, quand je juge que le trou est suffisamment profond, je cesse de creuser, et, à l'aide de ma tête, qui joue le rôle d'une truelle, j'en rends l'intérieur aussi lisse et aussi régulier que possible. De cette dernière précaution, en effet, dépend le plus ou moins de succès des manœuvres importantes qui vont suivre.

« La principale d'entre elles consiste à tapisser cette galerie avec des feuilles d'arbre préparées à cet effet, et de former avec les mêmes matériaux des cellules superposées, que nos larves auront pour logis. C'est là... »

« — Je demande la parole, » s'écria tout à coup une petite voix flûtée : et l'on vit une jeune abeille s'agiter vivement au sein d'un groupe attentif. *(Bruits divers. — Cris . A l'ordre!)*

« — Silence! n'interrompez pas; vous parlerez à votre tour, dit gravement la présidente.

« — Je ne comprends en aucune façon le sens de cette interruption, reprit alors l'orateur, et j'ignore en quoi ce que j'ai pu dire a mérité une pareille protestation. Je ne m'y arrêterai donc pas davantage et j'attendrai, pour y répondre, qu'elle ait été formulée d'une façon plus précise. *(Marques générales d'approbation.)*

« Je reviens à la construction de mon nid. Il se compose de sept à huit loges superposées, en forme de dé à coudre, dont le fond de chacune s'emboîte dans celle qui lui est immédiatement inférieure. Elles sont toutes formées de couches de feuilles étroitement accolées et disposées par rangées régulières. Considérons maintenant une de ces rangées. Elle est composée de fragments de feuilles ayant la même figure, celle d'un triangle curviligne près de deux fois plus haut que large; sa hauteur, en effet, atteint treize millimètres, et sa base n'en a que sept. Je prends un de ces fragments, je l'enfonce au fond de la galerie et je replie en dessous l'extrémité la plus longue pour contribuer à former la base de la cellule. Le reste, étant appliqué contre les parois de terre, se trouve transformé en gouttière. Trois morceaux semblables et égaux, et disposés de même, sont plus que suffisants pour former un tuyau creux, bien clos; car les feuilles empiètent par leur bord les unes sur les autres, c'est-à-dire qu'un des côtés de la première est caché sous un de ceux de la seconde, et qu'un côté de celle-ci est placé de même sous celui de la troisième.

« Cette cellule serait donc complète ; mais comme ses parois n'ont que l'épaisseur d'une feuille, elles n'auraient pas la solidité suffisante pour remplir le but que je me suis proposé. En effet, les trois pièces qui la composent ne sont point collées entre elles et ne sont maintenues en rapport que par le ressort qu'elles acquièrent en se séchant et par le pli qui ramène leur petit bout en dessous. D'où il résulte que le miel semi-fluide qui doit y être renfermé tendrait à les écarter et finirait par s'épancher au dehors en les entr'ouvrant. Aussi, pour les soutenir dans les endroits où elles se croisent, et pour fortifier le tube, j'applique trois nouvelles feuilles courbées en gouttière comme les précédentes et pliées de même par leur sommet. Cette seconde couche de feuilles forme un tuyau logé dans le premier. J'ajoute encore une troisième couche de pièces à l'intérieur, en les traitant de la même manière. Ainsi, neuf fragments sont employés pour composer la cellule, fragments que je rends de moins en moins longs, afin que leur adaptation soit plus aisée.

« Voilà donc une première cellule préparée. Je la remplis aussitôt aux quatre cinquièmes d'une provision de pâtée en tout semblable à celle de nos compagnes et j'y dépose un œuf. Le petit récipient ainsi dégarni demande à être fermé ; car, comme il est souvent couché horizontalement ou incliné fortement sur une de ses faces, le contenu ne tarderait pas à s'écouler au dehors. Je lui prépare donc un couvercle à l'aide de plusieurs morceaux de feuilles bien circulaires. Comme la cavité de la cellule est légèrement conico-cylindrique, il s'ensuit qu'un couvercle dont le diamètre n'est que fort peu inférieur à celui de la circonférence intérieure du bord de l'ouverture, peut entrer à frottement dur dans sa cavité, mais se trouve bientôt arrêté par les parois. Je mets ordinairement trois pièces circulaires l'une sur l'autre pour en augmenter la résistance, et elle se trouve alors si bien close que le liquide le plus fluide ne saurait s'en échapper.

« Je passe alors à la seconde cellule ; celle-ci est fabriquée exactement de la même façon que la première, avec cette seule différence qu'au lieu de reposer sur le fond de la galerie, elle a pour support le couvercle de la précédente. Sur cette seconde j'en édifie une troisième, puis une quatrième, et ainsi de suite jusqu'à ce que la galerie soit pleine jusqu'aux trois quarts. Mon nid est alors terminé, quant au principal.

« Pour mieux vous faire comprendre mon procédé de nidification, j'ai laissé de côté une particularité importante. Mon échafaudage de cellules n'est point en contact avec la terre, comme vous pourriez le croire d'après l'insuffisance de ma description ; il en est tout à fait séparé, au contraire, par une enveloppe générale faite aussi de morceaux de feuilles qui tapissent de trois couches superposées les parois de la galerie. Cette couverture commune peut être considérée, dans son ensemble, comme une grande loge très longue dans laquelle sont empilées les petites. Je n'ai donc pas besoin de m'étendre davantage sur le procédé de la construction qui lui est propre, puisqu'il n'est que la copie exacte de celui que j'emploie pour les cases ordinaires.

« En résumé, après avoir percé un puits circulaire et profond dans la terre, je le tapisse du haut en bas d'une triple couche de morceaux de feuilles bien ajustés, et j'en remplis l'intérieur avec six à huit loges formées des mêmes matériaux, cellules qui renferment les œufs et les vivres suffisants pour chaque larve. Cela fait, je bouche l'ouverture du puits avec de la terre bien tassée qui la dissimule à tous les yeux.

« Voyons, maintenant, comment je parviens à me procurer les nombreuses pièces de feuilles qui entrent dans la composition du nid. *(Mouvement prononcé d'attention.)* Ces pièces ont toutes une figure géométrique bien déterminée et sont fort nombreuses, puisque pour une colonie de huit cellules il en faut au moins cent dix. Je les taille dans les feuilles entières d'un grand nombre de végétaux, sans m'arrêter à choisir plus particulièrement certaines espèces, car tous ceux dont les organes foliaires ont une étendue convenable peuvent être utilisés avec succès. Habituellement je m'adresse au rosier, au marronnier, au cerisier, et cela parce que ce sont les arbres les plus communs dans le jardin que j'ai choisi pour domicile. Supposons que je sois tentée par la belle couleur verte d'une branche de rosier. Pour y tailler une pièce, je me pose à cheval sur le rebord du limbe foliaire et je coupe avec mes dents le tissu végétal, suivant une ligne légèrement courbe dirigée vers la nervure médiane. A mesure que mes mâchoires donnent un coup, mes pattes avancent d'un pas, et je fais passer entre elles la partie qui commence à être détachée. J'avance rapidement, car l'opération se fait aussi vite que si j'avais à ma disposition une bonne paire de ciseaux. Quand je juge que l'incision a atteint la profondeur suffisante, je coupe alors en changeant tout à fait de direction, c'est-à-dire qu'au lieu de me diriger vers le centre de la feuille, je reviens vers le bord du côté où la coupure a son origine. Dans cette deuxième partie de l'opération, le lambeau déjà taillé pouvait me gêner par son étendue. Aussi, pour diminuer son volume, je le force à se plier en deux entre mes pattes. On comprend dès lors que c'est sur cette partie que je me tiens

20

accrochée ; aussi, quand le moment arrive où la dernière fibre est coupée, le support manque tout à coup sous mes pieds, et je tomberais sur le sol si mes ailes, en s'ouvrant, ne me soutenaient en l'air. Il ne me reste plus alors qu'à transporter la pièce dans le trou creusé à l'avance, ce que je fais en la traînant derrière moi, et en la dépliant je l'étale, comme je l'ai dit plus haut. »

« Pendant l'exposition, faite sans prétention, de ce magnifique projet de nidification, dont les petits détails exigeaient une intelligence et une sûreté de coup d'œil hors ligne, une sorte de stupeur admirative rendait l'assemblée tout entière muette et fascinée. Chacun se demandait comment avec ses seules dents, et sans le moindre instrument de précision, notre abeille avait pu tailler les différentes pièces qui composaient son habitation, pièces toutes géométriquement disposées, et dont toutes les surfaces, en segments de cercle, devaient s'ajuster néanmoins d'une manière parfaite. C'était là un fait incompréhensible. Aussi, quand l'orateur eut fini de parler, l'enthousiasme si longtemps contenu se fit-il jour bruyamment. Des applaudissements frénétiques et répétés éclatèrent sur tous les points de la clairière, et l'heureux inventeur de ce chef-d'œuvre merveilleux fut littéralement accablé sous le poids de son triomphe. Enlevé de la tribune, malgré ses protestations, il fut porté par mille bras amis jusqu'au pied du fauteuil présidentiel, et, au milieu des bravos et des battements de mains, la foule entière le proclama vainqueur du concours.

« Mais la présidente, que son grand âge rendait moins enthousiaste, interposa son autorité. Elle fit remarquer que d'autres concurrents étaient encore inscrits pour la lutte ; que par conséquent il n'était pas juste de se hâter et de donner le prix avant de les avoir entendus. « D'ailleurs, ajouta-t-elle, j'ai une grave explication à demander à l'orateur.

« Il me semble, mon enfant, lui dit-elle, que vous avez oublié un point des plus importants dans l'économie de votre œuvre, d'ailleurs si remarquable. Votre nid est comme certain palais, dont parle la renommée, auquel l'architecte avait oublié de faire une porte et un escalier. *(Mouvement.)* En effet, vos larves des cellules les plus profondes ne pourront éclore qu'en détruisant celles qui vivent au-dessus d'elles, et cela est d'autant plus à craindre, qu'ayant été, comme vous nous l'avez dit, pondues les premières, elles atteindront naturellement tout leur accroissement avant celles des étages supérieurs. *(Marques d'approbation.)*

« — Au premier abord, en effet, cette objection paraît acquérir une telle gravité, qu'elle devrait seule faire condamner mon système, si elle était admise. Heureusement il n'en est rien, comme vous l'allez voir. *(Écoutez ! écoutez !)* Mon nid est construit au mois de septembre. Quinze jours après qu'il est achevé, les larves éclosent dans leurs cellules réciproques, et trois semaines leur suffisent pour atteindre tout leur développement. Elles se transforment donc en nymphes ; mais au lieu de sortir de terre à cette époque, qui correspond à la saison d'hiver, elles passent trois ou quatre mois bien chaudement, engourdies dans leurs cocons, et attendent le printemps pour quitter leur réduit. A ce moment, les rayons du soleil échauffent la terre, et vont réveiller de son sommeil léthargique celle des jeunes abeilles qui se trouve le plus près de la surface du sol, c'est-à-dire celle qui habite la cellule la plus élevée. Aussitôt elle s'empresse de sortir de sa prison en ouvrant le chemin aux autres. La seconde, à son tour, suit la même voie, puis la troisième, et ainsi de suite jusqu'à la dernière. Il n'est donc pas à craindre que celle-ci puisse trouver le corps de ses sœurs sur son passage comme obstacle à briser. »

« De nouveaux applaudissements accueillirent cette explication décisive, et l'heureuse abeille reprit modestement sa place au milieu des félicitations chaleureuses de l'assemblée. Alors la petite mouche dont nous avons rapporté plus haut l'interruption, grimpa allègrement les degrés de la tribune aux harangues.

« — Mes sœurs, dit-elle, je commence d'abord par déclarer que si j'ai demandé vivement la parole, c'est uniquement parce que je croyais comprendre que le procédé de nidification de ma sœur avait la plus grande analogie avec le mien. Maintenant que je connais entièrement le plan qu'elle a suivi, je proclame hautement l'erreur dans laquelle je suis tombée, et je déclare sans peine l'immense supériorité qu'il a sur le mien. *(Bravo! Très bien! très bien!)* Quelques mots d'explication vous feront bientôt tout comprendre.

« Moi aussi je tapisse un trou percé dans la terre avec des fragments de plantes; mais je ne fais qu'une seule cellule dans chaque trou, ce qui augmente beaucoup la main-d'œuvre. Je dois dire néanmoins que je suis plus coquette dans le choix des végétaux qui doivent entrer dans sa composition. J'aime les couleurs voyantes, le rouge, par exemple, et, pour satisfaire cette fantaisie, je me sers de pétales de coquelicot pour tapisser les parois de mon nid. Ces pétales, d'un coloris superbe, sont découpés comme les feuilles de rosier que ma sœur met en œuvre, et je les dispose d'une façon complètement identique. Seulement, j'ai soin d'augmenter la longueur de l'enveloppe générale du nid, afin de la replier plusieurs fois sur elle-même quand je le ferme, ce qui augmente ainsi la résistance des parois de l'entrée. Je place habituellement ce nid dans les champs exposés au soleil et au sol aride, où les fleurs dont j'ai fait choix croissent en abondance.

« Comme vous le voyez, mes sœurs, mon nid est peut-être plus joli que celui de l'abeille tapissière qui m'a précédée à la tribune, mais il lui est bien inférieur sous tous les autres rapports. Aussi je m'empresse de vous prévenir qu'après l'avoir entendue, je me retire du concours. » *(Sensation prolongée.)*

« Ce bel exemple de modestie eut un véritable succès, et ce fut au milieu des murmures flatteurs que la tapissière au coquelicot vint se mêler à la foule de ses compagnes, laissant la place libre à d'autres concurrentes.

« Mais pendant toutes les péripéties brillantes de ce magnifique tournoi oratoire, le temps s'était peu à peu gâté, et un nouvel orateur vint mêler sa basse puissante aux accords suraigus de nos abeilles. Le tonnerre fit entendre un roulement, précurseur de l'orage; le vent se leva avec violence et fit rage contre les arbres de la forêt. En un clin d'œil la clairière, si animée tout à l'heure, fut totalement déserte, et chacun partit avec tant de précipitation qu'il fut impossible de fixer la date d'un autre rendez-vous pour la continuation de cette lutte épique.

« Cet orage, qui dura plusieurs heures, eut de bien graves conséquences, mes enfants, pour l'avenir de la gent qui se nourrit de miel, car il fut le prélude d'une série interminable de mauvais temps. Pendant plus de deux mois le ciel, changé en borne-fontaine, ne cessa de verser sur la terre une eau glaciale. Les abeilles ne purent donc se réunir de nouveau pendant cet intervalle. Or, l'époque de faire leurs nids étant arrivée, chacune d'elles dut se mettre à l'œuvre et, se laissant guider soit par ses préférences, soit par ses souvenirs, le construisit d'après les plans exposés au concours, et souvent en modifiant ou mélangeant les divers systèmes. Aussi quand, l'année suivante, il fut de nouveau question de la continuation du concours, les habitudes particulières étaient prises, chacun voulait appliquer le procédé dont il avait déjà pu juger les résultats par une première expérience, et la confusion la plus complète régna parmi les abeilles solitaires, à propos de la nidification. Ceci vous explique pourquoi toutes ces mouches ne font pas leurs constructions selon un plan uniforme, et pourquoi, dans le mémorable concours que je viens de faire passer sous vos yeux, le prix ne put être décerné au plus digne. Il ne faut pas, du reste, se plaindre de cette fâcheuse occurrence, car c'est grâce à elle que nous pouvons admirer aujourd'hui les admirables industries qui permettent aux abeilles de mettre en sûreté leur progéniture. »

« Tel est, mon cher ami, le récit simple, naïf et instructif à la fois que notre vénérable instituteur nous fit par un beau soir d'été. C'est un de ceux qui sont restés le mieux gravés dans ma mémoire, par les détails attachants qui le composent, et par la vérité exacte et complète de tous les faits qui y sont énoncés. C'est la nature prise sur le fait, et, à part la donnée générale de ce concours merveilleux, qui appartient de plein droit à la fiction, pas une des descriptions qu'il renferme ne peut être entachée d'exagération ou d'erreur.

« Mais en voilà assez pour aujourd'hui ; il se fait tard, et pour un convalescent ma première sortie a été un peu trop prolongée. Rentrons bien vite, pour ne pas être grondés par le docteur. »

Et les deux amis s'éloignèrent, bras dessus, bras dessous, sans que je m'aperçusse même de leur départ, tant les merveilles que j'avais appris à connaître m'avaient causé de surprise.

Et maintenant, si vous voulez savoir mon opinion sur le concours et les concurrents, je vous dirai qu'à mon point de vue le prix appartient sans conteste à l'abeille tapissière aux feuilles de rosier, et je pense que vous partagerez ma manière de voir.

CHAPITRE XV

ENCORE LES FOURMIS

5 août.

C'est encore des fourmis que je veux vous entretenir. J'en ai découvert une énorme fourmilière de la même espèce que celles dont j'ai décrit les mœurs dans ces Mémoires. Je n'en parlerais pas, si je n'avais été témoin d'un fait des plus singuliers dont elle a été le théâtre ces jours-ci.

Il était quatre heures du soir. Une chaleur étouffante régnait depuis le matin; pas un souffle d'air ne venait chasser les vapeurs embrasées que les rayons solaires faisaient exhaler du sol brûlant. Il faisait un temps à ne pas mettre un... homme dehors. Aussi m'étais-je claquemuré au fond de l'observatoire que j'avais établi auprès de la fourmilière, et, l'œil nonchalamment appliqué contre la fissure percée dans la muraille extérieure, je regardais de temps en temps à l'intérieur. Les fourmis, qui partageaient probablement mon opinion sur l'inclémence du temps, semblaient endormies; le travail quotidien était interrompu. Les sentinelles seules, fidèles à leur consigne, veillaient attentivement. Rien n'était nouveau pour moi dans le spectacle qui m'était offert. Je voyais distinctement une grosse fourmi reine en train de marcher tranquillement. Une ouvrière, ses deux pattes de devant appuyées sur l'abdomen de la souveraine et les autres placées sur le sol, la suivait dans tous ses mouvements, à la façon d'un caniche dressé sur ses pattes et marchant debout. A chaque instant, la reine pondait un œuf, que la suivante s'empressait de recueillir; de seconde en seconde, pour ainsi dire, survenait une travailleuse qui, la bouche pleine, lui offrait de la nourriture. Sa Majesté acceptait sans façon et dévorait avec un appétit remarquable le tribut sucré de son humble sujette. Que voulez-vous! dans sa position, elle n'a de consolation qu'à table; il serait donc injuste de lui reprocher ce léger défaut. Que d'hommes, à sa place, n'auraient pas sa résignation, et... son estomac surtout!

Les larves et les œufs sont extrêmement nombreux, grâce à la prodigieuse fécondité des femelles, et remplissent les étages inférieurs. La cité, du reste, est située au milieu d'un buisson de ronces aux fruits noirs et succulents; ces végétaux, au feuillage épais, garantissent de tout danger les sentiers qui y conduisent, et offrent en même temps aux habitants une abondante nourriture. Aussi les fourmis ne se font pas faute de les attaquer avec vigueur; et ce matin, de tous côtés, j'en apercevais tenant entre leurs mandibules d'énormes fragments dont la chair juteuse découlait sur leur poitrine, et qu'elles transportaient au logis pour les distribuer à leurs enfants affamés. Mais, comme je l'ai dit plus haut, la chaleur est si intense que tout travail était suspendu.

Tout à coup, je vis les sentinelles se replier à l'intérieur de la cité, dans une agitation voisine de la folie, et courir vers leurs compagnes, qu'elles se hâtèrent de secouer, de heurter, les entraînant avec leurs mandibules et donnant tous les signes d'une vive terreur. En un instant la confusion fut à son comble ; les ouvrières se pressaient pour sortir, montant les unes sur les autres, se renversant sans pitié, comme prises de vertige subit. En moins de deux minutes, le flot tumultueux franchit les portes de sortie et se répandit au dehors. Les nymphes et les œufs, d'un autre côté, furent descendus dans les caves les plus profondes. Que se passait-il donc de si grave pour occasionner un tel remue-ménage chez un peuple d'ordinaire si maître de lui-même?

Un coup d'œil jeté au dehors suffit pour me mettre au courant de la situation. A deux mètres de la cité, j'aperçus une colonne formidable de fourmis s'avançant en ordre de bataille. Cette petite armée, dont les masses avaient au moins deux pieds de largeur sur huit de profondeur, se dirigeait vers nous. Ces fourmis étaient plus grosses de moitié que mes voisines ; leur corps, d'un rouge pâle avec les anneaux plus foncés, était plus svelte et plus vigoureux. Elles marchaient rapidement, sans que les obstacles causés par la nature du chemin, tels que brins d'herbe, excavations, cailloux, modifiassent en rien la régularité du front de bataille. En voyant ce bataillon épais se précipiter sur la fourmilière, je me sentis fort ému, et j'allais fuir bravement, quand mes voisines, à leur tour, se mirent en mouvement, et la curiosité me retint à ma place.

Dès que les assaillants furent parvenus à un pied de la cité, les sentinelles, malgré leur petit nombre, se précipitèrent sur eux et essayèrent d'arrêter leur élan. Mais que pouvait cette poignée de braves contre la masse imposante des envahisseurs ! En un clin d'œil, elles furent taillées en pièces. Toutefois, cet instant de répit donna le temps aux fourmis brunes de paraître sur les remparts, et la mêlée s'engagea. On voyait les adversaires se dresser sur leurs pattes de derrière, se saisir corps à corps et essayer de se percer de leurs mandibules à la jonction de l'abdomen et du corselet, et au bout de quelques instants rouler sur le sol sans lâcher prise, jusqu'à ce que le plus fort eût coupé en deux le plus faible. Le combat était acharné; une odeur acide et très désagréable s'échappait du milieu des combattants et provenait d'un liquide qu'ils lançaient dans les plaies des blessés par l'extrémité de l'abdomen.

Mais la lutte ne pouvait être douteuse; car les fourmis rouges, plus nombreuses, plus grandes et animées d'une ardeur irrésistible, renversaient tout sur leur passage par leur élan même; en outre, elles portaient un aiguillon abdominal dont elles transperçaient leurs antagonistes avec une adresse singulière. Aussi, malgré des prodiges de valeur, malgré bien des hauts faits accomplis avec héroïsme, l'armée des brunes commença à faiblir. Quelques bataillons d'élite soutinrent seuls le choc des assaillants, se suspendant au corps des ennemis, les maintenant immobiles en leur saisissant les pattes et les mordant sans relâche; mais bientôt ces héroïques combattants furent décimés, écrasés sous le nombre, et la déroute commença.

Les fourmis brunes s'enfuirent vers leur cité en donnant tous les signes de la plus vive terreur, suivies de près par les vainqueurs, qui arrivèrent en même temps qu'elles aux portes d'entrée, et, pêle-mêle, assiégeants et assiégés se précipitèrent à l'intérieur. La cohue était si pressée, que les ouvertures devinrent insuffisantes; il en résulta une sorte de refoulement dans la masse des combattants, qui montaient les uns sur les autres, s'étouffant mutuellement de leur poids, et frappaient de leurs aiguillons amis et ennemis. Enfin, quelques fourmis rouges, mieux avisées, attaquèrent vigoureusement les parois du dôme de terre, y pratiquèrent de larges trouées, et l'invasion devint facile. Aussi, en moins de deux minutes, les deux peuples disparurent à mes yeux dans les profondeurs de la ville prise d'assaut. Le combat n'avait lui-même duré que cinq à six minutes, tant l'impétuosité de l'attaque avait su briser rapidement tous les obstacles.

Un quart d'heure se passa. Puis, tout à coup, je vis les fourmis rouges sortir en hâte et évacuer la fourmilière. Mais elles succombaient sous le poids du butin. Chacune d'elles tenait entre ses mandibules une larve ou une nymphe appartenant aux vaincus, et c'était avec les précautions les plus délicates que ce précieux fardeau était transporté. C'était un spectacle fort singulier de voir cette longue file de fourmis portant ces petits vers immobiles, d'un blanc de lait, dont le corps tranchait vivement, par sa couleur, sur la teinte sombre des téguments de leurs ravisseurs, qui, pressés les uns contre les autres, se hâtaient de se retirer en suivant le chemin par où ils étaient venus.

Quelques ouvrières brunes couraient follement autour d'eux, essayant de les retenir et de leur enlever quelque larve en l'arrachant de force des mâchoires de leurs ennemis; mais ces efforts étaient vains, et bientôt, renversées sous le flot toujours croissant, foulées sous les pieds des ravisseurs, elles payaient de leur vie cet excès d'amour maternel. Bientôt les fourmis rouges disparurent avec leur butin sous l'herbe verte et épaisse qui croissait en ce coin de la prairie.

Je me hâtai alors de descendre à mon observatoire, afin de voir ce qui se passait dans la ville saccagée. Une agitation convulsive y régnait; les malheureuses ouvrières couraient dans tous les sens comme affolées, se frappant frénétiquement de leurs antennes comme pour se raconter toute l'étendue de ce désastre national. Le nombre des larves et des nymphes avait considérablement diminué, on le comprend; à peine s'il en restait la moitié dans les cases. Je fus surtout surpris de voir que les pillards avaient dédaigné de s'emparer des nymphes de mâles et de femelles, bien reconnaissables à leur taille supérieure; la razzia avait porté tout entière sur celles des ouvrières. Qui sait dans quel but?

J'aperçus aussi dans quelques salles deux ou trois fourmis rouges retardataires, entourées de brunes qui les attaquaient avec furie. Elles se défendaient courageusement et vendaient chèrement leur vie; mais le nombre de leurs adversaires était trop grand pour leur laisser le moindre espoir de salut, et bientôt leurs cadavres mutilés furent mis en pièces et dévorés séance tenante avec une sorte de joie frénétique. Le plaisir de la vengeance n'est pas, on le voit, le privilège exclusif des dieux.

Les morts et les blessés étaient nombreux, les derniers surtout, et je m'attendais à les voir entourés de soins par leurs compagnes; mais il n'en fut rien, et une chose étrange se passa tout à coup. Les fourmis se livrèrent à un conciliabule des plus animés, à la suite duquel une grave résolution fut sans doute prise; car je vis toutes les ouvrières se hâter de prendre les blessées, les larves et les nymphes sauvées du pillage, et sortir avec ce fardeau, en bon ordre, par une issue opposée à celle que l'armée des rouges avait forcée. C'était une véritable retraite stratégique, exécutée avec un ensemble admirable; et déjà la plus grande partie des assiégés avait réussi à quitter la place, quand, à un grand bruit qui se fit au dehors, je compris qu'un nouvel assaut allait être livré.

En effet, une seconde colonne de fourmis rouges, plus profonde encore que la précédente, déboucha dans le sentier de la guerre et s'avança rapidement vers la cité. Cette fois, les brunes étaient sur leurs gardes, et de nombreuses gardiennes, surexcitées par le précédent échec, garnissaient tous les postes faibles. Aussi le combat fut-il plus long et plus acharné que la première fois, et pendant quelques instants la victoire resta indécise entre les deux partis. Je crus même un moment que les assaillants allaient être repoussés, lorsqu'une sorte d'arrière-garde vint leur prêter main-forte. Cette réserve de troupes fraîches se précipita dans la mêlée avec tant d'impétuosité, qu'elle renversa tout sur son passage, et les assiégés, déjà fatigués par la lutte héroïque qu'ils soutenaient avec un courage digne d'un meilleur sort, furent obligés de céder sous le nombre; leurs rangs, ouverts par cette brillante charge, furent rompus et livrèrent passage au torrent dévastateur, qui, comme la première fois, se rua dans la fourmilière en semant la mort sur son chemin. Honneur au courage malheureux!

Mais, pendant cette lutte acharnée, la retraite avait continué, et la plupart des germes, objets de tant d'efforts, étaient déjà hors d'atteinte. Aussi les fourmis rouges, désappointées, ne purent-elles s'emparer que d'une centaine de nymphes, qu'elles emportèrent aussitôt, sans chercher à poursuivre les fuyards. Leur départ s'exécuta, comme la première fois, avec une hâte extraordinaire et dans le plus grand désordre.

Aucune description ne saurait dépeindre l'aspect de la cité, ainsi livrée deux fois à toutes les horreurs d'une prise de vive force. On ne voyait de tous côtés que couloirs encombrés de ruines, piliers renversés, voûtes effondrées, cadavres entassés. Les fourmis couraient au milieu de ce chaos d'un air égaré; et çà et là, au sommet d'un brin d'herbe, une ouvrière se tenait immobile, une nymphe entre les mandibules, semblable à une statue vivante du Désespoir!

Cependant, au bout d'une heure, nos malheureux insectes, voyant que les assaillants ne reparaissaient plus, reprirent courage, et la colonne qui s'était éloignée avec les larves reparut en bon ordre et vint déposer ses enfants dans les cases ravagées de la fourmilière. Ce retour était navrant, car bon nombre d'entre elles manquaient à l'appel, et le tableau du désastre étalé sous leurs yeux semblait les remplir de stupeur. Peu à peu, cependant, l'énergie naturelle de ces industrieux animaux reprit le dessus. Le peuple entier se remit à l'ouvrage; les passages obstrués par les décombres furent déblayés; les colonnes furent rétablies sur des bases solides; les ouvertures du dôme furent bouchées avec des brins d'herbe et de la terre battue; les morts furent transportés au loin; les blessés, recueillis avec soin, furent pansés avec une tendre sollicitude; et quand la nuit arriva, n'étaient les vides sensibles occasionnés par le combat dans la population, il eût été difficile de s'apercevoir des terribles secousses éprouvées dans la journée.

Une chose m'intrigue au plus haut point : c'est de savoir pourquoi les fourmis rouges ont ainsi fait main basse sur les larves de mes voisines. Aux précautions infinies avec lesquelles ce butin vivant a été transporté, je suis disposé à croire qu'il n'est pas destiné à servir d'aliment, à moins de supposer que le festin ne dût être exécuté que dans leur nid. Mais alors, à quoi peut-on le destiner? Il y a là une question importante à élucider. J'ai bien essayé aujourd'hui de suivre les traces des pillards, mais sans succès; car le chemin qu'ils ont suivi s'engage dans le fossé de ceinture de la prairie et se dirige vers la forêt, dans laquelle je n'ai pas encore osé m'aventurer. Mais je suis sur mes gardes, et, à la première occasion, je n'épargnerai rien pour éclaircir ce mystère.

7 août.

Aujourd'hui je suis à même de résoudre le problème dont la solution m'était inconnue, et je sais le but de l'enlèvement des larves des fourmis brunes. Le spectacle auquel j'assiste depuis trois jours est si curieux et si éloigné de tout ce que je pouvais supposer, que je ne sais encore si je veille ou si je dors ; et... Mais assez de préambules, et arrivons au fait.

C'était le surlendemain du jour où j'avais assisté au pillage de la fourmilière. A la suite d'une petite promenade au bord du fossé, je faisais ma sieste à l'ombre d'un buisson. Tout en sommeillant, je repassais dans mon esprit toutes les singulières péripéties de la prise d'assaut de la fourmilière brune, quand, tout à coup, un bruit singulier vint attirer mon attention. Cela ressemblait au bruissement léger d'une pluie fine tombant au travers du feuillage ; pourtant le ciel était pur et sans nuages et le soleil ardent ; il était quatre heures du soir. Peu à peu le bruit augmenta d'intensité, et presque aussitôt je vis déboucher, entre deux pieds de luzerne, une épaisse colonne de fourmis rouges. Selon les habitudes de leur race, elles marchaient en bataillons serrés, dans l'ordre le plus parfait, et suivaient une direction arrêtée d'avance ; car le premier rang n'hésitait en aucune façon dans les mille détours du chemin placé sous les herbes. L'allure de l'armée était fort vive : chacun des soldats paraissait plus pressé d'arriver que ses compagnons, et s'efforçait de le gagner de vitesse. On n'apercevait aucun traînard, tant le feu sacré doublait les forces des moins robustes. Je ne les suivis pas, car je savais très bien ce qu'elles allaient faire, pour les avoir déjà vues à l'œuvre, et je préférai m'embusquer sur leur route afin de me mettre sur leurs traces quand, au retour de leur expédition, elles reprendraient la direction de leur nid, avec lequel je tenais beaucoup à faire connaissance.

Mon calcul était exact, et il y avait à peine une petite demi-heure que j'attendais quand la tête de colonne reparut au premier tournant, revenant sur ses pas et courant dans le plus grand désordre. Chaque fourmi portait entre ses mandibules une belle larve blanche ou un œuf jaunâtre, qu'elle évitait de blesser en le serrant trop fort. Toute l'armée défila ainsi devant moi. L'arrière-garde lui succéda ; mais ici la retraite prenait les proportions d'une véritable déroute ; car de nombreuses ouvrières appartenant aux fourmis brunes s'acharnaient à sa poursuite, mordant les retardataires et essayant de leur enlever leur fardeau. Je dois dire que les pauvres bêtes y réussissaient bien rarement, car les pillards, beaucoup plus gros, renversaient tout sur leur passage et n'en couraient que plus rapidement, entraînant parfois dans leur fuite deux ou trois ennemis accrochés à leurs pattes.

Le moment était venu pour moi d'entrer dans la carrière et de suivre à mon tour les fuyards. Ce n'était pas chose facile, car je pouvais être aperçu par les vaincus, et, dans l'état d'excitation où l'invasion de leur cité les avait poussés, il pouvait m'en coûter cher, et je ne tenais nullement à payer pour les autres. Je marchai donc le long du sentier frayé sous les herbes. Je craignais au commencement de m'égarer, mais je compris bientôt que cet inconvénient n'était pas à redouter, en constatant que l'armée marchait en ligne parfaitement droite, en franchissant tous les obstacles avec une ardeur fébrile, sans que la vitesse en fût le moins du monde ralentie. Je ne tardai pas à découvrir de loin un beau dôme, tout à fait semblable à celui qui sert d'habitation aux brunes; c'était là que nous allions. Bientôt je pus distinguer, à la surface du nid, une innombrable quantité de fourmis en observation, et, ce qui me surprit tout à fait, c'est que ces fourmis étaient de la même espèce que celles qui venaient d'être pillées. « Bon ! me disais-je, il va encore se passer ici quelque autre scène de carnage, et nos pillards veulent augmenter leur butin. Quelle rage de batailles ! quelle ardeur à la curée ! Mais, chargées comme elles le sont, comment pourront-elles le transporter? N'allons pas plus loin, ne nous fourrons pas dans la bagarre... »

Jugez de ma stupéfaction ! A peine l'avant-garde fut-elle parvenue aux bords de la fourmilière, que ses habitants en sortirent en foule, allèrent d'un air empressé au-devant d elle, et au moment où je m'attendais à voir la mêlée s'engager, je remarquai, au contraire, qu'on faisait aux maraudeurs l'accueil le plus favorable. Ce fut, pendant quelques minutes, un échange réciproque de coups d'antennes, de caresses affectueuses, accompagnées des transports de la joie la plus vive. Puis, les petites fourmis brunes débarrassèrent les nouveaux venus des larves qu'ils transportaient, leur offrirent à manger, et tous ensemble, sans distinction de nationalité, s'engouffrèrent dans les entrées de la fourmilière et disparurent !

Que se passait-il donc? Pourquoi ces fourmis brunes traitaient-elles si amicalement ces ennemis avoués de leur race, alors qu'un instant auparavant je venais d'assister à un combat acharné livré entre eux et une cité de la même espèce? Pourquoi les grosses fourmis guerrières entraient-elles tranquillement dans ce nid, dont la construction était évidemment l'œuvre des petites brunes? Où était donc leur habitation à elles? Je n'en revenais pas; et avouez comme moi qu'il y avait là un mystère bien curieux à approfondir, et que tout autre hanneton, à ma place, eût été aussi ahuri que moi par l'étonnement.

Un nouvel incident vint m'arracher à mes réflexions. Dix minutes s'étaient écoulées depuis la rentrée des conquérants, quand je les vis ressortir en foule, par toutes les portes de la ville, les mandibules vides, et toute la troupe reprit en bon ordre le chemin déjà suivi, accompagnée par les petites fourmis, qui paraissaient vouloir exciter leur ardeur au combat. Évidemment, un nouveau pillage allait avoir lieu. Je me mis donc à leur suite; mais ils marchaient avec une vélocité telle que je pouvais à peine leur tenir pied. Nous arrivâmes ainsi jusqu'au fossé qui séparait la prairie de la forêt. Là, on fit un détour, et en peu d'instants nous nous trouvâmes en présence de la fourmilière en détresse. Les malheureuses petites bêtes, déjà assaillies trois fois, avaient augmenté leurs moyens de défense. Les portes étaient solidement barricadées, les avenues qui y conduisaient étaient garnies des meilleures troupes, et, sur le dôme, le peuple entier des ouvrières se tenait aux aguets avec tous les signes d'une exaltation guerrière poussée aux dernières limites. Enfin, comme je l'avais déjà vu faire une fois, en pareille circonstance, à peine l'armée des assaillants fut-elle signalée par les vedettes, que, par les ouvertures du nid situées à l'opposé du côté menacé, une grande quantité d'assiégés s'enfuirent en bon ordre, emportant leurs nymphes et leurs larves. Cette intelligente manœuvre était à peine en voie d'exécution, que les grandes fourmis attaquèrent la ville avec furie.

Comme dans les autres assauts, la lutte tourna au désavantage des assiégés; les avant-postes furent culbutés et se replièrent sur la cité. Alors une colonne épaisse de maraudeurs attaqua les barricades des portes, les renversa et pénétra dans la ville, ainsi démantelée, comme une véritable avalanche, frayant un sanglant passage au reste des assiégeants, et le pillage commença, malgré les efforts héroïques des derniers défenseurs de la brèche, qui périrent à leur poste.

Mais cette fois le butin fut des plus maigres, grâce à la sage prévoyance de nos assiégés, qui avaient habilement, comme je vous l'ai dit, mis leurs larves à l'abri de toute poursuite. Aussi les vainqueurs ne purent-ils s'emparer que d'une centaine d'œufs oubliés dans une loge, sous l'empire de la précipitation, et, tout penauds, ils reprirent presque à vide le chemin par où ils étaient venus. A leur arrivée à la fourmilière, ils furent fort mal reçus; les ouvrières brunes leur reprochèrent vivement leur peu de réussite, et peu s'en fallut que les pauvres diables, exténués de fatigue, ne fussent envoyés de nouveau à l'assaut. Peu à peu, cependant, l'irritation se calma, et ce fut en assez bons termes que tout le monde fit sa rentrée au logis.

Il résulte clairement de ce que je viens d'exposer, que les petites fourmis brunes et les grandes amazones, qui vont à la guerre pour enlever les larves de leurs voisins, ont fait une association et vivent ensemble comme des êtres de la même espèce. Et ce qu'il y a encore de plus curieux, c'est que ces mêmes fourmis brunes sont ordinairement les ennemies des guerrières qui envahissent leur demeure. On voit donc ici une même espèce professer des goûts tout opposés, si opposés même que j'ai vu des fourmis brunes, amies des amazones, se précipiter sur les brunes qui poursuivaient les ravisseurs et les forcer à cesser leurs attaques. Il y a là un mystère qu'il faut approfondir et dont la clef ne m'est pas encore connue. Pour la connaître, il n'est évidemment qu'un moyen, c'est d'observer la fourmilière singulière qui cause tant de surprises à mon intelligence. Allons! il le faut, oublions, en faveur de l'immense curiosité dont je suis animé, les dangers auxquels je m'expose et qui, autrefois, ont failli causer ma perte!

Je me montai si bien la tête de la sorte, que je finis par céder à mon désir effréné de connaître, et, creusant une petite galerie souterraine, je parvins jusqu'aux murailles externes de la cité ; puis, à l'aide d'une petite fissure, j'en examinai l'intérieur avec précaution.

Au premier abord, je ne vis rien de nouveau. En effet, cette fourmilière était en tout semblable à celle que j'ai décrite minutieusement dans un autre chapitre de mes Mémoires; c'était un nid de fourmis brunes. Je passai aux habitants, et ici mon étonnement redoubla. Il y avait là quatre espèces différentes : les mâles, les femelles, les neutres des grandes fourmis guerrières, et les ouvrières brunes dont j'ai déjà parlé. J'eus beau chercher dans tous les coins des mâles et des femelles de cette dernière race, je n'en pus découvrir un seul.

Je remarquai ensuite que les nymphes et les larves enlevées dans la dernière campagne avaient été placées les unes sur les autres, dans des cases fort bonnes, et que chacun les traitait avec affection, comme pour les dédommager des secousses et des fatigues du transport forcé qu'elles avaient subi. Il n'était nullement question de les dévorer, comme je le supposais, et je fis cette découverte avec plaisir.

Il n'était pas aisé de bien se rendre compte des relations réelles qui unissaient les guerrières et les brunes. Cependant je pus constater d'une façon certaine que les ouvrières brunes avaient la haute main dans l'administration de la cité, tout en restant chargées de tout le travail. C'étaient elles qui nourrissaient les larves, elles qui les transportaient sous la partie la plus chaude du dôme, elles qui s'occupaient de tous les détails compliqués qu'entraîne la voirie d'une grande ville. En outre, elles allaient seules au dehors à la recherche des vivres pour la communauté, et les distribuaient, en rentrant, aux grandes fourmis guerrières, qui se laissaient donner la becquée par ces infatigables petites ménagères, à la façon des enfants en bas âge. Quand il y avait une réparation à exécuter dans la cité, ou qu'un étage était rendu nécessaire par l'accroissement incessant de la population, ces ouvrières étaient là, laborieuses et adroites. La police, la sûreté générale, étaient encore de leur domaine exclusif.

Exclusif, en effet, car les guerrières ne se mêlaient absolument de rien.

Errant çà et là dans la fourmilière, bien nourries, bien soignées, elles assistaient les bras croisés aux fatigues de leurs petites nourrices, sans cependant les surveiller pour cela; car, au contraire, c'étaient nos gros fainéants qui étaient soumis à la surveillance; et quand l'un d'eux voulait sortir, aussitôt une ou deux brunes le faisaient, fort amicalement, mais inexorablement, renoncer à cette fantaisie, et une bonne caresse le récompensait de son obéissance.

Rien n'était plus curieux, du reste, que cette sorte d'empire exercé par la faiblesse sur la force brutale; il y avait dans ce fait une espèce de fascination dont la cause intime m'était inconnue. C'était plaisir de voir avec quelle délicatesse les guerrières flattaient leurs ménagères pour en obtenir leur pitance quotidienne, ou pour se laisser conduire au travers des galeries souterraines qu'elles paraissent ne pas connaître entièrement. Parfois j'ai aperçu une de ces grandes nonchalantes se suspendre aux mandibules d'une petite ouvrière brune, glisser son gros ventre entre les pattes de la pauvre petite, tendues par le poids, et se faire transporter, sans honte, des étages inférieurs aux plus élevés. Jamais un tel service n'était réclamé avec arrogance et autorité; une caresse bien tendre, une prière câline, décidaient toujours la fourmi vaillante et alerte à exécuter de bonne grâce une corvée souvent pénible. Il fallait les voir rentrer de la chasse, la bouche pleine de mets impatiemment attendus, se hâter de leur mieux pour courir au-devant des grosses gourmandes empressées de prendre leur repas. Alors celles-ci se baissaient sur leurs longues pattes, les flattant de leurs antennes, et prenaient sans gloutonnerie la goutte de sirop ou le fragment d'insecte qui leur était généreusement abandonné. Puis la courageuse ouvrière, remerciée d'un vif battement d'antennes, quittait la cité, avec plus d'ardeur que jamais, pour aller renouveler les provisions. Les mêmes soins s'étendaient aux mâles et aux femelles de la fourmilière, qui, plus paresseux encore, daignaient à peine se déranger pour prendre leur nourriture, ou monter au sommet du dôme pour se chauffer au soleil.

Mais, comme je l'ai dit, il ne fallait pas se méprendre sur la véritable portée de tous ces actes. S'il est vrai qu'au premier coup d'œil les petites fourmis brunes paraissaient être les esclaves des guerrières, en réalité, en regardant avec plus d'attention, le contraire finissait par apparaître clairement. Nos ouvrières étaient réellement des servantes, mais des servantes-maîtresses, conduisant leurs maîtres à la baguette et dirigeant toute la cité par leur incessante activité, leur affection et leur amour du travail. Exemple frappant de l'empire que les grandes qualités et l'ardeur du bien peuvent donner aux faibles sur les puissants dont le culte de la vie animale est le seul désir! L'esprit gouverne partout la matière, chez les animaux comme chez les hommes.

Tout ce que j'ai vu jusqu'à présent ne me dit pas comment une telle association a pu prendre naissance, et pourquoi les guerrières enlèvent ainsi les larves des fourmilières brunes qu'elles ont dans leur voisinage. Je crois bien me douter un peu de quoi il est question, mais je ne veux pas en parler ici avant d'être bien assuré que je suis dans le vrai. J'ai en horreur les hypothèses, quel que soit leur degré de probabilité.

10 août.

La fourmilière brune a eu, tous ces jours-ci, de nouveaux assauts à supporter, et toujours avec le même résultat que la première fois. Les fourmis rouges, grâce à leur taille et leur aiguillon, ont été constamment les plus fortes, et le courage déployé par les vaincus, pour défendre leurs foyers, n'a servi qu'à rendre le combat plus meurtrier. C'est également à la même heure, c'est-à-dire de cinq à six heures du soir, que les assaillants ont recommencé leurs attaques, précédées par l'envoi de quelques éclaireurs chargés d'étudier le terrain et de préparer les voies. La désolation règne dans la cité, dont les larves ont diminué de beaucoup, et il est à croire que, si un tel état de choses se continue, la petite république sera détruite.

Depuis hier, je remarque que la vie de certaines ouvrières est fort étrange. Elles partent le matin, pour ainsi dire en cachette, et ne suivent pas leurs compagnes dans leurs excursions gastronomiques. Le soir, elles rentrent fort fatiguées et le ventre creux; car la première chose qu'elles font est de demander de la nouriture, qui leur est donnée immédiatement. A quoi peuvent-elles donc employer leur journée?

Ce matin, une de ces fourmis de l'école buissonnière rentra de bonne heure, et, s'arrêtant devant la première ouvrière qu'elle rencontra, engagea avec elle une conversation des plus animées, à en juger par la vivacité du mouvement des antennes des deux interlocutrices. Notre ouvrière parut hésiter d'abord à accepter ce qui lui était proposé; mais, après un nouvel argument de sa compagne, elle prit son parti, et, la saisissant par ses mandibules, s'y suspendit avec légèreté. Aussitôt celle-ci se mit en marche et sortit de la cité avec son fardeau. Je me hâtai de suivre ses traces.

Nous traversâmes d'abord le fossé de ceinture; puis, après de nombreux tours et détours, nous gagnâmes un épais buisson placé sous l'ombrage des arbres de la forêt. Là, la porteuse s'arrêta un instant et finit par descendre dans une sorte de conduit souterrain, aboutissant à un petit dôme de deux étages de hauteur, nouvellement édifié. C'était une fourmilière en miniature, qu'une centaine de fourmis étaient occupées à agrandir. L'ouvrière y déposa son fardeau vivant et reprit incontinent le chemin de la grande cité, d'où, par le même procédé, elle se mit à charrier de nouvelles recrues.

La fourmi dont j'avais surveillé le transport, aussitôt remise sur ses pattes, examina avec une grande attention les travaux déjà exécutés, et, satisfaite de leur situation et de leur fini, se rendit à son tour à la ville et fit la propagande comme la précédente : exemple bientôt suivi par toutes les ouvrières qui avaient été portées sur les lieux pour les étudier. Il résulta de cette manœuvre que, les porteuses croissant rapidement en nombre, un mouvement de va-et-vient des plus animés s'établit entre les deux extrémités du pèlerinage.

Il fallait voir les recruteurs à l'œuvre pour se rendre compte de l'ardeur avec laquelle ils s'occupaient de peupler la nouvelle colonie : caresses, flatteries, séductions de toute nature étaient employées ; parfois même ils ne rougissaient pas d'avoir recours à la ruse et à la violence, et, se précipitant par surprise sur une ouvrière inattentive, ils l'entraînaient hors de la fourmilière avant qu'elle eût le temps de se mettre en défense. La victime de ce guet-apens essayait alors de résister ; mais bientôt, convaincue sans doute que ce transport était pour son plus grand bien, elle se laissait faire, et n'était pas ensuite la moins ardente à conquérir des prosélytes.

L'entrée de la cité offrait un tableau des plus vivants ; on ne voyait que fourmis enlevées par leurs mâchoires, qu'antennes en mouvement et courses rapides : l'effervescence était à son comble !

Au bout de deux heures de ce manège, la nouvelle cité renfermait un millier d'ouvrières et commençait à devenir trop étroite. Aussi le recrutement cessa-t-il comme par enchantement, sur un signe transmis de proche en proche. Les colons se mirent à l'œuvre et creusèrent le sol avec ardeur, et le lendemain, grâce à la pluie qui tomba toute la nuit, la nouvelle demeure comptait six étages souterrains et un dôme, déjà majestueux, que les branches basses du buisson avaient de la difficulté à cacher à tous les yeux. Au petit jour, le travail continuait encore avec la même animation.

Il ne faut pas croire que les habitants de la nouvelle cité eussent tout à fait rompu avec la mère patrie. Loin de là, car de nombreuses colonnes d'ouvrières allaient rendre visite à leurs compagnes de la grande ville, donnant à manger aux larves et en recevant à leur tour. On voyait bien que la séparation n'était que provisoire, et que tôt ou tard la cité jadis si florissante serait entièrement abandonnée. Cette opinion fut, du reste, confirmée le lendemain.

En effet, grâce au travail opiniâtre des fourmis recruteuses, la ville naissante avait acquis des proportions assez considérables pour pouvoir loger le reste du peuple et les enfants, et vers midi le déménagement complet s'effectua. Les œufs, les larves et les nymphes furent transportés vers la nouvelle habitation ; puis ce fut le tour des grosses femelles pondeuses.

Mais ici la difficulté devint extrême. En effet, les reines avaient un ventre si volumineux, si pesant, si peu en rapport avec le reste de leur corps, que la marche était sinon impossible, du moins extrêmement pénible pour elles, si peu habituées d'ailleurs à la moindre fatigue. Aussi, après quelques efforts infructueux, où elles usèrent le peu de vigueur qui leur restait, il fallut prendre un parti décisif et se résoudre à les porter. Ce fut une œuvre de Titans, un véritable travail d'Hercule. Le poids de ce corps sans énergie accablait nos pauvres ouvrières, qui, réunies à cinq ou six, suaient sang et eau pour faire quelques pas, et, exténuées, cédaient leur place à leurs compagnes. Enfin, après de nombreuses chutes, après des efforts surhumains et des milliers de haltes et de relais, on put déposer ces précieux fardeaux dans les cases qui leur étaient destinées. Du reste, je dois dire, à la louange de ces pauvres bêtes, que jamais signes d'impatience ni d'ennui ne laissèrent soupçonner à leurs reines que leurs sujettes avaient failli succomber sous le poids de tant de majesté.

A cinq heures du soir tout était terminé, et la fourmilière tout entière reposait dans ses nouveaux pénates, où l'installation et la distribution des diverses classes de la population s'étaient faites avec le plus grand ordre et d'après les mêmes principes que dans la vieille ville abandonnée. Les pucerons et les parasites divers n'avaient pas été oubliés non plus dans le transbordement général. Et ce matin, quand, au premier rayon du soleil, j'ai mis la tête à la fenêtre, n'eût été la petitesse relative de la nouvelle cité, j'aurais cru que j'avais sous les yeux le même tableau que tous les jours, si les ruines désertes de la vieille habitation, que j'apercevais à quelque distance, n'étaient venues me rappeler tous les faits remarquables accomplis depuis deux semaines.

12 août.

Ce matin, un petit accident arrivé à la fourmilière des amazones est venu me prouver, une fois de plus, que les grosses fourmis rouges ne sont que de véritables rois fainéants, et que les maires du palais sont les véritables maîtres de la cité. Un jeune taureau, en folâtrant dans la prairie, a posé son pied sur le dôme et l'a défoncé en partie. Aussitôt la population en alarme s'est précipitée sur la brèche pour réparer le dégât, et pendant deux ou trois heures nos petits architectes ont si bien travaillé, que l'accident n'a pas eu de suite. Ce sont les ouvrières brunes qui se sont uniquement occupées de cette importante manœuvre; elles ont reconstruit les murs pièce à pièce, dégagé les couloirs encombrés de débris et remis toutes choses en l'état primitif.

Mais, pendant tout ce temps, que faisaient nos fourmis guerrières? Prenaient-elles part aux travaux urgents de cette réparation importante?

veillaient-elles au salut commun, prêtes à repousser toute attaque extérieure? essayaient-elles même d'épargner à leurs petits maçons les fatigues nécessitées par le transport des matériaux volumineux, que leur grande taille et leur force musculaire eussent rendu moins pénible? Ah bien oui! Tranquillement renfermées dans les cellules les plus profondes, elles se reposaient mollement en digérant leur dernier repas. Et tout le travail fut terminé sans que l'une d'elles eût seulement daigné jeter un coup d'œil pour en surveiller l'exécution. Bien plus, quelques-unes d'entre elles ne paraissaient occupées que d'une seule pensée, celle de profiter de ce relâchement forcé de la discipline pour s'échapper incognito et aller flâner en attendant le dîner. Mais nos fourmis brunes n'entendaient pas de cette oreille, et, bon gré mal gré, tous les promeneurs durent rentrer au logis.

Quelques-unes des nymphes enlevées dans le dernier pillage sont écloses aujourd'hui, et les fourmis brunes qui en sont provenues se sont mêlées à leurs compagnes et ont pris part aux travaux journaliers, tout comme si elles eussent vu le jour dans la nouvelle cité. Elles n'ont fait aucune tentative pour s'échapper de cette prison, et doivent se croire, sans doute, chez elles dans cette nouvelle patrie d'adoption. En serait-il de même pour toutes les autres? Je suis porté à le croire, et il est probable que toutes les ouvrières brunes de la cité ont été ainsi enlevées à l'état de nymphes par les guerrières, et, oublieuses, ou plutôt ignorantes de leur véritable condition, se sont crues de la famille de leurs ravisseurs. Cette supposition expliquerait tous les points obscurs qui existent encore sur leur présence volontaire dans ce nid, dont elles ne sont pas les vraies propriétaires.

L'examen attentif d'une colonie de fourmis amazones à ses débuts pourra seul lever tous les doutes à ce sujet.

Quoi qu'il en soit, les fourmis amazones restent dans cette apathie singulière pendant presque tout le jour, et ce n'est qu'à quatre heures du soir seulement qu'elles semblent se réveiller de cette léthargie permanente; le moment est alors venu pour ces animaux de mettre la main à l'œuvre et de concourir, de toutes leurs forces, au maintien de l'ordre de choses établi par leurs soins. La chasse aux larves et aux nymphes recommence. C'est toujours à cette heure, quand le temps est très chaud, que cette opération a lieu. Un moment avant, une fermentation considérable se développe dans la cité. Les ouvrières brunes parcourent les galeries en excitant tout le peuple sur leur passage. Les amazones se hâtent de répondre à l'appel, vont et viennent, se réunissent en bataillons épais, paraissent discuter l'ordre du jour avec animation; c'est un roulement perpétuel d'antennes, un remue-ménage indescriptible. Bientôt l'armée entière sort de la fourmilière par toutes les issues, se rallie un instant sur le dôme, où les rayons solaires font rage et échauffent toutes ces petites belliqueuses, et subitement, à un signal donné, l'avant-garde se met en marche au pas accéléré, suivie de près par les gros bataillons. Et, en moins de cinq minutes, les petites fourmis brunes restent seules à la maison, où, perchées sur les brins d'herbe environnants, elles guettent le retour des guerriers.

Au bout d'une demi-heure ou d'une heure à peine, on signale l'arrivée du butin, et c'est au milieu de l'effervescence la plus complète que les maraudeurs font leur rentrée triomphale. Mais malheur à eux si la chasse n'a pas été productive et si les nymphes et les larves ne viennent pas s'empiler dans les caves vides! Au lieu des lauriers de la victoire et des félicitations de leurs compatriotes, ils ne reçoivent que des reproches et de nombreux horions. Du reste, ce n'est pas la partie la moins extraordinaire de ce tableau que de voir ces grandes fourmis si robustes malmenées par leurs petites servantes, dont elles ne feraient qu'une bouchée, pour peu qu'elles voulussent se révolter contre les admonestations, parfois trop cuisantes, de leurs infatigables mentors; mais cela n'arrive jamais; la discipline contient leurs velléités de résistance, et c'est la tête baissée et la rougeur au front qu'elles rentrent au logis ou vont tenter une nouvelle campagne.

Mais ici se présente une question intéressante à résoudre. Qui dirige ces expéditions journalières? Se font-elles au hasard, et l'armée est-elle obligée de se livrer d'abord à une exploration des environs avant d'en venir aux mains? Cela me paraissait peu probable; car j'ai remarqué que lorsque les guerrières partent pour une expédition, c'est sans la moindre hésitation sur la direction à suivre qu'elles quittent le nid; et si l'on examine attentivement la route parcourue, on ne tarde pas à se convaincre qu'elle représente toujours une ligne droite joignant la cité à la fourmilière à piller, fourmilière souvent placée à une assez grande distance et impossible à apercevoir de loin. Il est donc certain que le plan de campagne est réglé à l'avance. Restait à connaître par quel moyen ce résultat important est atteint chaque jour.

Un heureux hasard m'a mis à même de résoudre, ce matin, ce problème, dont la solution était assez compliquée. Il était dix heures, et je vis sortir de la fourmilière une centaine de guerrières qui se dispersèrent dans toutes les directions. Vers midi, elles étaient toutes rentrées au bercail; mais ce retour s'était fait à des instants différents et individuellement, comme si chacune d'elles eût rempli une mission spéciale dont l'accomplissement eût exigé un temps variable. Le soir, à quatre heures, l'armée se mit en marche, et je découvris au premier rang de la tête de colonne deux ou trois fourmis que je reconnus positivement pour celles qui, le matin, avaient exécuté cette sortie mystérieuse. Il n'en fallait plus douter, et il était bien clair à mes yeux que c'étaient elles qui avaient servi d'éclaireurs et constaté d'une façon certaine la vraie situation de la ville à saccager. Ces petits ingénieurs, sans jalonner la route à suivre, conduisent ensuite, sans dévier du droit chemin, les bataillons à l'assaut. C'était là, on le voit, une preuve bien convaincante d'intelligence et de réflexion, et les hommes, malgré leur orgueil et la haute opinion qu'ils ont d'eux-mêmes, ne feraient pas mieux.

Quand les fourmilières avoisinantes, mises en pillage réglé, finissent par s'expatrier et que la chasse aux larves devient improductive, les excursions prennent alors un caractère tout particulier, qui expose nos guerrières à de grands dangers. Dans leur ardeur de conquête, elles négligent parfois de s'assurer avec certitude de la véritable condition des fourmis dont la cité est vouée à la dévastation, et elles attaquent inconsidérément des nations qui défendent leurs foyers à armes égales. Ainsi, l'autre jour, les éclaireurs, trompés par les dehors d'une vaste fourmilière qui paraissait habitée par les brunes, y conduisirent les guerrières. Or, ce nid avait été construit par les fourmis fauves, courageuses petites bêtes qui reçurent fort mal les agresseurs. L'avant-garde, assaillie avec impétuosité, reconnut trop tard sa méprise et se replia en hâte sur le centre. Cette retraite fut l'occasion d'une véritable panique. Pendant plus d'un quart d'heure les amazones, attaquées par d'innombrables légions de fourmis furieuses, qui les harcelaient sans cesse et leur coupaient la retraite, eurent à supporter tous les malheurs d'un désastre complet. Plus de la moitié d'entre elles furent massacrées, taillées en pièces et dévorées sur place avec une rage sans bornes. Le reste eut toutes les peines du monde à s'ouvrir un passage au travers des rangs pressés des ennemis et dut regagner en courant son domicile, suivi de près par les vainqueurs, qui, sans la courageuse attitude des petites brunes, eussent saccagé leur cité de fond en comble.

Une autre fois, pendant que les amazones étaient en chasse, une armée de maraudeurs de la même espèce tomba à l'improviste sur leur nid sans défense et s'empara des nymphes et des larves qu'il renfermait. Heureusement qu'au moment où les pillards commençaient leur retraite, elles revinrent de leur expédition. Le combat s'engagea aussitôt et se termina par la défaite des maraudeurs, qui durent rendre gorge et s'enfuir honteusement, en laissant bon nombre des leurs sur le carreau.

On voit par ce qui précède que tout n'est pas rose dans le métier de voleur de grand chemin, et que le revers de la médaille existe aussi pour les méchants, qui subissent à leur tour les désagréments qu'ils font supporter si généreusement aux autres. Dent pour dent, œil pour œil, telle est la loi de la nature.

14 août.

Jusqu'à présent, j'avais cru que les amazones se laissaient nourrir par leurs servantes uniquement par paresse et pour s'épargner la peine de chercher elles-mêmes les aliments nécessaires à leur existence; mais un fait dont j'ai été témoin aujourd'hui a changé ma manière de voir à ce sujet.

Trois amazones, en revenant avant-hier de leur expédition lointaine, avaient perdu la trace de la colonne, s'étaient écartées de la route, et, effrayées et comme démoralisées par leur isolement, s'étaient blotties sous un objet que je pris d'abord pour une pierre; mais en y regardant de près je reconnus mon erreur. C'était, en effet, un fragment de pain, assez volumineux, que le petit berger qui garde les bestiaux avait laissé tomber dans l'herbe. Nos trois fourmis avaient déposé les larves volées qu'elles transportaient et restaient sans mouvement, en apparence résignées à leur triste sort. Quarante-huit heures se passèrent ainsi sans amener de changement dans leur position. Leur estomac, peu habitué à un jeûne aussi prolongé, devait les faire cruellement souffrir par ses tiraillements. Pourtant les vivres ne manquaient pas autour d'elles, et il leur suffisait d'allonger la tête pour mordre à belles dents dans la voûte de mie de pain qui les abritait; eh bien, pas une d'elles n'en fit l'essai. C'est incroyable, n'est-ce pas? et cependant j'ai vu la chose de mes propres yeux. Les malheureuses larves, laissées sans nourriture, avaient beau se tordre sur la terre nue, où on les avait oubliées, nos stupides conquérants, plongés dans l'anéantissement, n'y prenaient seulement pas garde. Encore quelques heures, et tout était fini, car il était visible qu'elles ne tarderaient pas à succomber dans les tortures de la faim.

Heureusement pour elles, le hasard, notre grand maître à tous, en avait décidé autrement. Vers le soir, une petite ouvrière de la même fourmilière vint rôder dans les environs, et, alléchée par l'odeur du pain, s'empressa de s'en approcher pour en goûter. Ce fut alors un tableau touchant. Nos trois pauvres abandonnées, en l'apercevant, se dressèrent sur leurs pattes affaiblies et essayèrent de se traîner vers leur libératrice; mais leurs forces étaient à bout, et elles retombèrent sur le sol. La petite fourmi brune courut aussitôt à elles, parut toute bouleversée par ce spectacle, les flatta, les caressa, allant de l'une à l'autre, en donnant tous les signes d'une émotion profonde, et sembla comprendre toute la gravité du cas. Elle se hâta alors de prendre de la mie de pain, qu'elle mâcha rapidement, et la distribua avec empressement à ces bouches affamées. Nos trois grandes maladroites dévorèrent avec avidité ce mets succulent, près duquel elles avaient failli périr sans y toucher, et reprirent un peu courage. La petite nourrice en fit autant pour les larves, qu'elle gorgea de pâtée, et dont elle lécha les téguments à plusieurs reprises. Cela fait, elle se dirigea rapidement vers la fourmilière, et en revint bientôt accompagnée d'une douzaine de ses compagnes, et, toutes ensemble, elles transportèrent les malades réconfortés dans l'habitation commune, où ils furent reçus avec des transports de joie indicibles.

Ce trait de bonté de cœur m'avait profondément remué. Je me sentais tout prêt à aimer ces petites ouvrières si prévenantes et si affectueuses pour ces grands nigauds, auxquels elles s'étaient attachées, malgré le rapt dont ils s'étaient rendus coupables à leur égard, et volontiers je les aurais embrassées, les unes après les autres, pour leur témoigner ma satisfaction. Mais il était à craindre que mon intervention dans cette affaire ne fût mal interprétée, et je me bornai à les féliciter *in petto* de leur conduite; car je me souciais peu de voir à mes trousses tant de paires de mandibules bien affilées.

15 août.

J'ai constaté qu'une certaine agitation, prélude de quelque importante modification, commence à se faire sentir dans la cité. Les guerrières paraissent inquiètes et parcourent le nid avec une vitesse tout à fait en dehors de leurs habitudes; les ouvrières partagent cette animation insolite et se livrent à d'interminables colloques muets avec leurs antennes. Il va se passer du nouveau avant peu, je le comprends; et même je crois être sur la trace du changement qui va s'opérer. La fourmilière devient chaque jour trop étroite pour le nombre considérable de ses habitants. Les razzias journalières des pillards ont accru outre mesure les larves et les nymphes, et les cases et les couloirs en sont encombrés. Je ne serais pas étonné qu'un de ces jours un déménagement général de toute la cité s'accomplisse et que nos fourmis transportent ailleurs leurs pénates; ce sera un curieux spectacle, auquel je me promets d'assister.

16 août.

Ce que j'avais prévu vient d'avoir lieu aujourd'hui; mais tout s'est passé d'une façon à laquelle j'étais loin de m'attendre.

J'ai déjà dit que, depuis quelques jours, la fourmilière paraissait en fermentation, et que tout me faisait supposer qu'avant peu un déménagement général allait être exécuté. Or, ce soir, les amazones sont allées, pour la troisième fois, piller un vaste nid de fourmis brunes, dont le dôme imposant s'élève dans l'herbe, tout près de la forêt. Les habitants, découragés par les premières invasions, ont fui en masse devant les maraudeurs, et quand ceux-ci ont pénétré dans la cité, elle était à peu près déserte. A peine si dans les couloirs on pouvait apercevoir quelques retardataires, errant comme des ombres désolées dans ce logis aimé qu'il leur fallait abandonner. Nos guerrières, un moment déconcertées par cette retraite imprévue, parurent prendre un parti décisif, et un conciliabule des plus animés s'établit entre elles. Il dura plusieurs minutes.

Tout à coup, l'une des plus déterminées se mit en marche, et en courant retourna vers son nid. Arrivée en présence des esclaves, elle en saisit un par les mandibules, le souleva de terre, reprit gaillardement la route déjà suivie et le déposa tout ahuri au milieu des autres amazones. Celles-ci parurent comprendre la portée de cette démonstration et s'empressèrent de suivre cet exemple. Aussitôt, une véritable procession s'établit entre les deux fourmilières, et pendant plus d'une heure, ce fut un va-et-vient continuel. Les esclaves, les œufs, les larves, les nymphes et les reines furent successivement transportés par les amazones, qui oublièrent pour un instant leur rôle passif et prirent le commandement. Cette longue file de porteurs était fort curieuse à examiner, et je passai toute la soirée à admirer leur force et leur adresse. Les staphylins et les autres parasites à poils sucrés furent aussi compris dans le déménagement général, et à sept heures du soir le peuple tout entier se trouvait installé dans le nouveau domicile.

On le voit, les guerrières se sont conduites vaillamment dans cette circonstance, et j'étais loin de supposer qu'elles fussent capables d'un aussi grand déploiement d'énergie et de pensée. Si je n'avais assisté en personne à ce haut fait de leur part, j'aurais hésité, pour sûr, à le croire possible, tant j'étais habitué à les regarder comme des êtres impropres à tout labeur sérieux. J'en fais donc mon *mea culpa* et je leur offre mes très humbles excuses.

Une fois que la dernière fourmi eut été installée au foyer nouveau, les amazones abdiquèrent leur pouvoir éphémère et retombèrent dans leur apathie ordinaire. Les petits esclaves reprirent les rênes du gouvernement et se mirent aussitôt à l'œuvre. Les couloirs furent nettoyés, les brèches réparées et les cellules dégagées de tout embarras; en moins de deux heures, la population entière se reposait dans un sommeil bienfaisant des rudes travaux de la journée, et, désormais au large dans les vastes flancs du nouveau nid, elle pouvait laisser accroître avec toute sécurité le nombre de ses membres.

17 août.

Comme je me rendais à mon poste habituel d'observation, près de la cité des amazones, mon attention fut attirée par un petit monticule de terre, en dôme irrégulier, qui s'élevait au milieu de la prairie et dépassait un pouce de hauteur. Sa surface était lisse et arrondie, et on remarquait à sa base deux ou trois ouvertures très étroites. De nombreuses graminées, aux tiges robustes, le traversaient de part en part et allaient, à travers son épaisseur, s'enfoncer dans le sol. A leurs feuilles flasques et jaunâtres, à leurs tiges inclinées, aux extrémités pendantes, il était aisé de reconnaître que ces plantes souffraient d'un mal qui épuisait leurs forces et devait à la longue déterminer leur mort.

Je fis le tour de cette pyramide terreuse afin de tâcher de comprendre son usage et de découvrir le ou les constructeurs habiles qui l'avaient élevée. Puisque vous connaissez déjà parfaitement le système d'architecture que les fourmis mettent habituellement en œuvre dans leurs constructions, la description sommaire de cet édifice a dû vous frapper par son analogie avec les types déjà connus des autres fourmilières. Mais si ces présomptions étaient fondées, les habitants de ce nid devaient différer notablement de leurs congénères par leur genre de vie. En effet, à cette heure de la journée, où le soleil est haut sur l'horizon, les autres fourmis que j'ai observées jusqu'ici sont toujours dans la période la plus active de leurs travaux, et les alentours de leur cité sont sans cesse sillonnés par de nombreuses colonnes de maraudeurs en quête des vivres de la communauté. Ici, rien de pareil. Les petites ouvertures de la base étaient complètement bouchées par des brins de paille artistement entrelacés, et l'on ne voyait pas à leur orifice ces sentiers battus qui servent de routes aux habitants. Aucune fourmi ne se montrait à l'extérieur, et sans le parfait état de conservation du dôme, qui, privé de la surveillance journalière de ses locataires, eût été certainement dégradé sur tous les points, j'aurais cru que ses flancs étaient inhabités.

J'allais me décider à pénétrer dans son intérieur pour éclaircir mes doutes, quand un mouvement s'opéra à l'une des portes; les pailles qui l'obstruaient s'écartèrent, et une longue file de fourmis, portant leurs larves dans la bouche, en sortit processionnellement et se dirigea sur le toit de la cité, où, entre les tiges de gramen, ces précieux nourrissons furent déposés, à la chaleur bienfaisante du soleil.

Ces fourmis étaient extrêmement petites. Leur couleur générale était le jaune rougeâtre clair; leurs yeux, d'un noir brillant, tranchaient agréablement sur cette teinte orangée; leur corps était légèrement recouvert d'une pubescence courte et soyeuse. Parmi les ouvrières, il se trouvait aussi des mâles et des femelles ailés, facilement reconnaissables, les premiers à la couleur noire uniforme de leurs téguments, les secondes à leur taille plus développée et à leur teinte paille. Ce mélange d'orangé, de paille, de noir, formait, avec la couleur blanche des nymphes et des larves, un tableau pittoresque dont l'impression était augmentée encore par le mouvement incessant de ce petit peuple singulier[1]. Bientôt le dôme tout entier fut recouvert

1. Cette espèce de *formicides* est la fourmi jaune (*Formica flava*, Lat.). Elle n'est que trop commune en France.

de fourmis, se chauffant avec délices et comme plongées dans une béatitude indicible sous les caresses brûlantes des rayons solaires. Les ouvrières seules, fidèles à leurs habitudes de travail, veillaient sur les larves, qu'elles imbibaient de salive et nourrissaient des liquides sucrés dégorgés de leur estomac.

Peu à peu, sous l'influence de la température, les têtes s'échauffèrent, et, d'un commun accord, de véritables jeux guerriers furent organisés. Les fourmis s'approchaient les unes des autres en faisant vibrer leurs antennes avec une étonnante rapidité, et, avec leurs pattes antérieures, caressaient la tête de leurs antagonistes; puis, après ces préliminaires courtois, le combat commençait. On les voyait se dresser sur leurs pattes de derrière, deux à deux, lutter ensemble, se saisir par une mandibule, une patte ou une antenne, se lâcher aussitôt pour se ressaisir encore. Puis, elles se cramponnaient avec leurs jambes au corselet et à l'abdomen, s'embrassaient étroitement, se renversaient et se relevaient tour à tour avec un acharnement sans exemple, jusqu'à ce que l'une d'elles, épuisée, se déclarât vaincue en prenant la fuite. Le vainqueur, loin de se contenter de ce premier triomphe, se précipitait de nouveau dans la mêlée, essayait de saisir d'autres fourmis, et cela avec tant de persistance, que j'en ai vu plusieurs lutter ainsi, successivement, avec cinq ou six de leurs compagnons, qu'ils renversaient, et ne s'arrêter que lorsqu'un autre triomphateur de force supérieure les terrassait à leur tour. Je n'ai pas besoin de dire que dans ce simulacre de bataille tout se passait courtoisement, et qu'aucun des combattants ne sortait éclopé de l'arène.

Une chose, cependant, ne tarda pas à me frapper : c'est qu'aucune des fourmis ne quittait la fourmilière pour aller à la recherche des provisions. J'avais beau examiner attentivement tous les alentours, je n'apercevais rien de semblable. Du reste, le peuple entier prenait part à la fête avec une quiétude qui démontrait suffisamment que les vivres étaient assez abondants pour que, de ce côté, il n'y eût à avoir aucune préoccupation. La nourriture ne manquait pas, d'ailleurs, car les fourmis qui sortaient du nid pour monter sur le dôme étaient entourées par leurs compagnes, auxquelles elles distribuaient sans hésitation leur part habituelle. Il y avait là un mystère singulier, que je résolus de percer.

Au bout d'une heure de récréation, le soleil devint si ardent qu'il eût été dangereux de s'exposer plus longtemps à son action directe, car la peau délicate des larves en eût gravement souffert. La retraite s'opéra donc rapidement, en bon ordre, et dans moins de dix minutes la dernière ouvrière, portant la dernière larve, disparut dans l'obscurité de la porte entr'ouverte. Cette dernière fut aussitôt de nouveau barricadée, et le dôme redevint aussi désert qu'auparavant. Le reste du jour, je demeurai en faction à la même place, sans découvrir la moindre petite fourmi à l'extérieur.

Le lendemain, il en fut de même, c'est-à-dire qu'à midi les jeux extérieurs recommencèrent sur le dôme et qu'aucun membre de la communauté ne fit mine d'aller querir des vivres. Aussi je n'hésitai pas davantage, et, selon ma méthode en pareil cas, je m'enfonçai dans la terre tout contre la fourmilière, et je m'installai de façon à ne rien perdre de ce qui pouvait m'intéresser à l'intérieur. Comme toutes les autres cités que j'avais déjà observées, celle-ci se composait de cellules disposées en étages superposés, communiquant entre eux par de nombreux couloirs, et soutenus de distance en distance par des colonnes grossières. Ces divers étages étaient traversés par les tiges des graminées dont j'ai déjà décrit l'état de langueur; les racines de ces plantes aboutissaient dans l'étage le plus inférieur, dont les loges les enserraient de toute part. Il n'y avait dans toute la ville aucune case remplie de provisions, comme je l'avais cru d'abord. Je commençais donc à désespérer d'en savoir davantage, quand je remarquai que les ouvrières se rendaient continuellement, en nombre, dans les caves et remontaient la bouche pleine de liquides sucrés, qu'elles distribuaient généreusement à tous. Vivaient-elles de la sève des gramens? Pour m'en assurer, j'examinai attentivement ces végétaux, et tout me fut expliqué.

Toutes les radicelles et les fibrilles par lesquelles les herbes puisaient leur nourriture dans le sol étaient surchargées de petits corps arrondis, mobiles, de formes variables. Les plus communs étaient couleur de chair et en forme de boule; d'autres étaient blancs et aplatis. Il y en avait aussi de verts, de violets, de rouges, de rayés de noir et de vert, ces derniers plus hauts sur jambes et en ovale allongé. La plupart étaient fixés à la surface des racines, à l'aide de leur petit bec qui s'enfonçait dans l'écorce; les autres erraient au milieu des fourmis dans les cellules et les couloirs. Les fourmis s'en approchaient à chaque instant, et, en leur flattant le ventre avec leurs antennes, obtenaient aussitôt une petite gouttelette de sucre, qui apparaissait à l'extrémité des pinceaux de poils qui garnissaient cet organe. A ces caractères, tout le monde a reconnu les pucerons, dont j'ai parlé autrefois; seulement, ces pucerons n'étaient pas libres, comme ceux que j'avais déjà étudiés; ils étaient transformés en animaux domestiques.

Nos intelligents insectes agissaient, du reste, envers ce singulier bétail absolument comme pourrait le faire un bon fermier avec ses vaches laitières. Sans cesse aux petits soins avec eux, elles les nettoyaient, les léchaient du haut en bas et les changeaient de place quand la partie de la racine qu'ils suçaient commençait à se dessécher. Cette dernière opération était accompagnée de caresses réitérées. Quand une fourmi voulait en déplacer un, elle commençait par le flatter de ses antennes pour l'engager à retirer son bec de l'épiderme où il était implanté; puis, se glissant sous le ventre arrondi du petit gourmand troublé dans son repas, elle le saisissait entre ses mandibules et le transportait au point voulu avec autant de précaution qu'une mère en déploie pour son enfant à la mamelle. Ce transport n'était pas sans difficulté, car le puceron était souvent plus gros que son porteur. Parfois le petit têtu refusait de quitter son poste, soit qu'il ne pût aisément retirer sa trompe de l'écorce, soit qu'il craignît de perdre une lampée; et rien n'était amusant comme de voir l'embarras de la fourmi, qui déployait toutes ses tendresses et ses câlineries pour vaincre l'obstination de son protégé, et qui ne parvenait souvent à ses fins que par de vives secousses et des tiraillements répétés. Quand le puceron se trouvait arrivé à destination, elle le plaçait sur la racine la plus juteuse, et le flattait jusqu'à ce que le vilain boudeur se fût décidé à y planter son bec.

On comprend maintenant pourquoi les fourmis jaunes ne vont pas à la chasse. Elles ont chez elles le nécessaire, et les vaches laitières, bien nourries, bien soignées, suffisent et au delà pour les nourrir. Il faut encore une bonne dose d'intelligence et d'amour du sybaritisme, pour avoir songé à placer ainsi à domicile tout ce qui peut servir à l'entretien d'une table bien garnie. Là, sans se déranger, sans s'exposer à l'intempérie des saisons, bien chaudement, et en se donnant simplement la peine d'allonger la tête, elles pouvent s'abreuver tout le jour d'une crème sucrée, qui est le nectar des fourmis, et que les autres espèces ne savent pas aménager de la sorte, quoiqu'elles la préfèrent à tous les autres mets. Hourra donc pour les petites fourmis jaunes!

Mais d'où viennent ces pucerons d'espèces si tranchées? Comment leurs propriétaires parviennent-elles à les réunir ainsi sous leur domination exclusive, puisqu'il est prouvé que nos ouvrières ne vont jamais en chasse?

Rien de plus simple, comme on va le voir, et c'est ici qu'éclate d'une façon remarquable l'intelligence de ces petits insectes. Les pucerons qu'elles exploitent sont exclusivement destinés à vivre sur les racines des plantes, et ne sauraient, comme leurs congénères des rameaux et des feuilles, vivre au contact de l'air extérieur. Leur vie est constamment souterraine; aussi n'ont-ils pas d'yeux. Il est donc tout à fait inutile, pour nos fourmis, de se livrer à des expéditions extérieures qui ne sauraient leur procurer les animaux domestiques qui leur sont nécessaires. Aussi est-ce toujours sous terre qu'elles vont à la maraude. Pour cela, du centre de la fourmilière partent en rayonnant un grand nombre de galeries souterraines, véritables tunnels qui sillonnent les alentours et se dirigent sous les racines des herbes avoisinantes. Ces racines sont habitées par les pucerons, que les fourmis recueillent avec soin et transportent à grand'-peine dans la cité, où ils sont installés à demeure, sur les radicelles des plantes qu'elle renferme. Les ouvrières sont constamment occupées à accroître le nombre de ces précieux insectes nourriciers, dont dépend la vie de toute la communauté. Aussi le développement de la colonie est-il en raison directe de la multiplicité des pucerons qui y sont emmagasinés. Ces derniers y pullulent énormément, car leur fécondité peut s'y donner libre carrière, leurs ennemis n'osant les attaquer au milieu des fourmis qui les défendent avec acharnement. Il arrive même souvent qu'ils sont l'occasion de terribles combats entre les fourmilières de la même espèce, qui s'attaquent fréquemment pour s'enlever ce riche butin. Les vainqueurs, dans ces invasions, se bornent à voler les pucerons des vaincus, mais respectent leurs larves, à l'opposé de ce que nous avons vu faire par les amazones.

Lorsque les plantes qui nourrissent les pucerons de la fourmilière viennent à se dessécher sous les nombreuses piqûres qui leur enlèvent toute sève, nos industrieux animaux ne sont pas embarrassés pour cela; ils se bornent à changer de place et transportent sous une touffe de gazon bien vigoureuse leur nid tout entier, pucerons, larves et nymphes. C'est un travail d'une demi-journée tout au plus.

Maintenant, pour résumer tout ce que j'ai pu apprendre sur les fourmis depuis que je me suis livré à leur étude, je dirai que ces animaux se réunissent en deux espèces de sociétés distinctes. La première est formée de mâles, de femelles et d'ouvrières. Ces dernières vont chercher au loin les vivres en élevant toute la famille. La seconde, qui se compose à l'origine de ces trois sortes d'individus, va, plus tard, piller les nids voisins pour en enlever les nymphes et se procurer à peu de frais un grand nombre de travailleurs, sur lesquels ils se déchargent de tout soin et de toute peine. Ces fourmilières sont donc constituées par quatre espèces d'individus : les mâles, les femelles et les ouvrières fondatrices, auxquelles viennent s'adjoindre les ouvrières livrées à l'esclavage. Ce sont donc des fourmilières *mixtes,* provenant de nids composés d'individus de races différentes.

On le voit, ces sortes de républiques sont assez compliquées dans leur organisation, et doivent nous donner une haute idée de la valeur intellectuelle d'êtres si peu favorisés sous le rappport des formes physiques. Aussi, depuis que j'ai été à même de les juger, je les admire et je les aime, et si je n'étais pas né hanneton, je voudrais être fourmi.

CHAPITRE XVI

LES CHASSEURS D'INSECTES. — L'ORCHESTRE DU CRÉPUSCULE.
LE MODÈLE DES ÉPOUX.

20 août.

Depuis quelques jours, je suis fort occupé à observer une sorte de grosse mouche dont les mœurs sont singulières. Je passe de longues heures à l'épier, et je vais aujourd'hui coucher sur le papier tout ce que je sais de son histoire.

J'avais remarqué dans un talus sablonneux une paroi parfaitement à pic, toute criblée de petits trous d'un diamètre variable et assez rapprochés pour que cette partie du terrain ressemblât à une écumoire gigantesque. Je m'étais promis de les examiner à loisir ; mais l'étude des fourmis ne m'en avait pas laissé le temps. Aussi, une fois débarrassé de ce labeur, ai-je pris le chemin de la sablière, bien convaincu que j'y ferais une ample moisson de découvertes. Mes pressentiments étaient fondés, comme on va le voir.

Complètement abrité sous une feuille de bouillon-blanc, à portée des ouvertures dont j'ai parlé, j'attendais depuis une demi-heure, quand, il y a trois jours, j'aperçus une mouche à quatre ailes qui portait entre ses pattes un corps pesant dont je ne pouvais reconnaître la nature. Elle vola en cercle autour d'un trou largement ouvert et finit, après quelques hésitations, par s'y introduire lestement. Moins d'une minute après, elle ressortit, et, après avoir jeté un coup d'œil investigateur aux alentours, elle vint se placer à un décimètre de l'entrée. Elle ne portait plus rien entre ses pattes et se mit à creuser la terre avec ardeur.

Elle était grosse comme un guêpe. Ses antennes, d'un beau noir et extrêmement mobiles, étaient placées sur le sommet de la tête. Celle-ci était aussi noire, avec une tache jaune, en croissant, sur le front ; les mandibules, fortes et arquées, faisaient saillie en avant ; les yeux étaient gros, et bordés, en arrière et en dessous, d'une ligne roussâtre. Le corselet était d'un noir luisant, avec le bord antérieur du premier segment, un point au-devant de chaque aile, leur attache et une ligne à l'écusson, jaunes. L'abdomen, d'un jaune luisant, finement ponctué, avait la base du premier anneau ainsi que le bord antérieur des trois ou quatre suivants noirs en dessus. Les pattes, d'un jaune taché de noir et garnies d'épines assez longues, se terminaient par des ongles crochus. Les ailes étaient blanches, lavées de roussâtre. Des poils roussâtres hérissés recouvraient le corps par places[1].

Voici comment cet animal, assez joli en somme, s'y prenait pour perforer le sol. Il commença d'abord par désagréger le sable avec ses mandibules, de façon à former une petite fossette circulaire capable de recevoir sa tête, et dont les dimensions étaient celles du trou futur. Cela fait, il creusait en profondeur sur cette base à l'aide des pattes antérieures, ne se servant des mâchoires que lorsque quelque gros grain de sable venait lui barrer le passage. Quand les débris le gênaient, à l'aide de son ventre, qu'il manœuvrait de droite et de gauche, en marchant à reculons, il les poussait à l'orifice d'entrée et les lançait au loin à coups précipités de ses pattes. De la sorte, l'excavation s'agrandissait rapidement, et cela d'autant mieux que le fouisseur semblait doué d'une vivacité d'allures incroyable et attaquait le sol avec une sorte de fureur qui décelait un caractère fort irritable.

Un petit incident qui vint entraver son opération fit éclater vivement la vérité de cette supposition. Il était déjà parvenu à un décimètre de profondeur, quand un petit caillou de la grosseur d'une noisette, placé justement dans l'axe de la galerie, lui barra le passage. Après de vaines tentatives pour le déchausser ou le broyer sur place, il entra dans une violente colère, s'élança sur cet obstacle malencontreux et le mordit avec rage, l'égratignant avec furie de ses ongles aigus ; en même temps ses ailes, agitées d'une vibration rapide, émirent une sorte de bourdonnement aigu, lequel, en langage humain, pouvait se traduire par une bordée de gros mots. Il était fort plaisant à voir dans cet état, et je riais de sa sottise. Enfin il parut se calmer un peu, et, combinant mieux ses efforts, il parvint à déraciner la petite pierre, et celle-ci lui tomba sur le dos. Ce nouvel accident le remit en fureur et attira sur le gravier impassible un nouveau châtiment.

Ayant ainsi soulagé son cœur, il essaya de transporter au dehors ce bloc qui obstruait son tunnel ; mais ce n'était pas chose facile, car il était plus gros que lui et son poids devait être considérable. Mais avec de la patience et de l'ardeur au travail y a-t-il rien d'impossible ? Il saisit avec ses dents un des angles de la pierre, et, marchant à reculons, il tira sur elle de toutes ses forces, mais sans résultat. Creusant alors sous elle pour aider au glissement, il passa derrière et, s'arc-boutant contre le fond de la galerie, il la poussa en avant avec sa tête, et peu à peu, soit en tirant, soit en poussant, il finit par amener le caillou à l'entrée, et d'une violente secousse

1. Cet insecte, de l'ordre des Hyménoptères, est le *Philanthus triangulum* Fabr. Il appartient à la famille des *Crabroniens* et n'est que trop commun dans le sud et le centre de la France.

il l'envoya rouler sur les pentes du talus, au pied duquel il disparut en bondissant.

Une fois débarrassé de cet obstacle, le travail ne fut plus entravé de nouveau bien sérieusement, et la petite galerie augmenta si rapidement de profondeur, qu'en moins d'une heure elle mesurait près de trente centimètres. Alors la mouche cessa et mit la dernière main à son logis en le polissant à coups de tête et en élargissant le fond en une cavité ovale. Cela fait, elle prit son vol.

A deux pieds de l'endroit où l'ouverture du tunnel se montrait sombre et béante, un petit buisson de fleurs jaunes, dont les pétales embaumés s'étalaient au soleil, avait pris racine et ombrageait le terrain sablonneux. Ses corolles attiraient un grand nombre d'insectes amateurs de miel, et parmi les plus assidus je remarquai plusieurs mouches à quatre ailes qui, du matin au soir, venaient y récolter sans relâche.

Ces mouches, dont la forme générale se rapprochait beaucoup de celle de notre fouisseur, étaient noirâtres, et leur corps se cachait sous une épaisse couche de poils d'un gris jaunâtre obscur, plus touffus sous le corselet. Les derniers anneaux de l'abdomen étaient traversés, près de leur base, d'une bande de duvet d'un gris cendré foncé. Leur bouche, au lieu de porter des mandibules, était armée d'une courte trompe repliée sur la poitrine. Mais leur caractère le plus marquant était aux pattes postérieures, dont la jambe était dilatée vers l'extrémité en une sorte de corbeille carrée, fortement ridée en travers ; cette corbeille était remplie d'une poudre jaunâtre recueillie sur les étamines de la fleur. Ardentes au travail, elles se pressaient au centre de la corolle, s'y accrochaient de leurs pattes antérieures, plongeaient leur tête et leur trompe dans le sein de la fleur et en pompaient le nectar, pendant que leurs pattes postérieures et leur abdomen se promenaient à la surface des anthères et en recueillaient la poussière fécondante. Ainsi à l'œuvre, elles semblaient ne rien voir autour d'elles, et, uniquement préoccupées de leur récolte, elles négligeaient complètement de veiller à leur sûreté [1]. Cela devait coûter cher à quelques-unes d'entre elles, ainsi que vous l'allez voir.

Tout à coup, notre insecte fouisseur m'apparut volant en cercle au-dessus du buisson qu'elles fréquentaient. Après quelques secondes de ce manège, prompt comme une flèche, il se précipita sur l'une d'elles, la saisit par le milieu du corps avec ses pattes, et, avant que la pauvre bête fût revenue de sa surprise, il parvint à la retourner et à la renverser sur le dos ; puis il lui enfonça un dard acéré à la jonction du corselet et de l'abdomen ; ce dard était caché dans l'intérieur de son ventre. Aussitôt l'abeille fut prise

1. Tout le monde a reconnu dans ces mouches à quatre ailes les *abeilles* (*Apis mellifica*, L.), de l'ordre des Hyménoptères et de la famille des *Apiens*.

de mouvements convulsifs de tous les membres, et sa trompe, chargée de miel, se repliait et se déroulait alternativement. Tout en se débattant, elle essayait de lutter encore, et, de son aiguillon, elle frappait l'abdomen de son bourreau ; mais celui-ci, recouvert d'écailles impénétrables, ne se laissait pas entamer. Pendant ce temps, l'assassin buvait avec avidité le sirop qui découlait de sa trompe. Cette scène pénible dura quelques secondes à peine, et se termina par la mort de la mouche à miel. Alors le vainqueur saisit sa victime entre ses pattes, prit son essor et se dirigea vers la galerie souterraine. Mais ce fut avec la plus grande circonspection qu'il se hasarda à rentrer dans sa demeure. Il planait au-dessus de l'entrée, se posait à quelque distance, s'arrêtait par intervalles comme pour reconnaître le terrain ; il avait l'air de craindre qu'un intrus n'eût profité de son absence pour s'emparer de ses pénates. Enfin, rassuré sur ce fait important, et voyant que tout était dans l'état où il l'avait mis, il entra vivement dans le trou, en gagna le fond et y déposa prestement le corps inanimé de la pauvre abeille, entre les pattes de laquelle il pondit un œuf d'un blanc jaunâtre ; ensuite il boucha l'entrée de ce berceau avec de la terre pétrie et prit son essor.

J'ai visité un grand nombre de ces nids, car il y en a des centaines sur le talus en question. Dans la plupart, j'ai trouvé un œuf en tout semblable à celui-ci ; dans d'autres, plus anciens, il y avait une larve aveugle, d'un blanc jaunâtre ; mais, dans ce cas, l'abeille était aux trois quarts dévorée, et il n'en restait que des débris de parties dures. Il est donc bien évident que cette mouche chasse les abeilles pour en nourrir sa famille, et rien que des abeilles, ce qui n'est pas le fait le moins singulier de ses mœurs. En effet, c'est uniquement d'abeilles qu'elle se met en quête, quoique ces insectes soient souvent bien moins communs sur les fleurs que beaucoup d'autres mouches fort analogues ; et c'est toujours à elles qu'elle s'adresse, sans s'occuper le moins du monde de celles qui l'entourent. Il y a là une constance de goût fort remarquable, et qui le devient encore plus si, comme moi, on a pu constater que les chasseurs de mouches à miel ne mangent jamais de la chair de leur victime, mais se nourrissent exclusivement du nectar des fleurs. Cela ressemble fort à cette obligation que la nature a imposée aux ichneumons de rechercher toujours la même espèce de chenille.

Dieu sait l'immense carnage que doivent faire nos mouches parmi les abeilles. J'ai vu l'une d'elles creuser six trous de suite et y placer tout autant de cadavres ; or, sur le talus que j'observe, il y a au moins une soixantaine d'insectes de cette espèce, et pourtant il n'a guère que six mètres de largeur sur un de hauteur; cela fait par conséquent trois cent soixante abeilles détruites. On conçoit donc, en calculant sur cette base, quels terribles ennemis elles ont à leurs trousses, et on finit par se demander comment il se fait que les ruches ne soient pas complètement dépeuplées par ces coupes réglées qui les déciment.

Mais la nature a prévu le cas, et, fidèle à ses principes de pondération, elle a placé le remède à côté du mal. Voici comment :

Hier je remarquai, à quelque distance d'un trou qu'une mouche était en train de creuser, un insecte aux couleurs brillantes qui, caché sous une touffe de gazon, ne perdait pas de vue notre fouisseur. Jamais il ne m'avait été donné de voir un animal dont le corps fût paré de teintes aussi splendides. C'était aussi une mouche à quatre ailes. Sa tête, d'un vert doré brillant, portait de petites antennes noires toujours en mouvement; son corselet, d'un pourpre doré antérieurement, était d'un bleu d'azur en arrière, et la surface, couverte de petits points saillants, miroitait à la lumière. L'abdomen, d'un rouge feu, plaqué d'or en dessus et d'un vert cuivreux en dessous, était bombé et arrondi du côté dorsal, et aplati et concave du côté ventral; ses anneaux étaient ornés de petites pointes brillantes très serrées. Les pattes, d'un beau vert, se terminaient par des pieds noirâtres, et les ailes étaient brunâtres. Toutes ces couleurs, aux tons vifs et tranchés, prenaient au soleil l'éclat lumineux des pierres précieuses, et, sans exagération, on peut dire que l'animal était éblouissant[1].

Tant que le chasseur d'abeilles travailla à approfondir sa galerie, la petite mouche resta immobile sous son abri, et elle ne donna signe de vie que lorsque l'animal eut placé au fond une abeille morte et un œuf. Elle sortit alors de sa cachette et vint, en volant, se poser à l'entrée du nid, qu'elle examina attentivement. Puis, se tournant de bout en bout, elle commença d'y pénétrer à reculons et avec une lenteur calculée. Déjà je n'apercevais plus que sa tête, qui brillait dans la pénombre de l'ouverture, quand tout à coup le propriétaire du nid accourut à tire-d'aile. A la vue de cette violation flagrante de son domicile, il fit entendre une sorte de bourdonnement aigu et se précipita avec colère sur le coupable. En un clin d'œil, celui-ci se roula en cercle, cacha sa tête dans la concavité ventrale de son abdomen, replia ses pattes, et n'offrit plus à mes regards qu'une sorte de boule informe munie d'ailes étendues. En vain la mouche en colère essaya-t-elle de mordre ou de percer de son aiguillon cette masse vivante; elle ne put y parvenir, car ses dents et son dard s'émoussaient sur cette surface cornée et polie, dure comme du fer. Elle eut beau la tourner et la retourner entre ses pattes, essayer tous les défauts de son armure et la frapper à coups de tête, elle dut y renoncer. Rendue furieuse par son

1. Ce bel insecte appartient à l'ordre des *Hyménoptères*, à la famille des *Chrysidiens* et à la tribu des *Chrysidites*. C'est le *Chrysis ignita*, L. Il est commun dans toute la France, où il porte le nom vulgaire de *guêpe dorée*.

impuissance même, et voyant l'inutilité de plus longs efforts, elle la poussa dehors, après lui avoir coupé les ailes au ras du corselet; et la petite boule, roulant rapidement le long du talus comme une masse inerte, vint se perdre sous l'herbe qui en tapissait le pied. Cela fait, la mouche rentra dans son trou, en explora tous les coins, et, complètement rassurée par cette visite minutieuse, elle prit son essor en bourdonnant joyeusement. Elle croyait n'avoir plus rien à craindre.

Mais elle ne se doutait pas avec quel adversaire obstiné elle était aux prises. En effet, un quart d'heure à peine s'était écoulé depuis son départ, que je vis la mouche dorée dérouler ses anneaux avec lenteur; puis elle se remit sur ses pattes et grimpa, avec difficulté, le long de la paroi à pic. Cette ascension était fort pénible, car, privée de ses ailes, elle ne pouvait assurer convenablement ses pas sur ce terrain friable, et elle roulait souvent au bas. Mais elle recommençait aussitôt. Enfin elle parvint à atteindre l'entrée de la galerie, et s'y engagea à reculons comme la première fois. Arrivée jusqu'au fond, elle palpa avec soin le cadavre de l'abeille, et, ayant découvert sur sa poitrine l'œuf de la mouche meurtrière, elle plaça tout à côté son œuf à elle, qu'elle dissimula entre les poils, et, satisfaite du succès de son entreprise, elle quitta rapidement la galerie. Je la perdis bientôt de vue.

Je suppose que de cet œuf il sortira une larve qui dévorera le vrai propriétaire du nid, et profitera des provisions de bouche qui lui étaient destinées. Ce qu'elle fera là n'est pas trop convenable, je l'avoue, et ressemble fort à ce que l'on appelle, dans la justice humaine, un meurtre doublé de vol; mais je l'excuse grandement en songeant que le chasseur d'abeilles n'était qu'un meurtrier. Or, entre gens de cette espèce, on ne doit pas y regarder d'aussi près, et, malgré soi, on éprouve toujours une sorte de satisfaction de voir un voleur volé. Aussi, en raison de cette circonstance fort atténuante, et vu l'intelligence et le dévouement maternel déployé dans ce cas par l'accusé, je voterai pour qu'on ne lui applique que le minimum de la peine, tout en me réservant le droit de blâmer fortement la nature d'avoir donné à ces animaux des instincts aussi pervers. C'est ma manière de voir, en qualité d'herbivore menacé chaque jour par tant de mâchoires affamées; mettez-vous à ma place, et nous verrons si vous ne partagerez pas cette opinion irrespectueuse envers notre mère commune.

25 août.

Je n'ai qu'à me féliciter d'avoir choisi pour observatoire le talus sablonneux qui borde la prairie; j'y fais chaque jour de nouvelles découvertes intéressantes. Aujourd'hui, particulièrement, j'en suis revenu avec les matériaux d'une longue narration, dont le savant a fait presque tous les frais et que je vais coucher sur ce papier.

Ce matin, vers dix heures, j'étais occupé à déguster une racine de chiendent fort sucrée, ma foi! quand sous un petit buisson, aux feuilles raides et épineuses, je remarquai un singulier animal de la classe des insectes, et d'une taille considérable. Il avait au moins cinq centimètres de longueur sur un centimètre de largeur aux épaules. Sa robe était d'un vert de feuille très tendre. Sa tête, petite et triangulaire, portait deux gros yeux saillants sur les côtés, et trois autres, tout petits, sur le front. Ses antennes, longues et fines, se dirigeaient en avant. La bouche était armée de deux mandibules formidables. Le corselet, triangulaire, aux angles saillants, était étroit et aussi long que l'abdomen. Ce dernier, gros, distendu et comme vésiculeux, se cachait en partie sous de longs élytres et deux ailes, plissées longitudinalement. Les six pattes, très fortes, étaient munies de fortes épines; les deux premières se faisaient remarquer par l'énorme développement de la jambe et du pied, qui, en se repliant l'un sur l'autre, formaient une sorte de pince aux bords dentés.

L'attitude de notre insecte n'était pas moins singulière que sa forme. Le ventre appuyé sur le sol, il tenait son corselet dressé perpendiculairement et appliquait ses pattes antérieures sur la poitrine. Ainsi raide et immobile, il simulait parfaitement une personne à genoux et plongée dans le recueillement de la prière. Cette pose extraordinaire lui donnait un certain cachet mystérieux, dont le premier effet était de faire naître une répulsion instinctive; il faisait peur, et je me gardai bien d'aller l'affronter de plus près.

En ce moment, une petite sauterelle, aux ailes bordées de bleu, vint sauter allègrement dans ces parages, et, en bondissant de-ci, de-là, se rapprocha de notre animal. Celui-ci, en l'apercevant, communiqua à tout son corps une raideur encore plus marquée; un moment après la sauterelle n'était plus qu'à un pied de sa retraite. Alors il s'avança par petits mouvements saccadés vers l'innocente bête, absorbée dans la contemplation d'une petite marguerite, et, arrivé à portée, lança en avant une de ses pattes et la saisit par le milieu du corps, entre la jambe et le pied, dont les épines s'enfoncèrent dans ses flancs. Puis il porta sa proie demi-morte à la bouche, et la dévora jusqu'à la dernière miette. Pendant cette douce opération, il se servait de ses pattes comme de deux mains humaines, et, cela fait, il les nettoya en les passant entre ses mandibules.

En ce moment j'entendis un bruit de pas, et le savant, causant avec son ami, s'aprocha du buisson épineux. Ils étaient armés d'un filet à papillons, et essayaient d'attraper les insectes ailés qui bourdonnaient autour d'eux.

« Ah! quelle vilaine bête, s'écria tout à coup le plus jeune, en apercevant l'insecte aux grandes pattes antérieures; voyez, là, sur cette branche.

— Où donc?... Ah! je la vois; c'est une *mante*. Je conçois que son aspect vous ait surpris, car il n'existe pas d'insecte plus singulier dans nos pays. Elle appartient à l'ordre des Orthoptères. C'est le représentant européen d'un groupe nombreux en espèces dans les pays intertropicaux, et qui se fait remarquer par ses formes originales. Il en est qui ressemblent à de petits bâtons; d'autres imitent à s'y méprendre une feuille sèche, un squelette décharné, etc. Tous, en un mot, sont très remarquables d'aspect. Celui-ci semble prier l'Être suprême; aussi Linnée lui a-t-il donné le nom de *mante religieuse*. Mais jamais appellation ne tomba plus à faux. Loin de faire ses dévotions, cet animal ne songe qu'à s'emparer de ses voisins pour les manger, et cette attitude facilite beaucoup cette opération. Il a, du reste, fort bon appétit et dévore tout ce qui lui tombe sous la main, c'est le cas de le dire, car ses jambes de devant lui en tiennent avantageusement lieu. Il faut même le prendre avec les plus grandes précautions, sans quoi il vous saisira les doigts entre les épines de ses tarses, et votre épiderme en souffrira, je vous en réponds. Existe-t-il dans votre collection?

« Linnée lui a donné le nom de mante religieuse. »

— Non pas; aussi vais-je m'en emparer avec tous les honneurs dus à un adversaire à ménager. »

Et notre homme, armé d'une paire de longues pinces, s'avança pour saisir l'insecte, qui, en le voyant s'approcher, se cambra fortement en arrière et prit une pose défensive des plus accentuées...

« Attendez, ne le touchez pas, reculez-vous un peu et restez immobile, lui dit coup sur coup le savant à voix basse. Vous allez voir quelque chose de bien curieux. Suivez de l'œil cette espèce de grande guêpe jaune qui vole en cercle au-dessus du buisson où se trouve votre gibier; vous verrez du nouveau... »

Je levai la tête à mon tour, et j'aperçus, en effet, une mouche à quatre ailes, aux longues jambes pendantes. Elle était noire, avec la tête, l'extrémité postérieure du corselet et la base des anneaux de l'abdomen jaunes; les ailes étaient roussâtres avec l'extrémité noire. Après avoir décrit plusieurs circonférences de plus en plus étroites, elle fondit tout à coup sur la *mante*, qui, absorbée par la vue de l'homme, négligeait de veiller à sa sûreté, et lui perça l'abdomen de son aiguillon. Moins d'une minute après, elle était morte et restait étendue sur le sable, les pattes contractées, les ailes entr'ouvertes.

« Tiens! elle vient de tuer ma future conquête. Pourquoi donc cela? dit notre chasseur tout abasourdi.

— Ne faites pas de bruit et ne bougez pas, vous le saurez bientôt. Tenez, voilà la guêpe qui essaye de l'emporter; mais comme sa proie est au moins dix fois plus grosse qu'elle, ce n'est pas facile. Voyez quelle peine elle se donne pour s'envoler. Elle n'y réussira pas, c'est certain. Mais la voici qui se décide à la traîner sur le sable; elle tire de toutes ses forces, et petit à petit nous faisons du chemin. Suivons-la jusqu'au bout. »

La guêpe, après bien des fatigues, atteignit à un coin de la sablière très exposé au soleil et se dirigea vers un trou creusé à l'avance dans le point le mieux abrité. Une fois là, elle voulut faire entrer sa proie dans l'ouverture; mais ce fut en vain, car l'orifice était trop étroit pour cela. Pendant plus d'un quart d'heure, elle recommença plusieurs fois cette manœuvre impossible, et, exténuée, à bout de forces, elle dut s'arrêter. Bientôt, reprenant courage, elle examina attentivement la *mante*, en explora toutes les parties, et finit, en dernier ressort, par lui couper les pattes, les ailes et la tête, et ne garda que le ventre, gras et dodu, qu'elle fit entrer de force dans la galerie, en le tirant avec tant de force qu'il semblait passer à la filière.

« Eh bien, mon ami, que dites-vous de cela?

— C'est extraordinaire! Quelle vigueur et quelle intelligence chez une aussi petite bête! Je n'en reviens pas. Mais pourquoi accomplit-elle un pareil tour de force? Est-ce pour se former un grenier à provisions?

— Vous n'y êtes pas. Cette guêpe, ou plutôt cet hyménoptère, car ce n'est pas une guêpe, malgré son faux air de ressemblance avec ces derniers animaux, est le *Pompilus annulatus*, et ne se nourrit que du suc des fleurs; jamais il ne dévore d'insectes. Il fait bien, il est vrai, une sorte de grenier à provisions; mais ce n'est pas pour lui : c'est pour ses enfants. Il pondra un œuf à côté de l'abdomen succulent de la *mante*, et la larve vivra de cette proie toute préparée. C'est un bel exemple d'amour maternel, n'est-ce pas?

— Sans doute, et cet animal me paraît digne, à ce point de vue, d'occuper le premier rang parmi les animaux, car peu d'entre eux seraient capables de l'imiter.

— N'en croyez rien, mon cher ami, notre pompile ne fait là rien qui lui soit spécial, et un grand nombre d'insectes agissent suivant les mêmes principes. C'est encore un exemple des admirables artifices que la nature emploie pour maintenir toutes les races animales dans un juste équilibre, en décimant celles qui auraient trop de tendances à empiéter sur les autres.

« Chaque insecte, pour si petit qu'il soit, pour si caché qu'il puisse être, se trouve en butte aux attaques des hyménoptères de ce groupe, que nous appellerons les fouisseurs, afin de rendre la description plus claire. Ils sont traqués, mis à mort et enfouis pour servir de nourriture à leurs larves voraces. Comme nous l'avons vu chez les ichneumons, qui vivent en parasites dans le corps de leur victime, chaque espèce de fouisseur a une ou deux sortes d'insectes qu'il est spécialement chargé de chasser; et quand il ne peut s'en procurer, il périt sans pouvoir assurer la reproduction de sa race. La plupart d'entre eux ont des procédés différents pour établir le berceau de leur famille et déploient dans ce but toutes les ressources de leur intelligence. Ainsi, l'odynère à jambes épineuses (*Odynerus spinipes,* L.) entasse un grand nombre de petites larves de charançons dans un trou creusé dans le sable, et s'adresse dans ce but au *Phytonomus variabilis,* Schœn.; l'odynère de la ronce (*O. rubicola,* L. D.) enlève la moelle des tiges de cette plante, et, dans la cavité ainsi formée et divisée en chambres séparées par des cloisons de terre, elle fait ample provision de petits diptères ; le *Spilomenus troglodytes,* Fabr., remplit l'intérieur des brins de chaume qui recouvrent les toits des habitations des paysans, d'une grande quantité de *Thrips ;* le *Millenus arvensis,* Fab., fait collection de mouches, et sa larve se file un cocon dans lequel elle fait entrer les débris de ces malheureuses bêtes afin de le consolider; le *Psen ater,* L. F., chasse les pucerons en compagnie des *pemphredons* et les emmagasine dans le bois pourri ; les *Larra anathema,* Fab., *Discœlius zonatus,* Fab., *Ammophila sabulosa,* L., s'adressent aux chenilles, et recherchent principalement celles de la *pyrale* de la vigne et de divers *bombycites ;* les *Sphex,* les *Pompilus,* choisissent les araignées les plus dodues et n'hésitent pas à entrer dans nos maisons pour y dénicher celles qui y font leur toile, du milieu de laquelle ils les enlèvent sans façon, etc., etc.

« Cette spécialisation dans le choix de leurs victimes a même été mise à profit par les entomologistes ; voici comment. Vous connaissez sans doute les *buprestides,* ces charmants coléoptères parés de couleurs métalliques si brillantes, qui vivent principalement au sommet des grands arbres, dont leurs larves rongent le bois. Ils sont fort rares dans les collections, précisément à cause de la difficulté qu'on éprouve à les recueillir dans leurs aériennes résidences. Eh bien, grâce au *Cerceris bupresticida,* L. D., on peut s'en procurer un grand nombre, en fort bon état et sans beaucoup de peine. Cet insecte, en effet, fait main basse sur ces coléoptères et en approvisionne son nid. Si donc on a le bonheur d'en surprendre un au travail, il suffit de défoncer son terrier pour faire une magnifique récolte des espèces les plus rares de cette famille.

« Parmi les chasseurs qui déploient le plus d'intelligence dans la confection de leur nid, il faut citer le *Pelopæus spirifex,* L. C'est un grand insecte du midi de la France, dont l'aspect est fort singulier, en ce que son abdomen est séparé du corselet par un pédicule filiforme, long de deux centimètres, d'une consistance très rigide ; on dirait un fil de fer de la grosseur d'une épingle moyenne. Quand il vole, son abdomen, qui ressemble à un grain de chapelet, pend derrière lui à la façon d'un corps inerte. L'animal est noir, avec le pédicule abdominal, le premier article des antennes et la plus grande partie des pattes, jaunes. Son nom de *Spirifex,* qui veut dire *faiseur de spirales,* lui vient de la manière dont il construit le berceau de ses larves. Ce berceau est fait de terre et ressemble quelque peu à celui que les abeilles maçonnes nous ont fait connaître. Il est appliqué sur les murs et les poutres des maisons, et presque toujours à l'intérieur des greniers, car le *Pelopæus* ne se gêne pas et entre sans façon dans nos demeures. Il se compose de douze ou quinze tubes allongés, rectilignes, placés côte à côte, l'ouverture en bas, et leur ensemble imite assez bien l'instrument de musique appelé *flûte de Pan.* L'insecte les construit en pétrissant la terre argileuse en un petit cordon qu'il prolonge à volonté, et dont il applique régulièrement les portions les unes sur les autres en une sorte de spirale, à la façon dont les câbles sont enroulés à bord des navires. Il les remplit ensuite jusqu'au bord d'araignées de forte taille, appartenant pour la plupart à la tribu des *Thomises,* et ferme ensuite l'ouverture avec un couvercle de terre. La gent araignée, qui se fait remarquer par ses meurtres innombrables, trouve ici à qui parler, et notre *Spirifex* semble créé tout exprès pour venger le peuple des insectes tout entier.

« Je pourrais encore décrire bien d'autres espèces intéressantes à ce point de vue ; mais ce serait fatiguer inutilement votre attention. Je me bornerai donc à vous donner les considérations générales que la question comporte.

« En premier lieu, ce qu'il y a de plus remarquable dans ces habitudes de nos chasseurs d'insectes, c'est qu'à l'état parfait ils vivent tous du suc des fleurs et ne touchent jamais à la chair de leurs victimes. Et cependant, ces mêmes insectes qui, pendant leur vie, ont un régime exclusivement herbivore, sans qu'aucun indice vienne les mettre sur la voie des goûts de leur progéniture, garnissent le garde-manger de leurs larves de viande fraîche, qu'ils ne leur verront pas dévorer, puisqu'ils meurent avant qu'elles soient écloses. Il y a là un fait d'instinct inexplicable, qu'on ne peut supposer leur avoir été appris par leurs parents, et auquel cependant ils obéissent aveuglément. Serait-ce un vague souvenir du régime carnivore de leur enfance qui les guiderait ? Je suis très porté à en douter, et je pense même, *à priori,* qu'en collectionnant ainsi les cadavres d'animaux ils ignorent absolument dans quel but.

« Vous avez pu juger de quelle force incroyable sont doués nos hyménoptères, par le fait qui vient de se passer sous vos yeux ; mais il y a encore mieux que cela. Ainsi le *Sphex cyanea,* Fabr., emporte des araignées qui sont huit fois plus grosses que lui ; le *Scolia hortorum,* Fabr., s'empare de la larve de l'*Oryctes nasicornis,* Fab., et cependant cette larve est un énorme ver blanchâtre, d'un poids considérable, dont le volume est plus de quinze fois le sien ; son proche parent, le *S. bicincta,* Lat., recueille des sauterelles de la plus grande taille. Enfin, le *Chlorion compressum,* J., qui habite l'île Bourbon, parvient à se rendre maître du *Kakerlac orientalis,* L., quoique cet insecte, aux téguments cornés et résistants, pèse au moins vingt fois plus que lui ! Aussi a-t-on pu dire, sans exagération, que si l'éléphant avait, proportionnellement à sa masse, la même force musculaire que nos fouisseurs, il pourrait aisément transporter des montagnes.

« Du reste, rien n'est intéressant comme de voir un de ces animaux, un *Sphex,* par exemple, chasser les araignées sauteuses qu'il collectionne. Semblable à un chien bien dressé, il marche rapidement dans l'herbe, suivant la piste à l'aide de ses antennes vibrantes, qui lui tiennent lieu de nez. Il parcourt, sans exception, tous les détours accomplis par le gibier qu'il a en vue, et, de temps en temps, s'arrête pour reprendre haleine. Quand il perd la trace, ce qui arrive quelquefois lorsque le terrain est coupé de trous et de fondrières, il ne se décourage pas et imite les manœuvres des vieux mâtins, habitués à toutes les ruses du métier. On le voit alors voler ou courir en rond autour du point où il se trouve en défaut, passant et repassant sur la bonne piste en augmentant progressivement le diamètre des cercles qu'il décrit, et presque toujours il finit par se remettre dans la bonne voie. Enfin, il aperçoit l'araignée, et, prompt comme l'éclair, il fond sur elle et la perce de son aiguillon. Je me suis souvent amusé des heures entières à suivre ce curieux manège, et il vous est facile de vous procurer le même plaisir, car les *Sphex* sont très communs partout.

« Les insectes enfouis dans les nids de nos hyménoptères sont placés les uns sur les autres et tassés fortement. La larve, qui occupe toujours le fond de la galerie, attaque, par le premier endroit venu, la proie qui la touche immédiatement et la suce jusqu'à ce qu'il ne reste plus que les parties les plus dures. Elle refoule alors ces résidus indigestes derrière elle et passe au second cadavre, puis au troisième, au quatrième, et ainsi de suite jusqu'au dernier. Aussi, quand elle a fait table nette, est-elle entourée de fragments de têtes, de pattes, d'ailes, etc., qu'elle utilise en les faisant entrer dans le cocon de soie, auquel ils donnent plus de solidité. L'appétit de ces larves est on ne peut plus développé, et elles dévorent leurs provisions avec une voracité telle qu'elles ne daignent pas même interrompre leur repas quand on ouvre leur domicile, et qu'il faut parfois faire un effort sensible pour les détacher de la victime qu'elles sont en train de manger. Aussi ont-elles besoin de beaucoup de nourriture pour acquérir leur accroissement complet. Ainsi Réaumur a constaté que l'*Odynerus spinipes,* L., détruit dix ou douze larves de charançons, dont chacune est aussi grosse que son bourreau adulte ; le *Mellinus arvensis,* Fab., trente mouches semblables à celles qui fréquentent nos maisons, et le *Psen ater,* L., trois ou quatre cents pucerons, le tout en quinze jours. Aussi devez-vous comprendre combien les fouisseurs nous sont utiles par les immenses ravages qu'ils exercent parmi les nombreux insectes qui vivent sur les végétaux.

— Permettez-moi, mon cher professeur, de vous soumettre une difficulté qui m'embarrasse. Vous dites que les chasseurs d'insectes entassent dans leurs nids plusieurs cadavres ; mais ces cadavres ne doivent pas tarder à se putréfier. Comment donc les larves peuvent-elles se nourrir de ces chairs malsaines et corrompues, et ne sont-elles pas exposées à périr asphyxiées dans leurs galeries transformées en cloaques ?

— Votre objection est fort juste, mon cher ami, et c'est ma faute si elle est née dans votre esprit, car je me suis mal expliqué. En effet, les insectes piqués par l'aiguillon de nos fouisseurs ne sont pas morts, comme je vous l'ai dit et comme on pourrait le croire ; ils ne sont qu'anesthésiés. Le venin versé dans la plaie agit à la façon d'un puissant narcotique et les plonge dans un sommeil léthargique dont rien ne saurait les arracher. Ils sont vivants et peuvent se conserver avec toute leur fraîcheur pendant tout le temps nécessaire à la larve pour prendre toute sa croissance. Ce sommeil léthargique ne peut se terminer que par la mort. On a essayé souvent de rappeler à la vie ces pauvres diables extraits de leur sépulcre avant d'avoir été entamés par la dent vorace de la larve, mais sans résultat. Au bout de quelques semaines, ils finissaient par mourir sans avoir repris connaissance, et alors ils subissaient la loi commune et se décomposaient rapidement. On croit que le venin qui les met en cet état a quelque analogie avec le *curare,* ce terrible poison dans lequel les indigènes de l'Amérique tropicale trempent leurs flèches. On sait, en effet, que ceux-ci peuvent fort bien, en n'employant qu'une faible dose du toxique, frapper leur victime d'une sorte de paralysie générale qui leur laisse la vie assez longtemps pour qu'ils puissent résister plusieurs jours aux agents de décomposition si puissants dans ces brûlants parages.

« Ceci vous explique pourquoi les insectes ainsi traités sont fortement comprimés dans les galeries qui les renferment. Car si la larve pouvait aisément circuler au milieu d'eux, par gourmandise ou par étourderie, elle mordrait au hasard dans sa provision et tuerait bientôt tous nos dormeurs, qui se putréfieraient rapidement. Tandis que, confinée comme elle l'est au fond de la cellule, elle doit nécessairement les dévorer par ordre régulier et peut trouver toujours de la viande fraîche et succulente à sa disposition. N'est-ce pas admirablement combiné ?

— Sans doute. Mais savez-vous bien que la position de ces insectes n'est pas des plus gaies ! Les derniers, surtout, assistant journellement au meurtre de leurs compagnons d'infortune, doivent, en attendant leur tour, faire de bien tristes réflexions. Cela ressemble fort aux longs jours d'agonie qui précèdent l'exécution d'un condamné à mort.

— Oh ! cela est peu probable, car l'anesthésie cataleptique dans laquelle ils sont plongés doit leur ôter tout sentiment de leur désagréable situation, et, véritables masses inertes, ils se laissent piquer, brûler ou écraser lentement sans faire le plus petit mouvement. Je vous en parle en connaissance de cause, car il m'est souvent arrivé d'enlever à un chasseur sa proie, au moment même où il venait de la percer de son aiguillon, et toujours je l'ai trouvée insensible à toute lésion. Cela vous donne une idée de la puissance d'action de ce venin singulier.

« Allons, remettons-nous en chasse; il est six heures, les insectes vont bientôt se décider à rentrer au logis; et si nous ne profitons pas du peu de temps qui nous reste avant la nuit, nos boîtes ne se rempliront pas. »

Et, le filet à la main, nos deux interlocuteurs s'éloignèrent rapidement, me laissant méditer sur tout ce qu'ils m'avaient appris.

Pauvres herbivores, quelle destinée est la nôtre ! Si nous évitons les mandibules des carnassiers, les tarières des ichneumons nous réservent un sort plus triste encore, à moins que l'aiguillon empoisonné d'un fouisseur ne nous endorme d'un sommeil éternel. C'est gai, n'est-ce pas ?

Tout de même, on peut déclarer, sans parti pris, que la nature n'a pas jugé à propos de nous combler de ses bienfaits et de ses plus tendres sollicitudes ! Mais bah ! jusqu'à présent j'ai sauvé ma peau de la bagarre, et il faut espérer que j'aurai toujours le même bonheur.

28 août.

Le soir, quand j'ai réparé mes forces par un repas succulent de racines bien sucrées, et que la fraîcheur du crépuscule succède aux ardeurs brûlantes de la journée, j'aime à sortir de ma demeure, et, mollement étendu sur un épais tapis de mousse, j'écoute les bruits qne le vent apporte à mon oreille. Là, doucement bercé par le chant cadencé des oiseaux de la forêt, je passe une des heures les plus agréables que l'on puisse rêver. Peu à peu, les ombres s'allongent, les étoiles s'allument les unes après les autres, comme autant de phares scintillants, et la lumière argentée de la lune vient prêter aux objets les formes les plus fantastiques. A mesure que la clarté pâlit au couchant, les chanteurs emplumés cessent leurs ramages, et l'orchestre du crépuscule fait entendre ses accords sonores et criards.

Depuis longtemps le désir m'était venu de connaître les musiciens qui le composent. Ils devaient être nombreux, car les sons qu'ils émettent sont aussi variés que discordants. Aussi il m'a fallu de longues recherches et d'interminables excursions pour venir à bout de faire leur connaissance.

Que de dangers courus dans ces pérégrinations nocturnes, alors que tant d'insectes carnassiers sont en chasse et parcourent les mille sentiers de la prairie, en quête de leur subsistance ! Néanmoins, grâce à ma prudence, j'ai pu échapper à leurs mandibules affamées, et aujourd'hui je puis faire l'histoire complète de tous ces bruyants instrumentistes.

On peut les diviser en deux groupes distincts, d'après leur façon de procéder. Les uns sont de vrais chanteurs, qui n'emploient que leur gosier pour charmer leurs loisirs ; ce sont les moins nombreux. Les autres, privés des organes de la voix, se servent d'instruments appropriés dont ils tirent des sons par le frottement. La première catégorie appartient, on le devine, aux animaux qui respirent par des poumons ; la seconde ne se compose que d'insectes dont la respiration, s'opérant par des stigmates abdominaux, ne saurait en aucune façon leur permettre de se livrer aux douceurs de la plus petite roulade.

Je vais, si vous le voulez bien, commencer par les premiers.

Au premier rang il faut, sans contredit, placer les grenouilles, dont le coassement monotone domine de ses notes criardes tous les autres bruits. Elles abondent dans le fossé sur les bords duquel j'ai assisté, naguère, à tant d'événements. Ces animaux, pour se livrer à leur passion musicale, sortent de l'eau, s'installent sur les herbes mouillées qui la bordent et chantent à cœur joie. Une espèce plus agile grimpe sur les buissons environnants, et, collée par ses ventouses à la face inférieure des feuilles, coasse de son mieux.

Avec un peu d'attention on peut reconnaître, dans ce concert inharmonique, la basse-taille un peu rauque du crapaud majestueux, largement étalé sur la vase dans toute sa laideur, et gonflant à chaque cri sa gorge jaunâtre ponctuée de noir ; le mezzo-soprano de la jolie grenouille verte et noire qui souvent se permet, en Sybarite qu'elle est, de chanter le corps à demi plongé dans l'eau, au-dessus de laquelle brillent ses grands yeux irisés et jaunes ; enfin les rainettes, véritables enfants de chœur de ce plain-chant par trop primitif, qui tiennent le dessus avec une aisance sans bornes et semblent vouloir écraser leurs collègues de toute l'ampleur suraiguë de leurs voix, au grand préjudice de l'observateur imprudent qui s'expose de trop près à cette orgie vocale, et en revient toujours les oreilles endommagées. J'ai remarqué que c'est surtout quand le temps est à la pluie que ces amphibies se livrent à tout leur dilettantisme ; c'est sans doute pour célébrer à leur manière le plaisir qu'elles éprouvent à prévoir l'humidité, qui est pour elles le principe essentiel de leur existence. Il ne faut donc pas trop les blâmer de cet excès de zèle et profiter des indications prophétiques qu'elles nous donnent à leur insu, car rarement on les trouvera en défaut.

Il est un autre membre de cette famille intéressante qui diffère totalement de ses congénères, au point de vue musical. Les sons par lesquels il annonce aussi le mauvais temps sont si éloignés de ce que l'on se croirait obligé d'attendre de sa conformation, que l'on ne peut pas se persuader qu'il en est l'auteur. J'ai, pendant bien des nuits, guetté à ses côtés sans pouvoir m'imaginer que le sifflement doux et prolongé, en tout semblable à une note basse de flûte, qui caressait mon oreille, sortait de ce corps ramassé, sans grâce ni souplesse. C'est un petit crapaud, d'une couleur orangée sous le ventre avec des marbrures bleuâtres ; le dos, d'un gris obscur, est parsemé de verrues saillantes ; sa taille ne dépasse pas un pouce de longueur. Pour chanter, il enfle sa gorge lentement, si bien qu'au premier coup d'œil on ne peut le saisir sur le fait. Ces animaux aiment l'eau encore plus que les autres crapauds et n'en sortent que rarement ; aussi ont-ils une sensibilité épidermique bien supérieure, et leur chant devient un baromètre certain, qui annonce presque infailliblement que la pluie n'est pas éloignée[1].

Parmi les oiseaux, il en est deux qui mêlent leur voix à celle des autres animaux nocturnes. Leur chant est aussi peu harmonieux que possible, et je les aurais peu remarqués, si je n'avais fait leur connaissance dans des circonstances qui méritent d'être signalées. Un soir, où la nuit était très obscure, je m'étais rendu au bord de la forêt pour tâcher de surprendre, dans leurs ébats, deux ou trois rats des champs qui aimaient à jouer dans la prairie à cette heure indue. J'étais à mon poste depuis quelques instants, quand il me sembla entendre tout près de moi une respiration forte et régulière comme celle d'un homme profondément endormi. Ce souffle sonore m'inquiéta quelque peu, et je cherchai autour de moi quel en était l'auteur. Je ne vis rien. Au bout de quelques instants, je compris que ce bruit ne venait pas de la surface du sol, mais bien des branches entrelacées d'un grand chêne tout voisin. Cette découverte m'effraya encore davantage, car je ne pouvais supposer que l'homme pût y être pour quelque chose ; on ne dort pas, en effet, sur un arbre. J'eus beau explorer de tous mes yeux le feuillage sombre du roi de la forêt, mes recherches demeurèrent sans résultat. Cependant, j'entendais distinctement le ronflement mystérieux, et de temps en temps certain bruit de feuilles froissées parvenait jusqu'à moi. Tout à coup, un cri rauque, sinistre, effrayant, retentit dans la nuit. On peut s'en faire une idée imparfaite en prononçant avec force et du fond de la gorge le mot *crrrrr...*, et en faisant rouler les *r* le plus rauquement possible. Ce cri se renouvela plusieurs fois avec une intensité toujours croissante. Puis il cessa tout à coup, ainsi que le ronflement. Son auteur restait toujours invisible.

1. Ce *batracien* appartient au genre *Rana* et porte le nom de *Rana pluvialis*, Lac. Il est assez abondant en France.

J'allais prendre prudemment la fuite, quand les rats dont je guettais la venue firent leur apparition sur le gazon, éclairés par la lune, dont les rayons blafards avaient fini par percer les nuages. J'oubliais, tout en les regardant jouer gentiment, la frayeur dont j'étais atteint, quand, au même instant, un gros objet parut tomber du haut du chêne sur nos petits rongeurs et s'abattit sur eux. L'un d'eux poussa un cri plaintif, et je le vis se débattre violemment entre les serres d'un oiseau de nuit de l'aspect le plus singulier.

La tête, énorme par rapport au volume du corps, était ronde et couverte de plumes d'un fauve clair, variées de lignes grises et brunes en zigzag et parsemées d'une multitude de points blanchâtres. La partie antérieure, aplatie, formait une sorte de disque arrondi très large, composé de plumes étroites d'un beau blanc, disposées en éventail, et au milieu duquel brillaient deux grands yeux jaunes, comme phosphorescents, et si largement ouverts qu'ils en paraissaient effrayants. Les plumes en question s'avançaient sur le bec, qu'elles couvraient presque entièrement, ne laissant apercevoir au dehors que sa pointe acérée et redoutable. Le reste du plumage était brun, pointillé de blanc, ou d'un blanc éclatant sur le ventre. Les pieds, terminés par des ongles crochus, constituaient des serres puissantes, dont le malheureux rat ne pouvait s'échapper [1].

Cette face élargie, ces yeux fixes...

Cette face élargie, ces yeux fixes, donnaient à cet animal un aspect lugubre et fantastique ; et, malgré la beauté de son plumage, on éprouvait en sa présence une répulsion tout instinctive. Il s'acharnait sur le petit quadrupède, qu'il lacérait de coups de bec redoublés et dont il fendit bientôt le crâne. Puis il ouvrit ses ailes, qui frappèrent l'air sans émettre aucun bruit, prit son vol en poussant le cri sinistre *crrrr...*, dont je cherchais en vain l'auteur, et il disparut en emportant sa proie ensanglantée. Cet oiseau doit être assurément le chantre des cimetières !

L'autre animal de la même famille qui chante la nuit est beaucoup plus petit. Sa tête est aussi fort grosse et globuleuse, mais elle n'offre pas ce disque de plumes rayonnantes ; sa couleur est d'un brun qui tire sur le

1. Cet oiseau appartient au sous-ordre des *Accipitres nocturnes* et à la famille des *Strygidés*. C'est le *Stryx flammea*, L. ou effraye, connu dans le Midi sous le nom patois de *rasclé*. Il habite principalement les vieux clochers. Sa réputation est détestable dans nos campagnes, où on le considère comme le messager de la mort. Aussi, quand la nuit il se pose sur une maison et y pousse fréquemment son cri habituel, dit-on qu'il vient prévenir les habitants que l'un d'eux est en danger de mort. C'est là un de ces préjugés, nés de l'ignorance et de la superstition, auxquels il ne faut pas même faire l'honneur d'une réfutation sérieuse.

roussâtre avec des taches blanchâtres oblongues. Le bec, crochu, est caché par de longues plumes blanches et noires qui se prolongent en collier sous la gorge. La poitrine et le ventre sont blancs et tachetés, par mèches longitudinales, de brun roussâtre. Les yeux, grands, arrondis, sont remarquables par leur iris d'un beau jaune-citron brillant[1].

La première fois que je l'aperçus, c'était le soir; il était perché sur une branche basse de la haie, et une multitude de petits oiseaux, pinsons, chardonnerets, moineaux, etc., etc., volaient autour de lui en poussant mille cris de guerre, et essayaient de lui arracher les plumes à coups de bec. Lui, calme et impassible, ne daignait pas se défendre et se contentait, quand un de ses agresseurs menaçait de lui crever les yeux, de les couvrir de leur large paupière blanchâtre. Peu à peu, les assaillants, dégoûtés de leurs inutiles attaques, se dispersèrent; la nuit arriva, et l'oiseau prit son vol en poussant un cri assez doux, quoique sonore, qu'on peut traduire par le mot *piiouù!* prononcé avec force et en traînant. Bien souvent, depuis, j'ai entendu le même chant, répété à intervalles égaux dans l'épaisseur de la forêt, et, malgré sa douceur, il a quelque chose de lugubre qui porte à la tristesse. C'est surtout pendant les nuits froides et sombres qu'il se fait entendre.

Je vais maintenant passer en revue les autres membres de ce concert nocturne qui, dépourvus de voix, suppléent à ce mutisme forcé à l'aide d'instruments appropriés, dont le frottement produit des sons stridents et monotones. Ce seront les musiciens de l'orchestre chargés d'accompagner les chanteurs dont je viens de décrire la physionomie. Ils font tous partie de la famille des *Sauterelles,* tout comme le grillon, ce chantre du soleil.

Le premier choisit pour domicile les haies touffues, les buissons bas et épais; rarement on le rencontre sur les arbres. Il a au moins un pouce de longueur; son corps est gros, trapu, lisse, d'un vert gai, parfois jaunâtre et même mélangé de brun. La tête est grosse, armée de puissantes mandibules et surmontée de deux antennes sétacées aussi longues que le corps. Les élytres sont courts, bombés, en forme de sébile épaisse et rugueuse, se recouvrant par le côté concave. Les ailes manquent; aussi l'abdomen, gros et gonflé, est-il entièrement à découvert. Les femelles portent à la partie postérieure de cet organe un long appendice corné, en tout semblable à une épée recourbée vers le bout, et ayant au moins un centimètre et demi de longueur. Les cuisses postérieures sont grandes, robustes, et lui permettent de sauter assez loin. Il marche avec assez de lenteur et se tient constam-

1. Cet autre *accipitre nocturne* est la chouette chevêche (*Athene noctua,* Ch. Bon.), connue dans le Midi sous le nom patois de *chott.* Comme l'effraye, il est regardé d'un mauvais œil par les campagnards, qui le tuent sans pitié, malgré son incontestable utilité comme destructeur des petits rongeurs.

ment appliqué contre les petites branches, parmi les feuilles, dont il a la couleur, de sorte qu'on ne l'aperçoit que très difficilement[1].

C'est en frottant le bord de ses élytres l'un contre l'autre que cet insecte produit le bruit strident et prolongé qui lui tient lieu de chant. Le frottement s'accomplit avec lenteur; aussi le son est-il d'une étendue assez grande et va croissant d'intensité jusqu'à sa terminaison. Il n'est pas court et saccadé comme celui du grillon, et par suite les oreilles le supportent plus aisément. Il se répète d'une façon intermittente, mais régulière, et les périodes de silence sont très brèves. J'ai remarqué que, lorsque plusieurs animaux de cette espèce sont placés dans le voisinage l'un de l'autre, ils aiment à marcher tous à l'unisson et s'attendent réciproquement pour chanter en mesure. Jusqu'à neuf heures du soir, en été, leur voix se fait entendre ; ils chantent aussi le jour, mais c'est comme à regret et seulement quand le temps est couvert.

La sauterelle verte.

Le second est un insecte de taille encore plus développée et dont j'ai déjà parlé assez longuement dans les premiers chapitres de ces Mémoires. Il habite dans le voisinage de l'homme et principalement dans les jardins. Il vit sous terre, où il se creuse de longues galeries tortueuses à la façon des taupes ; aussi mon ennemi mortel, le jardinier, le nommait-il *taupe-grillon*. C'est, en effet, une sorte de grillon très allongé, d'une couleur

1. Cet insecte appartient à l'ordre des *Orthoptères* et à la famille des *Locustaires*. Il porte le nom d'éphippigère des vignes (*Ephippiger vitium*, Aud. Serv.). L'appendice caudal des femelles leur sert à déposer leurs œufs dans la terre. Il abonde dans le midi de la France.

fauve à reflets d'un brun doré. Ses ailes sont plus courtes que le corps ; l'abdomen se termine par deux longues soies raides. Ce qui le caractérise surtout au premier coup d'œil, ce sont ses pattes antérieures, très fortes, dilatées en forme de mains et garnies de grosses dents qui les font ressembler à une scie grossière. Ce sont ses instruments de perforation du sol[1].

Pour chanter, il se place, comme le grillon, à l'entrée de son trou et frotte légèrement ses élytres l'un contre l'autre. Comme ces organes sont peu consistants et que leur rebord n'offre ni stries ni rugosités saillantes, le son qu'ils produisent est extrêmement doux, et ressemble presque à une note de flûte un peu assourdie. Ce chant est prolongé, non saccadé, et se renouvelle à intervalles égaux. Au moindre bruit, l'animal s'arrête et se précipite tête baissée dans son terrier ; aussi, pour le surprendre dans ses distractions musicales, faut-il s'approcher avec des précautions infinies.

Le troisième se distingue des deux premiers par sa petite taille, mais il fait autant de bruit à lui seul que ses deux collègues réunis. Il n'a pas plus de douze millimètres de longueur. Son corps est étroit, allongé, et d'un jaune pâle transparent. L'abdomen est légèrement brunâtre, et porte chez les femelles un appendice pointu, assez court.

Les élytres, très grands, sont hors de proportion avec sa taille ; ils vont en augmentant de largeur de la base au sommet, sont rugueux sur les bords, et dépassent de beaucoup l'extrémité de l'abdomen. Notre insecte a des ailes dont il se sert fort bien pour voler d'un arbuste à un autre, mais pendant la nuit seulement. Je l'ai aperçu fréquemment dans les fleurs du jardin où j'ai passé mon enfance, et principalement sur les pieds de dahlias, qu'il paraît préférer à toutes les autres plantes[2].

Il stridule depuis le coucher du soleil jusqu'à deux ou trois heures du matin. Le son qu'il produit en frottant ses élytres l'un sur l'autre est très fort et très harmonieux en même temps, et n'a rien du ton criard et strident de ses congénères du jour. Il fait même tant de bruit que lorsque, dans les premiers temps où je m'occupais de lui, j'étais parvenu à le découvrir, je ne voulais pas croire qu'un être d'aussi petite taille pût obtenir, avec ses faibles moyens, un résultat aussi sonore, et je m'obstinais à chercher dans les environs le vrai chanteur. C'était bien notre insecte cependant : car, avec plus d'attention, je pus le voir à l'œuvre et suivre les mouve-

1. C'est la courtilière commune (*Grillotalpa vulgaris*, Latr.), insecte qui fait le désespoir des jardiniers, dont il laboure les couches et les semis d'innombrables galeries souterraines. (Voir le chapitre II.)

2. Cet insecte *orthoptère* est l'œcanthe transparente (*Œcanthus pellucens*, Aud. Serv.). Il es commun dans le midi de la France, sur les plantes des jardins, où il se cache à la face inférieure des feuilles. Je n'ai pu vérifier l'assertion du hanneton au sujet de la préférence qu'il montre pour les dahlias. Pour ma part, je suis peu porté à la partager.

ments lents et cadencés de ses élytres. Il est aussi fort timide, et le moindre froissement des feuilles ou du vent suffit pour lui ôter la voix.

31 août.

Ce qui va suivre est spécialement destiné aux maris; c'est pour eux que je prends la plume, afin de leur présenter, en pleine fonction, le modèle que tous doivent s'efforcer de suivre. Ce modèle, hélas ! n'est pas favorisé de la nature au point de vue physique, car c'est un petit crapaud assez laid; mais il mérite à tous égards, malgré cette infirmité matérielle, de servir de type pour un ménage parfait, au point de vue féminin, bien entendu.

Il y a plus de quinze jours que j'ai fait sa connaissance; et si je n'en ai pas encore parlé, c'est uniquement afin de mieux être en état de bien rapporter tous ses hauts faits. C'est au bord du petit étang qu'il résidait, en compagnie de sa chaste moitié, et voici son portrait authentique :

Corps ramassé et trapu, d'un cendré verdâtre en dessus et d'un gris roussâtre en dessous, atteignant à peine un pouce et demi de longueur. Dos parsemé de petites verrues grisâtres et marbré de brun par places. Œil vif et à iris rouge. Pattes antérieures courtes et grêles; les postérieures longues, épaisses, dont les pieds ne sont pas unis par une membrane. En somme, livrée terne, aspect peu engageant, allures timides, démarche lourde et sans grâce. La femelle ressemble au mâle comme deux gouttes d'eau; elle a seulement l'abdomen un peu plus développé.

Ce couple bien assorti errait sur les rives de l'étang, chassant de compagnie les insectes à coups de langue, et devisant, du moins il faut le croire, sur la beauté de leur pays natal. Le mâle marchait respectueusement derrière sa moitié et paraissait aux petits soins avec elle; jamais il ne happait une proie avant de s'être bien convaincu qu'elle ne daignait pas la désirer. De temps en temps, il enflait sa gorge et émettait un coassement fort criard, dont sa compagne se montrait satisfaite, car elle joignait sa voix à la sienne ; ce duo m'agaçait considérablement les nerfs. Quand le soleil était chaud et la mare bien solitaire, ils se livraient aux plaisirs de la natation en commun et voguaient de conserve sur les eaux transparentes; puis, fatigués de cet exercice pénible, ils dormaient à la surface, les pattes étendues, comme un bon nageur qui fait la planche. En un mot, leurs habitudes étaient régulières et paisibles, et on ne pouvait reprocher à leur existence qu'un peu de monotonie.

Bientôt je pus me convaincre que l'heureux époux allait jouir du bonheur de la paternité. Ce grand jour arriva enfin. La femelle pondit une soixantaine d'œufs de la grosseur d'une graine de chènevis et d'une couleur jaunâtre assez claire. Ces œufs étaient attachés les uns aux autres comme les grains d'un chapelet, au moyen de petits filets assez courts et très élastiques, et formaient un cordon de quinze centimètres environ de longueur. Dès qu'ils furent pondus, le mâle en saisit l'extrémité et l'enroula autour de ses cuisses, près de leur attache au corps, en décrivant de nombreuses circonvolutions en forme de 8, et en arrêta les bouts en les entortillant fortement. Quand il eut terminé cette singulière manœuvre, les œufs formaient un amas volumineux, remontant quelque peu sur son dos, dont ils cachaient la base; on eût dit, à première vue, qu'il portait en ce point une petite grappe de groseilles encore vertes. Cette manière, peu répandue, de transporter un fardeau gênait considérablement la marche de notre crapaud, qui ne pouvait circuler qu'avec peine et se traînait lourdement sur le sol. La femelle, après avoir accompli ses devoirs maternels, quitta son époux, et depuis je ne l'ai plus revue.

Les œufs formaient un amas volumineux.

Resté seul, le mâle, sans se préoccuper de cet abandon, prévu sans doute, se mit en quête d'une cachette sûre et commode, dans laquelle il pût s'abriter avec sa charge précieuse. Une pierre moussue, étroitement appliquée sur le sol, lui parut remplir toutes les conditions désirables, et il s'y installa dans une cavité creusée de ses pattes. Renonçant dès lors à ses promenades et à ses jeux habituels, il ne quitta plus cet asile que pour aller à la recherche de sa nourriture, et la nuit seulement. Sa retraite dura plus de douze jours. Pendant ce long espace de temps, les œufs demeurèrent toujours fixés à ses pattes, et, plongés dans un milieu chaud et humide, ils ne tardèrent pas à se développer. Peu à peu, le teint jaune de leur coque parcheminée passa au roux, puis au grisâtre, et, enfin au noirâtre; en même temps, leur diamètre augmenta sensiblement, et gonflés et distendus, ils avaient l'air de ne pouvoir suffire à renfermer leur contenu. Le crapaud, immobile et comme endormi, évitait tout mouvement brusque dont la vivacité eût pu les endommager; quand il sortait de sa cachette, c'était avec mille précautions, se faisant le plus petit possible pour passer dans l'étroit couloir qui lui servait de communication avec le monde extérieur, comme s'il eût craint de les froisser. Ce devait être pour lui une terrible corvée; et sans l'amour paternel qui soutenait son courage, il est certain qu'il n'eût pas supporté aussi patiemment un aussi pénible assujettissement. Combien de maris auraient été capables d'un pareil dévouement, et se seraient aussi facilement résignés à remplir, au lieu et place de leurs femmes, ce rôle de nourrice, ou, si vous voulez, de bonne d'enfant, si peu en rapport avec leurs habitudes!

Hier, enfin, le crapaud me parut tout autre. Son apathie résignée avait fait place à une sorte de surexcitation fébrile. Tout guilleret, il changeait à tout moment de place, et son œil brillait d'un éclat inaccoutumé. Quand le soleil fut haut sur l'horizon, il sortit allègrement de son réduit et se dirigea vers la mare. Il marchait fièrement, la tête haute, et portait ses œufs avec plus d'orgueil que jamais. Tout doucement il entra dans l'eau attiédie de l'étang, et, secouant vivement ses pattes, il détacha le paquet d'œufs et le déroula avec précaution. Bientôt, ô prodige! chacune des petites coques se fendit dans toute sa longueur, et une soixantaine de têtards en sortirent rapidement et vinrent s'ébattre autour de leur père. Celui-ci, heureux et fier d'avoir mené à bonne fin cette difficile entreprise, courait de l'un à l'autre, semblait les caresser et essayait de les rassembler entre ses pattes. Mais les ingrats, turbulents et indociles, ne tenaient aucun compte de ses désirs, et bientôt ils prirent leur course et se dispersèrent dans toutes les directions[1]. Le pauvre animal, ainsi abandonné, resta quelques instants indécis et chagrin; puis, prenant son parti, il sortit de l'eau, jeta un dernier regard sur la vaste étendue de l'élément liquide, comme pour se rassasier encore de la vue de sa progéniture, désormais livrée à elle-même, et reprit tristement le chemin de sa cachette. Le lendemain, quand je voulus lui rendre visite, je ne l'y trouvai plus, et depuis lors, malgré toutes mes recherches, je n'en ai plus eu de nouvelles.

1. Tous les faits énoncés ici par le hanneton sont de la plus rigoureuse exactitude. Il se trompe seulement sur le genre du reptile en question. Ce n'est pas, en effet, un crapaud, mais bien une grenouille. Il porte le nom de *Alytes obstetricans*, W., et appartient à la famille des *Raniformes*. Il est commun en France dans les pays montueux, où il est connu sous le nom vulgaire de *crapaud accoucheur*.

CHAPITRE XVII

UN NID DE GUÊPES. — MES PRESSENTIMENTS.

3 septembre.

Me voici de nouveau absorbé par une étude des plus intéressantes, à laquelle, depuis huit jours, je consacre tous mes instants. C'est encore d'une association d'insectes qu'il est question, association dont le but est d'élever, dans un nid commun, une postérité chérie. Je veux parler des guêpes, ces rivales des fourmis en intelligence et en amour du travail.

Depuis longtemps j'avais fait la connaissance de ces mouches à quatre ailes, fort communes dans la prairie. Leur corps bariolé de jaune vif et l'élégance de leurs formes avaient attiré mes regards, quand, posées sur une fleur, elles en suçaient la liqueur sucrée. Mais, distrait par d'autres soins plus pressants, j'avais négligé de les suivre dans leur nid, que j'étais loin, au reste, de croire aussi digne d'examen. Enfin, un heureux hasard m'a conduit dans leur voisinage, et j'en ai profité avec joie.

En me promenant le long du petit fossé qui borde le mur de clôture du jardin, j'aperçus, sur la paroi opposée, une ouverture circulaire percée dans le sol, assez compact en ce point. Son diamètre atteignait cinq centimètres environ. La petite plate-forme qui le précédait, ainsi que la portion la plus avancée de la voûte, étaient manifestement labourées de sillons bien marqués, et ratissés, à la façon d'un clapier de lapin, par le passage continuel d'un grand nombre de guêpes. A chaque instant, les mouches entraient ou sortaient par cet orifice, les unes chargées de butin, les autres pour aller à la maraude. Ces allées et ces venues n'étaient pas uniformes : tantôt quatre ou cinq guêpes se présentaient ensemble à la porte, tantôt elles arrivaient isolément. Quelquefois même il s'écoulait plus d'une minute avant que j'en pusse apercevoir; puis, tout à coup, une troupe nombreuse avançait à tire-d'aile. En moins d'une heure, j'en comptai plus d'un millier qui, après avoir rampé sur la terre jusqu'à une certaine distance du trou, s'éloignaient dans toutes les directions. Rarement elles s'arrêtaient pour exécuter un petit brin de causette avec leurs compagnes et paraissaient toujours pressées. Çà et là, parmi les herbes qui poussaient autour de l'ouverture du trou, j'en découvris quelques-unes, environ une douzaine. qui circulaient l'œil aux aguets : ce devaient être les sentinelles préposées à la garde de la cité. Malheur à l'imprudent qui oserait s'en approcher de trop près, car leur aiguillon empoisonné ne pardonne jamais !

Nos guêpes n'étaient pas toutes semblables, et un examen superficiel permettait facilement de les rapporter à deux types distincts.

Les unes, les plus nombreuses, auxquelles je donnerai le nom d'*ouvrières,* parce qu'elles remplissaient dans la communauté le rôle des fourmis de cette condition, avaient environ un centimètre de longueur. Leur tête, assez grosse, était noire avec le chaperon jaune ; ce dernier portait sur son milieu une ligne noire verticale se terminant dans une tache arquée, transversale, de même couleur; en outre, la partie postérieure des orbites était jaune, ainsi qu'une ligne étendue du chaperon à l'angle des yeux. Les antennes étaient noires, entourées de jaune à la base. Les mandibules, fortes et arquées, étaient de même couleur. Les ailes, transparentes et allongées, s'attachaient à des épaules jaunes. L'écusson portait quatre taches aussi jaunes. L'abdomen se terminait en pointe et avait tous ses segments noirs à la base et jaunes à leur bord ; seulement, on remarquait sur le second et le cinquième un petit point noir de chaque côté. Les pattes étaient noires, avec le bout des cuisses, les jambes et les tarses jaunes tachés de noir. L'ensemble formait une livrée assez bariolée, mais fort jolie.

Les autres, les plus grandes, étaient des mâles. Ils atteignaient un centimètre et demi de longueur, et différaient, en outre, des ouvrières par une tache jaune placée au-devant du premier article des antennes. Souvent aussi leur chaperon était tout entier de cette couleur, et les bordures de leurs segments abdominaux présentaient trois ou quatre petites dentelures. Leur corps était plus effilé, et par suite moins apte à exécuter de pénibles travaux[1].

J'eus beau inspecter au passage tous les allants et les venants, je ne pus découvrir parmi eux aucune femelle, et je supposai qu'elles ne sortaient pas de leur domicile. Ce ne fut donc que le lendemain, quand je parvins à le visiter minutieusement, qu'il me fut donné de les apercevoir. Elles ressemblaient entièrement aux ouvrières ; seulement leur taille était d'un tiers plus considérable, et leur corps paraissait plus massif et plus robuste.

Toutes ces mouches, sans exception, avaient leurs ailes disposées d'une façon extraordinaire. Les supérieures, en effet, quand l'insecte était au repos, paraissaient beaucoup plus étroites que les inférieures. Cela vient de ce qu'elles sont pliées en deux d'un bout à l'autre et ne laissent voir que la moitié de leur largeur réelle. Le côté interne, celui qui devrait recouvrir le dessus du corps dans l'état normal, est ramené en dessous, de

1. Tout le monde a reconnu dans cette guêpe si minutieusement décrite la *Vespa vulgaris,* L., si commune dans nos campagnes.

façon que son bord se trouve exactement en rapport avec le bord externe ; le pli est fait tout le long d'une grosse nervure qui parcourt la membrane alaire tout entière. Quand la guêpe s'envole, ces ailes se déploient et acquièrent alors les dimensions de la seconde paire. Je n'ai jamais pu comprendre le but d'une disposition si peu commune.

La bouche de ces animaux est aussi fort remarquable par sa complication. On y voit deux fortes mandibules arquées en bas, à bout aigu et à tranchant intérieur muni de quatre ou cinq dentelures profondes. Au-dessus de ces puissants appareils masticateurs, un organe singulier, qu'on pourrait comparer à une lèvre supérieure bizarrement conformée, s'allonge en avant. Il est charnu, de forme triangulaire et profondément échancré en avant. Au point où il s'attache à la tête de la guêpe, ses deux bords se rapprochent en se courbant et finissent par se souder; ils forment alors un tube très étroit, par lequel les aliments s'introduisent dans l'estomac. Sur les pattes latérales, avant leur jonction, ils donnent attache à deux petites lanières charnues, terminées par un petit bouton d'apparence cornée. Cette espèce de trompe rudimentaire est d'une flexibilité remarquable; l'insecte l'allonge, la raccourcit, l'étale sur les objets à sa convenance, sur lesquels elle se moule, et constitue, par conséquent, un admirable instrument de préhension pour les substances molles ou liquides. Les mandibules ne servent qu'à broyer les corps durs, ou trop volumineux, que la nature rendrait impropres à être avalés tels quels; et comme, la plupart du temps, la mouche ne se nourrit que de matières fluides, elles restent inactives. Nous verrons, quand nous parlerons des larves des guêpes, qu'alors elles deviennent indispensables.

Les diverses ouvrières qui rentraient au logis portaient, pour la plupart, quelque chose dans leurs mandibules ou entre leurs pattes antérieures. Les unes succombaient sous le poids d'un énorme morceau de viande crue ou cuite; les autres transportaient des insectes entiers, ou des fragments mutilés de leurs corps, particulièrement l'abdomen. Quelques-unes serraient contre leur poitrine de petits amas généralement globuleux, composés d'une sorte de pâte molle, grisâtre ou roussâtre. Très peu rentraient à vide ou du moins paraissaient ne rien rapporter de leur excursion. Mais je suppose que cette apparence devait être trompeuse ; car, dans une pareille occurrence, elles n'auraient pas eu besoin de revenir au nid.

Le moment était venu pour moi de prendre un parti décisif. Fallait-il me borner à connaître l'aspect extérieur de la cité, ou bien m'exposer à pénétrer dans l'intérieur pour en étudier l'architecture? Dans le premier cas, c'était renoncer à en savoir davantage sur les guêpes; dans le second, c'était courir à des dangers de toute espèce. Que faire? Longtemps je restai indécis; mais enfin la curiosité fut plus forte que la prudence, et je résolus de tenter l'aventure. Moins d'un quart d'heure après, parfaitement caché entre les murailles extérieures de la cité, je pouvais tout voir sans être vu.

L'entrée dont j'ai parlé conduisait à un boyau souterrain assez tortueux, d'un pied et demi de longueur environ, qui s'enfonçait obliquement dans le sol et se terminait par une cavité ovale. Cette grande chambre, de trente centimètres de largeur sur vingt-cinq de hauteur, était entièrement remplie par le nid de nos guêpes, de sorte qu'il était impossible de circuler entre le contenant et le contenu. Le nid lui-même se composait de deux parties bien distinctes : l'une extérieure, servant d'enveloppe générale; l'autre intérieure, la cité proprement dite. Pour plus de clarté dans la description, je ne m'occuperai d'abord que de celle-ci.

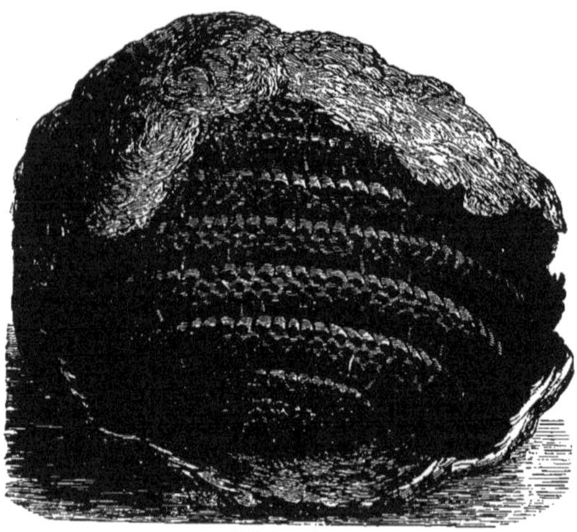

Nid de guêpes.

Elle était formée par plusieurs gâteaux plats, circulaires, parallèles les uns aux autres et disposés à peu près horizontalement. Ils ressemblaient aux rayons qui se trouvent dans les ruches des abeilles et étaient constitués par un assemblage d'alvéoles ou cellules hexagones, très régulièrement construites, et s'emboîtant si exactement par leurs faces latérales qu'elles ne laissaient pas le plus petit vide entre leurs parois. Chaque cellule avait environ de six à sept millimètres de largeur sur quinze à dix-huit de profondeur; le fond était très légèrement plus étroit que l'entrée.

Ce qui distinguait, au premier coup d'œil, ces gâteaux de ceux des mouches à miel, c'est qu'au lieu d'être formés de deux couches de cellules juxtaposées par leur fond, ils ne se composaient que d'une seule rangée de cases, dont toutes les ouvertures étaient tournées vers le bas. Les gâteaux offraient donc une face supérieure plate et unie comme un plancher, et une inférieure criblée de trous, qui lui donnaient l'aspect d'une écumoire. Je comptai douze gâteaux dans le nid, placés l'un au-dessus de l'autre et séparés par un intervalle d'une quinzaine de millimètres environ; leur diamètre variait de grandeur. En effet, ils étaient forcés de se mouler sur la cavité ovale qui les renfermait, de sorte que le plus élevé et le plus bas n'avaient guère plus de cinq centimètres de largeur, tandis que celui du milieu atteignait vingt centimètres. Entre ces deux limites extrêmes, les intermédiaires croissaient ou diminuaient régulièrement, de façon que leur ensemble pût former une sphère, un peu allongée suivant la ligne des pôles. On doit maintenant comprendre quelle immense quantité de cellules renfermait notre nid. Je les évalue, sans aucune exagération, à douze ou treize mille.

Les planchers laissaient entre eux des espaces vides où les guêpes circulaient à leur aise, et qu'ornaient, çà et là, des colonnes de soutènement qui les reliaient entre eux. Chacun d'eux, en effet, était suspendu à celui qui était immédiatement supérieur, et cela de même jusqu'au plus élevé, qui, lui, s'attachait à la paroi de la cavité souterraine, de sorte qu'il supportait tout le poids des autres. Ces piliers de soutènement sont arrondis au centre et se dilatent aux deux extrémités en un chapiteau et un piédestal, assez irréguliers de forme et implantés : le premier entre les ouvertures béantes des cellules des gâteaux supérieurs, le second contre le fond des cases de l'inférieur. Entre les petits gâteaux il y avait environ une douzaine de piliers, mais ceux du centre en présentaient une cinquantaine; si bien que les intervalles qui les séparaient ressemblaient à une place publique ornée de plusieurs rangées de colonnes rustiques.

Telle était la structure du nid lui-même ; voyons maintenant son enveloppe.

Elle était exactement moulée sur l'ensemble des gâteaux et, par conséquent, avait la forme d'une grosse boule un peu allongée. Sa couleur variait du gris cendré au gris jaunâtre, avec des bandes ou des raies blanches et rousses disposées parallèlement, mais fort irrégulièrement. La surface extérieure présentait un grand nombre de gonflements et de creux, entrecoupés de stries et de boursouflures, qui lui donnaient l'aspect le plus raboteux qu'on puisse imaginer. Si l'on suppose qu'avec des écailles d'huîtres, cimentées les unes sur les autres par leur face interne, celle qui répond à l'animal, de sorte qu'elles montrent seulement leur surface extérieure, on ait recouvert une boule de terre volumineuse, on aura une idée parfaite de l'aspect singulier de cette enveloppe. La surface interne, au contraire, était comparativement lisse et unie et laissait entre elle et le bord des gâteaux un espace vide d'un centimètre de largeur, par lequel les habitants du nid pouvaient librement circuler et passer de l'un à l'autre. L'épaisseur de cette couverture protectrice était considérable et atteignait au moins deux ou trois centimètres; mais on pouvait constater que la matière dont elle était formée n'était pas compacte, car des vides irréguliers et nombreux existaient dans sa masse et indiquaient, évidemment, qu'elle était formée par plusieurs feuillets superposés, laissant entre eux des intervalles en tout semblables à ceux que l'on observe dans la pâte des pâtisseries dites *feuilletées*. Enfin, cette enveloppe était fixée par un point unique au sommet de la cavité creusée dans le sol et restait libre dans tout le reste de son étendue. Complètement fermée de toutes parts, elle n'offrait que deux petites ouvertures de la largeur d'un centimètre, destinées, l'une à l'entrée, l'autre à la sortie des mouches à quatre ailes.

Les cellules et l'enveloppe du nid étaient faites de la même matière artistement travaillée. C'était une espèce de papier assez grossier et fortement gommé, ce qui lui donnait la rigidité nécessaire pour ne point se déformer sous les allées et les venues de tout ce peuple en mouvement. J'aurais bien voulu connaître les matières premières qui entraient dans sa composition ; mais, malgré toutes mes recherches, je n'ai pu encore les découvrir.

En résumé, l'on voit que la cité de nos guêpes était formée de plusieurs étages de cellules hexagones superposées, entourées d'une solide enveloppe de papier grossier, le tout renfermé dans une cavité creusée *ad hoc* dans la terre.

Pour mieux me faire comprendre, j'ai supposé que toutes les alvéoles des rayons étaient vides. En réalité il n'en était rien, car la plupart d'entre elles donnaient asile aux œufs, aux larves et aux nymphes, à divers états de développement. Les œufs sont blancs, transparents, de figure oblongue, ressemblant exactement à une pistache. Il n'y en a qu'un dans chaque cellule, au fond de laquelle il est collé par le petit bout et placé verticalement. De cet œuf sort une larve blanche, semblable à un ver bouffi, à tête brune, armée de petites mandibules écailleuses. Sa peau est molle et transparente, et n'offre aucune trace de poils. Elle n'a pas de pattes, et le seul mouvement qui lui soit permis est d'allonger ou de raccourcir ses anneaux. Fixées au fond de leur case, la tête du côté de l'ouverture, et par suite dirigée en bas, les larves restaient immobiles. Il y en avait de toutes les grosseurs, depuis un ou deux millimètres de longueur jusqu'à seize ou dix-huit : les premières à peine visibles au fond de leurs alvéoles, les autres en remplissant exactement toute la cavité et débordant même au dehors quand elles avançaient leur tête. Six ou sept mille cellules, dispersées, sans préférence sensible, dans tous les gâteaux, étaient occupées par ces petits animaux : pépinière féconde destinée à augmenter la population de la cité.

Entre ces cellules, soit isolées soit disposées par rangées régulières, il y en avait plusieurs milliers d'autres dont l'entrée était complètement fermée par une calotte bombée, faisant saillie à la surface des gâteaux. Ces opercules, faits d'une soie blanche et brillante, devaient recouvrir, du moins je le suppose, les nymphes de nos guêpes, qui, à l'abri des regards indiscrets, attendaient dans l'immobilité l'heureuse époque de leur transformation en insectes parfaits.

Enfin les cellules qui ne contenaient ni œufs, ni larves, ni cocons de soie, étaient complètement vides et tenues fort proprement. Aucune d'elles n'était destinée à servir de garde-manger; car j'eus beau inspecter minutieusement tout le nid du haut en bas, je ne vis à l'extérieur rien qui ressemblât à des provisions. Nous allons voir, du reste, que nos industrieuses mouches vivent au jour le jour des produits de leur chasse, et n'en gardent jamais les restes pour le lendemain.

Une fois bien renseigné sur l'architecture et les dispositions économiques de ce nid remarquable, je fixai mon attention sur ses habitants actifs. Ils étaient fort nombreux, et je me crois près de la vérité en évaluant leur nombre à dix mille. Ce chiffre considérable se décomposerait de la manière suivante : femelles, cinq cents; mâles, quinze cents; ouvrières, huit mille. On comprend aisément qu'au milieu d'une telle foule les observations devaient être fort difficiles à mener à bonne fin; car, comment suivre, sans crainte de se tromper, telle ou telle guêpe dans ses fonctions particulières, alors qu'elle est, pour ainsi dire, perdue parmi ses compagnes? La difficulté paraîtra encore plus grande si l'on songe que ces insectes sont doués d'une vivacité extrême, ne restent jamais en place et accomplissent leur mandat avec une rapidité en quelque sorte vertigineuse. Aussi, le premier jour je ne pus voir qu'en gros tout ce qui se passait dans la cité, et ce n'est que les jours suivants qu'il me fut permis de me rendre un compte exact de tous les actes accomplis en ma présence.

Je constatai, d'abord, qu'à l'inverse de ce qui se passe dans une fourmilière, tous les habitants du nid travaillaient; femelles et mâles mettaient la patte à l'ouvrage, tout comme les ouvrières. On ne voit donc pas des flâneurs et des paresseux dans le guêpier. Mais tout le monde ne fait pas la même besogne, et l'on peut, à ce point de vue, diviser nos insectes en quatre catégories : 1° les pourvoyeurs ; 2° les distributeurs de vivres ; 3° les constructeurs; 4° enfin, les employés de la voirie. Il ne faut pas croire, cependant, que le travail soit aussi radicalement spécialisé que je l'indique ; ce serait mal comprendre ma pensée, car chacun des membres de ces diverses catégories peut fort bien en changer à volonté ; les constructeurs deviennent, tour à tour, chasseurs de provisions ou balayeurs, et réciproquement. Aussi, en faisant ces divisions tranchées, n'ai-je eu pour but que d'indiquer qu'il y a dans le guêpier quatre espèces de fonctions différentes. Néanmoins, certaines d'entre elles sont plus particulièrement l'apanage des mâles et des femelles, mais pas exclusivement.

Occupons-nous, en premier lieu, de la classe la plus nombreuse, les chasseurs de provisions. C'est la préoccupation constante des ouvrières. D'abord, quelle est la nourriture des guêpes ? La réponse à cette question n'est pas embarrassante, car il est plus difficile de connaître ce dont elles ne mangent pas que ce qu'elles dévorent, aucune substance ne trouvant grâce devant leurs mandibules affamées. Les fruits, le miel, le sucre, les proies vivantes ou mortes, sont de leur goût, pourvu, toutefois, que la chair de leur victime ne soit pas décomposée par la putréfaction; ce sont de fins gourmets, qui n'aiment que la viande fraîchement tuée. Grâce à cette diversité de nourriture, leur table est toujours abondamment fournie. Quand une ouvrière rencontre un fruit bien mûr, une poire, par exemple, elle perce la peau avec ses dents et commence par se gorger de la pulpe sucrée. Puis elle revient au nid et en fait part à ses compagnes. Elle retourne ensuite à la poire et en prend une nouvelle quantité, qu'elle transporte de même. Elle passe ainsi toute la journée à cette attrayante occupation, en ayant soin de ne ronger que l'intérieur du fruit, qu'elle évide en ménageant la peau scrupuleusement. Si bien que l'on voit souvent des fruits, en apparence bien conservés, tenir encore à l'arbre et allécher les gourmands par leur aspect tentateur, et ce n'est que lorsqu'on les porte à la bouche qu'on revient de son erreur, car ils sont totalement creux à l'intérieur. Parfois même la guêpe est encore sur le théâtre de son crime, et, troublée dans son repas, elle se hâte de sortir par l'ouverture étroite qui lui a donné passage, non sans piquer cruellement l'audacieux assez osé pour vouloir toucher à ce qu'elle a choisi pour elle. De la sorte notre gourmand se trouve pillé et battu par-dessus le marché [1].

Quand c'est un insecte que sa malheureuse étoile a placé sur le chemin de nos maraudeurs, il n'a guère de salut à espérer, car il n'en est aucun qui soit en état de lutter contre eux. Le corps des guêpes, en effet, est entièrement recouvert d'une cuirasse de corne impénétrable à toutes les armes offensives de leurs victimes; leur force musculaire est considérable, et leur courage ne connaît pas d'obstacles. De plus, elles ont un aiguillon acéré, qui distille un venin mortel pour tous ceux qui en sont atteints. Enfin, leur bouche est armée, comme je l'ai dit, de mandibules robustes, mises en jeu par des muscles puissants et propres à broyer les corps les plus durs. Aussi nos guêpes sont-elles les véritables tyrans de l'air, et elles méritent de porter le nom de *tigres* des insectes. Rien ne leur résiste : mouches, sauterelles, chenilles, abeilles même. Elles fondent sur elles à l'improviste, les saisissent entre leurs pattes, et, sans se préoccuper le moins du monde des efforts et des contorsions de leur captif, elles le tuent à coups de dents, ne se servant de l'aiguillon que dans des cas exceptionnels. Si la proie est grosse et à téguments cornés et résistants, la

1. On a même à déplorer des accidents graves survenus en pareille circonstance. La guêpe, introduite dans la bouche en même temps que le fruit, piquait l'arrière-gorge de son aiguillon venimeux, et la mort survenait par asphyxie, le gonflement du pharynx interceptant mécaniquement le passage de l'air.

guêpe la coupe en deux à l'attache du corselet et du ventre, et emporte ce dernier au nid commun. C'est ce que j'ai vu souvent expérimenter sur les abeilles, qu'elle ne se donnait pas la peine de tuer avant de les mutiler ; en quatre ou cinq coups de dents, le tour était fait. Si, au contraire, la victime est petite et dépourvue de squelette résistant, comme la mouche de viande, par exemple, le vainqueur détache les ailes et les pattes, et mâche rapidement le reste du corps entre ses mandibules, de façon à le transformer en une sorte de pâtée molle et malléable, qu'elle pétrit à l'aide de ses pattes, jusqu'à ce qu'elle en ait formé une petite boule grisâtre dans laquelle personne ne reconnaîtrait un cadavre de diptère. Ce mets tout préparé est alors transporté au nid affamé.

On ne saurait s'imaginer les énormes fardeaux que peuvent porter nos guêpes. Ils sont souvent plus volumineux et plus lourds qu'elles-mêmes; mais elles finissent, néanmoins, par en venir à bout. Que de fois j'ai vu arriver au nid l'une d'elles, succombant sous le poids d'un gros morceau de viande toute saignante, qui, placé sous sa poitrine, entre ses pattes, dépassait sensiblement le bout de l'abdomen. Fatiguée, mais non découragée, elle ne pouvait soutenir longtemps son vol, tombait à terre, se traînait sur le sol, puis s'envolait de nouveau pour retomber encore. Enfin, de chute en chute, elle atteignait l'entrée du conduit souterrain, sombre avenue de cette cité florissante, et ses compagnes venaient à son aide et la débarrassaient. Tout aussitôt, la courageuse petite bête nettoyait ses pattes en les passant dans sa bouche, et, rapide comme une flèche, s'en retournait à la maraude. Moins d'un quart d'heure après, je la voyais reparaître aussi chargée que la première fois. Elle ne cessait ce manège éreintant que lorsque le soleil était couché, car la nuit seule mettait fin au pillage [1].

1. Chacun sait, en effet, combien les guêpes sont courageuses et hardies. On les voit, à la campagne, envahir nos demeures et mettre nos vivres au pillage ; elles sont même si occupées à leur razzia qu'on pourrait, sans courir aucun danger d'être piqué, les mettre à mort en ce moment. Qui ne les a vues couper avec rapidité des morceaux d'une viande préparée et brûlante, au moment où on venait de la servir à table, et les emporter au dehors sans la moindre précipitation, comme si elles accomplissaient la chose du monde la plus naturelle. Cet amour de la chair fraîche les pousse souvent à pénétrer dans les boucheries pour s'en emparer, malgré tous les moyens mis en œuvre pour les chasser.

Certains bouchers de Charenton, ainsi que Réaumur nous l'apprend dans ses Mémoires, avaient su faire tourner à leur profit cette habitude désagréable. Ayant remarqué, en effet, que les mouches bleues, qui déposent des œufs sur la viande, désertaient leurs boutiques aussitôt que les guêpes s'y trouvaient en nombre, ils les y laissèrent vaquer tout à leur aise. Mais, pour sauvegarder leur étalage, ils avaient le soin de leur abandonner sans conteste une pièce de bas prix, telle qu'un foie de veau ou une rate de bœuf. Les guêpes, préférant ces morceaux à tous les autres, parce qu'ils sont plus tendres et moins filandreux, ne touchaient pas au reste. Moyennant ce léger impôt quotidien prélevé sur leurs marchandises, nos intelligents indusriels se voyaient bientôt complètement débarrassés de toutes les mouches bleues, car le voisinage des guêpes rendait ce lieu trop périlleux pour elles. D'un autre côté, les hyménoptères, pour les remercier de cette attention, circulaient dans la boutique sans faire du mal à personne. Pourquoi, de nos jours, les bouchers de campagne ne suivraient-ils pas cet exemple ?

On voit, par ce qui précède, combien un observateur placé proche de l'entrée du guêpier doit avoir sous les yeux un spectacle animé. Le va-et-vient continuel de toutes ces mouches, diversement chargées et accomplissant leur tâche avec une ardeur fébrile, forme un tableau plein d'originalité et tel qu'il est rarement permis d'en apercevoir. Aussi je passai des heures entières à l'observer, sans que l'ennui m'ait gagné un seul instant.

Que deviennent maintenant toutes ces provisions si copieusement apportées dans le nid ?

Dès leur entrée dans la cité, les ouvrières font part du produit de leur chasse aux mâles et aux femelles, ainsi qu'à celles de leurs compagnes que des soins domestiques ont empêchées de sortir. On voit alors plusieurs guêpes s'assembler autour d'elles et prendre une portion de ce qu'elles portent entre leurs pattes. Cela se fait de gré à gré, sans jalousie ni rapacité, et les vivres sont donnés et acceptés de la meilleure grâce du monde. Cela est si vrai que lorsqu'une maraudeuse ne rapporte rien de visible de son excursion, ce qui suppose qu'elle a attaqué les fruits, rien ne lui serait plus facile que de garder pour elle les parcelles sucrées dont elle a rempli son estomac. Elle ne le fait jamais, cependant, et s'empresse de régaler ses compagnes. J'en ai vu souvent qui, aussitôt rentrées, se posaient tranquillement sur le plancher de l'un des gâteaux et faisaient sortir de leur bouche une grosse goutte d'une liqueur claire, qui était sucée par deux ou trois mouches dans le même instant. Dès que cette première goutte était bue, l'animal en produisait une seconde, aussitôt pompée par d'autres gourmandes, ne s'arrêtant que lorsque toutes les provisions qu'elle avait recueillies se trouvaient distribuées à la ronde. Cela fait, elle prenait son vol et allait s'approvisionner encore de la même substance, bientôt employée de même.

Alors le moment était venu, pour les distributeurs de vivres, d'entrer en scène. Parmi eux, les femelles tiennent le premier rang ; ce sont elles qui font le gros de la besogne, aidées dans cette pénible opération par des ouvrières bénévoles, en assez bon nombre. Il s'agit, en effet, de donner à manger aux milliers de vers qui, confinés dans leurs cellules, attendent impatiemment l'heure du dîner. Nos guêpes les nourrissent de la même façon que les oiseaux donnent la becquée à leurs petits. Rien n'est plus curieux que ce spectacle touchant. Avec une rapidité merveilleuse, la femelle parcourt, les unes après les autres, les alvéoles du gâteau ou de la portion de gâteau dont elle s'est chargée, et donne à chaque larve sa part d'aliments. Elle fait entrer sa tête au fond des cellules habitées par les plus jeunes ; mais celles qui approchent de l'époque de la métamorphose ne lui donnent pas tant de peine. En effet, elles sont plus grosses, restent bien moins tranquilles et avancent leur bouche hors de leur loge pour saisir plus tôt la bienheureuse pâtée. Dès qu'elles l'ont reçue, elles l'engloutissent avec une voracité extrême et, pour digérer en paix, se renfoncent dans leurs étuis.

La nourriture donnée à ces petits gourmands varie avec leur âge : les plus jeunes reçoivent les liquides sucrés provenant des fruits; les plus avancés, les grosses pièces de venaison. Quand ces dernières sont trop volumineuses, la femelle les divise en fragments, les fait entrer dans sa bouche et les en fait sortir plusieurs fois de suite et parfois même les avale tout à fait; puis aussitôt elle dégorge les diverses parties du mets, rendu plus facilement digestible par cet expédient, et les distribue à ses nourrissons. Ceux-ci ont quelquefois beaucoup de peine à ingurgiter les fragments trop volumineux qu'on leur donne, et rien n'est comique comme de voir les contorsions auxquelles ils se livrent pour en venir à bout. Mais rassurez-vous, ils y parviennent toujours.

Ces larves ont un appétit des plus sérieux ; à peine rassasiées, elles recommencent à avoir faim, et si les vivres sont lents à venir, elles se démènent dans leurs cellules et ouvrent leur bouche toute grande, comme le font les oisillons en pareil cas. Cet appel est toujours entendu. On doit comprendre, dès lors, que l'emploi de préposé aux vivres dans le guêpier ne constitue pas, à proprement parler, une grasse sinécure; il est nécessaire d'être toujours sur la brèche. Aussi faut-il toute la fébrile activité de nos femelles pour mener à bonne fin cette pénible entreprise. Songez donc, il y a dans le guêpier sept mille bouches environ à nourrir, à raison de dix ou douze repas par jour, ce qui donne un total formidable de soixante-dix-mille rations à distribuer dans quatorze heures !

Cela fait penser, tout naturellement, que le voisinage d'un guêpier doit être une désagréable chose, surtout pour les insectes, puisque c'est sur eux, sur leurs corps succulents, que repose, en grande partie, l'alimentation de cette population affamée. Le nombre de ces pauvres diables mis à mort chaque jour est incalculable ; la terreur règne à la ronde, et nos maraudeurs sont obligés de faire des courses de plus en plus longues pour se procurer du gibier en abondance.

Les mâles sont spécialement chargés de la voirie de la cité. Ils nettoient les planchers et les cellules vides et transportent au dehors les ordures de toute espèce qui souillent l'exquise propreté de l'habitation. C'est, à peu de chose près, tout ce qu'ils sont capables de faire. Ils sortent bien du nid et vont à la chasse comme les autres guêpes ; mais, dépourvus d'aiguillon, ils ne peuvent s'attaquer qu'à de petites proies, qu'ils tuent pour leur propre compte, et jamais ils ne portent de vivres au logis. Au reste, ils sont assez timides, se serrent volontiers de côté pour laisser plus de place à leurs majestueuses moitiés, et possèdent une ardeur au travail très modérée. Aussi, sans les ouvrières, qui leur prêtent quelquefois leur concours, le service dont ils sont chargés laisserait beaucoup à désirer sous le rapport de la bonne exécution.

Ce n'est pas, cependant, qu'ils boudent toujours contre l'ouvrage : c'est plutôt la force qui leur manque, comme j'en ai eu la preuve ce matin. Une guêpe était morte à l'un des rayons supérieurs, de vieillesse peut-être. Un mâle a voulu transporter le cadavre au dehors et s'est courageusement attelé à ce lourd fardeau. Le pauvre diable suait sang et eau et n'aboutissait pas à grand'chose. Il ne se rebutait pas pourtant, et, après avoir soufflé quelques instants, il reprenait sa charge pour la laisser retomber encore. Alors un autre mâle vint à son aide : l'un saisit la tête, l'autre l'extrémité de l'abdomen, et ils se mirent en marche. Tout alla bien d'abord ; mais en arrivant à l'ouverture percée dans l'enveloppe du nid, ouverture très étroite, ils ne purent passer de front et durent s'arrêter encore. Ils seraient peut-être, à l'heure qu'il est, au même point, si une ouvrière, les prenant en compassion, n'était venue leur prêter son concours. Sans hésiter un instant, elle coupa le cadavre en deux parties, à la jonction du corselet et de l'abdomen ; alors les mâles purent sans trop de peine transporter les deux tronçons à une bonne distance de la cité.

En résumé, il faut reconnaître que ces messieurs sont de beaucoup supérieurs, sous ce rapport, à leurs collègues des fourmilières, et savent, dans la mesure de leurs moyens, gagner le pain qu'on leur donne en abondance. Je les en félicite d'autant plus que, jusqu'à présent, j'ai remarqué que dans la classe des insectes le sexe masculin, en général, ne brille pas par son amour du travail, et préfère, à la façon des Orientaux, laisser peser toutes les charges du ménage sur le sexe féminin.

Pour compléter ma description du guêpier, il me resterait encore à parler des constructeurs habiles qui l'ont édifié ; mais j'aime mieux attendre, pour m'en occuper, que leurs fonctions délicates me soient bien connues. Jusqu'à présent, je n'ai vu que fort peu de chose de leurs procédés, et désormais je les surveillerai avec la plus grande attention.

Ici se termine tout ce que j'avais à dire, pour aujourd'hui, sur le peuple des guêpes. C'est déjà plus que suffisant pour nous donner une haute idée de leur intelligence et de leur amour maternel. Aussi, malgré leurs rapines et leur cruauté, je me sens tout disposé à les admirer et, qui plus est, à les aimer. Je ferai donc tout mon possible pour les suivre pas à pas dans tous les détails de leur existence si bien remplie.

Mais, me dira-t-on, votre récit présente une importante lacune, puisque vous négligez de nous apprendre quel est le genre de gouvernement du guêpier. Est-ce une monarchie constitutionnelle ou absolue, ou bien une république démocratique ? Ma foi, je l'avoue sans peine, je n'en sais pas le premier mot. Malgré toute l'attention avec laquelle j'ai examiné ce petit peuple, rien n'a pu me mettre en mesure de trancher cette question. Si c'est une monarchie, le souverain m'est resté invisible ; si c'est une république, les membres des pouvoirs exécutif et législatif n'ont pas daigné m'apparaître dans l'exercice de leurs hautes fonctions. Tout ce que je puis dire, c'est que chacun fait son devoir, poussé par son désir de bien faire, sans qu'aucun représentant de la loi vienne le lui rappeler.

5 septembre.

S'il est des insectes qui se font remarquer par leur intelligence, il en est d'autres, en revanche, qui brillent par l'absence totale de toute faculté intellectuelle. Ce sont des êtres ineptes, stupides et fort méchants ; j'aime à constater qu'ils ne sont pas nombreux en espèces, car il est toujours désagréable d'avoir parmi les siens un membre gangrené qui fasse tache.

Ces réflexions me sont inspirées par ce que je viens de voir il y a un instant. J'étais allé dans la forêt pour tâcher de compléter certains renseignements sur une découverte que j'ai faite récemment à propos des vers de terre, quand j'aperçus un grand insecte, qu'à son ventre relevé en l'air je reconnus pour un *staphylin.* Il avait près de quatre centimètres de longueur. Son corps, assez large, robuste, était d'un noir brillant, avec la tête et le corselet recouverts de poils soyeux très serrés, d'un jaune doré brillant. L'abdomen, redressé fièrement, d'un gris cendré à la base, était orné sur les trois derniers téguments des mêmes poils dorés. Ses mandibules, grandes et arquées, égalaient la longueur de la tête. Il répandait à distance une odeur forte des plus désagréables, comparable à celle des matières animales en putréfaction[1].

Ce bel animal était en train de ronger un énorme champignon à demi pourri, qui croissait au pied d'un chêne. Il était si absorbé par cette agréable occupation, qu'il n'entendit pas venir un homme qui se dirigeait de son côté. D'un coup de pied, celui-ci décapita le champignon, qui s'en fut rouler à quelques pas, et écrasa à demi le ventre du *staphylin.* Cet incident tout fortuit mit à jour l'intérieur du cryptogame, et dans cette masse spongieuse je découvris sept autres insectes de la même espèce. Alors le plus étrange spectacle vint m'égayer quelques instants.

Nos *staphylins,* en effet, un moment déconcertés par cette suppression subite de leur domicile, ne tardèrent pas à entrer en fureur, et, au lieu de rechercher quelle pouvait être la cause de leur mésaventure, aimèrent mieux s'en prendre l'un à l'autre du bouleversement du cryptogame et, ils s'atta-

1. Cet insecte est, en effet, un *staphylin,* connu des entomologistes sous le nom de *Staphylinus hirtus,* L. C'est la plus grande espèce française. Elle est assez commune dans les régions montagneuses ou boisées. Ces coléoptères sont vulgairement connus sous le nom de *staphylins-bourdons,* dénomination tirant son origine de leur vague ressemblance avec les hyménoptères de ce genre.

quèrent avec rage. Le blessé, loin de se mettre à l'écart, ne fut pas le moins prompt à la bataille et se précipita stupidement dans la mêlée, sans se préoccuper, du moins en apparence, de son ventre entr'ouvert.

Pendant plus d'une minute je ne vis qu'un fouillis de corps pressés, de mâchoires mordant sans relâche, dans lequel vainqueurs et vaincus se confondaient. Puis un peu d'ordre se mit dans la lutte ; nos huit insectes, divisés par couples, s'attaquaient avec furie, et je pus alors me rendre compte de leur façon de s'occire. Chacun d'eux essayait de saisir son adversaire, non par le corps ou par les pattes, mais bien à la jonction de la tête et du corselet, afin d'éviter, par cette manœuvre adroite, ses terribles mandibules et de lui ôter toute possibilité d'en faire usage. Vigoureusement tenaillé dans cet étau vivant, le pauvre diable avait beau se débattre, il était perdu sans ressources, et bientôt sa tête, nettement tranchée, roulait dans la poussière. Sans tarder davantage, le meurtrier dévorait les entrailles de sa victime et paraissait goûter une grande volupté à ce festin de cannibale.

Après cinq minutes de combat, nos *staphylins* furent réduits à quatre, lesquels s'attaquèrent incontinent deux à deux. Celui d'entre eux dont l'abdomen avait été fortement endommagé par le pied du paysan n'avait pas succombé dans le premier assaut, comme on pourrait le croire, et se faisait remarquer, au contraire, entre tous, par sa rage de horions. Rendu féroce par les cuisantes douleurs de sa blessure, il frappait en aveugle, et finissait par avoir le dessus. Aussi son second adversaire ne put résister longtemps à d'aussi vifs assauts, et en un clin d'œil il fut guillotiné et dépecé. Le second couple se battit quelques minutes de plus ; mais la lutte se termina aussi tragiquement, si bien que deux *staphylins* restèrent alors seuls en présence. Quoique brisés de fatigue et rassasiés de chair fraîche, ils n'en fondirent pas moins l'un sur l'autre avec une fureur toujours croissante. Le choc fut si rude qu'ils en furent renversés ; de telle sorte que chacun d'eux put enfoncer ses mandibules dans le ventre sans défense de son adversaire. Alors, ces brutes sans intelligence, au lieu de renoncer à une lutte qui ne pouvait qu'être fatale à tous les deux, ne cessèrent de s'entre-dévorer que lorsque la mort les eut surpris !

Vit-on jamais animaux plus féroces et plus stupides que ceux-là ? Aussi, malgré l'horreur de ce spectacle, je ne pouvais m'empêcher de rire de leur sottise, et je me félicitais intérieurement, en ma qualité d'herbivore, de voir mes ennemis s'entre-détruire avec tant d'acharnement. Cela fait d'autant plus de plaisir qu'on est, comme je le suis, exposé à tomber sous leurs coups. Hélas ! il y en aura encore toujours trop !

Après avoir suffisamment donné libre carrière à ma satisfaction, je m'occupai de mes vers de terre, cause première de mon excursion. Il s'agissait de constater irrévocablement si ces animaux vivaient, ou non, de terre. Il y a quelques jours je le croyais encore, mais un fait dont j'ai été témoin hier a soulevé quelques doutes dans mon esprit.

Dans les sentiers qui traversent la forêt, le sol était jonché de feuilles fraîchement tombées des arbres. Ces feuilles étaient mortes et décolorées, mais l'humidité les rendait encore flexibles. Or, je vis avec étonnement que certaines d'entre elles, au lieu d'être étalées horizontalement, comme cela arrive toujours, étaient, au contraire, roulées sur elles-mêmes et dressées verticalement. Leur partie inférieure était enfoncée dans la terre à un degré variable de profondeur : les unes d'un centimètre à peine, les autres presque dans toute leur étendue. Après un examen minutieux, je pus observer qu'elles étaient implantées dans des trous creusés par les lombrics. Cela me surprit fort, vous devez le comprendre ; aussi je guettai patiemment pour tâcher de surprendre ces animaux à l'œuvre. Mais je n'y pus réussir, et j'attribuai mon insuccès à la haute température qu'un soleil sans nuage nous donnait beaucoup trop généreusement pour la saison ; car les vers de terre ont besoin d'une grande humidité pour sortir de leur demeure souterraine.

Cette nuit il a plu quelque peu, et c'est ce qui m'a engagé à revenir au même endroit, pour voir si je serais plus heureux. Mon espoir n'a pas été déçu, et un bon nombre de lombrics ont travaillé devant moi.

Pour saisir une feuille, ils allongent leur corps hors de leur trou, l'appliquent sur la surface du limbe et tirent à eux. Les rangées de crochets dont sont bordés leurs anneaux s'implantent alors dans l'épiderme et forcent la feuille à suivre l'impulsion donnée. Peu à peu elle se rapproche de l'orifice du puits et s'y engage lentement. Le ver redouble alors d'efforts pour l'y faire pénétrer, et l'on voit distinctement le limbe se plier et se contourner plusieurs fois sur lui-même, jusqu'à ce qu'il ait pris la forme d'un rouleau irrégulier, du diamètre exact de l'ouverture qui l'engloutit, et finalement il disparaît dans cette filière d'un nouveau genre. Dans moins de deux heures, plus de cinquante feuilles subirent le même traitement, et le sentier en fut presque entièrement débarrassé.

Les vers de terre s'en nourrissent donc. A la bonne heure! voilà du moins une nourriture qu'on peut avouer sans honte, tandis que manger de la terre, pouah ! quelle horreur !

11 septembre.

C'est encore des guêpes que je vais parler aujourd'hui, car j'ai du nouveau à relater sur leurs habitudes. Depuis huit jours que je les examine avec patience, j'ai assisté à leurs transformations et j'ai surpris les constructeurs à l'œuvre. Je pourrai donc donner un aperçu presque complet de leur histoire.

J'ai dit précédemment que les larves habitaient séparément les cellules des gâteaux, dont l'ouverture est tournée vers le sol, de sorte que les pauvres bêtes ont toujours la tête en bas, position qui ne laisserait pas d'être incommode, si elles n'y étaient habituées dès l'enfance. Ces larves croissent rapidement et finissent par remplir complètement leur contenant, si bien qu'elles s'y trouvent fort à l'étroit. Quand elles sont adultes, c'est-à-dire environ vingt jours après leur naissance, elles cessent de quêter de la nourriture et se filent un cocon parfaitement clos de soie blanche, qui tapisse les parois internes de l'alvéole. Pour cela, elles commencent par en boucher l'ouverture à l'aide d'un couvercle convexe qui fait saillie au-dessus du gâteau. Le fil dont il est composé est d'une finesse extrême; il sort de deux petites ouvertures placées un peu au-dessous de la bouche. En moins de trois ou quatre heures ce précieux travail est terminé. Elles tapissent ensuite les parois internes de leur loge avec la même matière, et, cachées à tous les yeux, elles se changent en nymphes. Les rayons dans lesquels plusieurs larves se sont ainsi transformées prennent un aspect singulier, dû aux diverses saillies produites par les opercules soyeux.

En parlant des gâteaux, j'ai négligé de dire, à dessein, que tous n'étaient pas composés de cellules de la même grandeur. En effet, si l'on se rappelle que les trois sortes de guêpes que renferme le nid varient beaucoup pour la taille, on doit supposer que les cases qui sont propres à chaque catégorie doivent présenter les mêmes différences. Mais ce qu'il y a de plus remarquable dans cette variation, c'est que chaque rayon n'est formé que de loges de la même dimension. Les sept ou huit supérieures ne sont constituées que par des alvéoles petites, celles des ouvrières; les quatre dernières n'en renferment, au contraire, que de grandes, habitées par les mâles et les femelles. Mais ces différences se bornent là. Les larves de toutes les cases se conduisent de même dans leurs transformations, et leur cocon ne diffère que par la convexité plus ou moins marquée de leur opercule; ceux des ouvrières étant presque plats, tandis que ceux des mâles et des femelles sont manifestement bombés et dépassent de beaucoup le niveau des rayons.

Moins de huit jours après que les larves ont filé leurs cocons, elles sont aptes à se métamorphoser en insectes parfaits. Elles percent alors le couvercle soyeux qui les rend prisonnières et apparaissent sous leur dernière forme. C'est avec les dentelures de leurs mandibules qu'elles coupent les fils soyeux de leur cocon. Le nouvel éclos ressemble alors tout à fait à ses compagnons; seulement ses téguments sont ramollis et humides et paraissent presque incolores. Peu à peu, sous l'influence de l'air, les jeunes guêpes prennent de la consistance et acquièrent les couleurs propres à leurs parents. En moins d'une heure elles ont acquis les caractères de leur espèce, et se mettent immédiatement à vaquer aux fonctions qui leur sont dévolues. J'en ai vu souvent de tout fraîchement écloses, depuis une heure, sortir du nid et rentrer bientôt après avec un ventre d'insecte, produit de leur chasse. C'est, on le voit, aller vite en besogne.

Dès que l'insecte parfait a quitté la cellule où il a vécu, les femelles s'empressent de la nettoyer des souillures qui la rendent inhabitable, et, cela fait, y pondent un nouvel œuf. Seulement j'ai remarqué qu'elles n'enlevaient pas la couche de soie que la larve y a appliquée à l'intérieur et qui faisait partie de son cocon. Et comme une cellule peut donner successivement asile à trois ou quatre jeunes guêpes, elle finit par être doublée d'autant de revêtements soyeux qu'elle a contenu d'habitants. Il suit de là qu'en multipliant le nombre des alvéoles par trois, qui est le nombre des guêpes que chacune a abritées, on voit que le guêpier peut produire jusqu'à trente-six mille guêpes, chiffre des plus éloquents par lui-même, et qui peut donner une idée de l'imposante force numérique d'une colonie de ces insectes.

Cette fécondité remarquable a fini par rendre le nid beaucoup trop étroit. Il n'y avait plus de place pour loger les œufs, car toutes les cellules étaient occupées déjà, et un beau jour, d'un commun accord, le peuple tout entier a travaillé à l'agrandir. J'ai pu alors voir mes petits constructeurs à l'œuvre.

Puisque nous savons que le nid est renfermé dans une cavité terreuse qu'il remplit exactement, il est clair que la première chose à faire pour en accroître la capacité est de donner de plus grandes proportions à cette cavité. C'est en effet par là qu'on a débuté. Toutes les ouvrières valides y ont pris part. A l'aide de leurs mandibules, elles ratissaient la terre au-dessous de la partie inférieure de l'enveloppe et la transportaient, grain à grain, assez loin de la porte d'entrée. Grâce à l'ardeur de chacun de nos petits terrassiers, l'excavation s'est rapidement agrandie, de sorte qu'en moins d'une heure elle avait acquis les dimensions nécessaires. Alors, à grands coups de tête et de ventre, les guêpes en tassèrent et polirent les parois et les rendirent aussi unies que possible.

La seconde opération devait avoir nécessairement pour but d'enlever la partie inférieure de l'enveloppe papyracée de l'habitation, afin de pouvoir édifier à l'intérieur un ou plusieurs gâteaux; car, entre le dernier et le fond de la susdite enveloppe, l'espace vide était trop peu considérable pour qu'ils pussent y trouver place. Pour y parvenir, chaque ouvrière imbibait de sa salive le fragment qu'elle voulait détruire. Celui-ci se ramollissait aussitôt et se laissait entamer le plus facilement du monde. La mouche pétrissait alors, entre ses mandibules, les parcelles enlevées par ce moyen et, en formait une petite boule malléable, sorte de pâte fort propre à être de nouveau mise en œuvre. En peu de temps, grâce au zèle des démolisseurs, toute la partie vouée à la destruction fut entièrement rasée, et l'on se mit en devoir de la reconstruire sur des bases plus larges.

Voici comment cela se fit : chargé de sa masse de pâte, le petit maçon s'installait sur le rebord de la vieille muraille, les pattes placées de droite et de gauche, c'est-à-dire à cheval, et en appliquait l'extrémité au point voulu, en pressant de toutes ses forces. Celle-ci adhérait aussitôt, grâce à la viscosité du liquide qui entrait dans sa composition. Alors l'insecte marchait à reculons, et, tout en marchant, tirait à lui le reste de la petite boule maintenue entre ses jambes. Cette substance élastique s'allongeait peu à peu, s'aplatissait en cordon mince, et se transformait, finalement, en une bande étroite collée par son bord inférieur sur le reste de l'enveloppe. Qu'on imagine un vase de terre dont on voudrait augmenter la profondeur en y ajoutant un morceau d'argile molle, et l'on aura une idée complète de la façon ingénieuse dont la guêpe s'y prenait.

Mais, si notre petit maçon se bornait ainsi à allonger grossièrement sa masse de pâte, il n'obtiendrait qu'une lame irrégulière, trop épaisse et mal unie ; il lui faut donc encore dégrossir cette première ébauche. C'est ce qu'il s'empresse de faire de la manière suivante : revenant à son point de départ, il saisit la bande entre ses mandibules et la comprime fortement, de façon à l'amincir davantage. Puis il fait un pas en arrière et donne un nouveau coup de dent, puis un troisième, et ainsi de suite jusqu'à ce qu'il ait atteint le bout opposé. Le but de cette manœuvre est des plus faciles à comprendre, car les mâchoires jouent ici le rôle des doigts d'une main humaine qui, placés de chaque côté d'un morceau de glaise, s'efforceraient de la rendre moins épaisse en la comprimant. L'effet ne tarde pas, au reste, à se faire sentir ; car si l'on compare l'endroit que la tête de la guêpe vient de quitter avec les points qui lui restent à traiter de même, on s'aperçoit qu'il est notablement diminué d'épaisseur, et, par conséquent, élargi d'autant. Quatre ou cinq fois de suite la mouche recommence la même opération, et elle ne s'arrête que lorsque la lame de pâte est devenue aussi mince qu'une feuille de papier fort, comme toutes les autres parties de l'enveloppe. Mais il est encore facile de reconnaître la nouvelle pièce ajoutée du reste de l'ensemble, car sa couleur est plus foncée, et elle paraît toute humide.

Ce premier ruban une fois mis en place, l'ouvrière va chercher une nouvelle provision de pâte et l'applique à la suite, en employant le même procédé. Elle passe ensuite à une troisième, puis à une quatrième, et ainsi de suite jusqu'à ce que la fraction de l'enveloppe dont elle a entrepris l'édification soit terminée. Or, comme pendant qu'elle travaillait en un poste ses compagnes s'escrimaient de leur mieux sur les autres, leurs diverses constructions finirent par se rejoindre, et la couverture du nid se trouva achevée en un temps fort court. Mais nos maçons ayant travaillé sans plan bien arrêté, et en se laissant uniquement guider par leurs goûts artistiques, l'assemblage de toutes ces pièces irrégulières donnait à toute la bâtisse cet aspect boursouflé et lacuneux dont j'ai parlé plus haut en la décrivant.

En résumé, chacune de ses parties se trouvait composée de petites bandes, larges de deux millimètres environ, soudées intimement les unes aux autres par leurs bords, et se distinguant aisément entre elles par leurs diverses couleurs : il y en avait de blanches, de brunes, de jaunâtres, etc., etc., suivant les nuances de la pâte qui entrait dans leur composition.

Mais ce qu'aucune description ne saurait rendre, c'est la vitesse extraordinaire avec laquelle les guêpes travaillaient à leur nid; les bandes s'ajoutaient aux bandes, pour ainsi dire à vue d'œil. Tous ces petits corps bariolés et en mouvement donnaient à ce chantier microscopique une animation et un pittoresque qu'on ne retrouverait pas dans les ateliers immenses des constructions des hommes.

Quand la couverture de la cité eut été parachevée sur ce plan plus grandiose, il fallut songer à bâtir les nouveaux gâteaux de cellules. Mais la pâte provenant de la démolition des anciennes murailles d'enceinte avait été complètement employée, et il devenait urgent de s'en procurer de nouvelle. Aussitôt les ouvrières déposèrent la truelle, sortirent en foule du nid et s'envolèrent dans toutes les directions. J'aurais bien voulu les suivre pour savoir où elles allaient en chercher, et avec quelle substance elle était fabriquée, mais c'était impossible. Je me bornai donc à attendre leur retour patiemment, m'en remettant au hasard seul du soin de m'en instruire. Mon attente, du reste, ne fut pas longue, et moins d'un quart d'heure après je vis reparaître les plus expéditives. Chacune d'elles portait entre ses pattes antérieures une petite boule de la pâte susdite, fraîchement récoltée et toute prête à être mise en œuvre. La construction des rayons commença sans désemparer.

J'ai dit ailleurs, dans une description d'ensemble du nid, que les divers planchers étaient suspendus, les uns au-dessous des autres, au moyen de piliers de soutènement assez grossiers, fixés en haut entre les ouvertures des cellules, et en bas contre le fond de celles du rayon inférieur. Ce fut donc au-dessous du gâteau le plus bas que l'on installa les nouveaux. On bâtit d'abord les colonnes. Au point de rencontre de trois cellules juxtaposées, une guêpe appliquait la masse de pâte dont elle était chargée, et l'y faisait adhérer intimement; cette première assise formait le piédestal; le fût, dont l'épaisseur était bien moindre, lui succédait, et pour la compléter il suffisait de lui adapter un chapiteau. Quatre boules de matière plastique étaient nécessaires pour cela, ce qui obligeait la pauvre bête à exécuter quatre voyages successifs pour les récolter. Sous le chapiteau, elle jetait ensuite le fondement de trois cellules contiguës, dont la construction s'opérait d'après les mêmes règles que pour l'enveloppe, mais avec plus de soin et une sûreté de coup d'œil telle que toutes leurs facettes étaient mathématiquement de la même grandeur. Tout autour de ces alvéoles, et au même niveau, l'ouvrière en disposait d'autres exactement pareilles, et ne s'arrêtait que lorsque la partie du gâteau dont elle était chargée, augmentant progressivement de largeur, finissait par rencontrer celles que ses compagnes élevaient sur tous les points à la fois. Et, chose admirable, nos petits architectes avaient travaillé avec tant de précision, que chacune de leurs constructions réciproques se raccordait parfaitement avec ses voisines, suivant une ligne horizontale. Cela tenait du prodige, et je ne pouvais en croire mes yeux.

Néanmoins, cette partie de la cité avait été plus longue et plus pénible à exécuter que le reste, par suite des nombreuses interruptions nécessitées par les milliers de voyages de la préparation de la pâte. Aussi, le soir venu, nos guêpes, épuisées de fatigue, après s'être bien réconfortées en dégustant les bons morceaux que les chasseurs de provisions leur apportèrent en abondance, ne se firent pas prier pour goûter un sommeil réparateur et choisirent pour dortoir les nouvelles constructions. Le lendemain, les cellules fraîchement établies étaient déjà munies d'œufs, que les femelles y pondirent en enfonçant jusqu'au fond leur abdomen conique et allongé. Je crois qu'ils sont destinés à produire des mâles, car ils sont plus gros que ceux qui donnent naissance à des ouvrières.

15 septembre.

J'avais été bien inspiré en m'en remettant au basard de m'apprendre comment les guêpes s'approvisionnaient de la pâte du papier dont leurs cellules sont composées, car, sans la moindre peine, je les ai prises avant-hier sur le fait. C'est même fort heureux pour moi, car sans cette bonne aubaine je n'y serais jamais parvenu, tant j'étais loin de supposer qu'il en était ainsi. Jugez-en.

Le jardin, mon premier berceau, communique avec la prairie par une porte de bois percée dans le mur de clôture. Cette porte, vieille et passablement dégradée, est toute vermoulue, et ses ais disjoints menacent ruine. Le nid de mes guêpes en est assez éloigné. Or, l'autre jour, suivant le fossé pour m'y rendre, je passai auprès d'elle, et, levant machinalement la tête pour la regarder, j'aperçus sur ses montants quatre ou cinq mouches marchant lentement à la surface. De temps en temps elles s'arrêtaient, restaient un moment immobiles à la même place, puis elles marchaient à reculons, en ligne droite, en exécutant divers mouvements avec leur tête. Que pouvaient-elles demander à ce bois sec et vermoulu ?

Je m'approchai pour le savoir. Alors je vis distinctement que chacune d'elles ratissait avec ses mandibules la couche extérieure de la poutre et en enlevait des brins extrêmement déliés. Elles n'avalaient point ce qu'elles avaient détaché, mais elles l'ajoutaient à une petite masse de pareille matière placée entre leurs jambes. Quand elles avaient détaché toute la lame superficielle du point où elles travaillaient, sur une longueur de deux millimètres environ, elles reculaient d'un pas, sans cesser de racler avec force, et continuaient ainsi jusqu'à ce que la boule formée de ces petits grains de sciure fût devenue assez volumineuse. Alors elles s'envolaient et se dirigeaient à tire-d'aile vers le nid. Il était très facile de reconnaître sur le bois la place qu'elles avaient traitée de la sorte, car elle formait une petite ligne blanche d'une longueur variable, qui tranchait vivement sur la teinte brunâtre du reste du montant. Je n'en pouvais plus douter, c'était avec du vieux bois que nos industrieux insectes fabriquaient leur papier.

En disant que l'amas placé entre leurs pattes était formé de sciure en grains, je m'étais trop avancé. En effet, au moment où les mouches étaient tout entières à leur besogne, la porte fut ébranlée par une forte secousse, comme si quelqu'un frappait contre elle à l'intérieur. Saisie de frayeur, l'une d'elles laissa échapper la petite provision qu'elle avait déjà récoltée, et le petit amas vint tomber tout près de moi. La guêpe se mit à sa recherche ; mais elle ne put le retrouver entre les brins d'herbe, et, sans trop de désappointement, elle se mit à en confectionner un second. Je pus alors l'examiner de près et reconnaître qu'il était composé, non de grains de sciure, mais bien de filaments extrêmement ténus et intimement entrelacés. Aussi, pour les enlever, la guêpe ne se contentait pas de hacher le bois entre ses dents; avant de le détacher complètement, elle séparait les fibres les unes des autres, les tirant à elle en les tortillant, et ce n'était qu'après les avoir réduites en charpie qu'elle les coupait, en leur laissant le plus de longueur possible. Notre industrieuse mouche avait donc parfaitement compris que de la poussière de bois ne saurait convenir pour faire une pâte de papier, car ce dernier, en séchant, se serait réduit en poudre; raisonnement qui, soit dit en passant, n'est pas déjà si ridicule pour une bête dépourvue de toute intelligence, à ce que disent bien des gens, lesquels se piquent d'en avoir beaucoup. Comme on connaît mal les autres, hélas! quand on s'ignore si bien soi-même!

J'humectai de ma salive la petite masse de filaments, et, après l'avoir malaxée entre mes dents, j'eus le plaisir de la voir se changer en une pâte blanchâtre tout à fait analogue à celle de nos guêpes. Il ne me restait donc plus rien à apprendre sur ce point, et je repris le chemin de la cité, tout joyeux de ma découverte.

Je m'explique aussi maintenant pourquoi le papier des rayons présente des bandes blanches, grises ou jaunâtres entremêlées sans ordre. Ces nuances sont empruntées aux diverses espèces de bois qui entrent dans sa composition. Nos guêpes n'ont, en effet, aucune préférence pour telle ou telle essence; pourvu que le tissu ligneux soit suffisamment attendri, par une exposition prolongée à l'action désorganisatrice des agents atmosphériques, elles s'en contentent, sans lui demander son extrait de naissance. Quant aux arbres vivants, elles se gardent bien d'y toucher, car leurs dents s'émousseraient sans pouvoir en détacher une parcelle.

J'entendais l'autre jour mon vieux voisin le savant et son ami deviser à propos d'inventions. Ils parlaient notamment du *papier de bois,* qui, paraît-il, est produit en grandes quantités par de nombreuses usines.

Du papier de bois! ces mots me sont revenus à l'esprit en observant ce travail des guêpes. Ne serait-ce pas elles qui auraient donné à l'homme l'idée de cette fabrication? En tout cas, elles ne la leur ont pas empruntée. La priorité leur est acquise.

25 septembre.

Dpuis quelques jours, le temps s'est beaucoup rafraîchi, l'air est vif et piquant, et le matin les herbes de la prairie sont toutes blanchies par la gelée. L'hiver paraît devoir être rude, à en juger par ces premiers symptômes, corroborés, en outre, par le passage fréquent des oiseaux voyageurs. Cette perspective de froid et d'engourdissement n'est rien moins qu'agréable, et je me sens un tant soit peu morose.

Les guêpes en sont aussi fort incommodées. Le soleil se cache derrière un voile épais de nuages; et comme ces animaux ont besoin d'une haute température pour jouir de la plénitude de leurs forces, le nid souffre de la disette. Pendant plus de quarante-huit heures, les ouvrières n'ont pu aller chasser aux provisions. Aussi le caractère de nos petites bêtes s'est fort aigri; la bonne harmonie ne règne plus comme autrefois parmi elles, et à la moindre contrariété elles se livrent des combats acharnés. Les larves, mourant de faim, allongent leur tête hors des cellules d'un air désespéré, sans que les femelles, naguère si empressées, paraissent y faire la moindre attention. Bien plus, j'ai déjà surpris entre ces dernières un conciliabule de mauvais augure pour le sort futur des larves; car j'ai remarqué que, tout en gesticulant, les interlocutrices jetaient sur elles des regards qui ne présageaient rien de bon.

Grâce à ce relâchement général de la surveillance, les nombreux parasites du nid montrent leur nez avec plus de sans-gêne. Il y en a beaucoup et de plusieurs espèces. Les deux plus remarquables appartiennent à deux ordres différents: l'un est un diptère, l'autre un coléoptère. Le premier, sorte de grosse mouche dont le corps est peint des mêmes couleurs que celui des guêpes, entre avec aplomb dans la cité et va pondre ses œufs dans les cellules occupées par des larves déjà fortes. Le ver qui en provient enfonce les crochets écailleux de sa bouche dans la peau doublée de graisse de la jeune guêpe et la dévore sans plus de façon, toute vivante. La malheureuse larve a beau se tordre et se débattre, il tient bon et finit par la tuer en quelques jours. Il se file alors un cocon dans la case ainsi débarrassée de son propriétaire et en sort bientôt à l'état parfait. Les guêpes, trompées par la livrée de notre mouche, la laissent accomplir sans entraves ces massacres journaliers[1].

Le second est un staphylin assez grand qui se fait remarquer par la dilatation latérale de son corselet. Il est noir, peu brillant, surtout sur les élytres, et ne relève pas son abdomen en marchant, comme ses congénères. Il se cache habituellement dans les feuillets de l'enveloppe du nid, ou entre cette enveloppe et les parois de terre qui l'englobent. La nuit, quand il n'est pas observé, il s'insinue lestement dans une cellule et en croque l'habitant ; parfois même il en perce les parois avec ses mandibules, et chemine traîtreusement en s'ouvrant un passage de la même manière. Il parvient ainsi à pénétrer *incognito* dans les cases où les nymphes sont prêtes à se transformer, et il les dévore dans leurs cocons sans qu'on puisse se douter de sa présence, grâce à la précaution qu'il prend de ne pas gâter l'opercule soyeux qui les dérobait aux regards. Il fait de grands ravages de cette façon[2]. Lorsqu'il est découvert, ce qui arrive rarement, il paye de sa vie sa téméraire introduction chez autrui.

Les autres parasites sont moins importants ; j'ai reconnu parmi eux des mouches communes, des ichneumons, des larves de cantharides, etc., etc. Enfin, comme l'agglomération de tant de milliers d'animaux dans un si petit espace détermine une élévation de température assez sensible, les animaux qui aiment la chaleur viennent s'établir dans le voisinage. Je citerai les vers blancs, les cloportes, les perce-oreilles, parmi les plus communs.

Aujourd'hui que le soleil a paru sur l'horizon et a échauffé l'atmosphère, les guêpes se sont empressées d'en profiter pour aller chercher des vivres. Les raisins sont mûrs dans le jardin, et ils ont été mis au pillage. A chaque instant, de nombreuses troupes de mouches passaient par-dessus le mur de clôture, et revenaient repues et gorgées du suc de ces fruits. La gaieté et la bonne humeur ont un peu reparu dans le nid avec l'abondance, mais personne n'a songé à emmagasiner des subsistances pour le lendemain.

1. Ce diptère est probablement le *Volucella zonaria*, Meig.

2. Ce staphylin est le *Velleius dilatatus*, Fab., espèce assez rare dans les collections, par suite de la difficulté qu'on éprouve à le saisir au milieu des guêpes, dont il ne quitte jamais le nid.

On vit tout à fait au jour le jour dans la cité, et tant pis s'il faut se serrer le ventre dans les moments de disette.

Comment donc fera-t-on en hiver, alors que les insectes et les fruits auront tout à fait disparu? Question délicate, à laquelle je ne saurais répondre à l'avance d'une manière sûre. Je suis pourtant disposé à croire que l'intensité du froid déterminera un engourdissement général de toute la colonie, et dès lors elle n'aura pas besoin de manger.

28 septembre.

Le 28 septembre de la présente année a été un beau jour pour le peuple des insectes tout entier! La nature s'y est montrée juste et équitable, et, pour ma part, je ne saurais trop l'en remercier, car il est certain qu'elle n'a pas l'habitude de nous traiter avec une pareille générosité. Que tous les herbivores unissent donc leur voix à la mienne, et chantent ses louanges sur tous les tons.

Oui, sachez-le, notre bourreau à tous a reçu enfin la punition méritée de tous ses crimes, et c'est de la main, ou plutôt des aiguillons de nos guêpes. Ah! beau jardinier, tu croyais peut-être qu'il t'était permis de frapper sans pitié sur tous les êtres qui vivent autour de toi, et que cette barbarie te serait pardonnée! Eh bien, cette fois tu as trouvé à qui parler, et de longtemps tu n'oublieras la sévère leçon qu'on t'a donnée! Réjouissez-vous donc, mânes de ses innombrables victimes, votre sang est désormais vengé, et vous pouvez reposer tranquilles. Voici comment ce fait mémorable s'est accompli : il paraît que les guêpes ont trouvé fort à leur goût les raisins mûrs qui croissent dans le jardin. Toute la troupe s'y rend en masse et croque de son mieux les grains sucrés. Aussi les treilles se dégarnissaient à vue d'œil et n'offraient plus que des grappes nues ou outrageusement dégarnies. Cela ne faisait pas le compte du jardinier, mon ancien persécuteur, et il s'escrimait de son mieux pour chasser les gourmandes, mais sans succès, car le manque d'autres aliments les rendait encore plus effrontées que de coutume, et, à son nez et à sa barbe, elles continuaient à mettre les souches en pillage réglé, lui bourdonnant ironiquement au visage quand il essayait de les en chasser. Notre homme, fort irritable, comme on sait, s'est monté la tête, a juré la perte de ces mouches importunes et s'est mis à la recherche de leur nid afin de les détruire en bloc.

Armé d'une pioche, il m'est donc apparu comme l'ange exterminateur, et s'est dirigé vers la cité vouée à la mort en marmottant des paroles inintelligibles. Après avoir bien examiné l'entrée et la direction du boyau souterrain qui y conduit, il a pris son instrument et en a donné un grand coup au-dessus de la cavité centrale; mais, il faut se hâter de le dire, il n'a pas eu le temps d'en donner un second.

En effet, à cette attaque intempestive, les guêpes sont sorties en foule de leur habitation menacée, et, rendues furieuses par cette violation brutale de leurs pénates, se sont précipitées sur lui. En un clin d'œil, il en a été littéralement couvert. Les assaillants s'accrochaient à ses vêtements, s'introduisaient par les manches de son habit et le col de sa chemise, grimpaient dans son pantalon, se faufilaient dans les moindres replis et mordaient et piquaient à la fois. Ses cheveux en étaient remplis ainsi que sa barbe, et sans la précaution instinctive qu'il avait eue de couvrir ses yeux de ses mains, il eût été aveuglé. Tout en frappant, nos insectes faisaient entendre une sorte de bourdonnement clair, persque métallique, que je ne connaissais pas, et se jetaient sur lui avec tant de fureur, que l'on pouvait entendre à distance le bruit produit par le choc de leur tête et de leur abdomen.

Notre homme, rendu fou par la douleur de tant de piqûres brûlantes, trépignait, rugissait, se remuait de toutes ses forces et tâchait, à l'aide de ses mains, de chasser les assaillants. Il en écrasait bien un bon nombre à coups de poing, mais les vides étaient aussitôt comblés. D'ailleurs, comme il était obligé de garantir ses yeux de toute grave atteinte, il ne pouvait diriger sûrement ses coups et n'obtenait que des résultats insignifiants, tandis que nos guêpes choisissaient tout à leur aise la meilleure place pour y enfoncer leur aiguillon.

Alors, perdant tout à fait la tête, il se mit à courir droit devant lui, les yeux fermés, en faisant des moulinets rapides de ses bras ; mais c'était peine perdue, car les mouches s'acharnèrent à sa poursuite en volant, le piquant sans relâche. Les plus féroces étaient celles qui s'étaient glissées dans ses cheveux ; leurs pattes s'y empêtraient, et tous leurs efforts pour les en dégager ne servaient qu'à les y fixer davantage. En désespoir de cause, elles redoublaient leurs coups d'aiguillon dans la peau du crâne, dans le but de vendre chèrement leur vie, qu'elles croyaient menacée.

Cette course au clocher dura un bon quart d'heure, et durerait peut-être encore, si un accident tout fortuit n'était venu la terminer, fort heureusement pour le jardinier, qui, sans cela, aurait probablement succombé sous le nombre de ses ennemis. En effet, ce dernier ne s'aperçut pas que la direction qu'il avait prise le conduisait droit à l'étang qui borde la prairie sur l'un des côtés ; il en atteignit bientôt les bords, et tout à coup il perdit pied et tomba la tête la première dans les eaux bourbeuses, qui se refermèrent sur lui. Ce bain glacé le sauva ; car les guêpes, qui n'aiment pas l'eau, n'osèrent aller le harceler dans cette retraite aquatique, et, calmées d'ailleurs par la déroute de leur persécuteur, elles reprirent, en chantant victoire, le chemin de leur nid. Il n'y eut de noyées que celles qui s'étaient maladroitement enchaînées dans la barbe et les cheveux.

Décrire l'état piteux du jardinier sortant de la mare, comme une naïade en détresse, serait une chose impossible. Couvert d'un limon noir, ruisselant d'eau, les cheveux raidis et collés sur le front et les tempes, les yeux, les joues, les mains tuméfiés, livides et n'ayant plus forme humaine, il chancelait en marchant et se traîna péniblement jusqu'à la porte du jardin, en poussant des gémissements inarticulés. Depuis, il ne s'est plus montré[1].

J'étais loin, on le comprend sans peine, de m'apitoyer sur son sort; tout au contraire, j'éprouvais un sensible plaisir à assister à sa déconfiture, et je riais méchamment de ses contorsions comiques et de ses cris désespérés. Pourquoi, au reste, l'aurais-je plaint? Est-ce que cent fois il n'avait pas lui-même abusé de sa force pour martyriser les êtres faibles que leur mauvaise étoile plaçait sur son chemin? Quand on dirige ses actions d'après la loi du plus fort, on est mal fondé de réclamer contre l'application sur sa personne du même principe draconien, et, tôt ou tard, on doit s'attendre à voir ses victimes se réunir pour venger leurs souffrances. C'est la loi du talion.

On dit que « la vengeance est le plaisir des dieux ». Ne trouvez donc pas trop étonnant qu'elle soit aussi celui des hannetons.

2 octobre.

Le froid devient de plus en plus vif. Il tombe presque tous les jours une pluie glaciale qui vous pénètre jusqu'à la moelle des os. A peine si j'ai pu quitter mon gîte depuis quatre jours, et je me sens tout engourdi.

D'ailleurs, j'ai le pressentiment que quelque chose de grave va s'accomplir en ma personne. Je me sens tout autre que par le passé. Au lieu de me contenter de l'existence qui m'a été dévolue, je la trouve maintenant

1. On voit par cet exemple combien il est dangereux de s'attaquer aux nids de guêpes. Cependant, dans nos campagnes, il n'est pas rare de voir des gens se livrer, visage découvert, à ce périlleux exercice, sans se douter qu'ils s'exposent ainsi à perdre la vue, et quelquefois même la vie. C'est une funeste habitude, qu'il faut combattre énergiquement, par la vulgarisation des procédés simples et faciles à l'aide desquels on peut détruire sans danger les guêpiers les plus considérables.

Le plus commode de tous consiste à défoncer le sol pour mettre les gâteaux à découvert et à les brûler ensuite à l'aide de broussailles enflammées. L'opérateur doit se couvrir le visage d'un masque de verre, ou mieux de fil de fer à mailles serrées et mettre des gants rembourrés, comme ceux dont on fait usage dans les salles d'escrime, un simple gant de peau pouvant être facilement percé par l'aiguillon des guêpes. En outre, il faut avoir soin de fermer hermétiquement tous les points où les vêtements laissent des interstices par lesquels ces animaux pourraient s'introduire jusqu'à la peau. L'opération s'exécute alors sans la moindre difficulté et réussit à merveille. La première fois qu'on se met en campagne, l'on ne peut se défendre d'une certaine émotion en se sentant couvert de la tête aux pieds d'innombrables guêpes furieuses qui cherchent le défaut de votre armure; aussi, pour ma part, je pris courageusement la fuite. Mais on s'aguerrit rapidement, et dans la suite l'on éprouve un véritable plaisir à braver impunément ces milliers d'aiguillons empoisonnés, dont le choc répété sur les vêtements produit un bruit de roulement assez semblable à celui d'une grêle épaisse. On a aussi préconisé les fumigations de tabac, les injections de liquides anesthésiques ou corrosifs ; mais le procédé que nous indiquons est bien préférable.

vile et misérable. De singulières aspirations me poussent à la mépriser. Par moments, il me semble que je ne suis plus moi-même ; j'entrevois, comme dans un rêve, une autre vie plus digne de mes ambitions. Ainsi ce matin, les yeux encore alourdis par le sommeil, j'ai eu une espèce d'extase. Je me voyais, muni de grandes ailes transparentes, voler sur les fleurs sous une forme nouvelle et plus belle, et j'éprouvais une joie extrême de ce changement inexplicable.

Ce rêve, au lieu de disparaître de mon esprit avec le réveil, comme la plupart des rêves, s'est, au contraire, gravé profondément dans mon cerveau. Il est là, toujours là, qui m'obsède et m'enivre, et malgré moi j'ai la croyance, absurde si vous voulez, qu'il va se réaliser. Oui, j'y crois fermement ; quelque chose me dit que le moment approche, et l'instinct ne nous trompe jamais, nous autres insectes. Oh ! qu'il me tarde !

D'ailleurs, pourquoi ne me transformerais-je pas, à mon tour, en insecte parfait, comme toutes les autres larves ? Voilà bientôt trois ans que je rampe sous cette forme incomplète, et il serait grand temps que cela finît. J'ai cessé de croître et de grossir depuis longtemps, et j'ai beau regarder autour de moi, je ne vois pas de vers de mon espèce qui soient plus grands. Je suis d'ailleurs si gras et si lourd que, si je grandissais encore, peut-être ne pourrais-je plus me traîner. Ce sont là des considérations importantes, qui m'encouragent dans mes illusions.

Mais que dis-je ? ce ne sont pas des illusions trompeuses, ce sont des avertissements que la nature me donne pour me préparer à l'avance à ma nouvelle vie ; car si je devais mourir sous ma forme actuelle, ma création aurait été sans but. Ne sais-je pas, en effet, que tout insecte doit perpétuer son espèce avant de mourir ?

Aussi, j'attends et j'espère !

Ces graves préoccupations ne m'ont pas empêché d'aller visiter le nid de guêpes dont j'ai entrepris de faire connaître les mœurs. Bien m'en a pris, au reste, car j'ai assisté à une scène des plus étranges. Jugez-en.

Je me suis assez étendu sur les habitudes de ces animaux pour que l'on ait pu se convaincre combien ils chérissent leurs enfants. Nous les avons vus les accabler de soins et de prévenances et déployer pour les élever toutes les ressources de l'amour maternel le plus développé. Eh bien, tout est changé aujourd'hui ; ces mères et ces nourrices si tendres et si dévouées sont devenues des marâtres impitoyables. Non seulement les pauvres petits ne sont plus nourris et protégés, mais encore on les massacre sans merci. Les mâles et les ouvrières se sont précipités d'un commun accord sur les cellules encore ouvertes, en ont arraché les larves et les ont transportées au dehors, après leur avoir rongé la tête. Pas une d'elles n'a évité ce triste sort.

Serait-ce un acte de folie subite ou une habitude chez ces guêpes? Il m'est assez difficile de le savoir. Peut-être trouverait-on la raison de cette barbarie apparente dans les éventualités redoutables que nous prépare la saison d'hiver. Convaincues, sans doute, de l'impossibilité où elles seraient de nourrir ces larves affamées avec le froid qui règne, elles ont préféré les faire périr tout d'un coup, pour leur épargner les lentes tortures de l'inanition. Considéré à ce point de vue, cet acte perd son caractère de froide cruauté et devient une preuve terrible, mais évidente, de la sollicitude de ces mères dévouées. S'il est en ainsi, quel ne doit pas être leur déchirement et leur douleur d'en être réduites à un expédient aussi radical! et, loin de les blâmer avec horreur, il faut les plaindre et même les admirer.

Pour moi, qui ne suis pas doué d'une aussi forte dose d'affection paternelle, il me semble que je ne me déciderais jamais à tuer mes enfants pour les empêcher de mourir. Il est vrai que je suis un herbivore et non un carnassier, comme ces fières amazones, ce qui prouve clairement que le régime doit influer énormément sur le caractère.

10 octobre.

Je commence à ressentir les premiers symptômes qui précèdent habituellement mes changements de peau; mais cette fois ils sont accompagnés de sensations toutes particulières qui m'étonnent au plus haut degré. Il me semble qu'en perdant mon épiderme je vais perdre en même temps toute faculté de me mouvoir et de veiller à ma sûreté. Quelque chose me dit que si je ne prends pas des précautions extraordinaires, cet hiver me sera fatal. En outre, mon corps a quelque peu perdu de son volume, et, je ne sais si c'est un effet d'optique, il me semble qu'il s'est légèrement accourci en devenant plus large. De plus, j'ai perdu tout appétit, et mes jambes raidies peuvent à peine me supporter.

Tous ces phénomènes inaccoutumés me confirment davantage dans l'idée fixe que ma transformation va s'accomplir. Je ne pense qu'à cela tout le long du jour, et mon sommeil lui-même est peuplé de songes de même nature. Tantôt je me vois sous la forme de nymphe, tantôt sous celle d'insecte parfait, sans que pourtant je puisse me faire une conception bien nette des contours principaux de mon corps métamorphosé. Je n'ai pas besoin de dire que ces rêves ne sont pas tous très gais; ils ressemblent parfois à de désagréables cauchemars, dans lesquels les ichneumons ou les taupes jouent le principal rôle, et je me réveille tout baigné de sueur.

D'ailleurs, en y réfléchissant bien, cette perspective de transformation n'est pas sans me donner quelque souci. Je n'ai pas oublié ce que le savant a souvent répété : jamais un insecte n'est plus près de mourir que lorsqu'il semble renaître sous des formes plus parfaites. C'est me faire nettement comprendre que ma nouvelle existence sera de courte durée. Cette considération refroidit notablement mon enthousiasme, et je préférerais ne pas savoir à l'avance ce qui m'attend.

D'un autre côté, le savant peut se tromper en ce qui concerne les hannetons; il n'est pas infaillible, n'est-ce pas? D'ailleurs, toute règle présente des exceptions, et j'aime à croire, naturellement, qu'elles seront en ma faveur. Nous verrons bien.

Après tout, ma vie souterraine me devient insupportable; je veux, coûte que coûte, parcourir comme les autres les plaines de l'air, voler de fleur en fleur, et...

Mais laissons l'avenir et revenons au présent. Le froid est toujours aussi vif, et la plupart des insectes ont déjà pris leurs quartiers d'hiver. Les guêpes ont beaucoup souffert de cet abaissement de température. La plupart d'entre elles ont péri, surtout les mâles et les ouvrières. Le nid, presque désert, ne renferme plus que quelques femelles, qui errent lentement sur leurs gâteaux solitaires sans prendre de nourriture. Seulement, quand le soleil daigne se montrer, elles sortent et se placent à l'entrée de leur demeure pour réchauffer leurs membres engourdis.

Aussi, une foule d'insectes, n'ayant plus à redouter leurs aiguillons, ont pénétré dans le guêpier et y ont élu domicile; j'ai compté plus de cent espèces différentes, et principalement des mouches à deux ailes. Il y a un mois, si elles avaient eu cette effronterie, elles l'auraient payée cher. Aujourd'hui, personne ne songe à les inquiéter. D'où je conclus que le froid contribue notablement à adoucir les mœurs des êtres les plus féroces.

10 octobre.

Je prends la plume à la hâte pour consigner, sur ce papier, que je viens de préparer mon logis d'hiver et en même temps de transformation. Aussi, dans la pensée que si je me change en nymphe je serai, comme la plupart d'entre elles, emmailloté dans des langes qui s'opposeront à tous mes mouvements et, par suite, me livreront sans défense aux attaques des carnassiers, j'ai pris de plus grandes précautions qu'autrefois. J'ai donné à mon puits une profondeur de plus de quarante centimètres, et je l'ai creusé dans la terre la moins compacte que j'ai pu trouver, afin de pouvoir en sortir sans peine quand je changerai de forme. Tout au fond, j'ai formé une loge ovalaire, aux parois bien lisses et bien tassées. Je me trouverai là au chaud et au sec, deux conditions essentielles pour ma santé.

Il était grand temps, je crois, de m'occuper de ce travail, car ma peau se dessèche de plus en plus, je ne mange rien et la partie postérieure de mon corps est presque paralysée et rétractée sur elle-même, ce qui me fait paraître de plus en plus gros et court. Aussi je ne doute pas que ma transformation approche.

Quel bonheur !

20 octobre.

Ma peau commence à se fendre sur le dos, ma vue s'obscurcit et mes idées s'embrouillent dans ma tête ; il me semble que je vais mourir ou devenir idiot ! A peine si je puis tenir la plume, et mes pattes paraissent sur le point de se détacher de mes épaules... Plus de doute, c'est une transformation qui va s'accomplir, et ma vie de larve est terminée...

Que vais-je devenir ?

CHAPITRE XVIII

MES MÉTAMORPHOSES. — LA MACHINE ANIMALE.

20 mars.

Tout un long hiver a passé...

Si en ce moment vous jetiez un regard curieux sous la racine d'arbre qui me sert de cachette et où j'écris ces lignes, votre surprise serait extrême. « Quel est ce bel insecte? ne pourriez-vous vous empêcher de dire; que fait-il là? Cette épaisse liasse de feuilles, couvertes d'une fine écriture, je la reconnais; ce sont les Mémoires du hanneton. Mais où est-il donc, et pourquoi cet intrus se permet-il de les continuer? Est-ce que ce gros ver blanc qui les avait commencés aurait été dépouillé par ce coléoptère sans vergogne? Pauvre bête! elle ne méritait pas un traitement aussi indigne! »

Voilà probablement ce que vous diriez, ami lecteur. Eh bien, rassurez-vous; ce gros ver blanc que vous plaignez et ce beau coléoptère que vous admirez ne sont qu'une seule et même personne, c'est-à-dire le hanneton, votre humble serviteur. Oui, c'est moi, c'est bien moi, mais si changé, si embelli, j'ose le dire, que souvent j'hésite à me reconnaître moi-même.

Un seul mot vous donnera l'explication de cette énigme : Je suis INSECTE PARFAIT!

Rien que cela, s'il vous plaît! Désormais, plus de vie souterraine, plus de corps rampant et disgracieux, plus de dégoûtantes racines à dévorer, mais de l'air, du soleil et des fleurs! J'ai des ailes, de superbes antennes, une tournure svelte et bien prise, des pattes fines et agiles, enfin tout ce qui constitue un être accompli.

Pour que vous puissiez connaître exactement les diverses circonstances qui ont accompagné cet important changement de ma personne, je vais reprendre le fil de mon récit au point où je l'ai laissé, c'est-à-dire au 20 octobre de l'année dernière.

Ce jour-là, je sentis que ma peau se fendait sur le dos, en arrière de la tête. Je fis les efforts nécessaires pour me débarrasser de cette enveloppe, qui m'était inutile, et j'y parvins après de nombreuses contorsions de droite et de gauche; je la refoulai à l'extrémité de l'abdomen, où elle resta accrochée. J'apparus alors sous la forme de nymphe ou de chrysalide, si cette dernière dénomination vous est plus familière. En cet état, j'étais bien changé, ainsi que vous allez en juger par une description succincte de ma personne. Mon corps avait déjà vaguement la forme que j'ai aujourd'hui; il était ovalaire, et l'on y distinguait une tête, un corselet et un abdomen. Mais il était complètement emprisonné dans une enveloppe cornée, transparente et assez fine, à travers laquelle on apercevait sa couleur d'un beau blanc. Mes pattes étaient plus longues et, étendues de toute leur longueur, s'appliquaient exactement sur l'abdomen. Mes ailes et mes élytres étaient encore à l'état rudimentaire. Ainsi emmailloté comme une véritable momie égyptienne, mes membres étaient réduits à l'impuissance la plus complète, et c'est à peine si, avec l'extrémité de mon corps, je pouvais exécuter quelques mouvements alternatifs de droite et de gauche. En outre, une sorte de sommeil léthargique m'accablait de ses torpeurs, et, couché sur le côté, je restai aussi immobile qu'une pierre. Je me félicitai alors du redoublement de précautions que j'avais mis en usage pour construire mon logement d'hiver.

Insecte parfait.

Je restai dans cet état voisin de la léthargie environ un mois, et par conséquent je ne me souviens que fort imparfaitement de ce qui s'est passé pendant cette période importante. Tout ce que je puis dire, c'est que j'avais froid; tout le reste de mes sensations est vague; j'avais seulement conscience qu'un grand phénomène s'accomplissait en moi, mais je ne pouvais ni le préciser ni en décrire les diverses évolutions.

Au bout de ce temps, la scène changea. Mon maillot se fendit sur le dos, j'en pus sortir, non sans difficulté, et j'apparus sous ma forme actuelle. Avant d'aller plus loin, je vais donc vous donner une description complète de ma personne.

Mon corps est oblong, robuste, d'une longueur de deux centimètres et demi, y compris la longue pointe qui le termine. Ma tête est d'un noir légèrement bronzé ou verdâtre, avec des poils courts et cendrés peu touffus, et porte deux antennes fauves très remarquables. Ces organes, en effet, sont formés de deux parties distinctes : l'une grêle, cylindrique, composée de trois articles, et qui sert de support à la seconde; l'autre épaisse, renflée et composée de sept articles ovalaires et aplatis, disposés comme les feuillets d'un livre; ils sont mobiles à leur point d'attache, et je puis à mon gré les écarter ou les rapprocher. Quand je marche, je les tiens aussi ouverts que possible. Ma bouche est munie de quatre palpes rougeâtres très mobiles, dont je me sers comme de doigts pour maintenir mes aliments entre les mâchoires. Mes yeux sont gros et d'un beau noir luisant.

Mon corselet est bombé en dessus, assez large et d'un bronzé verdâtre, semé çà et là de poils cendrés, usés sur le disque. Il donne attache à six pattes grêles et longues, d'une couleur nankin, et garnies de longs poils gris, dont les pieds sont armés d'ongles assez forts doublés d'un petit crochet à la base. Il supporte aussi les ailes et les élytres. Les seconds sont d'une couleur fauve, rougeâtre ; un peu plus larges que le corselet à leur base, ils vont en augmentant progressivement de largeur jusqu'au milieu de leur longueur et se rétrécissent ensuite graduellement jusqu'à l'extrémité. Leur face supérieure porte cinq nervures saillantes, dont les intervalles sont comme parcimonieusement saupoudrés de poils cendrés très courts. Les ailes, qu'ils recouvrent, sont très longues, transparentes et pliées en travers dans le repos, caractère propre à tous les coléoptères.

Je passe maintenant à la partie postérieure du corps, l'abdomen. Celui-ci est gros, formé de sept segments emboîtés les uns dans les autres et pouvant jouer librement. Leur face supérieure, celle que recouvrent les élytres, est noire; l'inférieure est aussi de la même couleur, mais elle est rehaussée sur les côtés par sept taches triangulaires formées d'écailles d'un blanc de lait. Enfin mon corps se termine par une sorte de pointe triangulaire très longue et recourbée en bas, d'un roux fauve à duvet cendré[1].

Tel est mon signalement sous ma forme la plus parfaite. Il est facile de juger, par cette description, que je fais un assez joli coléoptère, grâce à mes belles antennes et aux taches blanches de mon abdomen. Dans tous les cas, je suis beaucoup mieux ainsi que lorsque j'étais larve, n'est-ce pas?

Mais quand je sortis de ma dépouille de nymphe, j'étais loin de ressembler à ce portrait. Mon corps était mou et d'un blanc sale ; mes élytres et mes ailes, froissés et repliés sur eux-mêmes, recouvraient à peine la moitié de mon dos. Je me sentais faible et engourdi ; et comme nous étions au mois de décembre, le froid était vif, ce qui augmentait beaucoup mon malaise. Peu à peu, ma peau prit de la consistance, se teignit des couleurs qui l'ornent actuellement, et finit par devenir aussi dure que la corne. Pendant ce temps, mes organes du vol s'étalèrent, se séchèrent et s'étendirent jusqu'à l'extrémité du corps. Alors tout fut terminé, et j'étais prêt à quitter mon logis pour aller prendre part à ma nouvelle existence.

Cependant je me gardai bien de tenter pareille aventure, car mon instinct me disait que sortir de terre en plein hiver c'était courir à la mort. J'attendis donc trois mois entiers dans ma loge, sans prendre de nourriture, et je ne me décidai à en sortir que lorsque l'échauffement du sol vint m'avertir que le printemps commençait à montrer le bout de son nez. Aussitôt je creusai la terre, et je parvins à en gagner la surface. Mais que

1. A cette description, il est facile de reconnaître l'espèce de hanneton à laquelle appartient notre héros ; c'est la plus commune, et elle porte le nom scientifique de *Melolontha vulgaris*.

de fatigues pour obtenir ce résultat! Trois jours entiers me furent nécessaires, et, sans la précaution que j'avais prise de m'établir dans un terrain meuble, je serais sûrement mort à la peine avant d'y réussir; et quelle mort, enterré vivant!!!

Après m'être bien réchauffé aux rayons bienfaisants du soleil, j'ouvris mes ailes et pris mon essor. Jugez de la joie que je dus éprouver en me voyant fendre l'air sans peine, et planer majestueusement au-dessus de cette prairie où j'avais rampé si longtemps. Aussi je me grisai d'enthousiasme, c'est le cas de le dire, et je volai tant et si bien que je finis par tomber épuisé sur le gazon, à deux pas d'un coq et de ses poules, lesquelles firent mine de me dévorer. Je me hâtai donc de fuir à tire-d'aile, et, un peu calmé, je me réfugiai sur un beau chêne aux bourgeons entr'ouverts, et, bien accroché sur la plus haute branche, je pus reprendre haleine et réfléchir à ma nouvelle situation.

Elle était, sans doute, bien préférable à l'ancienne, mais elle avait aussi ses inconvénients. Le plus grave de tous provenait, sans contredit, de la manière dont je me servais de mes ailes. Il m'était impossible, en effet, de méconnaître, malgré tout mon amour-propre, que mon vol était très lourd et m'obligeait à de grands efforts musculaires, d'où il était facile de conclure que je ne pouvais lutter en aucune façon, sous ce rapport, avec les hirondelles. En outre, et ceci est plus grave, car cela touche à ma conservation, je ne pouvais me diriger facilement; car, une fois lancé dans une direction donnée, j'étais entraîné par le poids de mon corps; et il fallait, bon gré mal gré, avant de pouvoir en changer, ralentir forcément ma course. Enfin, ma tête et mon corselet réunis pesant plus que mon abdomen, pour conserver un équilibre stable, j'étais forcé de voler en me tenant perpendiculairement, sans quoi j'aurais basculé immédiatement et serais tombé sur le sol. Dans cette position, mes yeux ne peuvent voir très distinctement les objets placés droit devant eux, et je suis exposé à cogner de la tête contre les branches des arbres, ce qui est fort désagréable, et a pour conséquence inévitable de me faire choir à terre le plus bêtement du monde, les six pattes en l'air, ce qui m'oblige à exécuter de fort ridicules contorsions pour me remettre debout.

Je m'amuse à voler...

Il suit de là que nos ennemis ont beau jeu pour nous faire la chasse, et ils sont nombreux, je vous en réponds. Voici, au reste, une petite énumération des principaux : les chauves-souris, les hiboux, les engoulevents, les pies, les geais, les poules, les canards, les oies, les rats de toute espèce, les porcs, etc., etc., et même ces petits freluquets de moineaux, qui se mettent à nos trousses et nous dépècent à coups de bec avec une effronterie sans pareille. N'est-ce pas humiliant, dites, de périr ainsi sous les attaques d'un oiseau aussi minuscule? O Nature, pourquoi nous as-tu donné un corps aussi succulent et dont tout le monde veut goûter?

Bientôt après, mon estomac commença de réclamer un peu de nourriture, et je l'écoutai d'autant plus facilement que le jeûne de cinq mois que j'avais supporté m'avait donné un fort bel appétit. Je m'empressai donc de ronger les jeunes feuilles des bourgeons du chêne, et les trouvai excellentes, car, à peine sorties de leur enveloppe, elles me parurent tendres et juteuses, et bien préférables aux racines dont je me nourrissais autrefois. Puis, réconforté par ce premier repas, je ne tardai pas à m'endormir au milieu du feuillage, doucement bercé par le vent.

Le jour suivant, afin d'éviter toute surprise, j'ai pris le parti de rester caché tout le temps que le soleil est sur l'horizon. Au crépuscule, je m'amuse à voler en décrivant mille capricieux détours dans l'air embaumé, et je vais chercher, d'arbre en arbre, les feuilles les plus à mon goût. De la sorte, j'évite la rencontre des animaux diurnes, ce qui est déjà beaucoup. Mes semblables font de même, et notre vie en commun est, on le conçoit, d'autant plus agréable que nous sommes très nombreux. Sur un seul chêne j'en ai vu aujourd'hui près de quatre-vingts...

27 mars.

Le peuple des hannetons s'accroît chaque jour. A toute heure, de nouveaux insectes parfaits quittent leur retraite et viennent prendre part à la vie commune. Quand je dis commune, je veux dire seulement que nous vivons en troupe et en bon voisinage, car nous n'avons nullement le désir de former une association quelconque, à la façon des fourmis et des guêpes. Chacun vit à sa guise, comme il l'entend ; mais comme nos aliments sont les mêmes pour tous, nous nous rassemblons forcément sur les arbres dont les feuilles naissantes nous attirent. Pauvres chênes, combien cette hospitalité doit vous être désagréable! Vos feuilles disparaissent sous nos dents comme par enchantement, et vous avez presque perdu l'élégant feuillage sur lequel vous comptiez pour respirer à l'aise cet été.

Comme je l'ai dit plus haut, c'est la nuit seulement que nous mangeons; le jour, tant que le soleil est haut sur l'horizon, nous faisons la sieste ou une petite causette sur les événements de la veille. Au crépuscule, chacun ouvre ses ailes et s'amuse à décrire mille capricieux zigzags dans l'air embaumé...

ÉPILOGUE

Ici, les Mémoires du hanneton se terminaient brusquement. Il est à supposer que le pauvre animal avait dû négliger les précautions nécessaires à sa sûreté, et que l'enfant qui lui avait attaché le fil à la patte avait pu s'en emparer sans peine. C'est dommage, car il nous aurait encore appris bien des choses intéressantes.

. . . .

En ce moment, je ressentis une vive douleur à la joue; j'y portai instinctivement la main et je me réveillai en sursaut. Machinalement, je regardai autour de moi pour examiner ces curieux Mémoires dont la lecture m'avait si fortement attaché; mais je ne vis que ma boîte d'herborisation, mon flacon aux carabes et mon bâton de montagne. Je me frottai les yeux avec acharnement, mais sans plus de succès. Alors tout me fut expliqué. Le hanneton et ses Mémoires n'étaient qu'un rêve sorti de toutes pièces de mon cerveau pendant les six heures de sommeil que la fatigue et la chaleur m'avaient procuré. Malgré moi, cette découverte me causa un certain désappointement.

Mais, rentré chez moi, en réfléchissant sur cette singulière hallucination, je compris qu'il serait avantageux de la transformer en réalité, car, sous cette forme épisodique, l'histoire naturelle serait lue avec plus d'intérêt. J'écrivis donc les *Mémoires d'un Hanneton* tels que vous venez de les parcourir.

S'ils ont eu le don de vous plaire, j'en accepte la responsabilité; sinon, je la rejette tout entière sur mon collaborateur et je m'en lave les mains; car, en sa qualité de coléoptère, il ne fera pas la plus légère protestation.

FIN

TABLE DES MATIÈRES

SOCIÉTÉ ANONYME D'IMPRIMERIE DE VILLEFRANCHE-DE-ROUERGUE

Jules BARDOUX, Directeur.

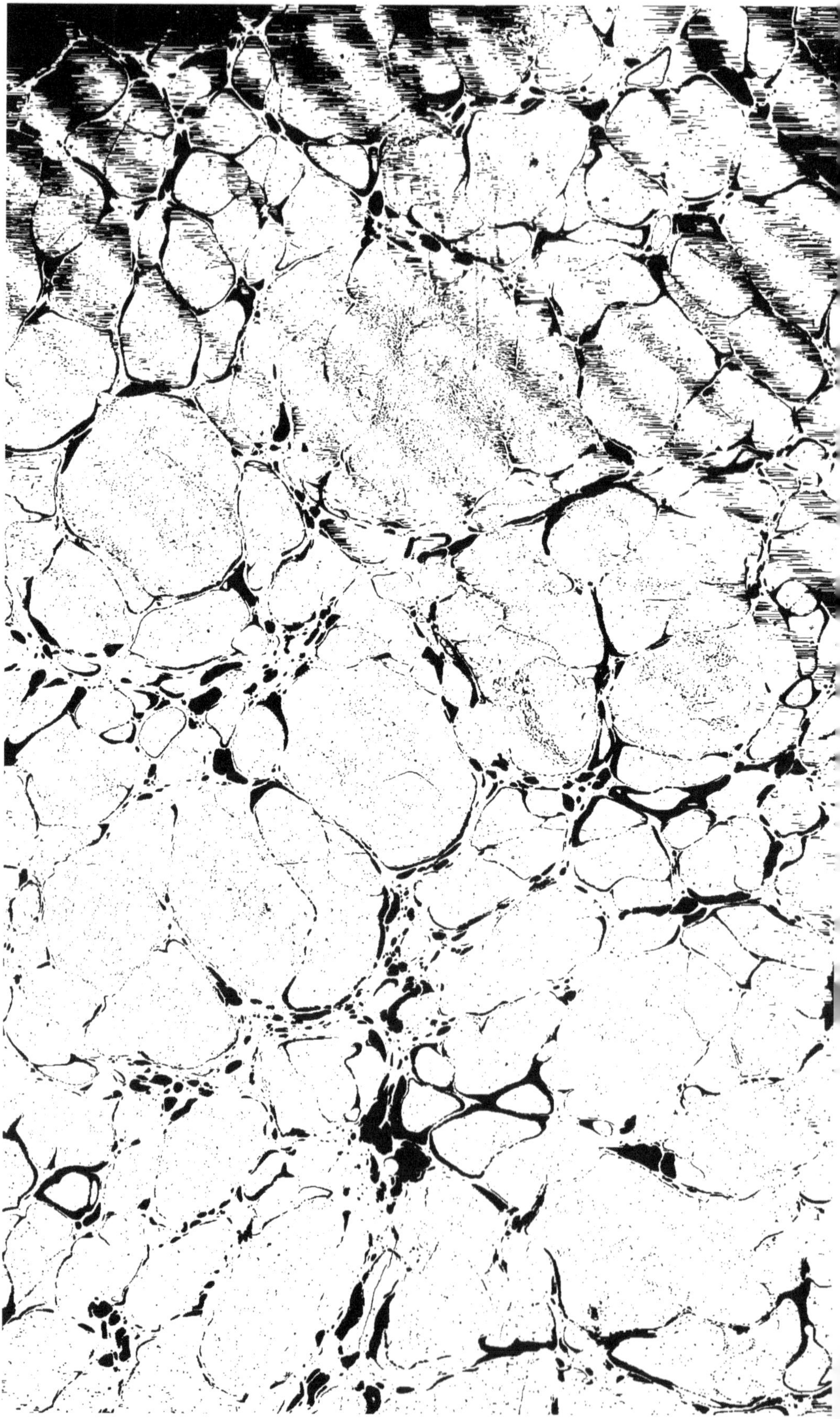

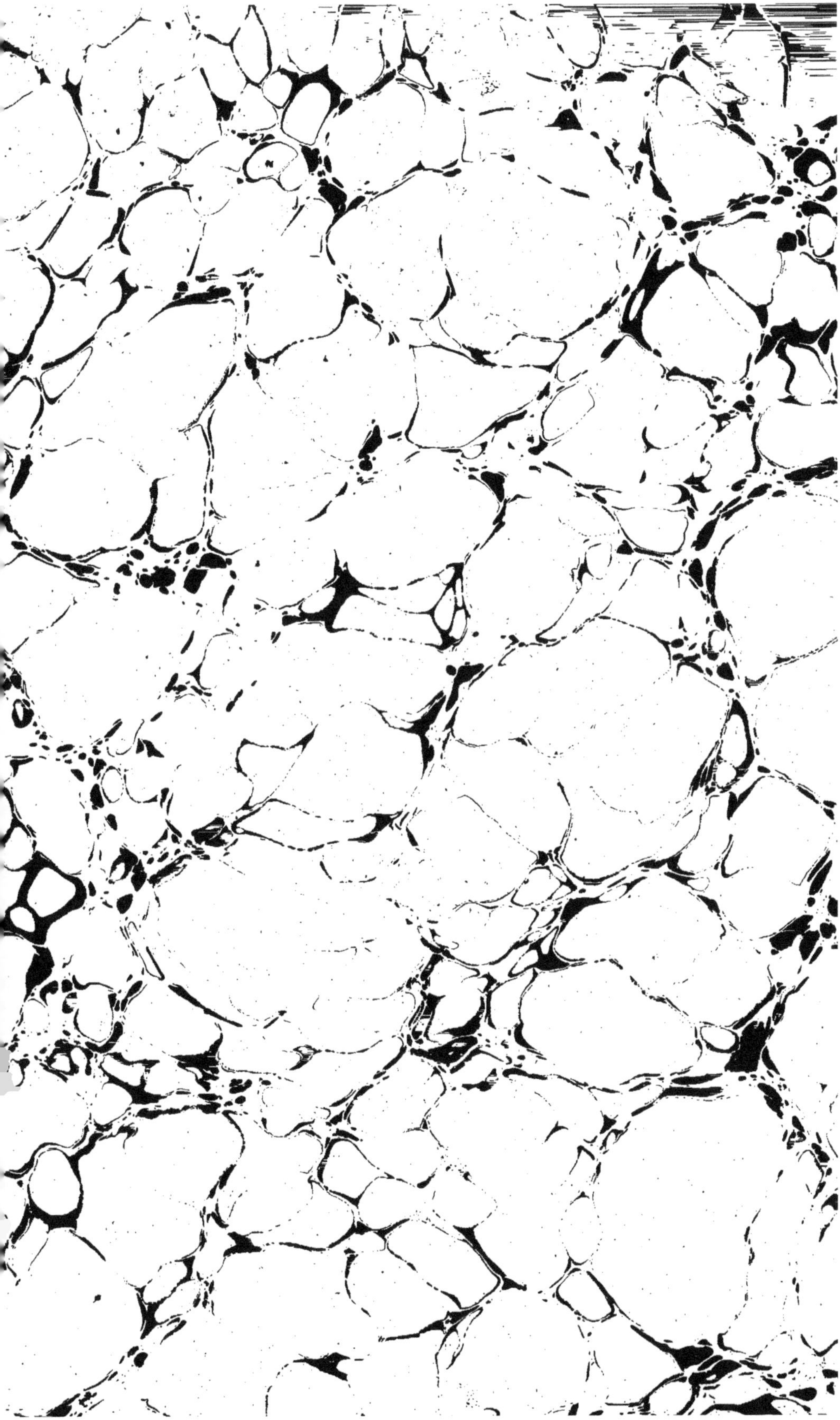

www.ingramcontent.com/pod-product-compliance
Ingram Content Group UK Ltd.
Pitfield, Milton Keynes, MK11 3LW, UK
UKHW031831260826
14628UKWH00001B/318

9 782012 897908